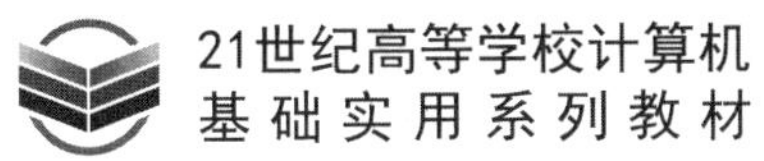

大学计算机

◎ 宋斌　靳从　编著

清华大学出版社
北京

内容简介

本书是21世纪高等学校计算机基础实用系列教材之一，结合了教育部对新工科人才培养的新思想、新要求、新标准以及教学实践。

本书以计算与计算机科学的特点、形态、历史渊源、发展变化、应用技术等基础理论为知识结构，具体从基础理论、计算机体系结构、计算机软件、问题求解、算法设计、数据管理和网络技术等方面多维度进行阐述，共分为计算与计算思维、计算机的理论基础、计算机技术、计算机方法学、数据管理技术和计算机网络6章，为了便于对知识深化和拓展，各章后附有相应的阅读材料。

全书整体结构体系严谨、文字叙述清晰流畅、内容描述循序渐进，具有涉及专业知识广泛、概念层次明确的特点。通过本书的学习，读者可以系统性地认识计算机科学本质，学习计算机专业理论和关键技术，增强对计算思维的理解，培养计算机技术应用能力。

本书可作为高等院校非计算机专业学生的"大学计算机"课程的教材，也可作为相关教学人员、工程技术人员及计算机爱好者的学习参考书。

图书在版编目(CIP)数据

大学计算机/宋斌，靳从编著. —北京：清华大学出版社，2022.8(2024.8重印)
21世纪高等学校计算机基础实用系列教材
ISBN 978-7-302-61676-4

Ⅰ.①大… Ⅱ.①宋… ②靳… Ⅲ.①电子计算机－高等学校－教材 Ⅳ.①TP3

中国版本图书馆CIP数据核字(2022)第144964号

责任编辑：闫红梅　张爱华
封面设计：刘　键
责任校对：申晓焕
责任印制：曹婉颖

出版发行：清华大学出版社
网　　址：https://www.tup.com.cn，https://www.wqxuetang.com
地　　址：北京清华大学学研大厦A座　　**邮　　编**：100084
社 总 机：010-83470000　　**邮　　购**：010-62786544
投稿与读者服务：010-62776969，c-service@tup.tsinghua.edu.cn
质量反馈：010-62772015，zhiliang@tup.tsinghua.edu.cn
课件下载：https://www.tup.com.cn，010-83470236
印 装 者：三河市天利华印刷装订有限公司
经　　销：全国新华书店
开　　本：185mm×260mm　　**印　　张**：18.5　　**字　　数**：449千字
版　　次：2022年9月第1版　　**印　　次**：2024年8月第3次印刷
印　　数：4501～8500
定　　价：59.00元

产品编号：080714-01

前　言

随着计算机科学的发展，人们认识到计算技术在科学研究和社会发展中的地位和重要性，计算机已不再是科研人员专用的计算工具，而是人们工作、生活、学习和娱乐不可或缺的组成部分。高等院校的计算机基础教育面临新的发展机遇和挑战，其教育教学的改革也在不断深化和发展，新的教学体系和思想在探索中不断完善。

“大学计算机”是大多数高等院校非计算机专业本科学生必修的通识基础课程。为了贯彻新工科人才培养的规范和教学理念，“大学计算机”课程教学要求如同数学、物理一样，在知识结构上符合计算机基础教学的规律，在教学内容上体现计算机科学的先进性和科学性，充分满足非计算机专业大学生的需求，达到指导学生在学习计算机基础时站在更高的起点，拥有更开阔视野的目标。本书编写力求理论概念准确、技术原理简洁，以保证系统性、实用性和可读性。具体来说，从计算科学的角度，通过知识全景式介绍，完整阐述计算机基础理论概念、知识结构和技术方法；从计算思维的角度，凝练传授计算机求解问题的基本思想和技巧，帮助培养和构建学生思维能力与解决问题的智慧。

全书围绕计算与计算机科学的特点、形态、历史渊源、发展变化、应用技术以及计算思维等方面内容及其内在的关联，共分 6 章内容：第 1 章计算与计算思维，介绍计算需求、技术演变以及计算思维；第 2 章计算机的理论基础，阐述了计算机中数制、数据存储和表示、各类信息编码及数据结构；第 3 章计算机技术，详解了计算机体系结构、计算机的主要部件、计算机软件及软件工程的相关理论；第 4 章计算机方法学，通过问题求解的模式及问题抽象方法的介绍，给出了算法的定义和常用算法，描述了程序设计的概念和方法；第 5 章数据管理技术，描述了数据管理的概念及发展，介绍了数据库系统支持的数据模型和体系结构，以及数据库与应用；第 6 章计算机网络，阐述了计算机网络的组成和分类、局域网和因特网的相关技术及发展，并对网络安全的相关知识进行了介绍。为了便于对知识深化和拓展，各章后附有相应的阅读材料(用 * 标注)。

考虑计算机类课程的广度优先原则，在实际教学中不必拘泥于书本相关概念和知识，可按不同教学对象和要求组织教学，从问题求解的角度出发，根据构建主义教学哲学，充分发挥学生的潜能，帮助学生从“以教为主”逐步过渡到“以学为主”，增强掌握计算机专业知识要点、计算思维和技术应用的能力。同时，有些内容允许学生“知其然而不知其所以然”，将来可在后续课程的学习或工作实践中进一步加深理解，并且再用所学的知识和概念构建出未来的创新思维。

全书由宋斌和靳从老师编著，其中第 1～3 章由靳从老师负责编写，第 4～6 章由宋斌老师负责编写。

本书在编写出版的过程中，得到了南京理工大学教务处和计算机学院各级领导的关心和支持，为了更适合于教学，计算机专业的许多老师对本书提出了不少宝贵意见，给予了很大的帮助，在此向他们表示感谢。

由于计算机技术的发展十分迅速，书中内容的取舍难免有不足之处，恳请各位读者和专家批评指正。

作　者

2022年3月于南京

目　　录

第1章 计算与计算思维

自从人类具备了认识世界的能力，就出现了计算。在人类漫长的文明发展史中，从未停止过对计算的追求。从算筹到算盘，从机械计算器到电子计算机……为了提高计算速度、计算精度，人们不断发明、改进着各种计算辅助工具以提高计算能力。每一次计算工具的革命，不仅提高了人类的计算能力，还改变了人类认识世界和改造世界的方法和途径，影响着人类社会生活方式的变革。

1.1 计算需求及技术演变

1.1.1 早期的计算

1. 人类的计数

在远古时代，人类主要以打猎为生，社会生产力落后，几乎没有什么剩余的生活物资，自然也就不需要进行计数。随着人类生产力水平的逐步提高，食物和物资开始有了富余，有了相互交换的需求，因此逐渐有了计数的需要，而计数就是产生计算的基础。

古巴比伦、古埃及和古印度等文明古国在探索自然的过程中，产生了各类计数需求，随着数据量的增加，诞生了不同文明下自己独特的计数符号系统，并逐步开始出现了简单、方便和实用的计算符号和计算工具，人类由此拉开了计算发展史。

考古发现，古巴比伦人使用楔形文字来计数，并刻于泥板上后晒干保存。古巴比伦当时数学的发展水平非常高，已经能够使用乘法表、倒数表、平方和立方表、平方根和立方根表，处理一般的三项二次方程和某些三次方程，掌握了等差数列的概念，还对级数问题有一定的研究。但由于对数字0没有特殊标记，而直接采取留空白的方式表示，使得当时的数字表述存在数位缺失的现象，从而在应用中也造成了一定的混乱。

古埃及人同样很早就有了丰富的算术与几何知识，他们使用象形记号来表示数字，采用非位值的十进位制方法进行计数，并采用高位在左、低位在右的叠加法进行记录书写。他们运用的加减运算方法与古巴比伦人的类似。虽然古埃及采用的象形文字给数的读和写造成了一定困难，但具体作为古埃及当时的数学表示工具，象形数字为古埃及人在算术、几何和代数的发展过程中奠定了基础。

公元6世纪前，古印度开始采用整数十进制计数法，具体用9个数字和表示0的小圆圈，通过位值定义可以完成任何数值的表示，由此建立起了相应的算术运算规则。其后被商人传入西方演变为阿拉伯数字0、1、2、3、4、5、6、7、8、9，并进一步发展为系统的进位制，使得数字的记录更加清晰的同时也有利于简便计算，其中数字符号“0”的出现是对计数法的重要贡献，因为没有“0”任何计数法的竖式运算都非常复杂，而且可以实现小数描述，也为人类科技符号语言的产生和发展打开了良好的开端。

2. 早期计算工具

计算工具是随着人类文明的进步逐步发展起来的，在这一过程中，人类的十根手指成为了最早的计数工具。由于手指计数具有可随时随地使用的特点，在当时的社会环境和生产力水平下得到了广泛的认可，同时也成为人类最初默认使用十进制进行计算的主要原因。

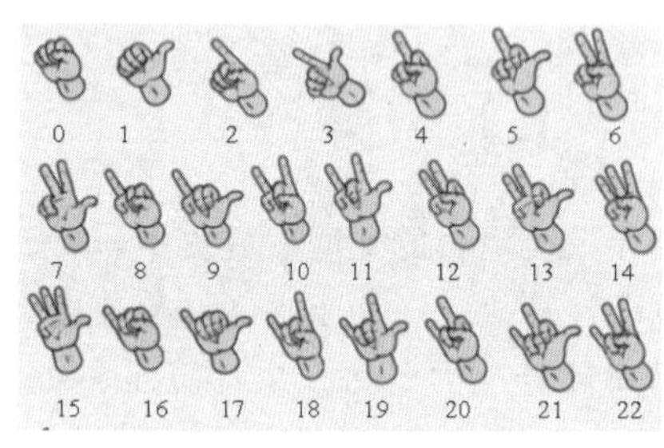

图 1-1　二进制的手指计数系统

不得不感叹人类的智慧，在无法借助外部工具的时代，“手指计数法”在人类早期计算中被发挥到了极致。仅靠 10 根手指就能将计数进行到成百上千，甚至达到万。时至今日，手指计数法仍然在人们的口语、手语和手势交流中广泛使用，甚至在人类进入信息时代，也出现了二进制的手指计数系统，如图 1-1 所示。

作为人类早期计算实践的起点，如果要将 10 根手指称为计算工具，起码还要实现相应的计算功能，而手指也确实完成了一些简单的计算，并通过配合对应的心算口诀，不仅能进行加减运算还能解决乘除运算。据考证，中国古代就出现过比较成熟的“手算”方法，明代数学家程大位在其《算法统宗》一书中就详细记载了由秦晋商人发明的“一掌金”算法，它主要靠右手指点左手各指关节完成计算。虽然“手算”方法使用方便且随时可用，但实际能计算的数值范围毕竟有限，还需要配合较为复杂的心算口诀。但也正是手指作为计算工具的局限性促使人类为摆脱身体部位的束缚，而朝着更先进的计算工具一步步迈进。

人类文明历史最早有实物为证的计算工具诞生在中国。有记录的中国古代计算方法，并不是用数字直接进行的，而是借助“算筹”这个计算工具完成的。古人曰：“运筹于帷幄之中，决胜于千里之外。”这里的“筹”就是指算筹，又叫筹策，如图 1-2 所示。

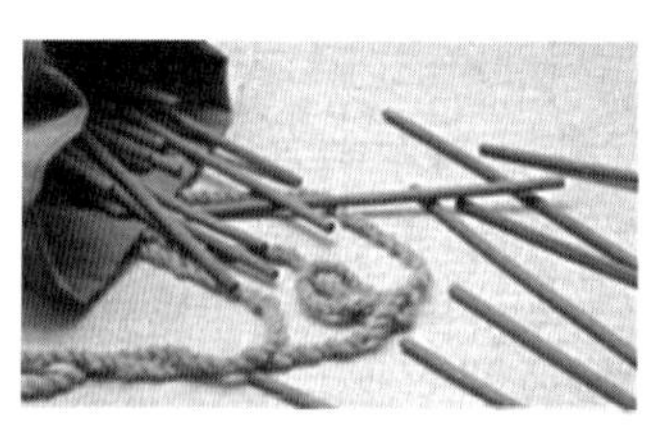

形式	数字								
	1	2	3	4	5	6	7	8	9
纵式	𝍠	𝍡	𝍢	𝍣	𝍤	𝍥	𝍦	𝍧	𝍨
横式	𝍩	𝍪	𝍫	𝍬	𝍭	𝍮	𝍯	𝍰	𝍱

图 1-2　算筹及其数据表示

算筹最早出现在公元前 4 世纪的战国时代，其后很长时间都是中国古代普遍采用的一种主要计算工具。最初的算筹采用树枝，后逐渐变成了竹、铁、牙等材质制作。算筹通过装在布袋子里或笔筒中随身携带，故又被称为“算袋”或“算子筒”。运用算筹不仅可以按照规则替代人类的手指来实现计数，还能通过算筹组成离散的数单元，并通过移动和排列这些数单元，进行具体的整数和分数的加、减、乘、除、开方等各种数学运算。最早的算筹规则载于《孙子算经》，春秋战国时期的《老子》中也有“善数者不用筹策”的记述。由此可见，在当时算筹已作为专门的计算工具被人们普遍采用，算筹的算法也趋向成熟。中国古代数学家正是以算筹为工具，书写了人类数学史上光辉的一页。早在公元500年南北朝时期，数学家祖冲之就借助算筹成功地将圆周率计算到小数点后的第7位，成为当时世界上最精确的π值，比后来法国数学家韦达相同的成就要早1100多年。

中国古代劳动人民在计算工具领域的另一项重要发明创造是算盘，如图1-3所示。算盘的出现，也被称为人类历史上计算工具的重大改革。人们往往把算盘的发明与中国古代四大发明相提并论。

减几	不退位		退位	
减一	一去一	一上四去五	一退一还九	
减二	二去二	二上三去五	二退一还八	
减三	三去三	三上二去五	三退一还七	
减四	四去四	四上一去五	四退一还六	
减五	五去五		五退一还五	
减六	六去六		六退一还四	六退一还五去一
减七	七去七		七退一还三	七退一还五去二
减八	八去八		八退一还二	八退一还五去三
减九	九去九		九退一还一	九退一还五去四

图1-3　算盘及其口诀

算盘起源于北宋时代，最早记录在汉朝的徐岳撰写的《数术记遗》一书里，大约在宋元时期开始流行，到了明代算盘最终彻底淘汰了算筹。明代的算盘与现代算盘结构非常类似，由框、梁、档和算珠组成。算盘的四周叫作框，中间的横条叫作梁，从上边贯穿横梁至下边的小棒叫作档，通常具有13档，算盘上的珠子叫作算珠，梁上2颗算珠，每珠表示五；梁下5颗算珠，每珠表示一。采用算盘进行运算时，先定位再配合相应的“口诀”即“算法”通过拨珠计算。算盘完成计算具有“随手拨珠便成答数”的优点，先流传到日本、朝鲜、越南等地，后又经商人和旅行家带到欧洲，并逐渐在西方传播开来，可以说算盘对于世界数学的发展产生了重要的影响。联合国教科文组织也把珠算正式列为人类非物质文化遗产，这也是中国第30项被列为非遗的项目。

16世纪，随着天文、航海、工程、贸易以及军事的发展，改进数字计算方法成了当务之急，计算工具在西方也出现了较快的发展。1614年以创立“对数”概念而闻名于世的英国数学家约翰·纳皮尔(John Napier)，在其所著书中介绍了一种工具，后来被称为“纳皮尔筹”，如图1-4所示，这也是计算尺的原型。

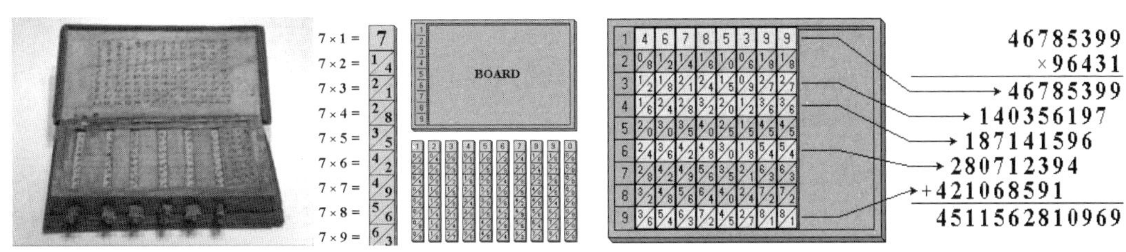

图1-4　圆柱形的纳皮尔筹实物及原理

纳皮尔筹由10根木条组成，每根木条上都刻有数码，左边第一根木条是固定的，其余的都可根据计算的需要进行拼合。纳皮尔筹的计算原理是“格子乘法”，只不过是把填格子的工作事先做好而已，需要哪几个数字时，就将刻有这些数字的木条按格子乘法的形式拼合在一起。纳皮尔筹的原理与中国算筹大相径庭，但它已经显露出对数计算方法的特征。纳皮尔的发明为计算尺的发展奠定了基础，也给后来机械式计算器的问世提供了灵感。

1622 年，英国数学家威廉·奥特雷德(William Oughtred)发明了沿用至今的乘法符号“×”和圆盘型对数计算尺，如图 1-5 所示。后来改进为由主尺座和在尺座内部移动的滑尺组成的计算尺，并由发明蒸汽机的大发明家詹姆斯·瓦特(James Watt)独具匠心地在尺座上添置了一个滑标，用来存储计算的中间结果，使这种工具更方便、更实用。

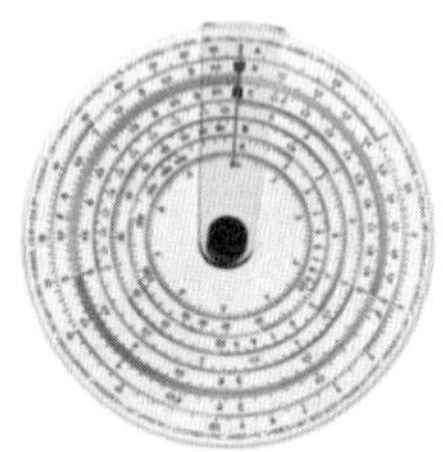

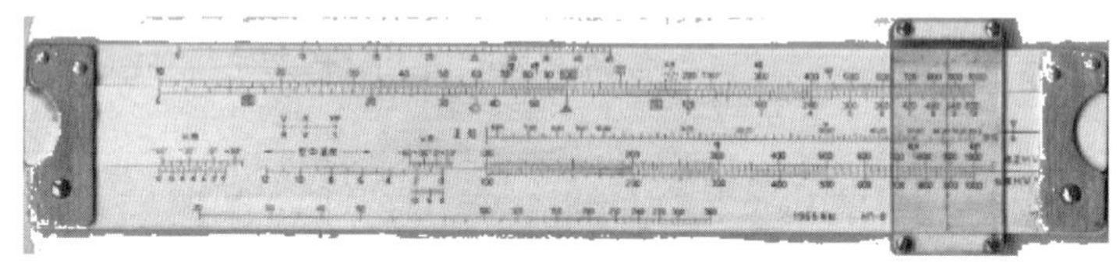

图 1-5　计算尺

1850 年，法国炮兵中尉阿梅代·马内姆(Amédée Mannheim)对计算尺进行了改进，为计算尺加上游标。在工程计算领域计算尺不仅能做乘除、乘方、开方运算，还可以计算三角函数、指数和对数。有了计算尺，人们就可以告别对数表，当时美国和欧洲的科学家都开始使用这种计算尺。

在 20 世纪 60—70 年代，熟练使用计算尺是理工科大学生必须掌握的基本功。一把计算尺就是工程师身份的象征，计算尺已经成为科技人员不可或缺的工具。计算尺产品也成为计算工具发展历史上工艺最为先进、制造最为精美、品种最为繁多、使用最为广泛的计算工具，为许多杰出的工程设计成就立下了汗马功劳。美国的“阿波罗飞船”在奔赴月球时，也没有忘记带一把计算尺作为备用计算工具，以防不时之需。但是由于标准计算尺通常只能达到 3 位数字的精度，而且要学会使用计算尺并不容易，因此计算尺在平民大众中并不普及，而且计算尺仍属于“模拟式计算”的范畴，随着便携式电子计算器的兴起，计算尺逐步退出了历史舞台。有趣的是，设计电子计算器所需的很多运算，正是靠计算尺完成的，计算尺亲手把自己送进了博物馆。

3. 早期计算机

几乎就在奥特雷德研制出计算尺的同一时期，法国的布莱士·帕斯卡(Blaise Pascal)发明出一种机械加法器，如图 1-6 所示。这种机器由一系列齿轮装置组成，并利用发条的机械能作为动力工作，可以完成 6 位数的加法和减法。加法器的外观上有 6 个轮子，分别代表个、十、百、千、万、十万。操作时只需要顺时针拨动轮子，就可以进行加法，而逆时针则进行减法。针对加法中“逢十进一”的进位问题，帕斯卡采用了一种类似小爪子式的棘轮装置，当定位齿轮从 9 朝 0 转动时，棘爪便逐渐升高，一旦齿轮转到 0 棘爪就落下，推动前一位数的齿轮前进一档。这台机械加法器被称为“人类有史以来第一台真正的机械计算机”。后来人们为了纪念帕斯卡的伟大成就将一种计算机高级

图 1-6　帕斯卡的机械加法器

语言命名为PASCAL。

英国剑桥大学的科学家查尔斯·巴贝奇(Charles Babbage)出生于工业革命的高峰时期,那是一个崇尚机械的年代,是人们相信机械的力量可以做到一切的时代。巴贝奇从学生时代起就发现当时的《数学用表》中计算错误很多。根据计算数学中有限差分法原理,即任何连续函数都可用多项式严格地逼近,表明仅用加减法就可以计算函数,所以20岁的巴贝奇就设想研制一台“机器”通过计算编制精确的《数学用表》。巴贝奇从法国人约瑟夫·杰卡德(Joseph Jacquard)发明的提花机利用穿孔卡片控制机器运转的设计中得到启发,考虑采用类似的方法设计一台能自动进行计算的装置。

巴贝奇亲自动手完成了从设计绘图到机械零件加工的各个环节,历经10年终于在1822年完成了第一台差分机,如图1-7所示。它可以处理3个不同的5位数,计算精度达到6位小数。巴贝奇通过它完成了多种函数表的演算。差分机运转的精密程度令当时的人们叹为观止,实际运用证明,差分机非常适合于编制航海和天文方面的数学用表。

图1-7 巴贝奇的差分机

在巴贝奇研制差分机的过程中,英国大诗人乔治·戈登·拜伦(George Gordon Byron)勋爵的女儿奥古斯塔·阿达·洛夫莱斯(Augusta Ada Lovelace)伯爵夫人参观了巴贝奇的差分机,并被其深深地吸引。她以无比敏锐的洞察力预测到计算机会极大地改变人们的生活,由此开始了她的编程之旅。她设计了一个过程、一组规则以及一系列运算。在一个世纪后,这些过程、规则和运算被称为一种算法或一个计算机程序,因此,阿达被世人称为世界上第一位程序员。1981年美国国防部把花了10年开发的一种表现能力很强的通用程序设计语言命名为Ada以此纪念她。Ada语言大大改善软件系统的清晰性、可靠性、有效性、可维护性,被誉为第四代计算机语言的成功代表。

1834年,巴贝奇又提出设计更先进通用的差分机,他把新的设计叫作“分析机”。设想的分析机用蒸汽驱动,能够自动解算有100个变量的复杂算题,每个数可达25位,运算速度可达每秒一次。巴贝奇曾设想利用存储数据的穿孔卡上的指令进行任何数学运算的可能性,也设想了现代计算机所具有的大多数其他特性。在这期间,阿达坚定地投身于分析机研究,成为了巴贝奇的合作伙伴。阿达设计了巴贝奇分析机上解一阶线性微分方程(Bernoulli方程)的一个程序,并证明当时的19世纪计算机狂人巴贝奇的分析器可以用于许多问题的求解,虽然由于分析机的设想超出了当时至少一个世纪社会发展的需求和科学技术发展的可能,因此当时政府拒绝进一步资助,分析机最终没能造出来。但是巴贝奇仍然为计算机科学留下了一份极其珍贵的精神遗产,包括30种不同的设计方案,近2100张组装图和50 000张零件图……一个多世纪过去后,现代计算机的结构几乎就是巴贝奇分析机的翻版,只不过它的主要部件被换成了大规模集成电路而已。仅此巴贝奇就当之无愧于计算机系统设计的“开山鼻祖”。

1936年,美国哈佛大学教授霍华德·海撒威·艾肯(Howard Hathaway Aiken)在读过巴贝奇和阿达的笔记后,产生了用机电而不是纯机械的方法实现分析机的想法。艾肯起草了一份向IBM公司寻求资助的建议,当时的IBM公司专门生产打孔机、制表机等商用机器,拥有雄厚的财力。艾肯的建议对IBM公司转向发展计算机起了助推的作用。1939年3月,IBM公司决定投资一百万美元与艾肯签订了合作制造Mark Ⅰ的协议。但由于第二次世界大战的爆发，直到1944年世界上第一台实现顺序控制的自动数字计算机 Mark Ⅰ（见图1-8）才在哈佛大学研制成功并投入运行。

图1-8　艾肯和 Mark Ⅰ

Mark Ⅰ使用了3000多个电机驱动的继电器作为开关元件，有750 000个零部件，72个累加器，每一个都有自己的算术部件及23位数的寄存器。Mark Ⅰ里面的各种导线加起来总长超过800km，整体长15m、高2.5m，看上去像一节列车。Mark Ⅰ采用穿孔纸带进行程序控制，工作时加法速度是每次300ms，乘法速度是每次6s，除法速度是每次11.4s。尽管 Mark Ⅰ的计算速度不算快，可靠性也不高，但精确度很高（达到小数点后23位）。Mark Ⅰ使用了15年，IBM公司的研发重点也从此转向计算机。

1947年，在进行 Mark Ⅰ的后继产品 MarkⅡ的开发过程中，研究人员检查一个程序运行问题时，发现是因为其中一个继电器夹了一只压扁的飞蛾所导致的，于是他们小心地把飞蛾取出并贴在工作记录上，在标本下面标注 First actual case of bug being found，从此 Bug 就成为了计算机故障的代名词，而 Debug 也成为排除故障的专业术语。

1.1.2　现代计算机

随着现代社会和科学技术的快速发展，需要解决和处理的计算问题日益复杂，原有的计算工具和设备已无法满足要求，人类开始对新的计算工具提出了更高的要求和具体目标，而这些都促使了现代计算机的问世。实际上，计算机里的“计”可以看成是收集和接受信息，“算”可以看成是对信息的加工处理，“机”则明确表示是一个系统装置，而通过“计算”一词则囊括了信息时代人类认识和改造世界的全部目标。

现代计算机孕育于英国，诞生于美国，成长遍布于全世界。自工业革命后伴随着笨重的齿轮、继电器等元器件依次被电子管、晶体管、集成电路等取代的过程，现代计算机的快速发展也揭开了一场新的科学技术革命，而所谓“现代”主要是指利用先进的电子技术代替机械或机电技术。

1. ENIAC

1943年，第二次世界大战进入关键时期，由于当时一个熟练的操作员利用机械计算机完成一条飞行时间60s的弹道计算要花费20h，因此美国陆军新式火炮的设计迫切需要运算速度更快的计算机。由此可见，军事需求推动了现代电子计算机的诞生。

世界公认的第一台通用电子数字计算机 ENIAC（Electronic Numerical Integrator and Computer，电子数字积分计算机，见图1-9）在1946年2月14日，由美国宾夕法尼亚大学的约翰·莫奇来（John Mauchly）和他的学生约翰·皮斯普·埃克特（John Presper Eckert）领导的科研小组研制成功。ENIAC 主要由电子线路和电子元件构成，在研制过程中著名匈牙利裔美籍数学家冯·诺依曼(Von Neumann)也加入进来，并对 ENIAC 最终研制成功起了决定性的作用。

图 1-9　ENIAC

ENIAC 主要用来为美国军方高效完成弹道表的计算。ENIAC 计算一条炮弹的弹道时间大约是 20s，甚至比实际炮弹本身的飞行速度还快。ENIAC 的问世标志人类从此迈进了电子计算机时代。因为当时 ENIAC 的出现被称为"诞生了一个电子的大脑"，所以"电脑"的名称也由此而来。

ENIAC 的内部总共安装了 17 468 个电子管、7200 个二极管、70 000 多个电阻、10 000 多个电容和 1500 多个继电器，电路的焊接点多达 500 万个；在机器表面布满电表、电线和指示灯；整个机器被安装在一排 2.75m 高的金属柜里，占地面积 $170m^2$，总重达 30t。ENIAC 的耗电量超过 174kW。当时曾经有报道形容：ENIAC 开动时，整个费城的灯光都暗淡下来。ENIAC 的电子管平均每隔 7min 就要烧坏一只，另外由于存储容量太小，因此它还不完全具有"内部存储程序"功能。但是 ENIAC 的运算速度达到了每秒 5000 次加法和每秒 56 次乘法，能够在 3ms 内完成两个 10 位数乘法，这比当时已有的计算装置要快 1000 倍。

ENIAC 原来是计划为第二次世界大战服务的，但当它投入运行时战争已经结束，于是便转向了研制氢弹所需的相关计算。当它退役时计算机技术与氢弹技术都有了很大的发展，从这点上看 ENIAC 实际的应用面很窄，因此 ENIAC 的社会意义也并没有人们想象的那么广泛。

2. 计算机的发展

由于电子计算机在迄今为止的 70 多年发展历程里，连续进行了几次重大的技术革命，因此通常会采用第一代、第二代……的方式来区分。但在具体年代的划分及划分采用的依据等方面，专业学者的看法不尽相同。纵观整个过程，由于电子计算机的发展与电子技术发展密切相关，每当电子技术出现了突破性的进展和成就时，都会导致电子计算机产生重大技术变革，因此，较多的计算机专业和历史学者，赞成以组成电子计算机的主要电子元器件作为划分各代电子计算机的主要依据。

图 1-10　电子管

1) 第一代电子计算机(1946—1958 年)

这一阶段的计算机主要使用电子管(见图 1-10)作为机器的主要电子元器件，故又称为电子管计算机，主要用来进行科学计算。这类计算机采用机器语言或汇编语言编写程序,没有操作系统;每秒运算速度仅为几千次;机器体积庞大,往往都需要一整个房间来存放;而且造价也比较昂贵,如ENIAC的造价就高达48.7万美元(约合今天的600万美元),运营和维护都需要大量的费用,即使是后来面世的第一台量产计算机UNIVAC,上市价格也要15.9万美元(约合今天的141万美元),只有大型科研机构和高校才能拥有。这一代的计算机主要特点是:

(1) 采用电子管代替机械齿轮或电磁继电器作开关元件,但仍然很笨重,机器运行时产生热量较大,而且元件也很容易损坏。

(2) 采用二进制代替十进制,即所有指令与数据都用"1"与"0"表示,并分别对应于电子器件的"接通"与"关断"状态。

(3) 程序已可以存储,但存储设备还比较落后,最初使用水银延迟线(见图1-11)或静电存储管,存储容量很小,后来使用了磁鼓(见图1-12)、磁芯(见图1-13)进行改进。磁鼓是利用表面涂以磁性材料的高速旋转的鼓轮和读写磁头配合起来,进行信息存储的磁记录装置,1950年首先用于英国国家物理实验室NPL的ACE计算机上。

图1-11 水银延迟线存储器

图1-12 磁鼓存储器

(4) 输入输出装置主要采用穿孔卡,但速度很慢。

UNIVAC-Ⅰ(见图1-14)是第一代计算机的代表。在它前后出现的一批著名机器,形成了开创性的第一代计算机,包括ENIAC、EDVAC、IBM701等。

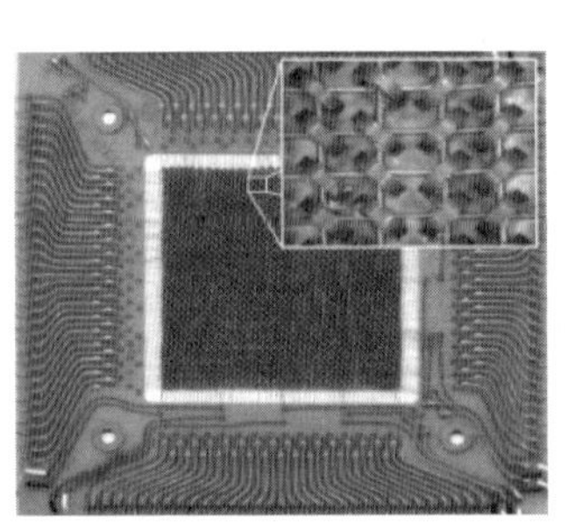

图1-13 磁芯存储器

图1-14 UNIVAC-Ⅰ

国际商业机器(International Business Machines,IBM)公司1948年开发了电子管继电器混合的大型计算机SSEC(即选择顺序电子计算机)。1951年10月,冯·诺依曼受聘担任了IBM公司的顾问,他向公司领导及技术人员阐述了计算机的应用前景和意义,提出了一系列有充分科学依据的重大建议。1952年4月,IBM公司在纽约举行盛大招待会向社会宣布，其生产的第一台用于科学计算的大型机 IBM 701（见图 1-15）问世，会上展示的 IBM 701 字长 36 位，使用了 4000 个电子管和 12 000 个锗晶体二极管，运算速度为每秒 2 万次，它采用静电存储管作主存，容量为 2048 字，并用磁鼓作辅存。此外，IBM 701 还配备了齐全的外设，如卡片输入输出机、打印机等，使得第一代商品计算机有了完整的系统。1953 年又推出第一台用于数据处理的大型机 IBM 702 和小型机 IBM 650。

1954 年，IBM 公司又陆续推出了 IBM 701 与 IBM 702 的后续产品 IBM 704 与 IBM 705。1956 年，推出第一台随机存储系统 RAMAC 305，其中 RAMAC 是计算与控制随机访问方法（Random Access Method for Accounting and Control），RAMAC 作为现代磁盘系统的先驱由 50 个磁盘组成，存储容量为 5MB，随机存取文件的时间小于 1s。

虽然电子管广泛应用于电话、通信和家庭娱乐领域，还推动了飞机、雷达、火箭的发明和进一步发展，但是由于电子管存在体积大、能耗高、寿命短、噪声大等缺点，已不能满足近代信息工业的发展。随着新的固态器件晶体管代替电子管，电子计算机也进入新的技术时期。

2）第二代电子计算机（1959—1964 年）

这一阶段计算机主要使用晶体管（见图 1-16）作为主要电子元件，又称晶体管计算机。1947 年 12 月，美国贝尔实验室正式展示了第一个基于锗半导体的具有放大功能的点接触式晶体管，标志着现代半导体产业的诞生和信息时代的开启。1950 年，锗基 NPN 结式晶体管被研发出来，晶体管的出现使计算机生产技术得到了根本性的发展，晶体管开始被用作计算机的元件。晶体管不仅能实现电子管的功能，而且具有尺寸小、重量轻、寿命长、效率高、发热少、功耗低等优点。使用晶体管后，电子线路的结构大大改观，制造高速电子计算机就更容易实现了。这一代计算机的主要特点是：

图 1-15　IBM 701

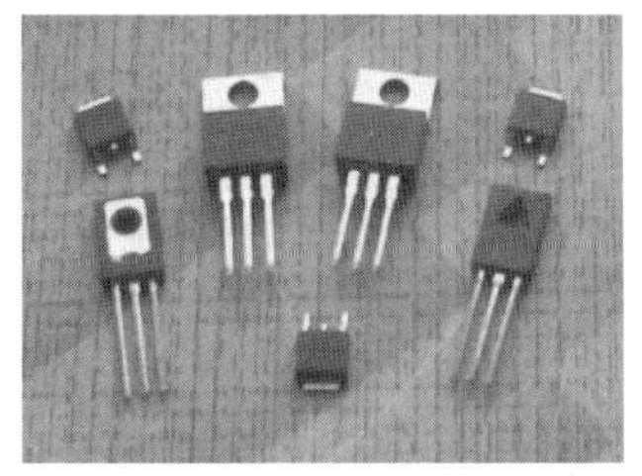

图 1-16　晶体管

（1）使用晶体管作为主要电子元件。晶体管体积小、重量轻；发热少、耗电省；速度快、功能强；价格低、寿命长。晶体管的使用使计算机结构与性能都发生了飞跃。

（2）采用磁芯存储器作主存，磁盘与磁带作辅存。增加了存储容量，提高了可靠性，为系统软件的发展创造了条件，出现了监控程序，后来发展成为操作系统。

（3）出现了许多现代计算机体系结构的特性。例如变址寄存器、浮点数据表示、间接寻址、中断、I/O 处理器等，实现了第一代超级计算机，如 CDC 6600。

（4）编程语言得到快速发展。汇编语言代替了机器语言，开始出现了面向过程的高级程序设计语言，如用于科学与工程计算的 FORTRAN 语言、用于人工智能的 LISP 语言以及用于商业的 COBOL 语言等。

（5）进一步扩大计算机的应用范围。第二代电子计算机的应用以科学计算和事务处理为主，通过不断改进输入输出设备，开始进入实时过程和数据处理的工业控制领域。

1954 年，贝尔实验室研制成功第一台使用晶体管线路的计算机(见图 1-17)，取名“催迪克”(TRADIC)，使用了大约 700 个晶体管和 1 万个锗二极管，每秒可以执行 100 万次逻辑操作，功率仅为 100 瓦时。1955 年，IBM 公司研发出了包含 2000 个晶体管的商用计算机。

第二代计算机主流产品是 IBM 7000 系列。1958 年，IBM 推出全部晶体管化的大型科学计算机 IBM 7090，1960 年，晶体管化的 IBM 7000 系列全部代替了电子管的 IBM 700 系列，如 IBM 7094-Ⅰ大型科学计算机、IBM 7040 和 IBM 7044 大型数据处理器，这些机型在美国各大大学和公司得以广泛使用，晶体管电子计算机开始经历了大范围的发展。1960 年，美国贝思勒荷姆钢厂成为第一家利用计算机进行订货处理、库存管理、实时生产过程控制的工业企业；1963 年，《俄克拉荷马日报》成为第一份利用计算机进行编辑排版的报纸；1964 年美国航空公司建立起了第一个实时订票系统，伴随着不断的技术革新也使晶体管电子计算机技术日臻完善，也开起了计算机应用的革命。

3) 第三代电子计算机(1965—1970 年)

这一阶段计算机主要使用中小规模集成电路(见图 1-18)作为主要元器件。集成电路(Intergrated Circuit，IC)是指采用一定的工艺，把电路中所需的三极管、二极管、电阻、电容、电感等元器件及导线集中在几平方毫米的基片上形成逻辑电路，再通过封装工艺制作在一小块或几小块陶瓷、玻璃或半导体晶片上，成为能够实现一定电路功能的微型电子器件或部件。集成电路具有体积小、重量轻、可靠性高、成本低、性能好等优点，采用集成电路使得设计出的计算机更小、功耗更低、速度更快。

图 1-17　TRADIC

图 1-18　集成电路

1965 年，英特尔(Intel)公司创始人之一的戈登·摩尔(Gordon Moore)提出了著名的摩尔定律：当价格不变时，集成电路上可容纳的晶体管以及元器件的数目，大约每隔 18 个月便会增加一倍，其性能也将提升一倍。摩尔定律归纳了信息技术进步的速度。在摩尔定律应用的 50 多年里，集成电路半导体产业的发展基本符合摩尔定律的基本理论，使得计算机从神秘不可近的庞然大物变成多数人都可拥有且不可或缺的工具，现代计算机应用技术也由实验室进入无数普通家庭。第三代计算机的主要特点是：

(1) 采用集成电路。第三代计算机最初采用每个基片上集成几个到十几个电子元件(逻辑门)的小规模集成电路和每片上几十个元件的中规模集成电路，为后来进一步发展到大规模集成电路(LSI)奠定基础。集成电路的体积变得更小，耗电也更省，而功能更强，使用寿命更长。

(2) 半导体存储器淘汰了磁芯存储器。集成化的计算机存储器,采用性能优良的半导体存储器取代磁芯存储器,半导体存储器与处理器具有良好的兼容性,存储容量大幅度提高,为建立稳定的存储体系与可靠的存储管理创造了条件。

(3) 普遍采用了微程序设计技术。为建立具有继承性的体系结构发挥了重要作用,使计算机走向系列化、通用化、标准化。

(4) 系统软件与应用软件都有了很大发展,进入了"面向人类"的语言阶段。操作系统逐步成熟且性能日益提高,人们可以通过分时系统的交互方式共享计算机资源;出现了结构化、模块化的程序设计方法,提高了软件质量;通过面向用户的应用软件的发展,大大丰富了计算机软件资源;除了早期的 BASIC 语言外,陆续出现了 C 语言、DL/I 语言、PASCAL 语言等达 250 多种高级计算机程序设计语言。

(5) 针对不同的计算机系统,解决软件兼容问题。出现了系列化的小型计算机,满足中小企业与机构日益增多的计算机应用需求,如 DEC 公司研制的 PDP-8 机、PDP-11 系列机以及后来的 VAX-11 系列机等。

IBM 公司在 1961 年 12 月提出并实施了研制新的通用机的"360 系统计划",1964 年 4 月 7 日,IBM 公司公布了第三代计算机主流产品 IBM 360 系统(见图 1-19),它是一项跨时代意义的创新,成为计算机发展史上的一个重要里程碑,IBM 公司共投资 50 亿美元。到 1965 年 IBM 360 系统的各种型号陆续投入市场,共销售出 33 000 台,极大地促使大多数早先的商用计算机被取代,在它上面首次出现的新技术包括交易处理、微循环、数据库技术等,对整个计算机工业产生了巨大的影响。

图 1-19 IBM 360 系统

在同一时期,数据设备公司(DEC)于 1959 年成功展示了其设计的第一台电子计算机 PDP-1;1963 年生产出了 PDP-5;1965 年生产的 PDP-8 以结构简单、售价低廉成为了商用小型机的成功版本,在商业上获得了前所未有的成功,PDP-8 上市的售价只要 1.85 万美元(约合今天的 14 万美元),体积也比之前的计算机更小,它的 CPU 主频大概是 800kHz,PDP-8 开拓出了小型机市场,计算机不再仅仅为大型机构的专业人员使用,而开始进入西方发达国家普通的办公室之中。

1969 年,另一家公司 Data General 推出了小型机 Nova,同样采用 16 位处理器,但价格则要低廉得多,只要 3995 美元(约合今天的 2.6 万美元),即使包含 RAM 扩展也只要 7995 美元。Nova 机获得了成功,后陆续开发了三个系列的 Nova 机。

尽管面临很多竞争对手,DEC 又陆续推出了 PDP-11(采用了 16 位处理器)。PDP 系列后来发展成为历史上最著名的小型机系列之一,而 DEC 也成为了小型机最著名的制造商。

4) 第四代电子计算机(1970 年至今)

随着芯片制造商生产的芯片上所集成的晶体管数量逐步增加,每个晶体管的体积日益减小,出现了大规模和超大规模集成电路(VLSI),如图 1-20 所示。从 1971 年发展至今,采用大规模集成电路和超大规模集成电路为主要电子器件制成的计算机称为第四代计算机,第四代计算机的另一个重要分支是

图 1-20 超大规模集成电路

以大规模、超大规模集成电路为基础发展起来的微处理器和微型计算机。这一代计算机的主要特点是：

(1) 微处理器或超大规模集成电路取代了中小规模集成电路。Intel 公司于 1971 年研制成功第一代微处理器 4 位芯片 Intel 4004(见图 1-21)，它在 $4.2\times3.2\text{mm}^2$ 的硅片上集成了 2250 个晶体管组成的电路，但其功能与 ENIAC 相仿，1972 年又推出第二代微处理器 8 位芯片 Intel 8008，1974 年推出后继产品 8080，直至今日 Intel 公司仍是微处理器的主要制造商。1975 年，摩托罗拉公司推出微处理器 M6800。1976 年，Zilog 公司推出微处理器 Z80。

(2) 从计算机系统结构来看，第四代计算机只是第三代计算机的扩展与延伸。在这阶段存储容量进一步扩大，存储设备引进了光盘；有了光学字符识别(OCR)与条形码输入；输出出现了激光打印机；涌现了更多新的高级程序设计语言；产生了多媒体技术等。而所有这些对于计算机系统结构本质上都只是进化性的发展，而不是革命性的变化。

(3) 随着微处理器的研制，微型计算机异军突起，席卷全球，触发了计算技术由集中化向分散化转化的大变革。许多大型机的技术进入微型机领域，以微处理器为基础，1981 年美国 IBM 公司推出第一代微型计算机 IBM PC(见图 1-22)，并以执行结果精确、处理速度快捷、性价比高、轻便小巧等特点迅速进入社会各个计算机应用领域。

图 1-21　Intel 4004

图 1-22　IBM PC

(4) 数据通信、计算机网络、分布式处理有了很大的发展。通过计算机技术与通信技术相结合而产生的计算机网络技术，改变了人类世界的生活方式和社会经济面貌。局域网(LAN)、广域网(WAN)和因特网(Internet)正把世界越来越紧密地联系在一起。

(5) 基于特殊应用领域的需求，在并行处理与多处理领域正积累着重要的经验，为未来的技术突破创造着条件。例如图像处理、人工智能与机器人、函数编程、超级计算等都是人们越来越感兴趣的领域。

时至今日，第四代计算机曾经流行过的机器种类极其繁多，诸如 IBM 公司从 1979 年陆续推出的 4300 系列(1980 年中国第一次人口普查，30 多台 4300 大型机)、3080 系列，1985 年的 3090 系列以及超级计算机系列(深蓝、蓝色基因和 Watson)；惠普公司基于 UNIX 操作系统的 HP 9000 系列；AT&T 公司的 3B2 系列；Data General 公司的 MV 系列……它们都继承了上一代的体系结构，但是在应用领域和功能以及机器性能上得到进一步的加强和提升，例如虚拟存储、数据库管理、网络管理、图像识别、语言处理等。

集成电路技术的发展和微处理器的出现，使计算机发展速度之快，大大超出人们的预料。电子计算机的性能不断提高，功耗进一步降低，体积逐渐变小甚至微型化，价格越来越便宜，应用软件越来越丰富，应用领域也越来越普遍，尤其是微型计算机的出现，使计算机真正进入了普及的时代。

但如果从本质上看，无论是大型机还是个人计算机，目前仍主要是由超大规模集成电路构成，当然随着科技技术的积累和创新，相信不远的将来人类一定会迎来新一代的计算机。

1.1.3 计算及技术的应用

1. 计算科学

伴随着人类科学研究的不断进步和工程技术的快速发展，不同类型的科学计算已经深入各行各业，诸如在航天航空、地质勘探、工业制造、桥梁设计、天气预报、图像处理以及信息处理等领域的研究和应用过程中都需要进行各类科学计算，计算科学极大地增强了人们从事科学研究的能力，大大地加速了把科技转化为生产力的过程，深刻地改变着人类认识世界和改造世界的方法和途径。

在计算机和计算方法飞速发展的推动下，也逐渐形成了计算科学与工程学科分支，并与传统的理论科学和实验科学彼此相辅相成地推动科学发展与社会进步。计算科学的理论和方法，作为新的研究手段和新的设计与制造技术的理论基础，正推动着当代科学技术向纵深发展。

1）数值计算

数值计算指有效使用数字计算机解决数学问题近似解的方法、过程以及由相关理论构成的学科。它主要研究如何利用计算机更好地解决各种数学问题，具体包括连续系统离散化和离散形方程的求解，并考虑误差、收敛性和稳定性等问题。数值计算通过将需要求解的数学模型简化成一系列算术运算和逻辑运算，以便在计算机上求出问题的数值解，并通过提高计算方法的效率和计算机硬件的效率增强计算能力，有效提升实际计算的速度以及计算结果的精度。

数值计算在解决问题的过程中逐步形成独特的计算理论与方法。区别于解析法，它表现出明显的特征：注重问题的构造性证明；计算结果的离散化；运用有限逼近的思想实现误差运算；通过控制误差的增长，保证计算过程稳定；快捷的计算速度和高计算精度。

目前在科学技术和社会生活的各领域中，几乎所有学科的研究都走向了定量化和精确化。数学家想求出最大的质数，获取圆周率更精确的数值；天文学研究组织通过计算分析太空脉冲、星位移动；生物学家利用计算来模拟蛋白质的折叠过程（见图1-23），发现基因组的奥秘；药物学家想要研制治愈癌症或各类细菌与病毒的药物；医学家试图寻找研制防止衰老的新办法；经济学家需要分析国家宏观经济和最优控制模型等，而这些领域的计算问题都可归结为数值计算问题，并由此产生了大量的数值计算需求。

随着计算机科学和其他专业学科的相互融合，产生了诸如计算物理、计算化学、计算生物学、计算地质学、计算气象学、计算材料学及技术经济学等一系列新型的计算性学科分支，数值计算也成为各学科中解决“计算”问题的桥梁和关键。

2）数字图像处理

数字图像处理（digital image processing）又称为计算机图像处理，它是指将图像信号转换为数字信号并利用计算机对其进行处理的过程。人们平时所见到的图像，在计算机中都是一组数字，当通过相机捕获现实世界的景物时，相机会捕获现实世界的光源信号，转换为

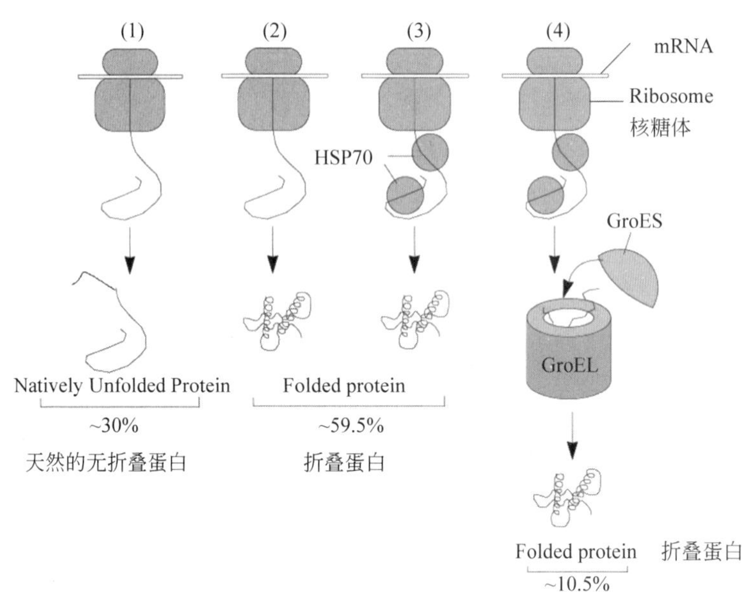

图 1-23 蛋白质的折叠过程

数字信号传输并以文件的形式保存到存储器。当显示时图形处理器(Graphics Processing Unit,GPU)会根据图像文件存储的数字信息,利用相关应用处理软件将其绘制到屏幕上,并按不同的处理效果呈现出来。

数字图像处理最早出现于 20 世纪 50 年代,当时的电子计算机的数据处理水平已经发展到一定水平,人们开始利用计算机来处理图形和图像信息。数字图像处理作为一门学科大约形成于 20 世纪 60 年代初期。早期的数字图像处理以提高人的视觉效果为目的,主要针对低质量的输入图像,利用常规的图像增强、复原、编码、压缩等相关技术手段进行改善,最后输出结果。

数字图像处理应用首次获得实际成功的是美国喷气推进实验室(JPL),对航天探测器徘徊者 7 号 1964 年发回的几千张月球照片使用图像处理技术,如几何校正、灰度变换、去除噪声等进行处理,并考虑了太阳位置和月球环境的影响,由计算机成功地绘制出月球表面地图。随后又对探测飞船发回的近十万张照片进行更为复杂的图像处理,获得月球的地形图、彩色图及全景镶嵌图,为人类登月创举奠定了坚实的基础,也推动了数字图像处理这门学科的诞生。2011 年 NASA 公布了一幅迄今为止绘制最清晰的月球高程地形图(见图 1-24),这幅地图利用 2009 年 6 月发射的月球勘测轨道器传回的数据绘制。

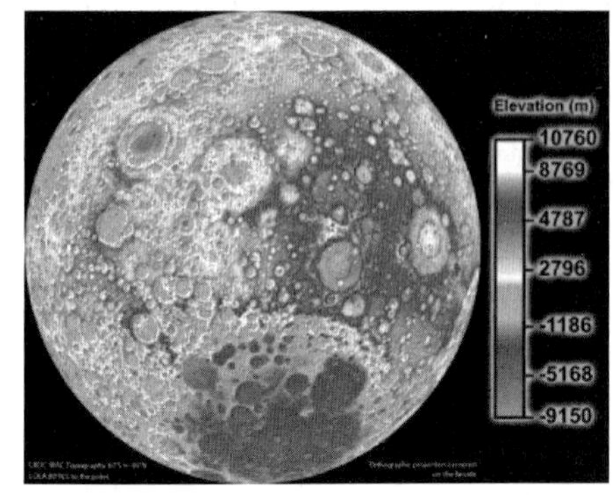

图 1-24 月球高程地形图

数字图像处理取得的另一个巨大成就是在医学上获得的成果。1972 年英国 EMI 公司工程师 Housfield 发明了用于头颅诊断的 X 射线计算机断层摄影装置,也就是通常所说的 CT(Computed Tomography)。CT 工作的基本原理是根据人的头部截面投影,经计算机处理来重建截面图像,称为图像重建。1975 年 EMI 公司又成功研制出全身用的 CT 装置，获得了人体各个部位鲜明清晰的断层图像。1979 年这项无损伤诊断技术获得了诺贝尔奖。

目前，数字图像处理在国民经济的许多领域已经得到广泛的应用。农林部门通过遥感图像了解植物生长情况，进行估产，监视病虫害发展及治理；水利部门通过遥感图像分析，获取水害灾情的变化；气象部门及时分析气象云图，提高预报的准确程度；国土及测绘部门，使用航测或卫星图片中的信息获得地域地貌及地面设施等资料；机械部门可以使用图像处理技术自动进行金相图分析识别；医疗部门采用各种数字图像技术分析相关影像图片来提高各种疾病诊断的准确率。

同样，数字图像处理在通信领域也有着特殊的用途及应用前景，传真通信、可视电话、会议电视、多媒体通信，以及宽带综合业务数字网（B-ISDN）和高清晰度电视（HDTV）都需要利用数字图像处理技术。

随着计算机技术和人工智能、思维科学研究的迅速发展，数字图像处理开始向更高、更深层次迈进，使图像处理成为一门引人注目、前景远大的新型学科。人们开始研究如何利用计算机系统解释图像，实现类似人类视觉系统理解外部世界，这被称为图像理解或计算机视觉。计算机视觉实际上就是图像处理加图像识别，它采用十分复杂的处理技术，辅以设计高速的专用硬件。虽然目前已取得了不少重要的研究成果和进展，但由于人类对自身的视觉过程还了解甚少，因此计算机视觉也成为人们进一步探索的领域。

虽然数字图像处理技术应用非常广泛，但是就其学科建设来说还不成熟，还没有广泛适用的研究模型和齐全的质量评价体系指标。多数方法的适用性都随分析处理对象而各异，并且数字图像处理的研究过程中存在着庞大的计算需求。

3）网络计算

“计算”在不同的时代有不同的内涵，伴着计算科学和技术应用的进一步拓展，以及网络宽带的迅速增长，网络与计算的高效融合也成为了未来计算发展的趋势之一，网络计算比数学（值）计算具有更广泛的内涵，逐渐成为近年来新的研究领域，人们开始进入“网络计算时代”。

网络计算又称为元计算、无缝可扩展计算、全局计算等，被定义为一个广域范围的“无缝的集成和协同计算环境”。计算机相关的硬件和软件（运行虚拟机的通用 CPU、传统操作系统和编程语言）越来越多地被用于各类网络功能。利用新型可编程网络设备的功能，可以将计算从 CPU 转移到网络。实现软硬件创新结合得益于网络计算发挥作用，诸如交换机、路由器和 NIC（网络接口卡）之类的网络设备也正在向可编程发展，其中的程序可以及时地被编译成不同的机器码，在不同的机器中执行，用户可通过专用计算机网络或公共计算机网络进行信息传递和处理，并允许在网络中完成各类通用计算。

网络计算结构（NCA）结合客户机/服务器结构的健壮性、Internet 面向全球的简易通用的数据访问方式和分布式对象的灵活性，提供了统一的跨平台开发环境。基于相应开放的和事实上的标准，把应用和数据的复杂性从桌面转移到智能化的网络和基于网络的服务器，给用户提供了对应用和信息的通用、快速的访问方式。从系统的角度看，网络计算意味着无需向网络中添加新设备，不需要额外的空间、成本或空闲功率。此外，网络计算在事务提交时就终止，有效减少网络上的负载，尤其在以数据中心为代表的高密度计算集群中，应用呈多元化和分布化。

新型的网络计算也需要更强的算力，越来越大的网络带宽带来的海量数据，对计算需求也不断飙升。目前网络计算在众多应用领域中存在许多优势和潜力，但同样也面临着很多技术挑战，尤其是网络计算作为在异构计算环境中的"新的个体"，如何有效提升其计算能力仍有许多需要创新和发现的地方。

2. 计算技术的发展

计算技术与人类文明同时起步至今，历经了手动、机械、电动及电子四大阶段。目前计算技术的发展基于冯·诺依曼架构，围绕数据处理、数据存储、数据交互三大能力要素不断演进升级，并伴随现实世界的不同层面、不同角度、不同应用场景的需求，计算创新层出不穷，各种计算技术、产品及概念不断涌现。从专业领域角度来看，与系统工程技术创新相关的先进计算技术涵盖了原理、材料、工艺、器件、系统、算法、网络架构以及应用等各方面，并在不同应用阶段展现出不同的发展特征和重点，具体计算技术创新也已由通用软硬件方面转向实际应用驱动的专业领域。

1）并行计算

串行计算是指在单个计算机（具有单个中央处理单元）上执行软件程序，CPU 逐个运行系列指令完成任务。串行计算不将任务进行拆分，一个任务占用一块处理资源。并行计算（parallel computing）则不同，并行计算是在串行计算的基础上演变而来的，通过努力仿真自然世界中的事务状态：一个序列中众多同时发生的、复杂且相关的事件。

并行计算是指同时使用多种计算资源解决计算问题的过程。并行计算的主要目的是快速解决大型复杂的计算问题，是提高计算机系统计算速度和处理能力的一种有效手段。并行计算的基本思想是用多个处理器来协同求解同一任务，即将被求解的大任务分割成多个子任务，每个子任务部分均由一个独立的处理器来计算，如图 1-25 所示。并行计算可划分成时间并行和空间并行。

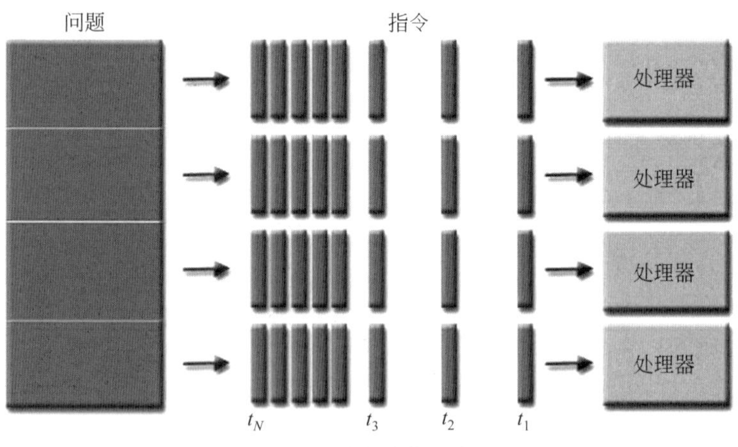

图 1-25　并行计算示意图

时间并行就是流水线技术，指在单处理器内广泛采用各种并行措施的流水线技术，可以加快处理器的速度，但程序中相邻指令的相关性会影响流水线处理器效率的发挥。空间并行使用多个处理器并发的执行计算，主要是由单处理器发展而成的各种不同耦合度的多处理器系统。

目前并行计算科学中主要研究的是空间上的并行问题，具体分为单指令多数据流(Single-Instruction，Multiple-Data-stream，SIMD)计算机和多指令多数据流(Multiple-Instruction，Multiple-Data-stream，MIMD)计算机。单指令多数据流计算机通过把程序中的一步操作分成多个片段，在几个独立的处理器上同时执行这些程序片段。多指令多数据流计算机可以同时运行程序的不同部分，分为5类：并行向量处理器(PVP)、对称多处理器(SMP)、大规模并行处理器(MPP)、工作站机群(COW)、分布式共享存储处理器(DSM)。需要注意的是，并没有统一的并行计算架构适用于每个问题，如果使用了不合适的并行计算架构，甚至会导致系统性能下降，所以必须同时考虑利用并行性进行程序设计和解决问题的方法。

并行计算中各个子任务之间是有很大的联系的，每个子任务都是必要的，其结果相互影响。针对不同问题，并行计算需要专用的并行体系架构，架构可以是以某种方式互连的若干台独立计算机构成的集群，也可以是专门设计含有多个中央处理器的单一硬件或超级计算机，它们可以共享存储单元或各具自己的本地存储，处理器之间通过高速内部网进行通信。由于器件的发展，并行处理计算机系统具有较好的性能价格比，而且还有进一步提高的趋势。

并行计算技术研究的深入也拓展了其应用。分布式计算是近年提出的一种新的计算方式，是利用互联网上的计算机的CPU闲置处理能力来解决大型计算问题的一种计算科学；图形类任务并行友好性特点使人们在图形处理器(GPU)中融入多处理器架构，GPU计算天生具有并行性，GPU擅长执行矢量和矩阵运算，虽然GPU并不像CPU处理器那样灵活，但在全新的计算密集型应用程序上却更胜一筹。多核架构能使目前的软件更出色地运行，并创建一个促进未来的软件编写更趋完善的架构，而其核心就是全新的软件并发处理模式的实现。

未来计算机科学家以及其他研究人员将进一步通过释放并行计算的高性能潜力，从理论研究转向实际应用，具体从计算模型上的算法研究转向实际计算模型上的编程研究，研究如何方便地利用系统并行环境去开发高效的并行程序，提高算法的可移植性，并利用并行计算模型来定量预测和分析并行程序的实际运行性能，完成并行计算模型、算法、编程进行一体化研究。总而言之，世界是并行的，并行计算的机遇与挑战，相信在未来会有更大的突破。

2) 云计算

云计算(cloud computing)是分布式计算、并行计算、效用计算、网络存储、虚拟化、负载均衡、热备份冗余等传统计算机和网络技术发展融合的产物，是一种新兴的商业计算模型，如图1-26所示。云计算作为分布式计算的一种，可以实现随时随地、便捷地、随需应变地从可配置计算资源共享池中获取所需的资源。云计算的核心概念就是以互联网为中心，通过网络"云"只需最少管理和与服务提供商的交互，就可以提供快速且安全的云计算服务与数据存储，便捷按需地访问共享资源(包括网络、服务器、存储、应用和服务等)的高效率计算模式。

图1-26　云计算示意图

云计算是信息化发展进程中的一个阶段，兼有互联网服务的便利、廉价和大型机的能力，强调信息资源的聚集、优化、动态分配和回收，每一个使用互联网的人都可以使用网络上的庞大计算资源与数据中心，旨在节约信息化成本、降低能耗、减轻用户信息化的负担，提高数据中心的效率，以解决传统信息技术系统的零散性带来的低效率问题。

早期云计算就是简单的分布式计算，具体解决任务分发，并进行计算结果的合并又称为网格计算，通过云计算技术，可在很短的时间内完成对庞大数据的处理，从而获得强大的网络服务。亚马逊公司设计了云服务（Amazon Web Service，AWS），把平时闲置的 IT 资源利用起来，陆续推出了包括弹性计算云（elastic compute cloud）、数据库（Data Base，DB）服务等近 20 种云服务，逐渐完善了 AWS 的服务种类；2007 年 IBM 公司为客户带来即买即用的云计算平台蓝云（blue cloud），IBM 公司与无锡市政府合作建立了无锡软件云计算中心，开始了云计算在中国的商业应用；2008 年谷歌公司推出 Google Chrome 平台，将浏览器融入了云计算，发布基于浏览器的谷歌应用程序；微软公司紧跟云计算步伐，2008 年在其开发者大会上提出了全新的云计算平台计划，并于 2010 年正式推出了微软云计算平台（Microsoft Azure）帮助开发可运行在云服务器、数据中心、Web 和 PC 上的应用程序；随后越来越多的信息技术企业参与到云计算应用行列，百度、阿里、腾讯、浪潮等国内企业纷纷布局云计算，分别从不同的角度开始提供不同层面的云计算服务。

云计算能提供可靠的基础软硬件、丰富的网络资源、低成本的构建和管理能力，是信息技术发展和服务模式创新的集中体现。云计算模式改变了传统信息技术服务架构，推动绿色经济发展。云计算的快速发展以及产业规模的广阔前景引起了众多国家政府的高度关注，美国、欧盟、日本、韩国、印度等国家和地区都纷纷通过制定战略、政策、加快应用等方式加快推动云计算发展。

近年来，中国云计算产业也在核心关键技术突破、云计算服务能力加大研发投入，使云计算在制造、政务等领域的应用水平显著提升，成为建设网络强国、制造强国的重要支撑，推动经济社会各领域信息化水平。云计算将进一步引发软件开发部署模式的创新，并为大数据、物联网、人工智能等新兴领域的发展提供基础支撑，催生出强大的产业链和产业生态，将重塑新一代信息技术产业格局。

3）边缘计算

边缘计算（edge computing）并非一个新鲜词，它其实脱胎于云计算（见图 1-27），随着移动、物联网时代的到来以及云计算应用的逐渐增加，在网络边缘产生的数据正在逐步增加，当数据量庞大到海量级，无论从算力和带宽的角度，传统的云计算技术已经无法满足终端侧“大连接、低时延、大带宽”的需求，如果能够在网络的边缘结点去处理、分析数据，那么这种计算模型会更高效、由此比云计算更高效、更优秀的边缘计算应运而生，edge 这个概念本意就是指“贴近用户与数据源的 IT 资源”，边缘计算部署在设备侧，采用将主要处理和数据存储放在网络的边缘结点的分布式计算形式，边缘计算通过算法即时反馈决策，过滤绝大部分的数据，有效降低云端的负荷，使得海量连接和海量数据处理成为可能，实现网络、计算、存储、应用核心能力为一体的开放平台并提供最近端服务。

边缘计算联盟 ECC 对于边缘计算的参考架构的定义，包含了设备、网络、数据与应用，边缘计算处于物理实体和工业连接之间，或处于物理实体的顶端，平台提供者主要提供在网络互联（包括总线）、计算能力、数据存储与应用方面的软硬件基础设施。边缘计算模式的基

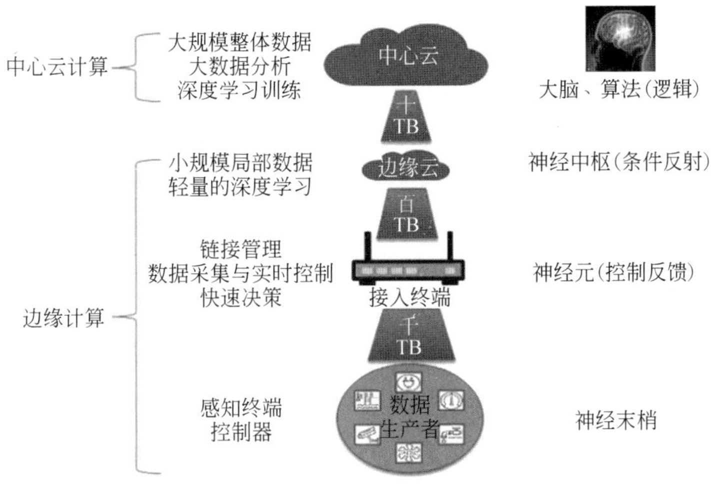

图 1-27　云计算与边缘计算

础特性就是计算能力更接近于用户，即站点分布范围广且边缘结点由广域网络连接，应用程序在边缘侧发起，可有效减小计算系统的延迟，产生更快的网络服务响应，减少数据传输带宽，缓解云计算中心压力，满足行业在实时业务、应用智能、安全与隐私保护等方面的基本需求。

全球智能手机的快速发展，推动了移动终端和边缘计算的发展，移动边缘计算技术出现于 2013 年，实现了移动用户在无线接入网范围内，提供信息技术服务和云计算能力的新型网络结构。2014 年欧洲电信标准化协会提出移动边缘计算术语的标准化并指出：移动边缘计算提供一种新的生态系统和价值链，利用移动边缘计算可将密集型移动计算任务迁移到附近的网络边缘服务器。移动边缘计算同时也是发展 5G 的关键技术之一，有助于从延时、可编程性、扩展性等方面满足 5G 的高标准要求，可实现更靠近终端的网络边缘上提供服务。

边缘计算也作为云计算的补充共同存在于未来物联网的体系架构中，对物联网而言，边缘计算技术取得突破，意味着许多控制将通过本地设备实现而无须交由云端，处理过程将在本地边缘计算层完成，这无疑将大大提升处理效率，减轻云端的负荷，由于更加靠近用户，还可为用户提供更快的响应，将需求在边缘端解决，这也使边缘计算应用领域具有广阔前景。

(1) 云卸载。为了获得移动端流畅的购物，人们的购物车以及相关操作(商品的增、删、改、查)都是依靠将数据上传到云中心才能得以实现的，随着移动互联网的发展，如果将购物车的相关数据和操作都下放到边缘结点进行，那么将会减少延迟极大提高响应速度，提高人与系统的交互质量，增强用户体验。

(2) 视频分析。利用城市中布控的摄像头，可以通过视频来达成某种目标任务，但是云计算模型已经不适合用于视频处理，因为大量数据在网络中的传输可能会导致网络拥塞，并且视频数据的私密性难以得到保证，而采用边缘计算，让云中心下放相关请求，各个边缘结点对请求结合本地视频数据进行处理，然后只返回相关结果给云中心，这样既降低了网络流量，也在一定程度上保证了用户的隐私。

(3) 智慧城市。在现代大城市中，各类公共设施(水、煤气、电力等)管理将产生海量数据，而这些数据都由云中心处理，将会导致巨大的网络负担和资源浪费，如果数据能够及时采用边缘计算就近进行处理，那么网络负载可大幅度降低，数据的处理能力会提升，系统运营效率也将进一步提高；目前很多服务要求具有实时特性，比如医疗和公共安全方面，通过边缘计算，将减少数据在网络中传输的时间，简化网络结构，相应数据的分析、诊断和决策都交由边缘结点完成，可提高用户体验；在城市中导航，终端设备根据实时位置的感知把相关位置信息和数据交给边缘结点来进行处理，边缘结点基于现有的数据处理，减少过程中的网络开销，将使用户请求得到快捷的响应等。

1.1.4 未来计算机

1. 计算机的多样化

1）量子计算机

量子计算机是一类遵循量子力学规律进行高速数学和逻辑运算、存储及处理量子信息的物理装置，当某个装置处理和计算的是量子信息，运行的是量子算法时，它就是量子计算机。量子计算机的概念源于对可逆计算机的研究，研究可逆计算机的目的是解决计算机中的能耗问题。量子计算机使用的量子比特，可以同时处在多个状态。而不像传统计算机那样只能处于 0 或 1 的二进制状态。量子计算机的计算速度是现在计算机的 1 万倍以上，甚至更高。

2019 年 1 月 10 日，IBM 公司宣布推出世界上第一台商用的集成量子计算系统：IBM Q System One。该系统集成在一个约 2.74m^3 的立方体玻璃盒中（见图 1-28），作为一台能独立工作的一体机展出。IBM Q System One 包含了启动一个量子计算实验所需的所有东西，包括冷却量子计算硬件所需的所有设备。IBM Q System One 使通用近似超导量子计算机的使用首次超出了实验室研究的范围。它能操纵 20 个量子比特，虽然量子比特的数量不及业界此前发布的一些设备，但它具有表现稳定、结构紧凑等特性，实用性大为增强。

图 1-28 量子计算机

严格意义上，迄今为止，世界上还没有真正意义上的量子计算机。世界各地的许多实验室正在以巨大的热情追寻着这个梦想，已经提出的方案主要利用了原子和光相互作用、冷阱束缚离子、电子或核自旋共振、量子点操纵、超导量子干涉等，将来也许现有的方案都派不上用场，最后脱颖而出的是一种全新的设计，而这种新设计又是以某种新材料为基础，就像半导体材料对于电子计算机一样。量子计算机使计算的概念焕然一新，这是量子计算机与其他计算机如光计算机和生物计算机等的不同之处，量子计算机的作用远不止是解决一些经典计算机无法解决的问题。

2）DNA 计算机

科学家研究发现，DNA（脱氧核糖核酸）有一种特性是能够携带生物体各种细胞拥有的大量基因物质，DNA 分子通过这些核苷酸的不同排列，能够表达出生物体各种细胞拥有的大量信息。利用 DNA 能够编码信息的特点，先合成具有特定序列的 DNA 分子，使它们代表要求解的问题，然后通过生物酶的作用（相当于加减乘除运算），使它们相互反应，形成各种组合，最后过滤掉非正确的组合而得到的编码分子序列就是正确答案，数学家、生物学家、化学家以及计算机专家从中得到启迪，正在合作研制未来的液体 DNA 计算机，其工作原理是以瞬间发生的化学反应为基础，通过和酶的相互作用，将反应过程进行分子编码，对问题以新的 DNA 编码形式加以解答。

由于起初的 DNA 计算要将 DNA 溶于试管中实现，这种计算机由一堆装着有机液体的试管组成，因此有人称之为“试管计算机”。与传统的电子计算机相比，DNA 计算机体积小，可同时容纳 1 万亿个此类计算机于一支试管；存储量大，$1m^3$ 的 DNA 溶液，可以存储 1 万亿亿的二进制数据，$1cm^3$ 空间的 DNA 可储存的资料量超过 1024 张 CD 容量；其运算速度可以达到每秒 10 亿次，十几个小时的 DNA 计算相当于所有计算机问世以来的总运算量；DNA 计算机的能耗非常低，仅相当于普通计算机的 10 亿分之一，如果放在活体细胞内，能耗还会更低；由于 DNA 独特的数据结构，数以亿计的 DNA 计算机可同时从不同角度处理一个问题，即并行的方式工作一次可以进行 10 亿次运算，大大提高了效率。

DNA 计算技术被认为是代替传统电子技术的各种新技术中的主要候选技术，DNA 计算机已经成为当前世界许多国家科研人员研究的热点之一，未来的 DNA 计算机在研究逻辑、破译密码、基因编程、疑难病症防治以及航空航天等领域具有独特优势，应用前景十分乐观，一旦 DNA 计算技术全面成熟，那么真正的“人机合一”就会实现，DNA 计算机的出现将给人类文明带来一个质的飞跃，给整个世界带来巨大的变化，有着无限美好的应用前景。

3）生物计算机

生物计算机是全球高科技领域最具活力和发展潜力的研究方向，该种计算机涉及多种学科，包括计算机科学、脑科学、分子生物学、生物物理、生物工程、电子工程等有关学科。它的主要原材料是生物工程技术产生的蛋白质分子，并以此作为生物芯片。

生物计算机的单位面积上可容纳数亿个电路，元件的密度比大脑神经元的密度高 100 万倍，传递信息的速度也比人脑思维的速度快 100 万倍，大大超过人脑的思维速度，生物芯片传递信息时阻抗小、耗能低，生物计算机不再具有计算机的形状，可以隐藏在桌角、墙壁或地板等地方，同时发热和电磁干扰都大大降低。

生物计算机拥有生物特性，其不再像电子计算机那样，芯片损坏后无法自动修复，生物计算机能够发挥生物调节机能，自动修复受损芯片，生物计算机芯片具有一定的永久性，因此，生物计算机可靠性非常高，不易损坏，即使芯片发生故障，也可以自动修复。

生物计算机中一克 DNA 存储信息量可与一万亿张 CD 相当，存储密度是通常使用磁盘存储器的 1000 亿到 10 000 亿倍。生物计算机还具有超强的并行处理能力，通过一个狭小区域的生物化学反应可以实现逻辑运算，数百亿个 DNA 分子构成大批 DNA 计算机并行操作。尤其是生物神经计算机，具备很好的并行式分布式存储记忆，广义容错能力。

生物计算机能同时处理各分子库中的所有分子，而无须按照次序分析可能的答案。电子计算机相当于有一串钥匙，一次用一把钥匙开锁，生物计算机在开锁时一次用几百万把钥匙，其计算速度也将比现有超级计算机快100万倍。

未来生物计算机的实现将可以与人体及人脑相结合，听从人脑指挥，从人体中吸收营养。把生物计算机植入人脑内，可以使盲人复明，使人脑的记忆力成千万倍地提高；若是植入血管中，则可以监视人体内的化学变化，使人的体质增强，甚至能使残疾人重新站立起来。

2. 计算机微型化

由于半导体材料的应用和半导体工业的发展，尤其是大规模集成电路的应用，在保证性能和功能的前提下，有效地解决了计算机体积和重量问题，开始出现了小型化倾向，完全有理由相信这种趋势会继续下去，直至设计人员已经达到了这种小型化的物理极限。

自1981年美国IBM公司推出第一代微型计算机IBM PC以来，微型机技术不断更新、产品快速换代，如今的微型机产品无论从运算速度、多媒体功能、软硬件支持还是易用性等方面都比早期产品有了很大飞跃。

小型可携带的笔记本计算机和台式机架构类似，但是它具有更好的便携性，通常质量为1～3kg，如图1-29所示。笔记本计算机除了键盘外，还提供了触控板（touchpad）或触控点（pointing stick），具有更好的定位和输入功能。

掌上电脑（PDA）分为工业级PDA和消费品PDA，辅助个人提供记事、通讯录、名片交换及行程安排等功能，帮助人们在移动中完成工作、学习、娱乐等。

进入21世纪，平板计算机开始流行，如图1-30所示。作为介于笔记本计算机及手机之间的一种终端设备，平板计算机不带键盘和翻盖，轻巧便利可以放到提包里，其屏幕尺寸通常为5～10in（1in=0.0254m），结构及元件采用超低电压版本省电，运行正版官方通用系统，能够安装x86版本的Windows系统、Linux系统或Mac OS系统，支持触摸控制，支持手写语音，移动性和便携性都更胜笔记本计算机一筹。任何一类设备都不会一成不变，平板计算机在外接键盘后功能与普通笔记本相同，但用户通常不会愿意在移动终端上进行与普通计算机类似的复杂操作。未来平板计算机会有更多适合移动互联网的应用出现，如更多的游戏和电子阅读资源；音频、视频的收听收看效果及处理功能也会不断提高，平板计算机将变成一个综合的、娱乐功能很强的移动互联网终端。

图1-29　笔记本计算机

图1-30　平板计算机

近年来随着智能手机的发展，手机计算机化成为可能，具体包括手机屏幕的计算机化、手机键盘的计算机化、手机软件的计算机化，已经有很多计算机上的通信、娱乐、办公应用顺利地转移到了手机上。

由于计算机不断朝小型化方向发展，再结合移动网络技术，可穿戴式计算机被逐步开发，如图 1-31 所示，其可使人们感觉不出它的存在，通过一系列完整的多媒体设备构成。人们装备的可穿戴式计算机不仅可以相互联络，传送数据、语音及影像，也能共享视频。例如：计算机的大部分元件都可集成到一副普通的太阳镜里，少许电子元件缝到了身上穿的衣服里，系统还拥有因特网的实时连接，人们随身穿戴的各式各样的个人通信设备，构成了一个庞大、有序的通信网络，使沟通变得越来越自然。换言之，未来小型化的计算机系统更像人的第二个大脑，人们身体同电子设备之间的界限会变得越来越模糊。

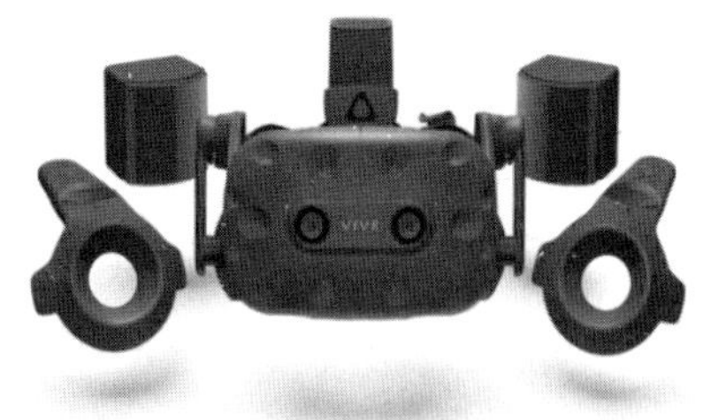

图 1-31 可穿戴式计算机

1.2 计算思维

思维是人脑对客观事物本质、属性和内部规律的间接或概括的反映过程。思维通过其他媒介作用认识客观事物，并借助于已有的知识和经验、已知的条件推测未知的事物。思维的概括性表现在它对一类事物非本质属性的摒弃和对其共同本质特征的反映。按照信息论的观点，思维是对新输入信息与脑内储存知识经验进行一系列复杂的心智操作过程。

思维一般必须通过载体、遵循一定的表达规则，才能被别人理解。思维最初是人脑借助于语言文字对事物的概括和间接的反应过程。比如读到“桃李满天下”通过思维活动将能明白描述的本质内容是老师的学生遍天下。思维以感知为基础又超越感知的界限。通常意义上的思维，涉及所有的认知或智力活动。它探索发现事物的内部本质联系和规律性，是人类所具有的、认识活动的高级阶段。思维一直是哲学、心理学、神经生理学及其他一些学科的重要研究内容。

1.2.1 科学思维

科学思维，也叫科学逻辑，它是人类实践活动的产物，是真理在认识的统一过程中，对各种科学思维方法的有机整合。它是形成并运用于科学认识活动、对感性认识材料进行加工处理方式与途径的理论体系。科学思维对感性材料进行分析和综合，通过概念、判断、推理的形式，形成合乎逻辑的理论体系，反映客观事物的本质属性和运动规律。

在科学认识活动中，科学思维必须遵守三个基本原则：

1. 严密的逻辑性原则

科学认识活动的逻辑规则，既包括以归纳推理为主要内容的归纳逻辑，也包括以演绎推理为主要内容的演绎逻辑。科学认识是一个由个别到一般，又由一般到个别的反复过程，它是归纳和演绎的统一。

(1) 归纳思维是从个别或特殊的事物概括出共同本质或一般原理的逻辑思维方法。它从个别到一般的推理目的在于透过现象认识本质、通过特殊揭示一般。常用方法有完全归纳法、不完全归纳法和因果联系归纳法。

(2) 演绎思维是根据一类事物的共有属性、关系、本质来推断该事物中个别事物也具有此属性、关系和本质的思维方法和推理形式。它的基本形式是三段论，由大前提、小前提和结论三部分组成。只要前提是真的，在推理形式合乎逻辑的条件下，运用演绎推理得到的结论必然是真的。

（3）归纳和演绎的客观基础是事物个性与共性的对立统一。个性中包含共性，通过个性可以认识共性；同样，掌握了共性就能更深刻地了解个性。归纳和演绎之间是相互依存、相互渗透的。它们在科学认识中的主次地位也是可以互相转化的。

2. 方法论原则

方法论原则就是掌握方法准则，实行辩证的分析与综合的结合，分析与综合是抽象思维的基本方法。分析是把事物的整体或过程分解为各个要素，分别加以研究的思维方法和过程。只有对各要素先做出周密的分析，才可能从整体上进行正确的综合，从而真正地认识事物。综合就是把分解开来的各个要素结合起来，组成一个整体的思维方法和过程。只有对事物各种要素从内在联系上加以综合，才能正确地认识整个客观对象。

（1）分析的目的在于透过现象把握本质，包括对事物或现象在空间的分布、在时间的发展及其各个因素、方面、属性等进行的分析，通过解剖整体、研究部分和寻找联系三个环节，寻找不同于整体的特征点以及部分与部分之间相互区别或相互联系的特征点，对整体进行合理的分析。

（2）通过全面掌握事物各部分、各方面的特点及内在联系，并通过概括和升华，以事物各个部分、各个属性和关系的真实联结与本来面貌来复现事物的整体，并综合为多样性的统一体。综合不是简单的机械相加，而是紧紧抓住对各部分的研究成果之间的内在联系，从中把握事物整体的本质和规律，得出一个全新整体性的认识。

（3）分析与综合是辩证统一的。分析思维与综合思维所关心和强调的角度不同，但都是重要的思维方法，“认识了部分才能更好地认识整体”和“认识了整体才能更好地认识部分”是同一原则的两个方面。整个认识过程应该是分析与综合的辩证结合过程。分析是综合的基础，分析又以综合为前提，分析与综合不仅相互依存、相互渗透，而且它们的主次关系也是随着人们认识的发展而相互转化的。人们要完整深刻地认识客观事物，就必然是一个反复运用分析与综合方法的过程，它是在分析—综合—再分析—再综合的过程中不断前进的。

3. 历史性原则

历史性原则是科学思维的又一个重要原则，就是符合历史观点，实现逻辑与历史的一致。历史是指事物发展的历史和认识发展的历史，逻辑是指人的思维对客观事物发展规律的概括反映，也即历史的东西在理性思维中的再现。历史是第一性的，是逻辑的客观基础；逻辑是第二性的，是对历史的抽象概括。历史的东西决定逻辑的东西，逻辑的东西是从历史中派生出来的。它在科学思维中可归纳为三方面。

（1）知识体系的建构功能。一门科学的逻辑体系应该体现这门科学研究对象的历史发展线索，或者反映人类对这一研究对象的认识发展历史。只有这样，才能建立起具有内在联系的逻辑体系。

（2）科学方法的教育功能。逻辑与历史的统一，不仅对构造科学理论体系具有重要意义，而且具有方法论的教育意义。从方法论角度看，逻辑与历史的统一就是逻辑的方法与历史的方法的统一。

（3）理论的证实功能。它着眼于对事物进行历史的考察，从事物的发展、变迁和沿革中，对问题进行分析和综合。必须用逻辑推理，从纯粹抽象的形态上揭示事物发展的矛盾运动，认识对象的本质，才能把握事物的运动发展规律和发展方向。

科学思维不仅是一切科学研究和技术发展的起点，而且始终贯穿于科学研究和技术发展的全过程，是创新的灵魂。从人类认识世界和改造世界的思维方式出发，科学思维可分为：

① 理论思维，又称逻辑思维，是以推理和演绎为特征的推理思维，以数学学科为代表；

② 实验思维，又称实证思维，是以观察和总结自然规律为特征，以物理学科为代表；

③ 计算思维，又称构造思维，是以设计和构造为特征，以计算机学科为代表。

理论思维、实验思维和计算思维分别对应于理论科学、实验科学和计算科学。它们是推动人类文明进步和科技发展的三大科学，或者叫三大支柱。理论思维、实验思维和计算思维各具特点，所有的思维都是这三类思维的融合。为了研究的方便，以及思维训练的需求，其中的比例会有所不同，但不存在纯粹的理论思维、实验思维和计算思维。

理论是客观世界在人类意识中的反映和用于改造现实的知识系统，用于描述和解释物质世界发展的基本规律。也就是说，理论是人们对自然、社会现象按照已知的知识或者认知，综合社会生产和科学活动的经验基础，经由一般化与演绎推理等方法，最终获得的合乎逻辑的推论性总结。理论始于假说，或者说科学假说是科学理论形成和发展的桥梁。因此科学理论方法构建的一般过程是先提出科学假说（概念），再建立科学命题，最后形成科学命题系统。

对于理论方法来说，问题的解是精确的，但由于实际问题复杂性，很难得到“精确解”，因此不同理论之间往往存在矛盾。例如，法国物理学家艾伦·爱斯派克特（Alain Aspect）和他的小组提出了微观粒子之间存在着“量子纠缠”，已知的实例比如鸟类利用地磁场导航等。但量子能彼此作用甚至记忆是否就证明在微观量子中存在着意识？至今仍无合理的解释。又例如，燃素说与氧化说、实变论与断变论、自生说与商生说，关于天体起源的不同假说等，都包含着需要深入探索的科学问题。

实验是人们根据一定的科学研究目的运用科学仪器、设备等物质手段，在人为控制或模拟研究对象的条件下，使自然过程以纯粹、典型的形式表现出来，便于进行观察、研究，从而获得科学事实的方法。科学实验方法可以根据需要调节研究对象，重复或再现研究过程和结果。但常常需要花费高昂的人力、物力或财力成本，例如汽车碰撞试验、蛋白质与晶体结构研究等；而且有些实验是非常危险的。此外，如星系的生活周期、湾流、墨西哥暖流温室效应、龙卷风的强度及发生时间等很难通过实验获得。

但是不能从实验上论证一种假设，并不等于证明了这种假设不存在。典型的例子是伟大的科学家阿尔伯特·爱因斯坦（Albert Einstein）于 1905 年发表的“时间相对论”，直到 100 多年后的 2007 年才终于被确证，科学家们利用分子加速器把原子打成两条光束，绕圈而行模拟理论中较快的时钟，然后用高精密度的激光光谱测量时间，发现光束与外界相比的确慢了一些，实验与爱因斯坦的理论“完全吻合”。数千年来，人类主要通过理论和实验两种手段来探索科学的奥秘。因此人们也认识到，理论和实验方法是相辅相成、取长补短的，理论与实验作为传统的两种研究手段共同完善、改进、充实着科学知识系统。

计算思维是运用计算学科的基础概念进行问题求解、系统设计以及人类行为理解的过程，它涵盖计算机广度的一系列思维活动。计算思维强调问题的抽象、构造和可解，强调用计算机自动方式逐步求解。

三大思维都是人类科学思维方式中固有的部分，其中，理论思维强调推理；实验思维强调归纳；计算思维希望实现自动逐步变换的求解。

1.2.2 计算思维的定义

通常人们会把计算机、软件及计算相关学科中的科学家和工程技术人员的思维模式称为计算思维，但这并不全面。从人类科学的发展历史角度看，其实计算思维无所不在，从古代的算筹、算盘，到近代的加法器、计算器、现代电子计算机，直到现在风靡全球的网络和云计算，都充分体现出计算思维内容的不断拓展。

计算思维吸取了问题解决所采用的一般数学思维方法、现实世界中复杂系统的设计与评估的一般工程思维方法以及复杂性、智能、心理、人类行为的理解等的一般科学思维方法等。与数学和物理科学相比，计算思维中的抽象显得更为丰富，也更为复杂。计算思维中的抽象完全超越物理的时空观，并完全用符号来表示。数学抽象的最大特点是抛开现实事物的物理、化学和生物学等特性，而仅保留其量的关系和空间的形式，而计算思维中的抽象却不局限于此。

计算思维是严密、高效解决问题的过程。计算思维把数据、过程或问题分解成更小的、易于管理的部分，即将一个复杂问题分解为简单问题；然后观察数据的模式、趋势和规律，分析理解简单问题的实质，寻找问题之间的联系；再通过识别模式形成背后的一般原理，高度概括简单问题的实质，为高效解决问题指引方向；最终为解决某一类问题撰写一系列详细步骤，用切实可行的方法，解决小问题，以达到解决复杂问题的目标。

通过计算思维将计算技术与各学科理论、技术与艺术进行融合以实现新的创新。因此具体分析可以发现，计算思维是一种递归思维；是一种并行处理，是一种把代码译成数据又能把数据译成代码的方法；是一种多维分析推广的类型检查方法；是一种采用抽象和分解来控制复杂任务或进行复杂系统设计的方法；是一种基于关注点分离的方法；是一种选择合适的方式去陈述一个问题或对一个问题的相关方面建模使其易于处理的思维方法；是按照预防、保护及通过冗余、容错、纠错的方式，并从最坏情况进行系统恢复的一种思维方法；是利用启发式推理寻求解答，可在不确定情况下的规划、学习和调度的思维方法；是利用海量数据来加快计算，在时间和空间之间，在处理能力和存储容量之间进行折中的思维方法。

计算思维建立在计算过程的能力和限制之上，其计算方法和模型使人们敢于去处理那些原本无法由个人独立完成的问题求解和系统设计；同时，计算思维又直面机器智能的不解之谜：什么人类比计算机做得好？什么计算机比人类做得好？什么是可计算的？迄今为止人们对这些问题仍是一知半解，而计算和计算机将以正反馈的形式促进计算思维的传播。

2006 年，美国卡内基・梅隆大学的周以真教授提出了“计算思维”的概念，将其提升到一个新的高度，即“计算思维是运用计算科学的基础概念进行问题求解、系统设计以及人类行为理解等涵盖计算机科学之广度的一系列思维活动，其本质就是抽象与自动化，即在不同层面进行抽象，以及将这些抽象机器化”。研究计算思维的目的是希望所有人都能像计算机科学家一样思考，通过约简、嵌入、转化和仿真等方法，把看起来十分困难的问题重新阐释成一个知道问题怎样解决的方法。

根据周以真教授对计算思维的阐述，主要表述了计算思维的 6 个特征：

(1) 计算思维是概念化思维，不是程序化思维。

计算机科学不等于计算机编程。计算思维要求像计算机科学家那样去思维，远远不只是为计算机编写程序。它要求能够在抽象的多层次上思考问题，计算机科学也不只是关于计算机，就像通信科学不只是关于手机，音乐产业不只是关于麦克风一样。

(2) 计算思维是综合的基础技能，不是机械技能。

拥有计算思维是每一个人为了在现代社会中发挥应有的职能和贡献所必须掌握的，它不是一种简单、机械的重复。生搬硬套的机械技能只是意味着机械地重复，没有计算思维的机械技能将无法获得创新。

(3) 计算思维是人的思维，不是计算机的思维。

计算思维是人类求解问题的方法和途径，但绝非试图使人类像计算机那样去思考。计算机枯燥且沉闷，人类聪颖且富有想象力。配置了计算机设备，人们就能用自己的智慧去解决那些之前不敢尝试的问题，建造出那些受制于人类想象力的功能系统，真正进入"只有想不到，没有做不到"的境界。

(4) 计算思维是思想，不是人造品。

计算思维不只是简单将人们生产的各类软硬件等人造物进行呈现，更重要的是体现出其中蕴含的计算概念，展现的是人们如何求解问题、管理日常生活以及与他人进行交流和活动。当计算思维真正融入人类活动的整体时，将不再表现为一种显式的哲学而将成为一种现实。

(5) 计算思维是数据和工程互补融合的思维，不是单纯的数学性思维。

一方面计算机科学在本质上起源于数学思维，像所有的科学一样，其解析的形式化基础构建于数学基础；另一方面计算机科学又从本质上源自工程思维。人们希望建造的是能够与实际世界互动的系统。因为基本计算设备的限制，迫使计算机科学家需要充分利用计算思维完成计算性的思考，而不只是数学性的思考，以构建人们能够打造超越物理世界的各种系统。

(6) 计算思维是面向所有人、所有专业领域的思维。

计算思维不只是计算机科学家的思维。如同所有人都具备"读、写、算"(简称 3R)能力一样，计算思维是必须具备的思维能力。它吸取了问题求解所采用的一般数学思维方法，用于对现实世界中巨大复杂系统进行设计与评估的一般工程思维方法以及具有复杂性智能、心理、人类行为理解等科学思维方法，它是面向所有专业的，具体建立在计算过程的能力和限制之上，不管这些过程是由人执行，还是由机器执行。

周以真教授同时提出，计算思维的本质是抽象和自动化。任何自然系统和社会系统都可视为一个动态演化系统，演化伴随着物质、能量和信息的交换，这种交换可映射(也就是抽象)为符号变换，使之能利用计算机进行离数的符号处理。当动态演化系统抽象为离散符号系统之后，就可采用形式化的规范来描述建立模型、设计算法、开发软件以揭示演化的规律，并实时控制系统的演化，使之自动执行。这就是计算思维中的自动化。

在整个计算机学科中充分体现出计算思维的有：

(1) "0 和 1"的思维。

计算机信息处理的基础是"0 和 1"，而现实世界的各种信息(数值性和非数值性)都被转换为"0 和 1"，再进行各种处理和变换形成人们可以视、听、触的各种感觉的信息。"0 和 1"

的思维体现了语义的符号化，完成了各类逻辑运算，进而由电子元器件实现的过程。“0和1”又是软件到硬件的纽带，同时也是计算自动化、分层构造化、构造集成化的思维基础，是计算技术与计算系统的奠基性计算思维。

（2）“指令和程序”的思维。

计算机系统由基本动作以及其各种组合所构成，因此实现系统仅需实现这些基本动作以及控制基本动作组合和执行次序的机构，而基本动作的控制就是指令，指令的各种组合及其次序就是程序，系统按照“程序”控制“基本动作”的执行以完成复杂功能。而计算机正是能够执行各种程序的机器，这个过程中体现的同样是计算思维。

（3）“递归”的思维。递归是计算技术的典型特征。

递归是用有限步骤实现近于无限功能的方法，它借鉴了数学上的递推法，可以在有限步骤内根据特定的法则或公式，通过对一个或多个前面的元素进行运算而得到后续元素，以此完成求解的方法。递归被广泛地用于构造语言、过程、算法和程序，用于实现具有自相似性的近于无限事物（对象）的描述，也用于自身调用、高阶调低阶的算法构造中，体现出问题求解的计算思维。

（4）计算系统的进化思维。

现今计算机结构的本质仍是冯·诺依曼结构，而冯·诺依曼计算机结构体现了存储程序与程序自动执行的基本思维；基于局域网和广域网构建的并行与分布计算环境，充分体现了在复杂环境程序下硬件并行、分布执行的思维。云计算环境实现了由高性能计算结点和大容量磁盘存储结点结合，体现了计算资源虚拟化和服务化的思维。可见在计算系统的发展中还充分体现了进化思维。

（5）学科融合的思维。

随着社会/自然探索内容的深度化和广度化，学科融合不再是简单的计算机应用，真正带给各学科问题求解思想、策略、方法和手段上变化是计算思维。思维的每个环节都需知识铺垫。基于知识可理解相应环节，利用“贯通”各环节进而解决问题。知识和技能具有时间局限性，而随着时间推移，知识和技能可能被遗忘，计算思维则可跨越时间性。通过融入思维过程促进了各学科应用计算手段实现理论与实验的协同创新的发展。计算思维是学科的灵魂和重要思想，计算思维对各学科专业的影响是深远的。计算思维促进计算机、计算机科学发展成为更广泛的面向社会计算技术的科学。

（6）网络化的思维。

计算与人类社会的融合促进了网络化社会的形成，从计算机构成的机器网络（局域网/广域网），到具有无限广义资源的互联网络，再到物联网、知识与数据网、服务网、社会网，以物物互联、物人互联、人人互联为特征的网络化环境与网络化社会，极大地改变了人们的思维，促进了网络化思维的形成和发展，不断地改变着人们的生活与工作习惯。

近年来计算思维的重要性越来越受到重视，它担任起引导计算机教育家、研究者和实践者的宏大愿景，激发公众对计算机领域科学探索的兴趣，传播计算机科学的快乐、崇高和力量，致力于使计算思维成为常识的重任。

美国计算机教师协会（CSTA）与国际教育技术协会（ISTE）在计算机教育标准中融入了大量的计算思维教学规范，希望不管是数学、科学、音乐或艺术都能结合计算思维，让学习计算思维变得更加容易。不论是音乐家、艺术家、科学家、心理学家或创业家，学习计算思维后，除了能提升工作效率，还能减少错误的发生，对未来一定会有所帮助。

计算思维将渗透到每个人的生活之中，成为每一个人的技能组合成分，而不仅仅限于科学家。普适计算之于今天就如计算思维之于明天，普适计算是已成为今日现实的昨日之梦，而计算思维就是明日现实。

1.2.3 计算思维的应用

(1) 计算思维在程序设计、数学建模等计算机专业技能的学习中应用。

通常在程序设计语言的学习过程中，前期语法规则、变量表以及基础结构和使用初学者能跟上进度，但学习后期对于语言比较复杂的知识应用内容就感觉困难，常常出现程序设计语言学习完成后，可顺利通过考核甚至成绩良好，但是要用程序设计语言解决实际问题时无从下手，没有清晰的程序设计思路与合理解决问题的策略，而正确利用计算思维模式可帮助降低程序设计的难度，通过融合程序设计语言繁杂的基础知识和完善应用理念，实现合理的系统设计的规划，最终获得最优的解决方案。

计算思维中涵盖了很多能够解决问题的数学思维方式。比如对于循环结构的学习和理解，基本都是从求"$1+2+\cdots+n$"的值引入的，而这时如果采用等差数列前 n 项和公式 $1+2+\cdots+n=n(n+1)/2$ 求解，这是数学思维，而不是"计算思维"，因为如果将表达式中的加号改为乘号去实现求"$n!$"，从程序设计语言的角度只需做很小的改动，而从数学的角度则很难实现。这里采用循环结构及累加的方法正是计算思维方式的体现：计算机最擅长处理一些有规律且需要大量重复性的工作，当形成这种计算思维后将是十分受益的。

作为计算思维中本质内容的抽象能彻底超越物理的一种时空观，但计算思维中的抽象相较于物理和数学中的抽象，其实更为复杂也更为丰富。计算机实现系统应用就是使用符号系统对求解问题进行准确无误的描述，就是抽象的过程，需要面对的就是数据的存储和表示，通过系统数据全部转化成二进制，只使用"0 和 1"表示任何用户想得到的视觉、听觉、触觉等感官信息。如程序设计语言中数据类型就是第一个抽象概念(short x=-1;unsigned short y;y=x;)，无符号数为什么能够赋值给有符号数呢？其实在计算机的内存中 y 变量的物理形式和 x 相同，但在逻辑上程序设计语言将数据类型分为带符号和无符号，因此最终输出时 x 为-1，y 为 65 535，逻辑层面本质就是虚拟出来的一种抽象。

计算思维是能够建立在计算过程能力与限制之上的思维，互通主要是由人和机器共同来执行的，因此在程序设计语言中计算思维就是通过约简、嵌入、转化和仿真等方法，把现实问题重新阐释成一个可以知道怎样解决的问题，也就是"程序"思维。程序思维是对系统的建模，具体是系统的操作对象建模以及系统的行为建模。

对于程序设计语言来说，建模的过程就是使用程序设计语言符号进行精确表述的抽象过程。如将学生的基本信息进行存放，并进行排序和简单的分类筛选，需要解决如何在程序中定义一个班学生的信息？即每个学生的学号、姓名、出生日期、性别、考试成绩等信息。若具体采用信息表，就需要先定义单独变量完成信息表中数据信息的纵向组织，再用简单数组完成一个班学生的信息存储，而上述基于数组定义的相关信息操作无法与实际生活中的认知完全对应，为此提出为单个学生定义一个特有数据类型，从而引出"结构体"这一数据类型，而对于一个班的学生信息引出了"结构体数组"的概念，这种思维方式体现了计算机的可构造思想，培养学生的计算思维。

针对结构体数组的排序和分类属于系统的功能，可用功能独立且高耦合低内聚的排序函数和分类函数完成，由此学生信息管理程序就完成了。理解和运用计算思维的过程是循序渐进的，坚持持之以恒、独立思考以及多方位看待问题，假以时日就会有突飞猛进的提高。

(2) 计算思维与其他学科的体现和应用。

计算思维既然是一种思维方式，它包括了涵盖计算机科学之广度的一系列思维活动，利用启发式推理来寻求解答，就是在不确定情况下的规划、学习和调度，采用计算性的思考，还要求能够在抽象的多个层次上思维，构建虚拟世界的自由使人们能够设计超越物理世界的各种系统。计算思维应用的领域也不仅仅局限于计算机领域，其在数学、物理、化学、大气地质学、天文学、生物学、医药学等自然科学中广泛应用。

在数学领域，英国大学生古德里提出了世界三大数学猜想之一的四色问题，任何一张地图只用四种颜色就能使具有共同边界的国家着上不同的颜色。四色问题用数学语言表示：将平面任意地细分为不相重叠的区域，每一个区域总可以用 1,2,3,4 这四个数字之一来标记，而不会使相邻的两个区域得到相同的数字，四色问题的本质就是在平面或者球面无法构造五个或者五个以上两两相连的区域。

1976 年 6 月，美国伊利诺伊大学哈肯与阿佩尔合作借助两台电子计算机，用了 1200 小时，进行了 100 亿次判断证明了四色问题，吸引许多数学家与数学爱好者的四色问题也终于成为定理，这也是第一个借助计算机证明的定理，轰动了世界。

李群在数学分析、物理和几何中都有非常重要的作用，它由挪威数学家 Sophus Lie(索菲斯・李)在研究多维对称时提出并以索菲斯・李命名，李群 E8(Lie group E8)在 1887 年提出之后，一直没有多少人能理解它的结构，E8 困扰数学界长达 120 年。

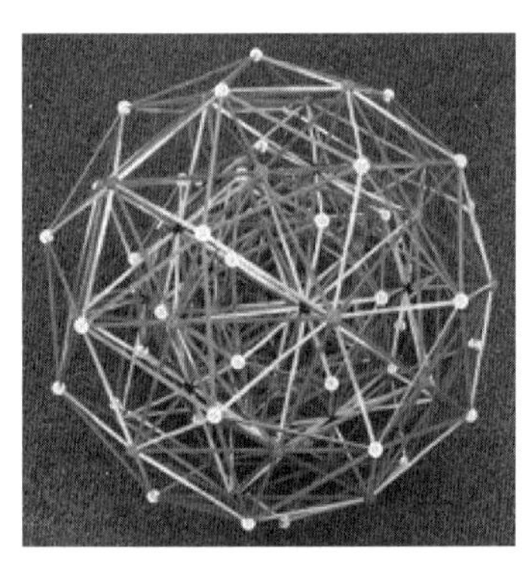

图 1-32　李群 E8 结构

18 位世界顶级数学家组成的国际研究团队，凭借不懈的努力，借助超级计算机计算了 4 年零 77 小时，处理了 2000 亿个数据，成功绘制了数学上最庞大也最为复杂的李群 E8 结构(见图 1-32)，完成了曾经一度被视为“一项不可能完成的任务”的数学难题。若在纸上输出整个结构图面积将比曼哈顿岛还要大，也远超过了人类基因组图谱的 1GB，E8 的计算结果的信息及表示总容量达到了 60GB，这项工作产生了深远的影响，引发数学、物理学和其他领域的新发现。E8 在解释有关物质的理论中扮演着至关重要的角色，物理学家将借助李群 E8 来寻找粒子和作用力之间的关系以用于统一四大基本作用力，同时也是寻找未发现新粒子的辅助手段，可能在未来的某一天，帮助物理学家揭开宇宙的奥秘。

物理学中物理学家和工程师们通过仿照经典计算机处理信息的原理，参照信息论中比特描述信号可能状态的特征，在量子信息中引入“量子比特”的概念，如图 1-33 所示。在经典力学系统中，一个比特的状态是唯一的，而量子力学允许量子比特是同一时刻两个状态的叠加，这也是量子计算的基本性质。通对对量子比特中所包含的信息进行操控，发现量子比特能同时处理两个状态，这就意味着它能同时进行两个计算过程，这将赋予量子计算机超凡的能力，现在的研究集中在消量子相干问题，不受周围环境噪声的干扰，随着物理学与计算机科学的融合发展，通过卫星实现远距离的纠缠光子分发，测试量子纠缠现象，并在远距离地点之间对量子力学预言的非定域性进行检验;实现卫星和地面之间量子信息通信。

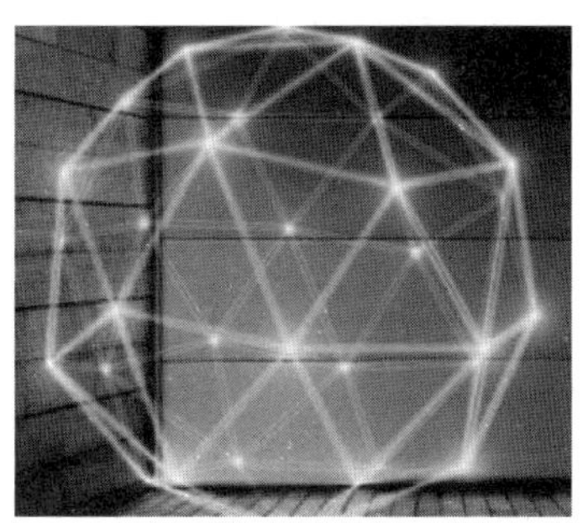

图 1-33　量子比特

在化学研究方面绘制化学结构及反应式,分析相应的属性数据、系统命名及光谱数据,无不需要计算思维支撑。物质结构信息系统、化学反应原理系统等化学应用软件系统,通过在化学理论和化学事实的基础上,建立相应的数据库,利用挖掘数据库数据达到抽取化学信息、归纳化学事实、推理新的化学理论的目的,利用优化和搜索算法寻找优化化学反应的条件和提高产量的物质,已成功地解放化学实验中人力劳动,提高了研究人员的劳动效率。

在大气地质学中,用抽象边界和复杂性层次模拟地球和大气层,并且通过设置越来越多的参数来进行测试,地球甚至可以模拟成生理测试仪,跟踪测试出在不同地区的人们的生活质量、出生率和死亡率、气候影响等信息。北极地区偏远多冰,是世界上最难研究的地区之一。北极地区经常多云,许多卫星传感器无法穿透厚厚的云层,因此研究者开始使用自动装置,如无人驾驶飞机、水下舰艇等,利用它们超强的移动性和智能性,收集包括海冰厚度到海底地形等冰面上下的各种数据,通过建立相应的模型结构,为研究提供服务和帮助。在大气环境科学中利用计算机模拟暴风云的形成,准确地预报飓风及其强度;通过计算机仿真模型表明空气中的污染物颗粒有利于减缓热带气旋,因此与污染物颗粒相似但不影响环境的气溶胶被研发,并将成为阻止或减缓恶劣风暴的有力手段。

人类在寻找围绕遥远恒星运行的宜居行星研究时,由于恒星的年龄关系到行星的寿命,因此恒星年龄的判断变得至关重要。而恒星的年龄问题在天文学中很难给出定论。通过观察发现恒星具有随着时间的推移自转旋转速度不断变慢的特征,由此可把恒星的自转速率当作计量恒星年龄的时钟。现在科学家正在进行不同年龄层次的恒星年龄和旋转速度间关系的统计研究,相信不久之后,通过推理、建模,将会揭开恒星的年龄之谜。

生物学家已能够从计算思维中获益,霰弹枪定序法作为广泛使用的 DNA 测序的方法(见图 1-34),比传统的定序法快速,使测序和片断信息整合达到了自动化,应用于人类基因组计划,大大提高了人类基因组测序的速度。它不仅具有能从海量的序列数据中搜索模式规律的本领,而且还能用体现数据结构和算法自身功能方式来表示蛋白质的结构,大大地解放了生物学家,计算生物学正在改变着生物学家的思考方式。

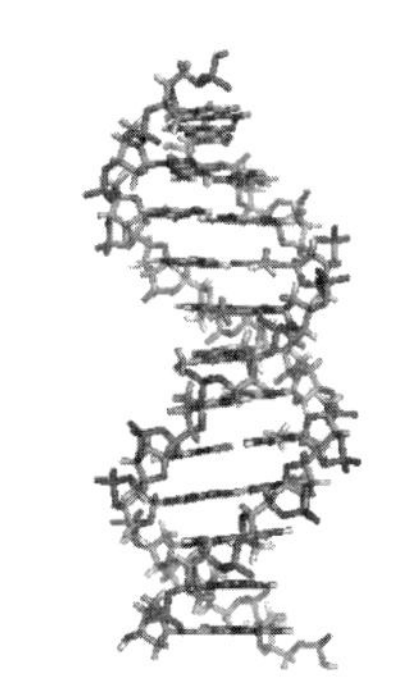

图 1-34　DNA 测序

生物燃料则是另一个例子。生物燃料曾描述了一幅美好的未来图景,被认为能很好地替代石油,但经过多年研究后并没达到预期效果，反而遭遇到技术瓶颈。突破灵感来自切叶蚁这个生物，在美国大湖生物能源研究中心的研究中，切叶蚁在塑料箱中弄出了可以将树叶转换为油和氨基酸的真菌洞穴。原来切叶蚁们实际上是想吃这些油和氨基酸，切叶蚁收集了微生物来将这些叶子碎屑转化为油滴，起初生物学家们都是想办法直接收集这些微生物，希望利用这些微生物本身，而现在则思考采用计算机将微生物所含的编码酶的基因分离出来，直接用于工业过程中分解植物细胞壁，从而高效地产生生物燃料。按照这样的思维指导生物科学，未来微生物所含各种酶的基因将能被精确分析和控制。

在医疗中可以看到机器人医生能更好地治疗自闭症；可视化技术使虚拟结肠镜检查成为可能（见图 1-35）；抗重大疾病联盟投入完成标准化的临床实验数据库，为高风险下的新药研发找到了更好的途径；系统生物学在癌症研究中被提出，希望从全局考虑，掌握非线性系统分析，完成对癌症的成因的分析研究。

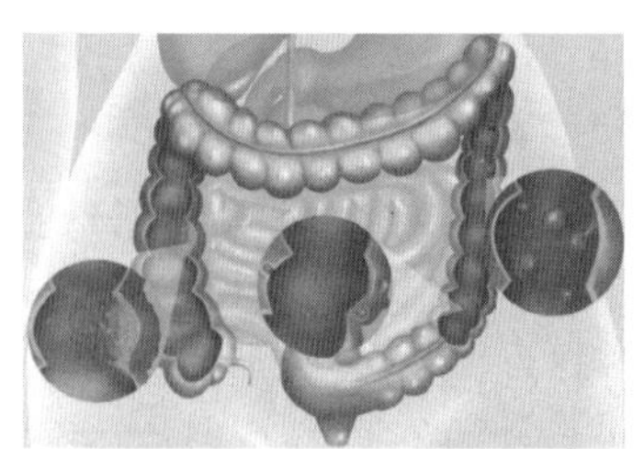

图 1-35　虚拟结肠镜检查

神经和精神类疾病已占全世界疾病的 13%，而医学研究中大脑是人体中最难研究的器官，医学专家可以通过提取器官的活细胞进行检查及分析，唯独大脑要想从中提取活检组织仍是个难以实现的任务，也一直是精神病学研究的障碍，而目前精神病学的专家重新转换思维，从患者身上提取皮肤细胞，转成干细胞，再将干细胞分裂成所需要的神经元，最后分析得到所需要的大脑细胞，首次在细胞层面上观测到精神分裂患者的脑细胞，这种思维方法为医学研究提供了全新的解决方案。

（3）人类生活、经济、工程、娱乐、体育等领域中的计算思维。

在人类社会中计算思维产生的影响潜移默化地成为一种发展趋势。日常生活中把当天所需的各类工作生活物品带齐，晴带雨伞，饱带饥粮体现的就是“预置和缓存”；寻找弄丢的物品，需要沿着走过的路线就是“回推”；如何选择购物付款方式，就是“多服务器系统”的性能模型；统计机器学习被用于推荐和声誉排名系统，使社交网络得到发展壮大，在未来生活的几乎各方面都会有快乐规划和体验，当你站在浴室的镜子前刷牙时，电子牙刷会显示过去 6 个月中，你坚持一天两次高质量刷牙得分是多少，以及在你周边方圆 500 米内邻居的排名，是否吃药，能量消耗等。

计算博弈理论正改变着经济学家的思考方式，机器学习已经改变了统计学，就数学尺度和维数而言，统计学用于各类问题的规模仅在几年前还是不可想象的，而目前各种组织的统计部门都聘请了计算机科学家。计算思维在管理学界其也是时下最流行的词汇之一，自动机制在电子商务系统设计中被广泛采用，如广告投放、在线拍卖等。

在工程（电子、土木、机械等）领域，计算高阶项可以提高精度，进而降低减少浪费并节省制造成本。在航空航天工程中，波音 777 大飞机完全是采用计算机模拟测试的，不再进行风洞测试。研究人员利用更精密的最新成像技术，重新检测“阿波罗 11 号”带回来的月球样本，模拟的三维立体图像，再放大几百倍后观测月球沙砾类似玻璃的结构（见图 1-36），通过这样检测环节帮助科学家进一步了解月球的演化过程。

图 1-36　月球沙砾

在艺术中，戏剧、音乐、体育、电影等各个方面都有了与计算机的合成作品，很多都可以以假乱真，甚至比真的还动人，梦工厂用惠普的数据中心进行电影“怪物史莱克”和“马达加斯加”的渲染工作(见图1-37)；卢卡斯电影公司用一个包含200个结点的数据中心制作电影《加勒比海盗》；通过屏幕显示只有从特定角度才能看到的图像，并在同一屏幕上显示两幅完全不同的画面，分别传给双眼从而产生深度感知，实现裸眼3D技术；在体育中，阿姆斯特朗的“自行车车载计算机”追踪人车统计数据；Synergy Sports公司通过对NBA视频进行分析，力求由此改进球员的技术；此外，将NBA数据引入游戏《劲爆美国职篮》，依据球员与球队在现实世界中的表现进行每日数据更新，将玩家与现实NBA篮坛之间的联结更加紧密，使玩家每次都可获得最新鲜的感受。

图1-37　怪物史莱克

总之，计算思维正在成为数字时代的基本要求，必要的计算思维已经成为更好地理解新技术、新服务和新商业模式的新方式，人类将以优雅有趣的方式驾驭生活并“游戏人生”。

1.3　计算技术在中国的发展

1.3.1　中国古代的计算

计算起源于人类早期的生产活动，产生于商业活动的需要、探索数字间的关系、测量土地及预测天文事件，这些又促进了计算技术和计算水平的不断提高。早在夏禹治水时就出现了规、矩、准、绳等作图和测量工具，并发现“勾三股四弦五”的规律；战国时期人们总结和概括出许多抽象概念；墨家给出有穷和无穷的定义；《庄子》通过公孙龙等辩者提出的论题，强调了抽象的数学思想；唐初王孝通撰写了《缉古算经》讨论土木工程中土方的计算、工程的分工与验收以及仓库和地窖的计算问题。

中国古代数学的突出特点是以计算为中心，魏晋时期赵爽和刘徽开创了中国古代数学理论体系，经几代人整理、修订而成了数学经典《九章算术》。祖冲之、祖日桓父子在《九章算术》刘徽注的基础上，研究了相关思维和推理。中国古代数学体系的中心就是筹算，算筹的产生年代已不可考，但有史料可查的记载中，从春秋时期的“运筹”普及，到宋元时期筹算达到了极盛，也使很多领域攀上了当时世界数学的巅峰。在长达二千年的时间里，中国与计算有关的数学成就，以及实用自然科学所取得过的令世人惊叹的杰出成果中，几乎都受益于算筹的运用。可以说，没有算筹就不可能有中国古代辉煌的数学成就，因此才会出现中国古代繁荣的社会经济发展、强大的国力及灿烂的文明。

筹算采用纵横记数，当数字较大、计算速度加快时，放置筹算不便且摆放易出现失误，虽对计算过程进行了简化，但用手摆放算筹的速度已不能适应计算的速度，会出现计算时得心不能应手的矛盾。元朝末年“青出于蓝而胜于蓝”的算盘应运而生，筹算逐渐为珠算取代。这是古代中国人民长期使用算筹进行不断优化的结果，珠算制也是筹算制的发展、改革和继续。此外，古代中国发明的指南车、水运浑象仪、记里鼓车、提花机等，不仅推动了自动控制机械的发展，而且对计算工具的演进也产生了直接或间接的影响。如张衡制作的水运浑象仪,可自动与地球运转同步,后经唐宋两代的改进,成为世界上最早的天文钟;记里鼓车则是世界上最早的自动计数装置;提花机原理对计算机程序控制的发展有着间接的启发和影响。

远在商代,中国就创造了十进制计数方法,领先于世界千余年。《易经》中的十进位制数学也证明中国是世界上最早使用十进位制数学的国家,而其中的八卦和六十四卦还是最早运用数学中排列组合原理的实践。众所周知"乘法口诀"是人们在计算中进行乘、除、开方等运算的基本规则。中国从春秋战国时期至今,已沿用有三千多年历史了。古时"乘法口诀"是从"九九八十一"开始到"一一如一"为止,与现在顺序相反,故口诀称为"九九表"。2002 年中国湖南省出土的里耶秦简中有 3 枚保存完整的"九九乘法表"(见图 1-38),也是目前世界上发现最早的"乘法口诀表"实物。秦始皇统一中国后"九九乘法表"成了当时的数学教材,可以说"九九乘法表"是古代中国对世界文化的一项重要贡献。

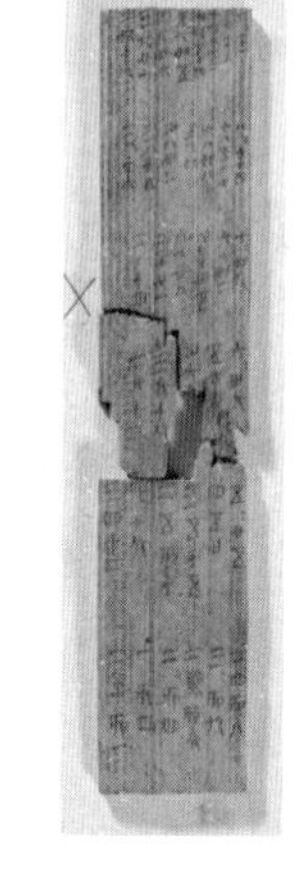

图 1-38　里耶秦简

1.3.2　中国的计算机

进入现代社会,计算的概念已经渗透到人类整个知识和专业领域并上升为科学概念。作为新的科学研究方法,计算机技术帮助数学家求出最大的质数,获取圆周率更精确的数值;天文学利用计算机技术来分析太空脉冲、星位移动;生命计算帮助生物学家模拟蛋白质的折叠过程,发现基因组的奥秘;药物学家通过计算化学研制治愈癌症的药物,发现防止人类衰老的新办法;经济学家利用计算技术分析宏观控制模型,发现经济发展的规律,其中现代计算机起到了关键作用。那么中国计算机技术的发展历史又是如何呢?

1. 计算机的早期发展

计算机在中国发展已有 70 多年的历史,产生了一大批具有典型时代特征的计算机。虽然大多早期设备已消失殆尽,但这些设备的重要历史记忆影响着中国的计算机科学事业。

1) 中华人民共和国的第一代电子计算机

从 1946 年世界上第一台数字电子计算机在美国诞生起,世界数学大师华罗庚教授和中国原子能事业的奠基人钱三强教授,就十分关注这一新技术如何在国内发展。1952 年华罗庚教授从清华大学物色了闵乃大、夏培肃和王传英在中国科学院数学所建立了中国第一个电子计算机科研小组,还邀请了国内外相关领域人才加入计算机事业的行列中,并且积极推动将发展计算机列入国家的十二年发展规划。1956 年 8 月 25 日中国计算技术研究机构的摇篮——中国科学院计算技术研究所筹备委员会成立,华罗庚教授担任主任。

中国从 1957 年开始由七机部张梓昌高级工程师领衔研制通用数字电子计算机,1958 年 8 月 1 日,该机通过了短程序运行,这标志着中国第一台电子计算机诞生。为了纪念这个日子,该机定名为"八一型"数字电子计算机。该机在 738 厂开始小量生产,更名为 103 型计算机,简称 103 机,如图 1-39 所示。

103 机约用 800 个电子管、2000 个氧化铜二极管、10 000 个阻容元件,全机约有 10 000 个接触点和 50 000 个焊接点,可进行定点 32 个二进制位、每秒 2500 次的运算。该机型在 738 厂共生产了 38 台。中国第一代计算机研发过程只有短短的 2 年,103 机在全国范围内曾经参与完成了核武器、航天、航空、铁路、火炮弹道、化工、建筑、能源、理化、勘探、电子、光

图 1-39　中国第一台电子计算机——103 机

学等多项相关计算和北京大学、南京大学、北京航空航天大学、复旦大学、武汉大学、吉林师范大学、哈尔滨工业大学、吉林大学等高等院校的教学，培养专业学生数千人。103 机在中国计算机史上有着不可替代的意义，是中国一代科技工作者的心血，更是中国的国宝。随后中科院计算所、四机部、七机部和部队的科研人员与 738 厂密切配合，研制了中国第一台大型数字电子计算机——104 机(浮点 40 二进制位，每秒 1 万次)，并在 1959 年国庆成功交付使用。1961 年由钟萃豪、董蕴美领导研制的中国第一个自行设计的编译系统在 104 机上试验成功。

1960 年，夏培肃主持研制成功了中国第一台自主设计的通用电子计算机——107 机，如图 1-40 所示。107 机采用串行运算方式、机器主频 62.5kHz、平均每秒运算 250 次，共使用电子管 1280 余只、功耗 6kW。107 机共有六个机柜，包括中央处理器、磁芯存储器、电源、输入输出设备和控制台，机房占地面积约 $60m^2$。在 107 机上，开发设计有系统管理程式和应用服务程序 100 多个，包括检查程序、错误诊断程序、标准子程序、标准算法应用程序以及汇编语言解释程序等，107 机成功地应用于教学和科研工作。

2) 中国自产 441-B 全晶体管计算机

为了跟上世界电子计算机的发展，中国在第一台电子管计算机 103 机研发成功后，立刻开始着手晶体管计算机的开发。1965 年 4 月 26 日哈尔滨军事工程学院(国防科技大学前身)研制成功了 441-B 全晶体管计算机，如图 1-41 所示。441-B 是采用国产半导体元器件研制成功的中国第一台晶体管通用电子计算机，计算速度为每秒 8000 次，可连续工作 268 小时无故障，这也标志着中国计算机工业进入第二代电子计算机发展阶段。

图 1-40　电子计算机——107 机

图 1-41　441-B 全晶体管计算机

441-B 全晶体管计算机融合了"大型计算机"和"半导体晶体管"两项关键核心技术，是中国首次自主创新且实现工业化批量生产的计算机。它应用在"两弹一星"、歼六、海军、空军、二炮，以及中国电信、大庆油田，以生产 100 余台的数量创造了当时的全国第一。这不仅有力地保障了中国的国防安全，而且相关技术和经验都有力地推动了中华人民共和国半导体集成电路、第三代集成电路计算机的研制以及计算机工业的快速发展。

从 1958 年 103 机研发成功到 1964 年 441-B 全晶体管计算机研发成功，中国用了 6 年的时间，打破了国外计算机界权威"中国 5 年之内做不出晶体管通用计算机"的断言。虽然当时美国宣布已制成世界上最早的集成电路通用计算机 IBM 360，全球计算机产业开始进入第三代，但中国计算机事业的发展速度是有目共睹的，呈现出奋起直追之势。1965 年中国第一台百万次集成电路计算机 DJS-Ⅱ型操作系统编制完成；1967 年，新型晶体管大型通用数字计算机诞生；1971 年成都电讯工程学院（电子科技大学的前身）研制 DJS-130 集成电路计算机成功，至此 441-B 全晶体管计算机光荣退役。

3）其他早期的计算机

1967 年中国自行设计了专为"两弹一星"服务的大型晶体管计算机 109 乙（浮点 32 二进制位，每秒 6 万次）之后推出 109 丙机，分别在二机部供核弹研究和七机部供火箭研究使用，使用时间长达 15 年，被誉为"功勋计算机"。1969 年北京大学承接研制百万次集成电路数字电子计算机 150 机。1972 年每秒运算 11 万次的大型集成电路通用数字电子计算机研制成功。

1973 年北京大学与北京有线电厂等单位合作成功研制了运算速度达每秒 100 万次的大型通用计算机。华北计算所先后研制成功 108 机、108 乙机（DJS-6）、121 机（DJS-21）和 320 机（DJS-8），并在 738 厂等五家工厂生产。1974 年清华大学等单位联合设计，研制成功 DJS-130 小型计算机，此后又推出 DJS-140 小型机（见图 1-42），形成了 100 系列产品。

与此同时，以华北计算所为主要基地，全国组织了 57 个单位联合进行 DJS-200 系列计算机的设计，并同时设计开发 DJS-180 系列超级小型机。1974 年集成电路计算机系列 DJS-131、135、140、152、153 等 13 个机型先后研制成功，1977 年中国第一台微型计算机 DJS-050 机研制成功（见图 1-43），1979 年中国研制成功每秒运算 500 万次的集成电路计算机 DJS-9。

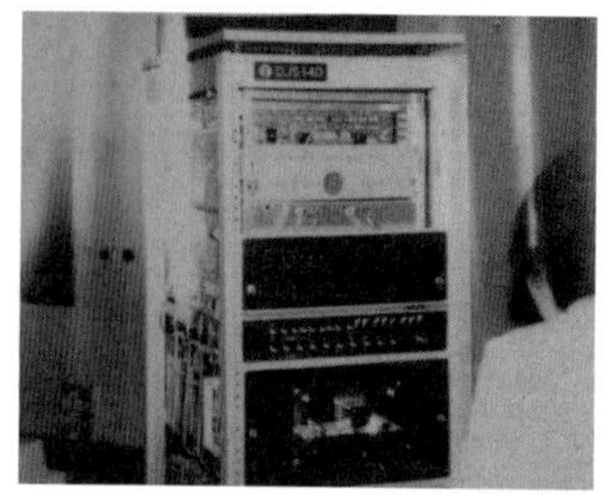

图 1-42　DJS-140

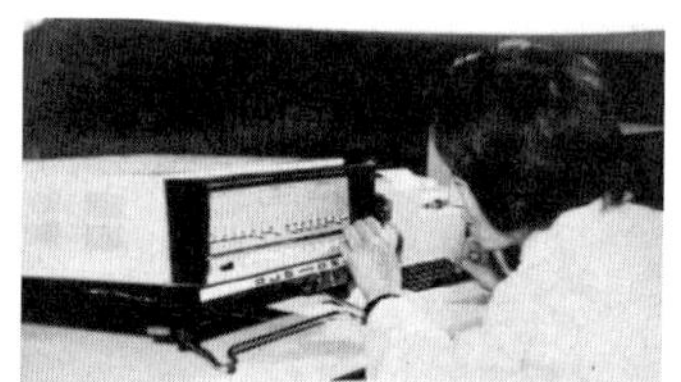

图 1-43　DJS-050

2. 近代的计算机技术

进入 20 世纪 80 年代以后，中国加快了计算机技术的研发，取得了丰硕成果。

1983 年 12 月 22 日，"银河-Ⅰ号"巨型计算机研制成功并通过了国家鉴定（见图 1-44），银河Ⅰ号运算速度达每秒1亿次，也是中国高速计算机研制的一个重要里程碑，标志着中国具备了研制高端计算机系统的能力，使中国成为继美国、日本之后第三个具备研制巨型计算机的国家，并在石油勘探、气象预报和工程物理研究领域广泛应用。

1983年电子工业部第六研究所研制成功与IBM PC兼容的DJS-0520微机，并开发成功了与IBM PC-DOS兼容的汉字磁盘操作系统CCDOS(见图1-45)，也是20世纪80年代较为流行的中文系统，更是众多DOS中文系统的基础。

图1-44 “银河-Ⅰ号”巨型计算机

图1-45 操作系统CCDOS

1984年中国出现第一次微型计算机热潮，1987年起国产长城286微机、386微机、长城486计算机以及长城0520计算机(见图1-46)陆续推出。

1989年7月金山公司的WPS软件问世，它填补了中国计算机字处理软件的空白，并在国内得到了极其广泛的应用。

1974年8月，由王选教授主持，综合运用精深的数学、计算机等多学科知识，历经15个寒暑，研制成功“华光激光照排系统”(见图1-47)，为世界上最浩繁的汉字告别铅字印刷开辟了通畅大道。1991年新华社、科技日报、经济日报正式启用汉字激光照排系统，为新闻、出版全过程的计算机化奠定了基础，对实现中国新闻出版印刷领域的现代化具有重大意义，引起当代世界印刷界的惊叹，被誉为“汉字印刷术的第二次发明”。1992年中国最大汉字字符集的计算机汉字字库正式建立。

图1-46 长城0520计算机

图1-47 王选教授和华光激光照排系统

1993年，中国第一台10亿次通用并行巨型计算机“银河-Ⅱ号”由国防科技大学研制成功并通过鉴定(见图1-48)。“银河-Ⅱ号”在国家气象局投入正式运行后，主要用于天气中期预报。同年国家智能中心于10月推出曙光1000，实际运算速度超过每秒10亿次浮点运算这一高性能台阶，达到每秒15.8亿次浮点运算，内存容量达1024MB。曙光1000与美国

Intel公司1990年推出的大规模并行机体系结构与实现技术相近，与国外的差距缩小到5年左右。

图1-48　银河-Ⅱ号

1994年中关村地区教育与科研示范网络(NCFC)完成了与Internet的全功能IP连接，中国正式被国际上承认是接入Internet的国家。

1996年国家并行计算机工程技术中心正式挂牌成立，开始了“神威”系列大规模并行计算机系统的研制，1999年神威系列产品“神威-Ⅰ型”(见图1-49)落户北京国家气象局，峰值运算速度为每秒3840亿次，其主要技术指示和性能达到国际先进水平，在当今全世界已投入商业运行的前500位高性能计算机中排名第48位，能模拟从基因排序到中长期气象预报等一系列高科技项目的实验结果。“神威”系列计算机为气象气候、石油物探、生命科学、航空航天、材料工程、环境科学和基础科学等领域提供了不可缺少的高端计算工具，取得了显著效益，为中国经济建设和科学研究发挥了重要的作用。

1997年“银河-Ⅲ号”百亿次并行巨型计算机系统研制成功，如图1-50所示。它采用可扩展分布共享存储并行处理体系结构，由130多个处理结点组成，基本字长64位，峰值性能为每秒130亿次浮点运算，标志着中国高性能巨型机研制技术取得新突破，运算速度每秒达到百亿次，中国高性能计算技术实现了从“跟跑”到“领跑”的历史跨越。

图1-49　神威-Ⅰ型

图1-50　银河-Ⅲ号

2000年曙光公司推出曙光3000(见图1-51)，这是中国高性能计算机领域中新的里程碑，该系统峰值浮点运算速度为每秒4032亿次，内存总量为168GB，磁盘总容量为3.63TB，具有先进的体系结构，丰富而完善的软件系统和一大批行业应用软件，整体上达到了当时国际先进水平，部分技术如机群操作系统和并行编程环境等达到国际领先水平，它标志着中国超级服务器技术和产品正在走向成熟。曙光 3000 兼顾大规模科学计算、事务处理和网络信息服务，是国民经济信息化建设的重大装备。同年由 1024 个 CPU 组成的“银河-Ⅳ号”超级计算机问世，峰值性能达到每秒 1.0647 万亿次浮点运算，其使中国高端计算机系统各项指标均达到当时国际先进水平。

2001 年中科院计算所研制成功中国首款通用 CPU“龙芯 1”，龙芯的诞生打破了国外的长期技术垄断，结束了中国不生产 CPU 的空芯化历史，此后龙芯 2 号、龙芯 3 号(见图 1-52)相继问世。

图 1-51　曙光 3000

图 1-52　“龙芯”系列芯片

2003 年百万亿次数据处理超级服务器曙光 4000L 通过国家验收，再一次刷新国产超级服务器的历史纪录，使得国产高性能产业再上新台阶。

2005 年 8 月 5 日，百度在美国纳斯达克市场挂牌交易上市暴涨，一日之内股价上涨 354%，刷新美国股市 5 年来新上市公司首日涨幅的记录，百度也因此成为股价最高的中国公司，并募集到 1.09 亿美元的资金，比该公司最初预计的数额多出 40%。2005 年 8 月 11 日，阿里巴巴收购雅虎中国。阿里巴巴公司和雅虎公司同时宣布，阿里巴巴收购雅虎中国全部资产，同时得到雅虎 10 亿美元投资，打造中国最强大的互联网搜索平台，这是中国互联网史上最大的一起并购案。

2008 年 8 月 31 日，中国首台突破百万亿次运算速度的超级计算机“曙光 5000”(见图 1-53)由中科院计算所、曙光信息产业有限公司自主研制成功，其浮点运算处理能力达到每秒 230 万亿次，LINPACK 测试将达到每秒 150 万亿次。2010 年 5 月，具有自主知识产权的中国第一台实测性能超千万亿次的“星云”超级计算机在曙光公司天津产业基地研制成功，在第 35 届全球超级计算机 500 强排名第 2 位。

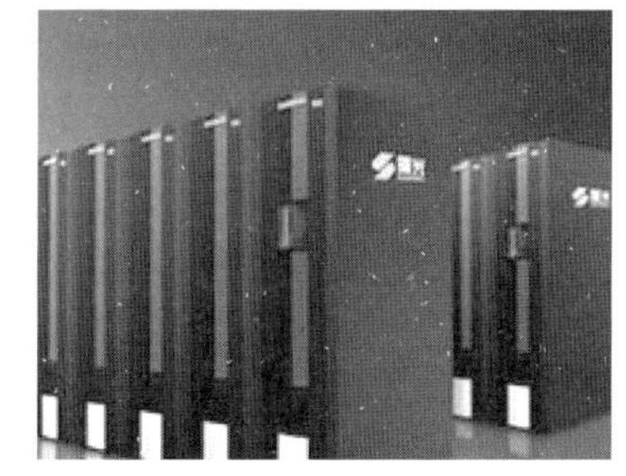

图 1-53　曙光 5000

2010 年 9 月，中国首台国产千万亿次超级计算机“天河一号”(见图 1-54)的 13 排计算机柜全部安装到位并提交用户使用。

2011 年 10 月 27 日，国家超级计算济南中心在济南正式揭牌，首台全部采用国产 CPU 和系统软件构建的神威蓝光计算机系统(见图 1-55)由国家并行计算机工程技术研究中心研制完成，这是中国千万亿次计算机系统，标志着中国成为继美国、日本之后能够采用自主 CPU 构建千万亿次计算机的国家。系统采用万万亿次架构，全机装配 8704 片由国家高性能集成电路(上海)设计中心自主研发的“神威 1600”处理器，峰位性能达到 1.0706 千万亿次浮点运算每秒，持续性能为 0.796 千万亿次浮点运算每秒，运行 LINPACK 测试效率达到 74.4%，组装密度和性能功耗比居世界先进水平，系统综合水平处于当今世界先进行列。

图 1-54 天河一号

图 1-55 神威蓝光计算机系统

2013 年 6 月 17 日，国防科技大学研制的“天河二号”(见图 1-56)以每秒 33.86 千万亿次的浮点运算速度，成为全球最快的超级计算机，国际 TOP 500 组织公布了最新全球超级计算机 500 强排行榜榜单，时隔两年半后中国超级计算机运算速度重返世界之巅。

2013 年使用 GPU 作为主体计算资源的曙光超级计算机 GHPC 1000(见图 1-57)研制成功。它应用自主创新的管理系统，将图形处理器引入高性能计算领域，同时支持 CPU 和 GPU 的混合计算，具有较高的计算密度和良好的可扩展性，在 4 个机柜内实现超过每秒 200 万亿的浮点计算能力。

图 1-56 天河二号

图 1-57 曙光超级计算机 GHPC 1000

2014 年 1 月 30 日，联想集团以 29 亿美元的价格从谷歌公司手中收购摩托罗拉移动，后又陆续收购 IBM PC 及 IBM x86 服务器业务。

2015 年，“天河二号”再次蝉联全球超级计算机 500 强榜单榜首，其浮点运算速度为每秒 33.86 千万亿次，与此同时中国入围这一榜单的超级计算机数量比上期激增了近 2 倍，达到 109 台。

2017 年 11 月，国家并行计算机工程技术研究中心研制完成“神威 · 太湖之光”超级计算机，如图 1-58 所示。它由 40 个运算机柜和 8 个网络机柜组成，4 个由 32 块运算插件组成的超结点分布其中，每个插件由 4 个运算结点板组成，每个 CPU 固化的板载内存为 32GB，并安装了 40 960 个中国自主研发的“申威 26010”多核处理器，峰值运算速度为每秒 12.5 亿亿次,持续运算速度为每秒 9.3 亿亿次,“神威·太湖之光”超级计算机连续 4 次名列国际 500 强超级计算机排行榜的榜首。

图 1-58 神威·太湖之光

2021 年新一期全球超级计算机 500 强榜单中,中国的“神威·太湖之光”排名第四,“天河二号”位居第七,共有 186 台超级计算机上榜,蝉联世界第一,是世界第一超级计算机大国,从“银河”的历史性突破,到“天河”“神威”等一系列超级计算机的诞生不断地刷新着世界速度。

1.3.3 中国计算机技术的进展

在今天的信息社会、“智能普适”的时代,计算机技术作为衡量国家发展水平和竞争力的重要标志显得尤为重要,同时它也深刻影响着计算器件、架构、技术和系统等各个领域。随着国家科技水平的与日俱增以及科技兴国战略的进一步实施,中国在计算机科学和多种应用领域取得了前所未有的成就,大批新技术、新理论和新应用引起世界瞩目,提高了社会生产力水平,促进了社会的持续发展。

1. 操作系统领域

操作系统是计算机系统中最关键的系统软件,由于互联网、云计算、大数据、物联网等新型应用模式的迅速普及,操作系统及相关技术正在产生多种重要的变革,各种面向新型应用模式的操作系统受到广泛关注。

虽然国内计算机系统主体采用的还是基于 Windows、Mac 或 Linux 系统解决方案,但是很多企业与研究机构合作,经过多年的研发努力,也研制了多个有影响力的操作系统,并在一定范围内取得了规模化应用。

国产服务器和桌面操作系统的主要代表之一是麒麟操作系统(Kylin OS),包括麒麟和中标麒麟等不同版本,可以支持服务器和桌面计算机。麒麟操作系统是由国防科技大学、中软公司、联想公司、浪潮集团和民族恒星公司合作研制的商业操作系统,目前的版本以 Linux 内核为基础,可广泛支持主流的处理器架构,包括 x86 及龙芯、申威、众志、飞腾等国产 CPU 平台。2019 年国内多家厂商联合推出了统信操作系统。华为于 2019 年 8 月正式对外发布基于微内核的全场景分布式操作系统——鸿蒙操作系统。鸿蒙操作系统将形式化验证技术应用于可信执行环境,保障了系统正确性和可信执行环境等安全。

目前,在人机物融合时代,硬件设备高度泛化,人机物融合应用刚刚起步,作为全新的计算范式,人机物融合的泛在系统还处于蓄势待发的阶段,尚不存在垄断性的操作系统及相关系统软件，为国家在下一代核心信息技术上摆脱“卡脖子”困境，提供了宝贵的战略机遇。

2. 计算机智能软件

近年来，软件的可靠性问题日渐成为人们的关注焦点。由于相关软件的缺陷与低可靠性可能会带来极高的风险与损失，越来越多的学者开始关注在智能软件中发挥重要作用的软件工程领域中的可靠性保障技术，并展开持续性的深入研究，推动了可靠智能软件的发展。

北京大学梅宏院士和南京大学吕建院士提出了网构软件概念，通过网构软件感知外部网络环境的动态变化，并随着这种变化按照功能指标、性能指标和可信性指标等进行静态的调整和动态的演化。清华大学开展了面向人工智能(Artificial Intelligence，AI)算法和模型的对抗测试技术的研究，提出了 RealSafe 人工智能安全平台，支持多种 AI 算法的漏洞检测与修复。北京航空航天大学搭建了人工智能模型安全评测平台“重明”，融合不同场景、不同任务下的对抗攻击算法并构建评测数据集，形成了面向人工智能系统对抗攻防与评测的资源库。

3. 机器学习

大数据时代的到来为机器学习带来了新的发展契机，受到学术界与工业界的广泛关注。机器学习的核心目标在于从已有观测数据中获得内在蕴含的泛化规律，从而对未来数据进行有效预测，因此在大数据、大算力以及大模型方式的驱动下，机器学习技术在目标检测、人脸识别、医疗诊断以及机器翻译等诸多实际应用中获得了巨大成功，并推动了智能产业的新一轮发展。

近年来，随着计算机视觉及其他机器学习应用场景日益复杂与应用需求不断攀升，尤其针对小样本学习、网络结构搜索等应用任务中出现了传统机器学习(包括深度学习)难以解决的瓶颈问题，如何能够自动从训练任务中产生学习方法论的规则，即“学会了学习”这个元学习的核心目标。相比传统机器学习，元学习最大的颠覆性在于将学习对象由数据提升至学习任务，尽管元学习可视为传统机器学习层面上的学习，仍属于机器学习的范畴，但元学习更具引领性和开拓性。

目前，国内元学习在诸多应用领域的多个层面取得重要进展和具有原创性特点的研究成果，诸如华为诺亚方舟实验室完成了在网络结构搜索和基于元学习的高层概念识别；清华大学实现了学会优化的元强化学习；香港科技大学与深圳 AR 实验室完成了学会迁移学习；国防科技大学实现了快速元适应学习；西安交通大学在学会优化、学会样本加权、学会标记矫正、学会损失制定方面将其视为一种与传统机器学习并称的新型学习模式，体现了机器学习“以不变应万变”的核心。

4. 大数据知识工程

知识工程的概念由美国学者费根鲍姆提出，其后迅速发展成为专门的科学研究方向，伴随着大数据时代的到来，知识工程也迎来了碎片化知识“量、质、序”的新挑战和发展机遇。大数据环境下的知识工程得到了学术界、工业界甚至政府部门的高度关注。

国内在大数据知识工程的基础理论、重大项目和典型应用方面取得了较好的发展。2018 年，陆汝钤等提出基于 10 个 MC(Massiveness Characteristics)的大知识模型，具体给出了“大知识是一个大规模的结构化知识元素的集合”的定义，指出大知识最常见的五种性质，由此从大知识和系统的角度，对现有知识图谱进行了重新审视，提出两项大知识系统的标准，方便了搜索引擎以及公共知识的普及。

2016 年，合肥工业大学牵头的国家科技部国家重点研发计划项目“大数据知识工程基础理论及其应用研究”，旨在建立起大数据知识工程的基础理论，并进一步形成利用海量、低质、无序的碎片化知识构建知识平台的方法学习体系，减少对领域专家知识的依赖。2019 年国家重点研发计划项目“国家中心城市数据管控与知识萃取技术和系统应用”，依托“智能城市操作系统”，解决国家中心城市运行中存在的知识体系不健全、业务支撑不足等问题，以提升我国现代城市治理能力，推动新型城镇化战略。

同时，国内诸多领域也逐渐出现大数据知识工程的落地应用，包括华谱系统（提供修谱、家谱打印、社区分享、跨姓分析等服务）、搜狗的汪仔系统（基于知识图谱问答系统的智能机器人）、天眼查（可视化呈现复杂的商业关系、能够深度挖掘和分析相关数据、预警风险）、海致星途（为商业银行提供精准可靠的营销及风控依据、助力金融行业智能化）以及阿里电商 AliCoCo 图谱（为电商领域的用户理解、知识、商品和内容理解提供统一的数据基础）等，极大地改善了人们的生活和工作体验。

5. 数据中心网络

随着人工智能、云计算、大数据、物联网等技术的不断发展，网络流量、用户、数据均呈现飞速增长势头，对存储与处理提出了更高要求。作为互联网的重要组成部分，数据中心是为企业提供大规模数据存储、处理和联网的信息应用服务基础平台，特别在经济转型升级过程中，数据中心作为七大重点新型基础设施之一，全国的规划建设和发展呈爆发式增长。

华为是全球领先的 ICT（Information and Communications Technology，信息与通信技术）基础设施和智能终端提供商，其发布的 Cloud Fabric 云数据中心网络解决方案，帮助客户构建下一代云数据中心网络，支撑企业云业务在数据中心的长期演进。2020 年 5 月，华为发布全面升级的 Cloud Fabric 2.0 数据中心网络解决方案，通过 400GE 智能超宽、零丢包的智能连接和支持自动驾驶网络的智能运维三大能力的全面提升，引领数据中心网络进入智能时代。

阿里云是全球领先的云计算及人工智能科技公司，飞天是由阿里云自主研发、服务全球的超大规模通用计算操作系统，它可以将遍布全球的百万级服务器连成一台超级计算机，以在线公共服务的方式为社会提供计算能力，也帮助阿里云将整个数据平面进行了一次升级。

随着网络需求的不断扩大，腾讯发布了 IDC 网络架构 5.0V，这并不是传统意义上只涉及交换机的数据中心网络架构，而是涵盖交换机、NFV（网络功能虚拟化）设备、云服务、云间互联能力的一体化的 SDN（软件定义网络）解决方案，已成功在腾讯云黑石项目中投入运营，并逐渐走向成熟，将腾讯的数据中心网络架构正式带入了 SDN 的时代。

6. 区块链技术

区块链应用系统的普及是区块链技术成熟的重要标志，我国已经确定要大力推广区块链在各行各业的应用。2019 年 10 月 24 日，习近平总书记在中央政治局第十八次集体学习时强调要把区块链作为核心技术自主创新的重要突破口，加快推动区块链技术和产业创新发展，在区块链智能攻防技术方面，侧重研究了应用层面及协议安全问题，满足了区块链技术安全领域发展的新需求。

国内互联网巨头纷纷战略布局。2017 年 4 月，腾讯发布区块链白皮书并推出可信区块链 Trust SQL；2018 年 3 月，京东全面启动了区块链技术在业务场景中的应用探索与研发实践，2018 年 8 月，阿里云宣布发布企业级 BaaS 平台，支持一键快速部署区块链环境，实现跨企业、跨区域的区块链应用。据不完全统计，已有多家大型互联网企业发布 BaaS 平台，2019 年区块链底层平台发展百花齐放，区块链底层平台研发、应用推广、生态培育的竞争愈发激烈。

我国非常关注基于区块链技术的法定货币研究，早在 2014 年中国人民银行就启动了关于数字货币的研究，2017 年中国人民银行数字货币研究所成立，聚焦数字货币研究。2019 年 8 月，中国人民银行召开工作电视会议，要求加快推进我国法定数字货币(DE/EP)的研究步伐。同时，区块链的属性使得金融资产交易的速度变得很快。2017 年 1 月，中国人民银行建立基于区块链的数字票据交易平台，通过数字货币进行结算实现数字票据交易的资金流和信息流同步转移，从而实现票款对付结算，同时通过区块链数字身份方案解决了用户重复实名认证的问题。此外，2018 年 6 月，蚂蚁集团实现了全球首个基于区块链的电子钱包跨境汇款服务。

2018 年，蚂蚁金服推出全球首个基于电子钱包的区块链跨境汇款平台；天猫国际和菜鸟也宣布启用区块链技术与跨境电商整合，构建出的系统可以轻松实现商品溯源和跟踪，方便消费者进行查验。

近几年来，区块链结合医疗行业的系统和应用数量日趋增长，越来越多的企业和机构将聚焦于区块链和医疗项目的结合。阿里健康完成了与常州市合作的"医联体＋区块链"项目，也是我国第一个基于医疗场景实施的区块链应用。微信智慧医院 3.0 实现了面向监管方、医院、流通药企的一个联盟链，不仅整合联动了人社、医院、药企、保险等多方资源，而且加入了微信支付、AI 等其他腾讯产品的核心能力。

中国要想成为网络强国，必将在国产自主可控区块链信息系统的研发工作上持续发力，在我国区块链领域的政产学研用结合上，国内各界将汇集智慧，通过开放合作的研究平台，共同推进区块链生态产业健康、有序的发展。随着区块链应用场景的逐渐明晰和需求的日益增长，未来区块链应用系统会逐步覆盖到各行各业，真正服务于社会。

* 阅读材料

华罗庚与中国计算机的发展

中国计算机产业从一穷二白发展到今天，经历了 70 多年的发展历史。谈到中国计算机事业的发展，就要从著名的数学家华罗庚(见图 1-59)说起。华罗庚(1910—1985)出生于江苏常州金坛区。

图 1-59　华罗庚教授

华罗庚 1931 年进入清华大学数学系工作，1938 年被聘为清华大学教授；1946 年前往美国普林斯顿高等研究院访问，任美国普林斯顿数学研究所研究员、普林斯顿大学和伊利诺伊大学教授；1946 年 9 月，华罗庚赴美国普林斯顿高等研究院进行访问。也就是同一年，美国宾夕法尼亚大学研制的 ENIAC 计算机，被认定为世界上第一台电子计算机。

这期间计算机之父冯·诺依曼也在普林斯顿大学，参与研发设计世界上第一台通用电子计算机。华罗庚和冯·诺依曼交好，并经常与其讨论与数学相关的学术问题。一次偶然的机会,冯·诺依曼让华罗庚参观了他的实验室,在见到了 ENIAC 计算机之后,华罗庚在心里开始了要在中国开展电子计算机工作的想法。

1950 年,华罗庚踏上了归国征程,担任清华大学数学系主任。1951 年,华罗庚被任命为筹建中的中科院数学所所长。在华罗庚的影响和邀请下,清华大学电机系电信网络研究室主任、电信网络专家闵乃大,留学英国的爱丁堡大学博士夏培肃,清华大学电机系的高才生王传英这个"铁三角"组合,成立了电子计算机研究小组,由此,拉开了中国计算机研制的序幕。

1956 年春,由毛泽东主席提议,在周恩来总理的领导下,国家制定了中国科学发展的 12 大任务。即将"十二年科学规划"与"两弹一星"直接配套的电子计算机、半导体、无线电电子学和自动化列为国家四项"紧急措施"。这使得中科院物理所下属的计算机研究组跨越升格,从物理所电子组下的一个分支,一跃成为与物理所平级的科研机构。之后由华罗庚教授为主任,成立了中科院计算所筹建委员会,负责起草中国计算机事业发展的蓝图。作为计算技术规划组组长,华罗庚先生力排众议,提出"先集中,后分散"的原则,将有关单位的人员先集中在将要成立的中科院计算所,分批组织计算机设计、程序设计和计算机专业训练班赴苏联实习。也是在这一年,夏培肃设计出了中国第一台电子计算机运算器、控制器,并编写出第一本电子计算机原理讲义。

在历经开拓与努力的两年之后,中国计算机迎来了跨越时代进展。1958 年 8 月 1 日,由中科院计算所与北京有线电厂共同研制的 103 机完成了四条指令的运行,这标志着由中国人制造的第一架通用数字电子计算机正式诞生。103 机占地 40m^2,采用磁芯和磁鼓存储器,内存为 1KB,运算速度每秒 30 次。为纪念这个日子,该机定名为八一型数字电子计算机。仅一年之后,104 机成功问世,运算速度提升到每秒 1 万次。后来它们成为"两弹一星"工程中必不可少的一员。

集成电路

在当今这信息化的社会中,集成电路(Integrated Circuit,IC)已成为各行各业实现信息化、智能化的基础。无论是在军事还是民用上,集成电路已起着不可替代的作用。

集成电路是一种微型电子器件或部件。采用一定的工艺,把一个电路中所需的晶体管、二极管、电阻、电容和电感等元件及布线互连一起,制作在一小块或几小块半导体晶片或介质基片上,然后封装在一个管壳内。通过封装后,从外观上集成电路已成为一个具有所需电路功能的微型结构的不可分割的完整器件,其中所有元件在结构上已组成一个整体,使电子元件向着微小型化、低功耗和高可靠性方面迈进了一大步。集成电路在体积、重量、耗电、寿命、可靠性及电性能方面远远优于晶体管元件组成的分离电路,同时成本低,便于大规模生产。它不仅已在工业、民用、电子设备、仪器仪表等方面得到广泛的应用,同时在军事通信等方面也得到广泛应用。

图 1-60 杰克·基尔比

1958 年 9 月 12 日,美国德州仪器公司的杰克·基尔比(Jack Kilby,见图 1-60)研制出世界上第一块集成电路(基于锗的集成电路),成功地实现了把电子器件集成在一块半导体材料上的构想,开创了世界微电子学的历史,JK 触发器即以其名字命名。同时期,美国仙童半导体公司的罗伯特·诺伊斯(Robert Noyce,见图 1-61)。在杰克·基尔比发明的基础上,发明了可商业生产的集成电路(基于硅的集成电路),使半导体产业由“发明时代”进入了“商用时代”。罗伯特·诺伊斯也是英特尔公司的创始人之一,有“硅谷市长”或“硅谷之父”的绰号。1966 年,杰克·基尔比和罗伯特·诺伊斯同时被富兰克林学会授予“巴兰丁”奖章,杰克·基尔比被誉为“第一块集成电路的发明家”,而罗伯特·诺伊斯被誉为“提出了适合于工业生产的集成电路理论”的人。2000 年,杰克·基尔比因集成电路的发明被授予诺贝尔物理学奖。

1947 年,晶体管的发明弥补了电子管的不足,但工程师们很快又遇到了新的麻烦。为了制作和使用电子电路,工程师不得不亲自手工组装和连接各种分立元件,如晶体管、二极管、电容器等。很明显,这种做法是不切实际的。于是,杰克·基尔比提出了集成电路的设计方案。

历史上第一个集成电路出自杰克·基尔比之手,第一块集成电路板由几根零乱的电线将五个电子元件连接在一起,如图 1-62 所示。虽然它看起来并不美观,但事实证明,其工作效能要比使用离散的部件要高得多。

图 1-61 罗伯特·诺伊斯

图 1-62 第一块集成电路板

其实,在 20 世纪 50 年代,许多工程师都想到了这种集成电路的概念。美国仙童公司联合创始人罗伯特·诺伊斯就是其中之一。在杰克·基尔比研制出第一块可使用的集成电路后,罗伯特·诺伊斯提出了一种“半导体设备与铅结构”模型。1960 年,仙童公司制造出第一块可以实际使用的单片集成电路。罗伯特·诺伊斯的方案最终成为集成电路大规模生产中的实用技术。杰克·基尔比和罗伯特·诺伊斯被公认为集成电路的共同发明者。

虽然集成电路优点明显,但仍然有很长时间没有在工业部门得到实际应用。相反首先引起了军事及政府部门的兴趣。1961 年,德州仪器公司为美国空军研发出第一个基于集成电路的计算机。与此同时美国宇航局也开始对该技术表示了极大兴趣,当时“阿波罗导航计算机”和“星际监视探测器”都采用了集成电路技术。

1962 年,德州仪器公司为“民兵-Ⅰ”型和“民兵-Ⅱ”型导弹制导系统研制 22 套集成电路,这不仅是集成电路第一次在导弹制导系统中使用,而且是电晶体技术在军事领域的首次运用。到 1965 年美国空军已超越美国宇航局,成为世界上最大的集成电路消费者。

英特尔公司的联合创始人之一戈登·摩尔也在集成电路的早期发展进程中扮演着重要的角色。1964 年,戈登·摩尔以三页纸的短小篇幅对集成电路的未来做出预测,发表了一个奇特的定律。戈登·摩尔天才地预言，集成电路上能被集成的晶体管数目，将会以每18个月翻一番的速度稳定增长，并在今后数十年内保持着这种势头。戈登·摩尔所做的这个预言，因后来集成电路的发展而得以证明，并在较长时期保持了它的有效性，被人誉为"摩尔定律"，成为IT产业的"第一定律"。

在20世纪60年代，计算机通常都是笨重的庞然大物，集成电路的出现改变了计算机这一形象。1969年，英特尔公司为日本计算机公司最新研发的Busicom 141-PF计算机设计12块芯片。但英特尔公司的工程师泰德·霍夫等人却根据日本公司的需求提出了另一套设计方案，于是诞生了历史上第一个微处理器4004。英特尔公司的4004微处理器虽然并不是首个商业化的微处理器，但却是第一个在公开市场上出售的计算机元件。4004微处理器的计算能力不输于世界上第一台电子计算机ENIAC，但却比ENIAC小得多。

如今集成电路已经广泛应用于工业、军事、通信和遥控等各个领域，世界上著名的芯片制造商（如英特尔、AMD等公司）生产的芯片上所集成的晶体管数量已达到了空前的水平，而且每个晶体管的体积变得非常微小。甚至在一个针尖大小上可以容纳3000万个45nm大小的晶体管，同时现在的处理器上单个晶体管的价格仅仅是1968年晶体管价格的百万分之一。

第2章　计算机的理论基础

计算机具有的高效快速数据信息处理能力，可用于解决现实世界中的各类应用问题。但是在计算机的整个运行过程中，所有需要计算机处理的工作和数据信息的存储、加工、传输都是通过计算机内部各器件的不同状态来实现的，其相应的状态只有0和1两种表示，因此采用二进制是计算机信息处理的基础。

数据信息在计算机中的具体表示方法和运算规则是完成数据处理、体系结构及工作原理的关键。通常计算机能处理的数据分为数值型数据和非数值型数据两大类，其中数值型数据用于表示整数和实数之类可进行运算的数据，而非数值型数据用于表示字符、声音、图像、视频等媒体数据。

2.1　数　　制

通常而言，数制也称为"进位计数制"，是用一组固定的符号和统一的规则来表示数值的方法。数是"量"在某个特定符号系统中的值，"量"才是本质。一个量可在多种符号系统中表示出来，其中符号是指称。

科学的计数制包括计数符号、进位制和位值制三个要素。在日常生活中计数和运算都要用到计数制，人们主要使用的是十进位计数制，此外还有使用到十二进位计数制、二十四进位计数制、六十进位计数制等，不同的计数制之间可以进行转换。

2.1.1　进位计数制

1. 起源

人类最初计数时并没有进位制，采用结绳或刻痕等原始方法计数时，多大的数目就结多少个绳结或刻痕迹。但随着文明的进步，需要记载的数目越来越大，已无法通过结绳和划痕来完成数字的描述，因此出现了进位计数制。通过采用有限符号记录数量，这也是人类计数和计算史上革命性的重要创造之一。

我国是世界上文化发达最早的文明古国之一，在长期的社会生产实践中积累了丰富的数学认知，成语"屈指可数"说明古人采用了手指计数，而人的手指恰好有十根，也成为采用十进制计数的基础。据考古显示殷商甲骨文中就有了一、二、三、四、五、六、七、八、九、十和百、千、万等的计数。十进位制计数系统早在商代就创建了，发展到秦汉之际，已形成了完整的十进位值制，后在《九章算术》成书时已趋于成熟，中国也成为世界上最早采用十进位计数制的国家。到了唐朝，十进制计数法又从中国传入天竺国，即古印度，后又由印度传入阿拉伯，再传入欧洲，进而演变为阿拉伯数字。

中国十进制度量衡也有久远的历史。公元前六世纪周朝的一把尺就刻有十分之一的寸和百分之一的分；王莽官定一百副青铜容量标准，一斛等于十斗，一斗等于十升，一升等于十合；此外，常见的还有十二进位计数制、二十四进位计数制、六十进位计数制等其他计数进位制。

二进制是现代计算机技术中采用的基础数制，而二进制早在中国古代的日常生活和天文观测中就有体现和应用。古人从自然态中一日的周而复始，通过昼夜来确定阴阳，昼为阳，即日出到日落的阶段；夜为阴，即日落到日出的阶段。《易经》六十四卦的两个基本符号阳爻(yáo)"—"和阴爻"--"(爻代表着阴阳气化，由于爻之动而有卦之变，故爻是气化的始祖，万物的性能即由这阴阳二气演化而来)，被用来表示天地和万物。由此可见，《易经》就是通过二进制研究天地之间的万物，这也是有记载的二进制的最早起源和运用。

1679 年德国哲学家、数学家戈特弗里德·威廉·莱布尼茨(Gottfried Wilhelm Leibniz，以下简称莱布尼茨)才提出了二进制，并通过对其系统性深入研究，完善了二进制。莱布尼茨是最早接触中华文化的欧洲人之一，由于受中国文化的影响，莱布尼茨眼中的"阳"与"阴"基本上就是他的二进制的中国版，只不过莱布尼茨付出了诸多数学研究，推演出二进制。莱布尼茨曾断言："二进制乃是具有世界普遍性的、最完美的逻辑语言。"如今在德国图林根，著名的郭塔王宫图书馆内仍保存一份莱氏手稿，标题写着"1 与 0，一切数字的神奇渊源"。

2. 数制的特点

由前可知，数制包括计数符号(数码)和进位规则两个方面，其中涉及的主要概念有：

(1) 数码。数制中表示基本数值大小的不同数字符号。例如，十进制有 10 个数码：0、1、2、3、4、5、6、7、8、9。

(2) 基数。进位制的基数，就是在相应进位制中具体用到的数码个数。例如，十进制的基数就是 10。

(3) 位权。数制中某一位上的 1 所表示数值的大小，即所处位置的价值。在进位制的数中，每一位的大小都对应着该位上的数码乘上一个固定的数，这个固定的数就是这位的位权，位权是一个幂值。例如，在十进制数 123 中，1 的位权是 10^2，2 的位权是 10^1，3 的位权是 10^0。

(4) 进位制。具体表示较大的数值时，仅用一位数码往往无法实现，必须采用进位计数的方法组成多位数码。其中多位数码中每一位的构成以及从低位到高位的进位规则称为进位计数制，简称进位制。

综上所述，进位计数制是按进位制方法进行计数和表示数值的。对于任何一个由 n 位整数和 m 位小数组成的 R 进制数 $a_{n-1}a_{n-2}\cdots a_1a_0.a_{-1}a_{-2}\cdots a_{-(m-1)}a_{-m}$，可用按权展开的多项式将其转换为对应的十进制数：

$$N=\pm\sum_{i=-m}^{n-1}a_iR^i=a_{n-1}R^{n-1}+\cdots+a_1R^1+a_0R^0+a_{-1}R^{-1}+\cdots+a_{-m}R^{-m} \quad (2\text{-}1)$$

其中，R 是进位制的基数，数码 a_i 的范围是 0，1，2，…，$R-1$ 共 R 个，对应的进位制规则是"逢 R 进一"，R^i 是位权值，a_iR^i 表示数码 a_i 所代表的实际数值。

由此可以发现，基数和位权是任何进位计数制中两个重要的基本因素。

3. 常用数制

1) 十进制

按"逢十进一"的规则进行计数，称为十进制数，即每位计数到 10 时，本位变 0，相邻高位加 1，表示向高位进 1。对于任意十进制数，可用小数点把数分为整数部分和小数部分。

十进制的特点是：

（1）采用 0、1、2、3、4、5、6、7、8、9 共 10 个数码。

（2）进位制的基数为 10，计数时采用“逢十进一”规则进位，即基数也就是两相邻数码中高位的权与低位权之比。

（3）在数的表示中，每位上单个数码表示的数值不仅取决于数码本身，还取决于所处的位置，即位权，具体用基数 10 的幂次表示。

（4）任何十进制数 N 可以表示为一个按权展开多项式：

$$N = \pm \sum_{i=-m}^{n-1} a_i 10^i \tag{2-2}$$

其中，$\pm$ 为数 N 的符号，n 和 m 均为正整数，n 表示数 N 整数部分的位数，m 表示数 N 小数部分的位数，a_i 为第 i 位上的数码，10^i 为第 i 位上的权值。

例如，十进制数 3023.16 可采用下标或后缀 D(decimal)形式表示：

$$(3023.16)_{10} = 3023.16\text{D}$$

十进制数 3023.16 按位权展开的多项式形式是：

$$(3023.16)_{10} = 3\times10^3 + 0\times10^2 + 2\times10^1 + 3\times10^0 + 1\times10^{-1} + 6\times10^{-2}$$

十进制数的性质是：小数点向右移动一位，数值就扩大为原来的 10 倍；反之，小数点向左移一位，数值缩为原来的 1/10。

2）二进制

按“逢二进一”的规则进行计数，称为二进制数，即每位计数到 2 时，本位变 0，相邻高位加 1，表示向高位进 1。对于任意二进制数，也可以用小数点把数分为整数部分和小数部分。

二进制的特点是：

（1）采用 0、1 两个数码。

（2）进位制的基数为 2，计数时采用“逢二进一”规则进位，即基数也就是两相邻数码中高位的权与低位权之比。

（3）在数的表示中，每位上单个数码表示的数值不仅取决于数码本身，还取决于所处的位置，即位权，具体用基数 2 的幂次表示。

（4）可用按权展开的多项式将二进制数转换为对应的十进制数：

$$N = \pm \sum_{i=-m}^{n-1} a_i 2^i \tag{2-3}$$

其中，$\pm$ 为数 N 的符号，n 和 m 均为正整数，n 表示数 N 整数部分的位数，m 表示数 N 小数部分的位数，a_i 为第 i 位上的数码，2^i 为第 i 位上的权值。

例如，二进制数 10100011.1101 采用下标或后缀 B(binary)形式表示：

$$(10100011.1101)_2 = 10100011.1101\text{B}$$

二进制数 10100011.1101 按位权展开的多项式形式是：

$$(10100011.1101)_2 = 1\times2^7 + 0\times2^6 + 1\times2^5 + 0\times2^4 + 0\times2^3 + 0\times2^2 + 1\times2^1 + 1\times2^0 + 1\times2^{-1} + 1\times2^{-2} + 0\times2^{-3} + 1\times2^{-4}$$

由于二进制取值只有 0 和 1 两种，因此按位权展开的多项式形式可简写为每位数码为 1 的该位权值之和，即

$$(10100011.1101)_2 = 2^7 + 2^5 + 2^1 + 2^0 + 2^{-1} + 2^{-2} + 2^{-4}$$

二进制数的性质：小数点向右移动一位，数值就扩大为原来的 2 倍；反之，小数点向左移一位，数值缩为原来的 1/2。

3）八进制

按"逢八进一"的规则进行计数，称为八进制数，即每位计数到 8 时，本位变 0，相邻高位加 1，表示向高位进 1。对于任意八进制数，也可用小数点把数分为整数部分和小数部分。

八进制的特点：

（1）采用 0、1、2、3、4、5、6、7 共 8 个数码。

（2）进位制的基数为 8，计数时采用"逢八进一"规则进位，即基数也就是两相邻数码中高位的权与低位权之比。

（3）在数的表示中，每位上单个数码表示的数值不仅取决于数码本身，还取决于所处的位置，即位权，具体用基数 8 的幂次表示。

（4）可用按权展开的多项式将八进制数转换为对应的十进制数。

$$N = \pm \sum_{i=-m}^{n-1} a_i \, 8^i \tag{2-4}$$

其中，$\pm$ 为数 N 的符号，n 和 m 均为正整数，n 表示数 N 整数部分的位数，m 表示数 N 小数部分的位数，a_i 为第 i 位上的数码，8^i 为第 i 位上的权值。

例如，八进制数 137.67 采用下标或后缀 O(octal)形式表示：

$$(137.67)_8 = 137.67\text{O}$$

八进制数 137.67 中多个 1 表示的是不同值，按位权展开的多项式形式是：

$$(137.67)_8 = 1\times 8^2 + 3\times 8^1 + 7\times 8^0 + 6\times 8^{-1} + 7\times 8^{-2}$$

八进制数的性质：小数点向右移动一位，数值就扩大为原来的 8 倍；反之，小数点向左移一位，数值缩为原来的 1/8。

4）十六进制

按"逢十六进一"的规则进行计数，称为十六进制数，即每位计数到 16 时，本位变 0，相邻高位加 1，表示向高位进 1。对于任意十六进制数，也可用小数点把数分为整数部分和小数部分。

十六进制的特点：

（1）采用 0、1、2、3、4、5、6、7、8、9、A、B、C、D、E、F 共 16 个数码，其中符号 A～F 对应十进制数的 10～15。

（2）进位制的基数为 16，计数时采用"逢十六进一"规则进位，即基数也就是两相邻数码中高位的权与低位权之比。

（3）在数的表示中，每位上单个数码表示的数值不仅取决于数码本身，还取决于所处的位置，即位权，具体用基数 16 的幂次表示。

（4）可用按权展开的多项式将十六进制数转换为对应的十进制数：

$$N = \pm \sum_{i=-m}^{n-1} a_i \, 16^i \tag{2-5}$$

其中，$\pm$ 为数 N 的符号，n 和 m 均为正整数，n 表示数 N 整数部分的位数，m 表示数 N 小数部分的位数，a_i 为第 i 位上的数码，16^i 为第 i 位上的权值。

例如，十六进制数 A9BF.392 采用下标或后缀 H(hexadecimal)形式表示：

$$(\mathrm{A9BF.392})_{16} = \mathrm{A9BF.392H}$$

十六进制数 A9BF.392 中 2 个 9 表示的是不同值，按位权展开的多项式形式是：

$$(\mathrm{A9BF.392})_{16} = 10\times16^3+9\times16^2+11\times16^1+15\times16^0+3\times16^{-1}+9\times16^{-2}+2\times16^{-3}$$

十六进制数的性质是：小数点向右移动一位，数值就扩大为原来的 16 倍；反之，小数点向左移一位，数值缩为原来的 1/16。

4. 数制的转换

将一种数制转换为另一种数制称为数制的转换。根据“任何两个有理数相等，则这两个有理数的整数和小数部分分别相等”的原则，可以完成不同数制之间数的等值转换。

由于计算机采用二进制，而在日常生活或数学中人们习惯使用的仍是十进制，因此在使用计算机进行数据处理时就必须将输入的十进制数转换为计算机能接受的二进制数；计算机在运行结束后，通常会再将二进制数转换为人们所习惯的十进制数。

1）十进制数转换为非十进制数

将十进制数转换为非十进制数时，整数部分与小数部分需分别进行转换，整数部分的转换方法是“除基逆序取余”，小数部分的转换方法是“乘基顺序取整”。

（1）十进制整数转换为非十进制整数。

十进制整数转换为非十进制整数，采用除基逆序取余的方法。具体是将十进制整数除以相应进制数的基数，直到商是 0 为止，然后将所得余数按获取先后逆序排列即可。

【例 2-1】 将十进制数 116 转换为二进制数。

解：将十进制数 116 转换为相应的二进制数 $a_n a_{n-1} a_{n-2} \cdots a_1 a_0$，根据二进制数的规则，$a_i$（$n > i \geqslant 0$，$i$ 为整数）的取值为 0 或 1。

$$(116)_{10} = (a_n\, a_{n-1}\, a_{n-2} \cdots a_1\, a_0)_2 \tag{2-6}$$

现在需要完成的工作是确定式(2-6)中每位 a_i 的值。按照二进制的定义，上面的等式可以写成：

$$\begin{aligned}(116)_{10} &= a_n 2^n + a_{n-1} 2^{n-1} + a_{n-2} 2^{n-2} + \cdots + a_1 2^1 + a_0 \\ &= 2(a_n 2^{n-1} + a_{n-1} 2^{n-2} + a_{n-2} 2^{n-3} + \cdots + a_2 2^1 + a_1) + a_0\end{aligned} \tag{2-7}$$

把式(2-7)两边都除以 2 得到：

$$(116/2)_{10} = (a_n 2^{n-1} + a_{n-1} 2^{n-2} + a_{n-2} 2^{n-3} + \cdots + a_2 2^1 + a_1) + a_0/2 \tag{2-8}$$

显然式(2-8)的右边，括弧内是商 Q_1，余数正是求得的二进制数最低位 $a_0=0$(116/2 余数 0)，接下来继续把商 Q_1 除以 2，得到：

$$(58/2)_{10} = (a_n 2^{n-2} + a_{n-1} 2^{n-3} + a_{n-2} 2^{n-4} + \cdots + a_3 2^1 + a_2) + a_1/2 \tag{2-9}$$

从式(2-9)求得括弧内商 Q_2，余数则是求得的二进制数次低位 $a_1=0$(58/2 余数为 0)。

按此步骤，一直进行到商数为 0 为止，将可求得所有的 $a_n, a_{n-1}, a_{n-2}, \cdots, a_1, a_0$ 的值。排列后即为十进制的$(116)_{10}$转换完成的二进制数 $(1110100)_2$。注意，先得到的余数是二进制数的低位。

（2）十进制小数转换为非十进制小数。

十进制小数转换为非十进制小数时，利用乘基顺序取整的方法。将十进制小数乘以相应进制数的基数，所得乘积的整数部分即为相应进制小数的相应位数字，继续将前次计算所得乘积的小数部分再乘以基数并取整数部分，直到乘积到小数部分为 0 或满足所要求的精度位数为止，最后将所得乘积的整数部分按获取先后顺序排列即可。

【例 2-2】 将十进制数 0.8125 转换为二进制数。

解：将十进制数 0.8125 转换为相应的二进制数 $0.a_{-1}a_{-2}a_{-3}\cdots a_{-m}$，根据二进制数的规则，$a_i(0>i\geqslant -m, i$ 为整数)的取值为 0 或 1，即为

$$(0.8125)_{10}=(0.a_{-1}a_{-2}a_{-3}\cdots a_{-m})_2 \tag{2-10}$$

现在需要完成的工作是确定式(2-10)中 $a_{-1}a_{-2}a_{-3}\cdots a_{-m}$ 中每位 a_i 的值。按照二进制的定义，上面的等式可以写成：

$$(0.8125)_{10}=a_{-1}2^{-1}+a_{-2}2^{-2}+a_{n-2}2^{n-2}+\cdots+a_{-m}2^{-m} \tag{2-11}$$

把式(2-11)两边都乘以 2 得到：

$$(1.625)_{10}=a_{-1}+(a_{-2}2^{-1}+a_{-3}2^{-2}+\cdots+a_{-m}2^{-m+1}) \tag{2-12}$$

由于在式(2-12)中右括弧内的数是小于 1 的，即小数点后面的数，于是有等号两边整数相等：

$$a_{-1}=1$$

小数相等：

$$(0.625)_{10}=a_{-2}2^{-1}+a_{-3}2^{-2}+\cdots+a_{-m}2^{-m+1} \tag{2-13}$$

同样将式(2-13)的两边继续都乘以 2 得到：

$$(1.25)_{10}=a_{-2}+(a_{-3}2^{-1}+a_{-4}2^{-2}+\cdots+a_{-m}2^{-m+2}) \tag{2-14}$$

同理又可以得到：

$$a_{-2}=1$$

$$(0.25)_{10}=a_{-3}2^{-1}+a_{-4}2^{-2}+\cdots+a_{-m}2^{-m+2} \tag{2-15}$$

按此步骤一直进行下去求得所有 $a_{-1},a_{-2},a_{-3},\cdots,a_{-m}$ 的值，排列后即为十进制的 $(0.8125)_{10}$ 转换完成的二进制数 $(0.1101)_2$。

注意：先得到的整数是二进制数的高位。另外，在十进制小数转换为二进制小数时，整个计算过程可能无限制地进行下去(即积的小数部分始终不为 0)，如十进制小数 1.2 进行转换，此时可根据要求的精度位数需要取为近似值，必要时对舍去部分采用类似十进制四舍五入的零舍一入规则。

为了清楚起见，竖式列出十进制整数转换为非十进制整数(见图 2-1(a))；十进制小数转换为非十进制小数(见图 2-1(b))的计算步骤如下：

(3) 十进制混合数转换为非十进制混合数。

在完成十进制混合数(由整数和纯小数复合而成)转换为非十进制混合数时，只需要将十进制混合数整数部分和纯小数部分分别按上述(1)和(2)的方法进行转换，然后再将它们组合起来即可。

【例 2-3】 将十进制数 116.8125 转换为二进制数。

解：先将十进制数 116 用“除 2 逆序取余”法转换为二进制数 $(1110100)_2$，再将十进制数 $(0.8125)_{10}$ 用“乘 2 顺序取整”法转换为二进制数 $(0.1101)_2$，最后把两个二进制数组合起来，得到的结果 $(1110100.1101)_2$ 就是十进制数 $(116.8125)_{10}$ 转换的二进制数，即

$$(116.8125)_{10}=(1110100.1101)_2$$

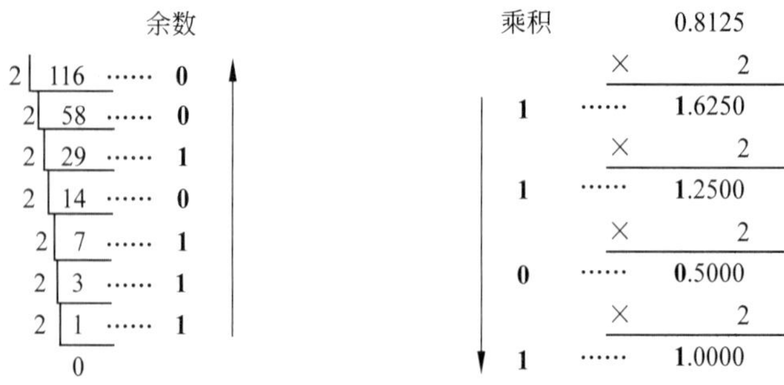

（a）十进制整数转换为非十进制整数　　（b）十进制小数转换为非十进制小数

图 2-1　十进制数转换为非十进制数

2）非十进制数转换为十进制数

将非十进制数转换为十进制数时，方法比较简单，只要利用式(2-1)按权展开多项式采用“按权相加”的方法进行转换，计算出结果即可。

【例 2-4】 将二进制数 110011.101 转换为十进制数。

解：

$$(110011.101)_2 = 2^5+2^4+2^1+2^0+2^{-1}+2^{-3}$$
$$=32+16+2+1+0.5+0.125$$
$$=(51.625)_{10}$$

【例 2-5】 将八进制数 217.64 转换为十进制数。

解：

$$(217.64)_8 = 2\times8^2+1\times8^1+7\times8^0+6\times8^{-1}+4\times8^{-2}$$
$$=128+8+7+0.75+0.0625$$
$$=(143.8125)_{10}$$

3）二进制数与八、十六进制数之间的转换

由于二进制数与八进制数和十六进制数正好存在倍数关系，因此，二进制数与八进制数或十六进制数之间的转换方法比较简单和方便。

(1) 二进制数与八进制数之间的转换。

因为 $2^3=8$，三位二进制数恰有 8 种组合(000，001，…，111)，可与八进制的每一个数码一一对应，如表 2-1 所示，所以二进制数与八进制数之间的转换可以利用它们之间的对应关系直接进行，即三位二进制数可直接转换为一位八进制数码。

表 2-1　三位二进制数与一位八进制数码的对应关系

二进制 B	000	001	010	011	100	101	110	111
八进制 O	0	1	2	3	4	5	6	7

① 二进制数转换为八进制数。

转换时从小数点开始整数部分向左和小数部分向右分别按每三位一组进行划分。最高位和最低位对应的二组如果不足三位，要用 0 补足三位。注意，整数部分最高位的一组把 0 加补在左边，小数部分最低位的一组把 0 加补在右边(不影响二进制数值的大小)，最后用一个等值的八进制数码代换每一组的三位二进制数。

【例 2-6】 将二进制数 1101111.10101 转换为八进制数。

解：根据二进制数转换为八进制数的方法，有

$$\underbrace{001}_{1}\quad\underbrace{101}_{5}\quad\underbrace{111}_{7}\;.\;\underbrace{101}_{5}\quad\underbrace{010}_{2}$$

特别注意，在整数部分最左边前面要用 0 补足三位，小数部分最右边后面要用 0 补足三位，否则会发生错误。

转换结果：

$$(1101111.10101)_2=(\underline{00}1101111.101\underline{010})_2=(157.52)_8$$

② 八进制数转换为二进制数。

转换时只要用三位二进制数来代替每一位八进制数码即可。

【例 2-7】 将八进制数 205.26 转换为二进制数。

解：根据八进制数转换为二进制数的方法，有

$$\underbrace{2}_{010}\quad\underbrace{0}_{000}\quad\underbrace{5}_{101}\;.\;\underbrace{2}_{010}\quad\underbrace{6}_{110}$$

特别注意，整数部分最左边前面和小数部分最右边后面 0 要去掉(不会影响数值大小)。

转换结果：

$$(205.26)_8=(\underline{0}10\ 000101.01011\underline{0})_2=(10000101.01011)_2$$

(2) 二进制数与十六进制数之间的转换。

因为 $2^4=16$，即四位二进制数能得到 16 种组合，可与十六进制的每一个数码一一对应，如表 2-2 所示，所以和二进制数与八进制数的转换方法类似，二进制数与十六进制数之间的转换可以利用它们之间的对应关系直接进行转换，即四位二进制数可直接转换为一位十六进制数。

表 2-2 四位二进制数与一位十六进制数码的对应关系

二进制 B	0000	0001	0010	0011	0100	0101	0110	0111
十六进制 H	0	1	2	3	4	5	6	7
二进制 B	1000	1001	1010	1011	1100	1101	1110	1111
十六进制 H	8	9	A	B	C	D	E	F

① 二进制数转换为十六进制数。

转换时从小数点开始整数部分向左和小数部分向右分别按每四位一组进行划分。最高位和最低位对应的二组如果不足四位，要用 0 补足四位。注意，整数部分最高位的一组把 0 加补在左边。小数部分最低位的一组把 0 加补在右边，最后用一个等值的十六进制数码代换每一组的四位二进制数。

【例 2-8】 将二进制数 1101111.10101 转换为十六进制数。

解：根据二进制数转换为十六进制数的方法，有

$$\underbrace{0110}_{6}\quad\underbrace{1111}_{F}\;.\;\underbrace{1010}_{A}\quad\underbrace{1000}_{8}$$

特别注意，在整数部分最左边要用 0 补足四位，小数部分最右边要用 0 补足四位，否则会发生错误。

转换结果：

$$(1101111.10101)_2=(\underline{0}1101111.10101\underline{000})_2=(6F.A8)_{16}$$

② 十六进制数转换为二进制数。

转换时只要用四位二进制数来代替每一位十六进制数码即可。

【例 2-9】 将十六进制数 2E7.1A 转换为二进制数。

解：根据十六进制数转换为二进制的方法，有

$$\underbrace{2}_{\underline{00}10}\quad \underbrace{E}_{1110}\quad \underbrace{7}_{0111}\ .\underbrace{1}_{0001}\quad \underbrace{A}_{101\underline{0}}$$

特别注意，整数部分最左边和小数部分最右边的 0 要去掉（不会影响数值的大小）

转换结果：

$$(2E7.1A)_{16}=(\underline{00}1011100111.0001101\underline{0})_2=(1011100111.0001101)_2$$

4）任意进制数之间的转换

（1）由于人们更熟悉十进制，因此任意两种非十进制数都可利用十进制数作为转换媒介完成之间的转换。具体步骤：先将一种非十进制数利用式（2-1）即按权展开多项式“按权相加”的方法进行转换，结果为十进制数，再将获得的转换结果（十进制数）的整数部分与小数部分分别转换而成另一种非十进制数，其中整数部分的转换方法是“除基逆序取余”，小数部分的转换方法是“乘基顺序取整”。

（2）由于二进制数与八进制数和十六进制数正好存在倍数关系，且二进制数与八进制数或十六进制数之间的转换方法比较简单和方便，因此八进制数与十六进制数之间的转换，也可利用二进制数作为转换媒介完成，先通过将八进制数或十六进制数转换为二进制数，再二进制数转换为八进制数或十六进制数。同理，四进制数、三十二进制数、六十四进制数等与二进制数也存在类似倍数关系，故也可利用二进制数为媒介完成相互间的转换。

2.1.2 计算机中的数制

在日常生活中，人们习惯采用十进制计数，而计算机内部仅采用二进制。由于二进制数值与八进制及十六进制数值正好存在倍数关系，即 2^3 等于 8、2^4 等于 16，能缩短相应数值的表示位数，因此在计算机应用领域常采用八进制及十六进制等来表示实际的二进制数，从而方便二进制数的读写。

1. 计算机为什么采用二进制

（1）技术上二进制易于实现。从物理实现的角度，计算机是由电子元器件构成的，能够稳定表示 0 和 1 两种状态的电气、电子元器件有很多，如开关的接通和断开、晶体管的导通和截止、磁原件的正负剩磁、电位电平的高低、光盘反射光线变化等，因此计算机使用二进制，电子元器件具有实现的可行性。反观十进制有 10 个状态，要用某种器件表示 10 种状态显然是难以实现的。从数学上推导，采用 $R=e\approx2.7$ 进位计数制实现时最节省设备，其次是二进制，但三进制比二进制实现困难很多。

（2）二进制的运算规则简单。二进制数运算规则较十进制数简单得多（例如十进制的乘法口诀有 55 条公式，而二进制乘法只有 4 条规则），运算规则越少，计算机运算器的硬件结构越简化，所用的元件也越少，这有利于简化计算机内部运算结构，提高运算速度。

（3）二进制能方便地实现逻辑运算。计算机不仅需要算术运算功能，还应具备逻辑运

算功能。逻辑代数是逻辑运算的理论基础，而二进制的 0 和 1 两个数码，与逻辑代数中的真和假吻合，可直接进行逻辑运算，用二进制表示二值逻辑也就显得十分自然。

（4）二进制信息的存储和传输可靠。用二进制表示数据具有抗干扰能力强、高可靠的优点。因为每位数据只有两个稳定和对立的状态，当受到一定程度的干扰时，仍然能可靠地分辨出相应状态，从而使二进制的 1 和 0 在传输和处理时不易出错，保障计算机的高可靠性。

当然，二进制数也有它的缺点。首先是人们常用十进制，也更熟悉和了解十进制，而对于二进制人们不熟悉，内容也不易体现；二进制数的另一个缺点是书写起来位数较多，记忆困难且读起来也不方便，为此在计算机领域有了八进制、十六进制和十进制的应用，用于克服二进制的不足。

尽管计算机应用中可以采用二进制、八进制、十进制、十六进制等不同的进制，但必须明确的是计算机硬件能够直接识别和处理的还只是二进制数。虽然计算机具有的功能是非常强大和复杂的，但是构成计算机内部部件的基础电路却是很简单的，且电路都是以电位的高低表示 1 和 0 的，因此计算机中的任何信息都需要以二进制形式表示。

2. 二进制的算术运算

二进制与十进制的算术运算格式相同，只不过十进制是逢十进一，而二进制是逢二进一。二进制数的算术运算包括加、减、乘、除四则基础运算。其中：加法是最基本最简单的运算，乘法是连加，减法是加法的逆运算（利用补码原理，可转化为加法运算），除法又是乘法的逆运算，其他任何复杂的数值计算都可分解为基础算术运算执行完成，即分解为简单的加法运算。为了提高运算效率，在计算机中除主要采用加法器外，也设计直接使用乘法器。

对于二进制的每一位来说，每种运算只有四种规则，分别如下：

加法运算规则：　0＋0＝0；0＋1＝1；1＋0＝1；1＋1＝10（产生进位）

减法运算规则：　0－0＝0；1－0＝1；1－1＝0；0－1＝1　（产生借位）

乘法运算规则：　0×0＝0；0×1＝0；1×0＝0；1×1＝1

除法运算规则：　0÷0＝0；0÷1＝0；1÷1＝1；1÷0＝0（无意义）

【例 2-10】　两个 8 位二进制数 10110110＋11010111 的计算过程。

解：两个二进制数相加，每一位上有三个数，即本位的被加数、加数和来自低位的进位参与运算，运算过程如下。

被加数	10110110	……	$(182)_{10}$
加数	11010111	……	$(215)_{10}$
和数	110001101	……	$(397)_{10}$

【例 2-11】　两个 8 位二进制数 11010111—10110110 的计算过程。

解：两个二进制数相减，每一位上有三个数，即本位的被减数、减数和来自高位的借位参与运算，运算过程如下。

被减数	11010111	……	$(215)_{10}$
减数	10110110	……	$(182)_{10}$
借位	0100000		
差数	00100001	……	$(33)_{10}$

【例 2-12】 两个二进制数 1101×1011 的计算过程。

解：两个二进制数相乘，只是被乘数的左移和加法，运算过程如下。

```
            1101      被乘数
     ×      1011      乘数
     ------------
            1101
           1101
          0000
     +)  1101
     ------------
        10001111      乘积
```

同理，对于二进制的除法运算，可以通过移位和减法来实现。

3. 二进制的逻辑运算

逻辑学最早是哲学的一个分支，逻辑学是研究推理形式的科学或指研究思维形式及其规律的一门学科。逻辑学的任务是总结抽象思维的规律和特点，提高思维能力和品质。

布尔(George Boole)用数学方法建立逻辑演算，进行逻辑问题研究，从而不再依赖对符号的解释，只依赖于符号的组合规律表示判断，把推理看作等式的变换。这一逻辑理论人们常称为布尔代数。逻辑代数是研究逻辑函数运算和化简的一种数学系统。由于二进制数 1 和 0 在逻辑上可以代表真与假、是与否、有与无等逻辑属性的变量，因此二进制可以实现逻辑变量之间的逻辑运算。

逻辑运算的结果不表示数值的大小，而是针对分析结果的逻辑量。二进制涉及的常用逻辑运算包括：逻辑加法（“或”运算，又称 OR)、逻辑乘法（“与”运算，又称 AND)、逻辑否定（“非”运算，又称 NOT)及逻辑异或（“异或”运算，又称 XOR)等，通过这些基本逻辑运算又可组合成复杂的逻辑运算。

逻辑函数的运算和化简是数字电路的基础，也是数字电路分析和设计的关键。由于计算机中的基本电路都是两种状态的电子开关电路，因此可以方便地实现逻辑运算，另外，逻辑运算也是描述电子开关电路工作状态的有力工具。

计算机中用以实现基本逻辑运算和复合逻辑运算的单元电路称为门电路。通过相互关联的门逻辑控制可以执行复杂的任务。门电路可以有一个或多个输入端，但只有一个输出端。门电路的各输入端所加的信号只有满足一定的条件时，“门”才打开，即才有信号输出。常用的门电路在逻辑功能上有或门、与门、非门、异或门等几种，或门、与门和非门是基本的门，其他复杂的门都可以由这三种门组合而成。

从逻辑关系看，门电路的输入端或输出端只有两种状态，无信号以 0 表示，有信号以 1 表示。由于门处理的是二进制数据，因此，每个门的输入和输出只能是 0（对应低电平）或 1（对应高电平）。

1）逻辑加法（“或”）运算

逻辑加法常用表示符号有 ∨ 和＋。注意，使用＋符号时不能引起歧义。逻辑加法运算的一般式为：

$$Y = A \vee B$$

逻辑加法运算真值表如表 2-3 所示。根据规则在给定的逻辑变量中，只有当 A 与 B 同时为 0 时，其逻辑加的结果 Y 才为 0；否则，A 或 B 只要有一个为 1，其逻辑加的结果 Y 总为 1。

表 2-3　逻辑加法运算真值表

输入 A	输入 B	输出 Y
0	0	0
0	1	1
1	0	1
1	1	1

特别注意，所有的逻辑运算都是按位进行的，位与位之间没有任何联系，即不存在算术运算过程中的进位或借位关系。当逻辑量为多位时，可在两个逻辑量对应位之间按规则进行运算。

【例 2-13】　两个 8 位二进制数进行逻辑加法运算。

解：运算过程如下。

$$\begin{array}{r} 10110010 \\ \vee\quad 10010111 \\ \hline 10110111 \end{array}$$

或门是执行"或"运算的基本逻辑门电路。在计算机中或门又称逻辑"或"电路，有多个输入端，一个输出端，如图 2-2 所示。按二值输入，当所有的输入同时为低电平（逻辑 0）时，输出才为低电平（逻辑 0），否则输出为高电平（逻辑 1）。

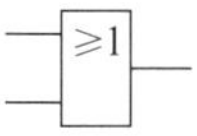

图 2-2　或门

2）逻辑乘法（"与"）运算

逻辑乘法常用表示符号有 ∧ 和 ×。注意，使用 × 符号时不能引起歧义。逻辑乘法运算的一般式为：

$$Y = A \wedge B$$

逻辑乘法运算真值表如表 2-4 所示。根据规则在给定的逻辑变量中，只有当 A 与 B 同时为 1，其逻辑乘的结果 Y 才为 1；否则，A 或 B 只要有一个为 0，其逻辑乘的结果 Y 总为 0。

表 2-4　逻辑乘法运算真值表

输入 A	输入 B	输出 Y
0	0	0
0	1	0
1	0	0
1	1	1

同样，当逻辑量为多位时，可在两个逻辑量对应位之间按上述规则进行运算。

【例 2-14】　两个 8 位二进制数进行逻辑乘法运算。

解：运算过程如下。

$$\begin{array}{r} 10110110 \\ \wedge\quad 11010111 \\ \hline 10010110 \end{array}$$

与门是执行"与"运算的基本逻辑门电路。在计算机中与门又称逻辑"与"电路，有多个输入端，一个输出端，如图 2-3 所示。按二值输入，当所

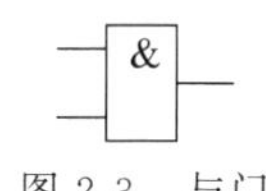

图 2-3　与门

有的输入同时为高电平(逻辑 1)时,输出才为高电平(逻辑 1),否则输出为低电平(逻辑 0)。

3) 逻辑否定("非")运算

逻辑否定常用表示符号为¯。逻辑否定运算的一般式为:

$$Y=\overline{A}$$

逻辑否定运算真值表如表 2-5 所示。根据规则在给定的逻辑变量中,当 A 为 1 时,其逻辑否定的结果 Y 为 0;当 A 为 0 时,其逻辑否定的结果 Y 为 1。注意,逻辑否定运算是单操作数运算。

表 2-5　逻辑否定运算真值表

输入 A	输出 Y
0	1
1	0

当逻辑量为多位时,可依上述规则逐位进行运算。

【例 2-15】 一个 8 位二进制数进行逻辑否定运算。

$$\overline{10110110}$$

$$01001001$$

非门是数字逻辑中实现逻辑"非"的逻辑门。在计算机中非门又称逻辑"非"电路、反相器,是逻辑电路的重要基本单元,有输入和输出两端,如图 2-4 所示。若非门输入为高电平(逻辑 1),则输出为低电平(逻辑 0);若输入为低电平(逻辑 0),则输出为高电平(逻辑 1)。输出端的圆圈表示反相的意思。

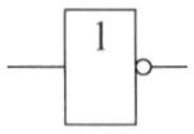

图 2-4　非门

4) 逻辑异或运算

逻辑异或常用表示符号为⊕。逻辑异或运算的一般式为:

$$Y=A\oplus B$$

逻辑异或运算真值表如表 2-6 所示。根据规则在给定的逻辑变量中,只有当 A 与 B 值相异时,其逻辑异或结果 Y 为 1;否则,当 A 与 B 值相同时,其逻辑异或结果 Y 为 0。

表 2-6　逻辑异或运算真值表

输入 A	输入 B	输出 Y
0	0	0
0	1	1
1	0	1
1	1	0

当逻辑量为多位时,可在两个逻辑量对应位之间按上述规则进行运算。

【例 2-16】 一个 8 位二进制数进行逻辑否定运算。

$$\begin{array}{r} 10100110 \\ \oplus\quad 11010111 \\ \hline 01110001 \end{array}$$

异或门是数字逻辑中实现逻辑异或的逻辑门。在计算机中异或门又称逻辑“异或”电路，有多个输入，每个输入都有两种可能的值，如图 2-5 所示。按二值输入，用 A、B 表示输入信号，Y 表示输出信号。根据定义当异或门 A、B 输入值相同，输出值 Y 为 0；而 A、B 输入值相异时，则输出值 Y 是 1。

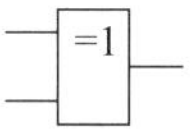

=1

图 2-5　异或门

综上可知，计算机的逻辑运算和算术运算的主要区别是：算术运算是将一个二进制数上所有位综合为一个数值整体，低位的运算结果会影响到高位(如进位等)；逻辑运算是对应二进制位之间按位进行的，位与位之间不存在加减运算那样有进位或借位的联系，运算结果也是逻辑数据。逻辑运算是一种比算术运算更为简单的运算。逻辑代数是实现逻辑运算的数学工具和基础。

2.2　数据存储的组织方式

随着计算机技术的发展，计算机应用的目的不再局限于科学计算，而已扩展到各行各业，逐渐成为科研人员、企业工程师、项目设计师、艺术家甚至娱乐节目制作人等完成一系列工作的有效工具。

尤其是当前计算机已从计算速度转向以大数据处理能力、问题求解为核心的时代，这中间不论是哪类的处理工作，计算机都将面对数值、文本、图像等不同类型的数据处理。从技术的范畴，数据是指计算机能够处理的数字、字母、符号以及按规格化形式表示的事实、概念或指令。数据在进入计算机内部都将实现“数字化”并以二进制方式进行表示、存储和运算。那么，计算机是如何组织、存储和处理这些数据的呢？

2.2.1　数据单位

1. 位

位(bit)简写为 b，又称比特。位是计算机存储数据的最小单位，它表示二进制中的 1 位。比特没有大小，仅表示一个二进制位的状态，具体代表一个二进制位来存放 0 或 1。

2. 字节

字节(Byte)简写为 B。字节是计算机用于描述存储和传输的单位，每 8 位组成 1 字节，即 1B＝8b。字节也是最小一级的信息处理单位。计算机内部的信息存储是以字节为单位来表示存储器的存储容量；数据传输大多是按字节的倍数以位为单位进行的。

3. 字和字长

在计算机中，以一个整体来处理或运算的二进制数称为一个计算机字(word)，简称字。字通常分为若干字节，而这组二进制数的位数就是字长。

字和字长与计算机的功能和用途有关。对计算机硬件来说，字是中央处理器(CPU)与输入输出(I/O)设备和存储器之间传送数据的基本单位。字出现在不同的地方其含义也不相同。例如，送往控制器的字是指令，而送往运算器的字就是一个操作数。

计算机的每个字所包含的二进制数的位数称为字长，也是 CPU 一次可处理的二进制数的数目，如 32 位的 CPU 一次可以处理 4 字节。显然，字长越长，一次处理的二进制位数就越多，计算机处理数据的速度也就越快。字长也是数据总线的宽度，即数据总线一次可同时传送数据的位数。字长是衡量计算机性能的一个重要指标。根据计算机的不同，字长有固定的和可变的两种。固定字长,即字长度不论什么情况都是固定不变的;可变字长,则在一定范围内,其长度是可变的。通常不同类型的计算机,其字长是不同的,且总是 8 的整数倍,目前的通用计算机的字长为 32 位和 64 位。

2.2.2 数据的存储

1. 存储单元

计算机中,一般以 8 个二进制位作为一个存储单元,也就是一个字节,又称为字节存储单元。当一个数据存入时,将根据大小被存放在一个或几个字节中(即存储单元),每个存储单元有一个二进制整数编码的地址,也称字节地址。存储单元只有存入新数据时,内容将被替换,否则永远保持原有数据。

2. 存储容量

存储容量是衡量计算机存储能力的重要指标,指能容纳的二进制数据量的总和,通常使用字节来计算和表示,常用的单位有字节(B)、千字节(KB)、兆字节(MB)、吉字节(GB)、太字节(TB)以及拍字节(PB)等。

目前,通用个人计算机的内存容量已发展到 GB,外存容量已发展到 TB 甚至更大。从某种意义上讲,外存容量是无限的,即用户可根据需要购买任意外存设备。常用存储单位之间的换算关系如表 2-7 所示。

表 2-7 常用存储单位之间的换算关系

单　位	对应关系	数量级	备　注
b(b,位)	1b=一个二进制位	1b=2^0b	0 或 1
B(B,字节)	1B=8b	1B=2^3b	
KB(千字节)	1KB=1024B	1KB=2^{10}B	
MB(兆字节)	1MB=1024KB	1MB=2^{20}B	
GB(吉字节)	1GB=1024 MB	1GB=2^{30}B	大规模数据
TB(太字节)	1TB=1024GB	1TB=2^{40}B	海量数据
PB(拍字节)	1PB=1024TB	1PB=2^{50}B	大数据
…	…	…	

2.2.3 存储编址

计算机中的存储设备都是按字节组织存放数据的。每个存储设备都由一系列存储单元组成。为了对存储设备进行有效的管理,区别存储设备的存储单元,需要对各个存储单元进行编号。计算机存储单元编号的过程称为编址,而存储单元的编号称为存储地址,用于数据访问,即通过地址访问存储单元中的数据。

在计算机系统中,地址也是用二进制编码且以字节为单位表示的。为便于识别与应用(记录书写),存储地址通常使用十六进制表示。地址与存储单元是一一对应的,而每一个存储地址中又存放着一组二进制表示的数,通常称为该地址的存储单元实际存储的内容,即数据或指令。存储结构与地址的表示如图 2-6 所示。

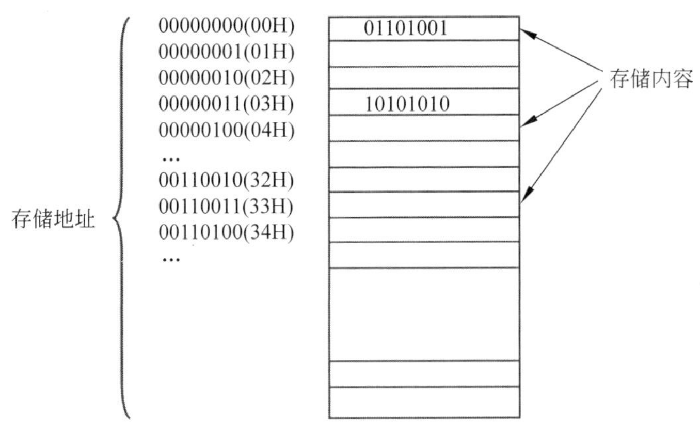

图 2-6　存储结构与地址的表示

存储单元的地址和地址中的内容两者是不一样的。前者是存储单元在存储器中的一个位置,而后者表示这个位置存储单元里存放的数据。如图 2-6 中 00000100(04H)为某一存储地址,而其中的 10101010 为存储内容。

2.3　数 据 表 示

数据是人类通过实践记载下来的事实,是事物特性的反映或描述,是对客观事物的逻辑归纳。数据可表示为承载信息的物理符号。

在计算机技术的范畴里,数据是指能够输入计算机并由计算机处理的数值、字符、声音、图像、视频以及按规格化形式表示的事实、概念或指令的总称,是存储在某一媒体的符号集合。通常数据适用于人或计算机进行接收、存储、传输、解释及处理的过程。

2.3.1　数值型数据

数值型数据是指表示数量、可以进行数值运算的数据。数值型数据由数字、小数点、正负号和表示乘幂的字母 E 组成。计算机表示数值型数据时需要解决数的符号、小数点和数值的处理。

1. 符号数值化

在有些应用场合,只需表示数值的大小,不必考虑符号。如表示年龄数据时,由于年龄不可能小于 0,因此不必考虑负数,这类数据称为无符号数。该类数据在计算机中的数值表示采用二进制,且无符号数把所有二进制位都解释为数值。

一般来说数据是分正数和负数的,称为带符号数,而计算机中无法按数学的方式用正负符号来表示数值的正负,于是就用一位二进制的 0 或 1 来区别。通常这个符号放在二进制数的最高位(数的最左边),称为符号位,以 0 代表符号+,以 1 代表符号－。这种采用二进制表示形式的把符号位数值化的数称机器数,而符号没有数值化的实际二进制数值称真值。

通常,机器数按计算机字节的倍数存储,为便于解释,假设机器数按 1 字节(8 位二进制位)进行表示,分为符号和数值两部分,且均用二进制代码表示,具体在机器中的存储形式如

图 2-7 所示。

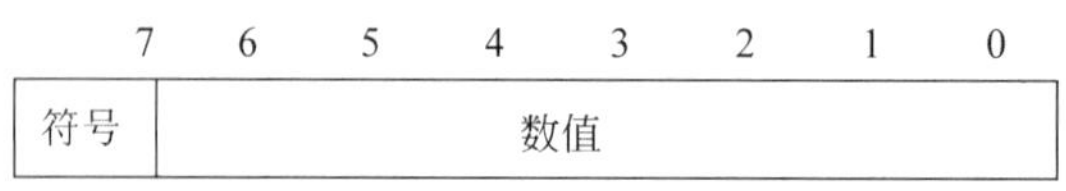

图 2-7　符号位数值化的机器数

【例 2-17】 假设机器数按 1 字节进行处理，分别写出 10101001 作为机器数和二进制数真值所表示的十进制数值。

解：10101001 作为机器数时，其最高位的数码 1 代表符号－，表示的十进制数值为

$$(-0101001)_2=(-41)_{10}$$

作为二进制数真值，表示的十进制数值为

$$(10101001)_2=2^7+2^5+2^3+2^0=(169)_{10}$$

注意：

(1) 符号数值化的二进制数的符号占据了一位，其和原来的数值从形式看不同了，例如，二进制数－0110110 的机器数为 10110110。

(2) 机器数的长度是由机器硬件决定的，所以机器数表示的数值是不连续的。例如，8 位二进制无符号数可以表示 256 个十进制整数(00000000～11111111 对应 0～255)；8 位二进制带符号数可以表示 256 个十进制整数，其中 128 个十进制正整数(00000000～01111111 对应＋0～＋127)，128 个十进制负整数(10000000～11111111 对应－127～－0)，00000000 表示＋0，10000000 表示－0。

(3) 每个机器数所占用的二进制位数受机器硬件规模的限制，与机器字长有关，超过机器字长的数值需要在精度要求下进行处理。例如，二进制真值数＋101100111 在字长为 8 位的机器中将无法直接表示。

2. 小数点处理

在现实中数值型数据除了有正、负数之外，通常既有整数部分又有小数部分，而且小数点位置不固定，所以计算机在处理时还要解决数值中小数点的表示问题。为了便于计算机处理，小数点不额外占用某个二进制位，而是采用小数点默认隐含在数据某一位置上的方式来表示。同时根据所表示的小数点位置是否固定，数值型数据的表示方法可分为定点数和浮点数两种类型，即定点表示格式和浮点表示格式。

1) 定点数

小数点在数中的位置是固定不变的数称为定点数。定点数又分为定点整数(纯整数)和定点小数(纯小数)。

假设机器数按 1 字节(8 位二进制位)进行表示，定点整数是将小数点位置固定在数值部分的最右端，如图 2-8 所示；定点小数是将小数点位置固定在数值部分的最左端(符号位与最高数值位之间)，如图 2-9 所示。由此可见，定点整数与定点小数在计算机中的表现形式没有什么区别，小数点完全是通过事先约定而隐含在不同位置的。

由于计算机在处理数值过程中，初始数据、中间结果或最终结果可能在很多范围内变动，如果仅用定点整数或定点小数表示，则不仅会出现溢出，还会丢失精度，因此引出了浮点数。

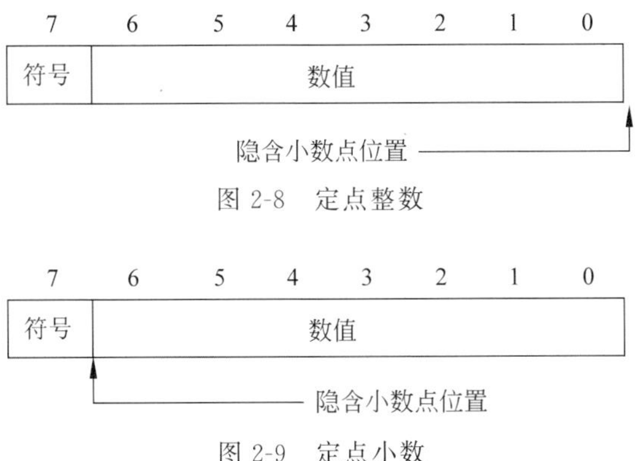

图 2-8　定点整数

图 2-9　定点小数

2）浮点数

浮点数是指小数点位置不固定的数。浮点数既有整数部分又有小数部分，其中小数点在数中的位置是浮动的。浮点数的最大的特点是比定点数表示的数值范围要大，可解决数据溢出、丢失精度等问题。

浮点数是在计算机中用近似表示任意某个实数，具体由一个尾数乘以某个基数(R)的整数次幂得到，这种表示方法类似于在日常使用的十进制数中基数为 10 的科学记数法，同一个十进制数就通过移动小数点的位置可以表示成不同的形式的浮点数，如：

$$(123.456)_{10}=123456\times10^{-3}=0.123456\times10^{+3}$$

由此可见，任何一个 R 进制数 N 均可以写成如式(2-23)所示的形式：

$$(N)_R=\pm S\times R^{\pm P} \tag{2-16}$$

其中，S 是尾数，决定了数 N 的有效数字；R 是基数，采用不同的进制，R 的取值不同；P 是阶码，用整数表示，可为正数或负数，指明数 N 中小数点的实际位置。

应当注意，当 N 是 R 进制数时，S、P 也都是 R 进制表示的数。

计算机中的二进制浮点数同样由阶码和尾数两部分构成，同一个二进制数移动小数点的位置也可以表示成不同的形式的二进制浮点数，如：

$$(1101.0011)_2=11010011\times2^{-100}=0.11010011\times2^{+100}$$

阶码 P 用二进制定点整数表示，可为正数或负数，用一位二进制数 P_f 表示阶码的符号位，当 P_f 为 0 时，表示阶码为正数；当 P_f 为 1 时，表示阶码为负数。

尾数 S 用二进制定点小数表示，一般来说为纯小数，同样用 S_f 表示尾数的符号，S_f 为 0 表示尾数为正数；S_f 为 1 表示尾数为负数，如图 2-10 所示。

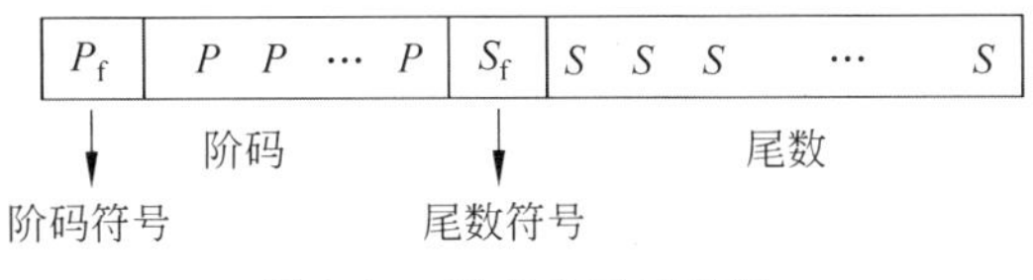

图 2-10　浮点表示示意图

可见，在计算机中表示一个浮点数，阶码部分的位数决定了数的表示范围，而尾数部分的位数决定了数的精度。为了保证不损失有效数字，通常还需对尾数进行规格化处理，既保证尾数的最高位为 1，又通过阶码的调整保持实际数值。

浮点数的具体格式多种多样，其一定程度由计算机字节数决定。

【例 2-18】 假设用 4 字节表示浮点数，阶码部分用 8 位表示，尾数部分用 24 位表示，写出＋10101101 的规格化的二进制浮点数。

解：首先，按照规格化把＋10101101 转换为 $2^{+1000}\times 0.10101101$，即阶码为＋1000（二进制定点整数），尾数为＋0.10101101，则浮点数表示形式如图 2-11 所示。

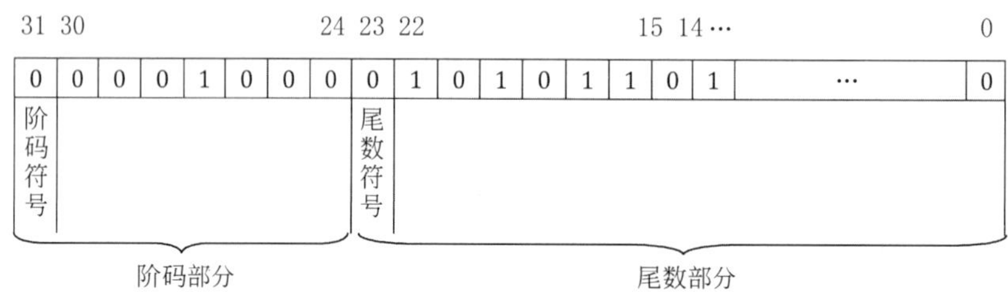

图 2-11　浮点数存储的示例

3. 带符号机器数的表示

在计算机中，为了便于进行带符号数的运算和处理，对带符号数的机器数规定了不同的表示方法，具体包括原码、反码和补码。

1）原码

将二进制数的真值形式中＋号用 0 表示，－号用 1 表示时，叫作二进制数的原码形式，简称原码。若字长为 n 位的二进制数 X 的原码转换规则为：$[X]_{原}$ 的最高位为符号位，正数的符号位用 0 表示，负数的符号位用 1 表示，其余 $n-1$ 位有效数值是二进制数 X 的绝对值。

【例 2-19】 假设机器数按 1 字节进行处理，写出下列二进制数的原码。

① $X_1=+1010110$　　　　② $X_2=-1010110$

解：由于 $X_1\geqslant 0$，根据原码的转换规则，可得 $[X_1]_{原}=01010110$

由于 $X_2\leqslant 0$，根据原码的转换规则，可得 $[X_2]_{原}=11010110$

特别注意，原码在表示 0 时有两种不同的形式，会给使用带来不便。

0 的原码表示分＋0 和－0 两种。

$$[+0]_{原}=00\cdots0\qquad[-0]_{原}=10\cdots0$$

原码是一种简单、直观、易懂的机器数表示方法，与真值的对应转换简单容易，其表示形式与真值的形式也最为接近。原码实际上只是把数的符号数码化，其运算方法与手算相似，所以原码表示的加减运算较复杂。

利用原码进行两数相加时，机器要首先判断两数的符号是否相同，如果相同，则两数相加；若符号不同，则两数相减。而在利用原码进行两数相减前，不仅要判别两数符号，使得同号相减，异号相加，还要判断两数绝对值的大小，用绝对值大的数减去绝对值小的数，最后再确定差的符号，取绝对值大的数符号为结果的符号。换言之，原码运算时负数的符号位不能与其数值部分一起参加运算，而必须利用单独的规则确定符号位的结果。

显然要实现这样操作，电路就很复杂，也不经济实用。为了减少设备，解决机器内负数的符号位参加运算的问题，将减法运算变成加法运算，也就有了反码和补码这两种机器数。

2)反码

反码表示法规定，正数的反码与其原码相同，负数的反码是对原码除符号位外的各位取反（即 0 变 1、1 变 0），符号位保持为 1。

【例 2-20】 假设机器数按 1 字节进行处理,写出下列二进制数的反码。

① $X_1=+1010110$　　② $X_2=-1010110$

解:由于 $X_1\geqslant 0$,根据反码的转换规则,可得:$[X_1]_{反}=01010110$(反码与原码相同)

由于 $X_2\leqslant 0$,根据反码的转换规则,可得:$[X_2]_{反}=10101001$(符号位为 1,除符号位外将 X_2 的各位取反)

特别注意,在反码的表示法中,0 的表示不唯一,有两种不同的形式:

$$[+0]_{反}=00\cdots0 \qquad [-0]_{反}=11\cdots11$$

3) 补码

设 n 为自然数,如果两个整数 a 和 b 之差能被 n 整除,则 a 和 b 对模 n 同余,记为:$a\equiv b\ (\mathrm{mod}\ n)$。例如,时钟是以十二进制循环,即以 12 为模,从 0 点出发逆时针拨 10 格减 10 小时,也可看成从 0 点出发顺时针拨 2 格加 2 小时,$0-10=-10$ 和 $0+2=2$ 时针位置不变(2 点),因此在模 12 的前提下,-10 映射为 $+2$,即减 10 运算都可用加 2 代替,也把减法问题转化成加法问题了。

同理到计算机中,由于字长限制(假设字长为 8 位),其运算也是一种模运算,如当计数器计满 8 位(256 个数)后会产生溢出,又从头开始,8 位二进制数的模数为 $2^8=256$,而补码就是根据同余的概念引入的,在计算中两个互补的数称为“补码”。

补码表示法的指导思想是把负数转换为正数,使减法变成加法,从而使正负数的加减运算转换为单纯正数相加的运算,另外使符号位能与有效数值部分一起参加运算,从而简化运算规则。

若字长为 n 位的二进制数 X 的补码转换规则为:正数的补码与其原码相同,负数的补码是除符号位外的数值部分按位取反(即 0 变 1、1 变 0)后,再在末位(最低位)加 1,负数的符号位用 1 表示。

【例 2-21】 假设机器数按 1 字节进行处理,写出下列二进制数的补码。

① $X_1=+1010110$　　② $X_2=-1010110$

解:由于 $X_1\geqslant 0$,根据补码的转换规则,可得$[X_1]_{补}=01010110$(补码与原码相同)

由于 $X_2<0$,根据补码的转换规则,可得$[X_2]_{补}=10101001+00000001=10101010$(符号位为 1,除符号位外将 X_2 的各位取反,后再在末位加 1)

特别注意,与原码、反码不同,0 的补码唯一:$[+0]_{补}=00\cdots0$,$[-0]_{补}=00\cdots0$;8 位二进制数补码中 10000000 表示-128。从补码的本质上解释,-128 是一个负数,而负数的补码等于模减去该数的绝对值,因此-128 的补码为它的“模”(即 $2^8=256$)减去它的绝对值,即 $100000000-10000000=10000000$,所以$(-128)_{补}=10000000$。

8 位二进制数补码可表示 256 个十进制整数(-128~127),具体二进制补码表示的十进制整数的范围,如图 2-12 所示。

2.3.2 字符数据

字符是可使用多种不同字符方案或代码来表示的抽象实体,是各种文字和符号的总称。字符包括各国家文字、标点符号、图形符号、数字字符等。由于计算机只能识别 1 和 0,因此在计算机内表示的数字、字母、符号等都要用预先规定的二进制数码的组合来代表,根据具体语言、用途及目标的不同,编码方案各不相同,且数量和种类众多,其中较常用的有 ASCII

	有符号	无符号	二进制补码							
起点	0	0	0	0	0	0	0	0	0	0
加1 ↓↓↓	1	1	0	0	0	0	0	0	0	1
	2	2	0	0	0	0	0	0	1	0
	…	…								
	126	126	0	1	1	1	1	1	1	0
	127	127	0	1	1	1	1	1	1	1
	有符号的从这里开始变化									
	−128	128	1	0	0	0	0	0	0	0
	−127	129	1	0	0	0	0	0	0	1
	…	…								
	−2	254	1	1	1	1	1	1	1	0
	−1	255	1	1	1	1	1	1	1	1
回到起点	0	0	0	0	0	0	0	0	0	0

图 2-12　二进制补码表示的十进制整数的范围

码、BCD 码、汉字编码等。通过编码的使用，计算机能够识别和存储各种字符并加以准确的处理。

1. ASCII 码

美国信息交换标准编码(American Standard Code for Information Interchange，ASCII码)是基于拉丁字母的计算机编码系统，主要用于显示现代英语和其他西欧语言，在计算机领域得到了广泛使用，如表 2-8 所示。ASCII 码最初是由美国国家标准学会制定的标准单字节字符编码方案，用于基于文本的数据，供不同计算机在相互通信时用作共同遵守的西文字符编码标准，后来由国际标准化组织(International Organization for Standardization，ISO)确定为国际标准字符编码，称为 ISO 646 标准。

表 2-8　标准 ASCII 码

低　位	高　位							
	000	001	010	011	100	101	110	111
0000	NUL	DEL	SP	0	@	P	`	p
0001	SOH	DC1	!	1	A	Q	a	q
0010	STX	DC2	”	2	B	R	b	r
0011	ETX	DC3	#	3	C	S	c	s
0100	EQT	DC4	$	4	D	T	d	t
0101	ENQ	NAK	%	5	E	U	e	u
0110	ACK	SYN	&	6	F	V	f	v
0111	BEL	ETB	'	7	G	W	g	w
1000	BS	CAN	(	8	H	X	h	x
1001	HT	EM	)	9	I	Y	i	y

续表

低位	高位							
	000	001	010	011	100	101	110	111
1010	LF	SUB	*	:	J	Z	j	z
1011	VT	ESC	+	;	K	[	k	{
1100	FF	FS	,	<	L	\	l	|
1101	CR	GS	—	=	M	]	m	}
1110	SO	RS	.	>	N	^	n	~
1111	SI	US	/	?	O	_	o	DEL

ASCII码使用指定的7位或8位二进制数组合来表示128或256种可能的字符。标准ASCII码也叫基础ASCII码，使用7位二进制数编码来表示所有的英文大写和小写字母、数字0～9、标点符号，以及在美式英语中使用的特殊控制符，共可表示128个可打印字符及控制字符。

注意：计算机中常以8位二进制位即一个字节为单位存储信息，因此7位基础ASCII码将存放在一个字节的低7位中，而字节的最高位(b_7)将根据用途完成不同设置：

(1) 存储7位基础ASCII码时置0。

(2) 作奇偶校验位，用于检验代码在传送过程中是否出现错误。

(3) 存储扩展的7位ASCII码时置1。

扩展的ASCII码又可表示128个符号，根据应用主要包括特殊符号字符、制表符号、外来语字母和图形符号，基于x86的系统都支持使用扩展ASCII码。

2. 二进制编码的十进制代码

计算机中采用二进制进行信息的存储和处理，但人们日常使用和熟悉的是十进制，而且随着计算机在某些应用领域的发展，其需要进行的运算处理往往很简单，但数据的输入输出量很大，若每个数据都进行二进制与十进制的转换，将大大降低计算机的处理效率。为了满足这类应用，需要通过对十进制数进行特殊的二进制编码，使计算机内部具有直接进行十进制运算的能力。

通常使用的是二转十进制代码(Binary-Coded Decimal，BCD码)，也称二进码。BCD码是一种二进制编码的十进制代码形式，且相应的编码具有可计算性。BCD码利用了4个二进制位来存储一个十进制的数码，使二进制和十进制之间的转换可以快捷实现。这种编码最常用于会计系统的设计里，因为会计制度经常需要对很长的十进数串做准确的计算，如果采用BCD码，既可保存数值的精确度，又可避免采用浮点运算时所耗费的时间。

最常用的BCD码称为8421码。该编码方式中从左到右4位二进制代表的权值分别固定为8、4、2、1，即分别用0000、0001、0010、0011、0100、0101、0110、0111、1000、1001二进制编码对应表示十进制数的0、1、2、3、4、5、6、7、8、9。

【例2-22】 完成8421 BCD码的转换。

解：① BCD码$(0010\ 1000\ 0101\ 1001\ .\ 0111\ 0100)_{8421}$转换为十进制数

$$(0010\ 1000\ 0101\ 1001\ .\ 0111\ 0100)_{8421}=(2859.74)_{10}$$

② 十进制数 735.12 转换为 BCD 码

$$(735.12)_{10} = (0111\ 0011\ 0101\ .\ 0001\ 0010)_{8421}$$

特别注意，由于十进制数的 0、1、2、……、9 共 10 个数码，如果用 4 位二进制编码来表示，可以有多种方法，因此对应不同的需求就有了不同形式编码的 BCD 码，如 5421 码从左到右 4 位二进制代表的权值分别固定为 5、4、2、1；又如 2421 码从左到右 4 位二进制代表的权值分别固定为 2、4、2、1。

3. UCS/Unicode 标准

世界上由于每种语言都有各自对应的字符组合，存在不同的字符集类型，采用了不同的编码标准，因此在国际交流中，计算机处理系统就需要实现满足不同国家、不同语系的字符编码，为此微软、IBM 等相关计算机公司和学术学会的机构结成 Unicode 联盟，联合制定 Unicode 字符编码系统。Unicode 是统一码的意思，为世界上的每个字符提供了与平台无关、程序无关、语言无关的唯一编码。

而国际标准化组织和国际电工委员会（IEC）旗下的编码字符集委员会也发布了 ISO/IEC 10646 国际编码标准——通用多八位编码字符集（Universal Multiple-Octet Coded Character Set，UCS）。制定 ISO/IEC 10646 国际编码标准的目的是提供一套统一的字符编码标准，以包含世界上所有文字，达到电子通信及资料交换不需转码的目的，并且可以在一个计算机平台上处理多种语言文本。

Unicode 与 ISO/IEC 10646 国际编码标准从内容上来说是同步一致的。1991 年，Unicode 学术学会与国际标准化组织决定共同制定一套适用于多种语言文本的通用编码标准。并于 1992 年 1 月正式合作发布一套通用编码标准。自此以后，两个组织便一直紧密合作，同步发展 Unicode 及 ISO/IEC 10646 国际编码标准，由于 UCS 和 Unicode 完全等同，故合称为 UCS/Unicode 标准。

UCS/Unicode 标准已将全世界现代书面文字所使用的所有字符和符号集中在同一个字符集中进行了统一的编码。UCS/Unicode 标准采用双字节编码（称为 UCS-2，即 Unicode 3.0），具体用两字节来编码一个字符，每个字符和符号被赋予一个永久、唯一的 16 位值，即码点。体系中共有 65 536 个码点可以表示 65 536 个字符，字符集囊括了世界各国和地区所有语言中的常用字符 49 194 个，包括欧洲及中东地区使用的拉丁字母文字、音节文字；各种标点符号、数字符号、技术符号等；中日韩统一表意文字（CJK unified ideographs）。其中，CJK 是中文（Chinese）、日文（Japanese）、韩文（Korean）三国文字的缩写。CJK 目的是要把分别来自中文、日文、韩文中，本质、意义相同、形状一样或稍异的表意文字（主要为汉字，但也有仿汉字，如日本国字、韩国独有汉字）在 ISO 10646 及 Unicode 标准内赋予相同编码，具体不论其字义和读音有无区别，只要字形相同，该汉字就只有一个代码，共有 27 484 个汉字。

目前，UCS/Unicode 标准有了 UCS-4 规范，用 4 字节来编码字符。

4. 汉字编码

计算机在处理汉字时也要将其转换为二进制代码，这就需要对汉字进行编码。汉字结构与西文字符不同，汉字不仅具有独立的字形，而且数量庞大，所以使用计算机处理汉字要比处理西文字符更加复杂，而且在计算机中使用汉字时，还涉及汉字的输入、存储、处理和输出等方面的问题，因此有关汉字信息的编码表示有很多种类。

输入汉字时，需要通过键盘上的西文字符按照一定的汉字输入码进行汉字的输入，并且为了避免与西文字符编码冲突，需按相应的规则将汉字输入码变换成汉字机内码，才能在计算机内部对汉字进行存储和处理。输出汉字时，如果是送往终端设备或其他汉字系统，则需要把汉字机内码变换成标准汉字交换码(汉字国标码)，再进行传送；如果需要显示或打印，则要根据汉字机内码按一定规则到汉字字形库中取出汉字字形码送往显示器或打印机，汉字处理过程中需涉及的部分汉字编码如图 2-13 所示。

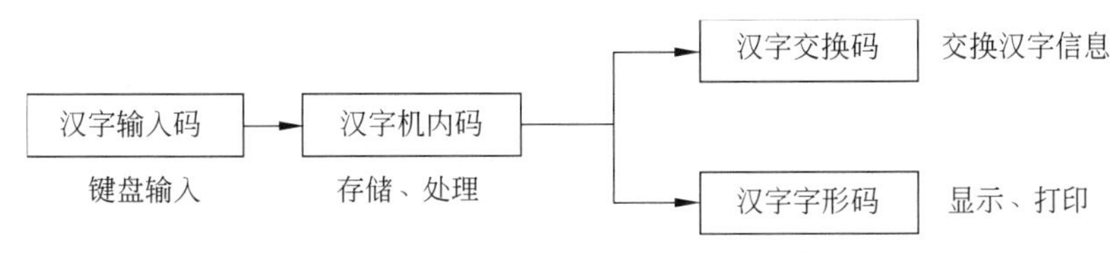

图 2-13　汉字系统的汉字编码

1) 汉字国标码

汉字是世界上最庞大的字符集之一。为了使每个汉字有一个全国统一的代码，我国颁布了汉字编码的国家标准：GB 2312—1980《信息交换用汉字编码字符集》基本集，即汉字国标码。这个字符集是我国中文信息处理技术的发展基础，也是目前国内所有汉字系统的统一标准，简称国标码。

GB 2312—1980 字符集为 6763 个常用汉字和 682 个图形字符规定了二进制编码，具体内容由三部分组成：第一部分是各类符号、各类数字以及各种字母，包括英文、俄文、罗马字母、日文平假名与片假名、拼音符号和制表字符，共 687 个；第二部分为常用的 3755 个汉字，占常用汉字的 90%左右，按汉语拼音字母/笔形顺序排列；第三部分为二级常用的 3008 个汉字，按部首/笔画顺序排列。

GB 2312—1980 字符集编码原则为：汉字用两字节表示，每字节用七位码(高位为 0)。国家标准将汉字和图形符号排列在一个 94 行 94 列的二维代码表中，每两字节分别用两位十进制编码，前字节的编码称为区码，后字节的编码称为位码，形成区位码，例如“保”字在二维代码表中处于 17 区第 3 位，区位码即为 1703。

注意，国标码并不等于区位码，而是由区位码稍作转换得到，如式(2-17)所示。

$$\text{汉字国标码} = \text{汉字区位码} + 2020\text{H} \tag{2-17}$$

先将十进制区码和位码转换为十六进制的区码和位码，再将第一个字节和第二个字节分别加上 20H，就得到国标码。

【例 2-23】 “保”字的汉字区位码为 1703，将其转换为汉字国标码。

解：经过下面的转换得到。

1703(汉字区位码)⇒1103H(转换区码和位码为十六进制)

⇒1103H+2020H⇒3123H(汉字国标码)

随着信息化技术的发展，我国颁布了 GBK 标准《汉字内码扩展规范》，它与 GB 2312—1980 保持兼容，GBK 共收录了 21 003 个汉字和 883 个图形符号，简、繁体字融于一库，除了 GB 2312—1980 字符集中的全部汉字和符号外，还收录了大量的繁体字和不常用汉字。

为了既与 UCS/Unicode 编码标准接轨，又保护我国已有的大量汉字信息资源，我国在 2000 年发布了 GB 18030 汉字编码国家标准，GB 18030 可用于处理一切中文(包括汉字和少数民族文)信息,GB 18030 采用不等长的编码方法,单字节编码(128 个)表示 ACSII 字符,与基础 ASCII 码兼容;采用双字节编码表示汉字,可实现与 GBK 和 GB 2312—1980 保持兼容;此外还用于表示 UCS/Unicode 中的其他字符,如中日韩统一汉字字符集。

2) 汉字输入码

汉字输入技术是汉字信息处理技术的关键之一,与英文等拼音文字相比,用键盘输入汉字要困难得多。汉字输入码也称外码,是为了将汉字输入计算机中,而具体根据汉字字形各异、含义不同的特点,利用数字、符号或字母完成的表形、表义、表音的汉字输入编码方案,如区位码、首尾码、拼音码、简拼码、五笔字型码、电报码、郑码、笔形码等。不同的汉字输入码,具体的输入方案、按键次数、输入速度均有所不同。

通常汉字操作系统需要支持几种汉字输入方式,则在内部必须具备不同的汉字输入码与汉字国标码的对照表,从而不论选定哪种汉字输入方式,其输入的汉字输入码,均可根据对照表转换为唯一的汉字机内码。

我国陆续开发出基于普通西文键盘的汉字输入方法有几百种,常用的也有几十种,汉字输入技术已日趋成熟。综合起来,汉字输入码可大致分为:

(1) 数字编码,如电报码、区位码,它无重码,但难记难用;

(2) 拼音类输入法,如拼音、双拼,它易学,但重码率高;

(3) 拼形类输入法,如五笔字型、二维三码等,它重码率不高,易学,但要记字根;

(4) 音形结合类输入法,如自然码,它综合了前两种的特点。

为了提高输入速度,专家仍在不断地进行汉字输入法的改进,从开始时以单字输入为主,发展到以词组输入为主、以整句输入为主,并向着以语义输入为主的方向发展。

3) 汉字机内码

汉字机内码又称"汉字 ASCII 码",简称"内码",指计算机内部存储、处理加工和传输汉字时所用的由 0 和 1 符号组成的代码。因为汉字处理系统要保证中西文的兼容,若汉字采用国标码存储表示,则当系统中同时存在 ASCII 码和汉字国标码时,将会产生二义性。

例如,有两个字节的内容为 30H 和 21H,它既可表示汉字"啊"的国标码,又可表示西文"0"和"!"的 ASCII 码。因此,为避免国标码的表示方法(2 字节,每个字节高位为 0)与英文字符的 ASCII 码(西文的机内码,1 字节表示,高位为 0)在计算机内处理时产生冲突,需要针对国标码加以适当处理和变换。即为了保证中西文兼容,使得西文机内码和汉字处理码在计算机内部的唯一性,汉字操作系统将国标码每字节的最高位均置为 1,标识为汉字机内码,简称汉字内码。

注意,汉字国标码转换为汉字机内码,如式(2-18)所示。

$$\text{汉字机内码} = \text{汉字国标码} + 8080\text{H} \tag{2-18}$$

【例 2-24】 "啊"字的汉字国标码是 3021H,将其转换为汉字机内码。

解:经过下面的转换得到。

3021H(汉字国标码)⇒3021H+8080H⇒B0A1H(汉字机内码)

4) 汉字字形码

汉字字形码又称汉字字模,用于记录汉字的外形,主要在显示屏或打印机输出时使用。汉字字形有两种记录方法:点阵法和矢量法。点阵法对应的字形编码称为点阵码;矢量法对应的字形编码称为矢量码。

点阵码采用点阵表示汉字字形，即把汉字按字形排列成点阵，再进行编码。常用的汉字点阵规模有 16×16、24×24、48×48 或更高，其中 16×16 点阵是最基础的汉字点阵。每个汉字用 16 行，每行 16 个点表示，一个点需要 1 位二进制代码，16 个点需用 16 位二进制代码(即 2 字节)，共 16 行，所以需要 16 行×2 字节/行＝32 字节，即 16×16 点阵表示一个汉字，单个汉字需要占用 32 字节，16×16 点阵汉字“汉”如图 2-14(a)所示。相应地一个 24×24 点阵的汉字需要占用 72 字节。由此可知汉字字形点阵的信息量很大，需要占用的存储空间也非常大。若采用 16×16 点阵表示 GB 2312—1980 中两级 6763 个汉字，则每种字体约需要 256KB 的存储空间，点阵规模愈大，字形愈清晰美观，所占存储空间也愈大。

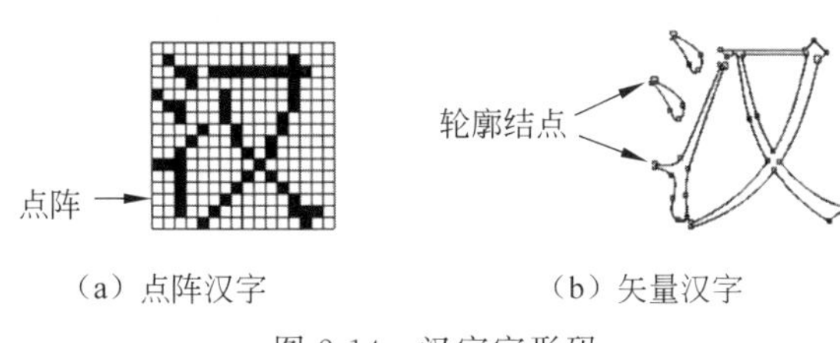

(a) 点阵汉字　　(b) 矢量汉字

图 2-14　汉字字形码

矢量码使用一组数学矢量来记录汉字的外形轮廓，如图 2-14(b)所示。矢量码记录的字体称为矢量字体或轮廓字体。当要输出汉字时，通过计算机的计算，由汉字字形描述生成所需大小和形状的汉字点阵。矢量字体的描述与最终文字显示的大小、分辨率无关，可以很容易地放大或缩小而不会出现锯齿状边缘，屏幕上看到的字形和打印输出的效果完全一致，因此可以产生高质量的汉字输出。在目前使用的操作系统中已普遍使用轮廓字体(称为 True Type 字体)。例如中文 Windows 中提供了宋体、黑体、楷体、仿宋体等 True Type 字体。

汉字字形码所需要的存储空间很大，通常采用字库存储，所有的不同字体、字号的汉字字形码构成了汉字字库。输出汉字时，将汉字机内码转换为相应的汉字字库地址，检索字库，输出字形码。目前汉字字库通常以多个字库文件的形式存储在硬盘中。

2.3.3　声音数据

声音是由物体振动产生的声波，是通过介质(空气或固体、液体)传播并能被人或动物的听觉器官所感知的波动现象，是声波通过任何介质传播形成的运动，同时也是携带信息的重要媒体。声音作为波的一种，频率和振幅成了描述波的重要属性。声波一般由多个频率和振幅互不相同的波叠加而成，属于复合信号。复合信号频率范围称为带宽，频率的大小与通常所说的音高对应，人耳能够分辨的声音频率为 20～20 000Hz。

1. 声音数字化

计算机处理的是数字信号，因此要使声音进入计算机进行传输、处理和存储，就必须设计一种能将声音与数字信号相互转换的机制，即声音波形数字化。

声音数字化通常经过采样和量化阶段，如图 2-15 所示。具体步骤如下：

第一步采样，是把时间上连续的声音信号在时间轴上实现离散化，即按设定的采样频率对声音信号进行离散化的样本采样。

第二步量化，是将幅度上连续取值的每一个样本转换为离散值的表示，就是把各个时刻

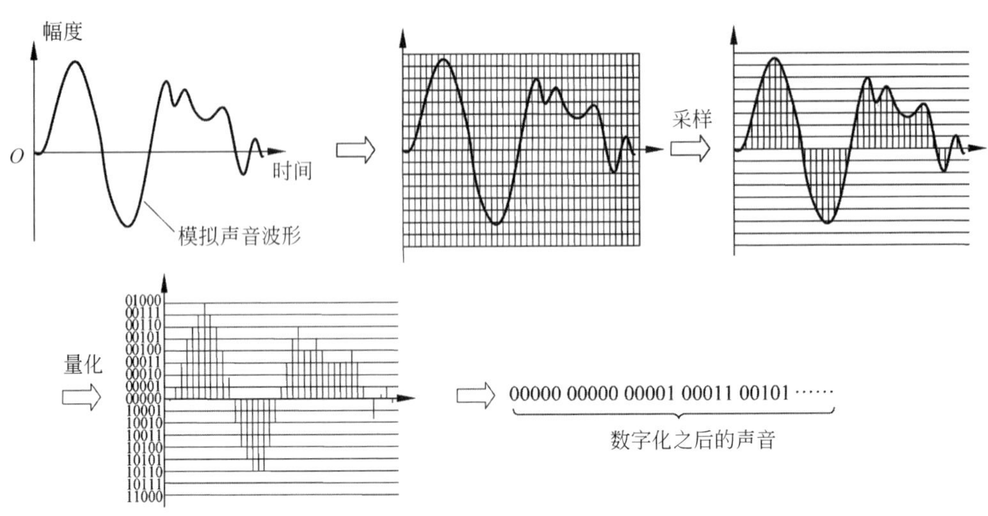

图 2-15　声音数字化

的采样值用计算机能识别的二进制数表示。量化过后的样本即完成了声音信号到二进制数的转换。注意，虽然声音模拟信号经过采样和量化之后已经变为了数字形式，但是为了方便计算机的储存和处理，还需要选择相应的各种压缩方案进行压缩，以减少声音数字化的数据量。

声音数字化的主要参数如下。

1）采样频率

在声音数字化的采样过程中，单位时间内从连续信号中提取并组成离散信号的采样个数称为采样频率，其单位用赫兹（Hz）来表示，即每秒采集的样本个数。根据声学奈奎斯特采样定律，只要采样频率高于信号中最高频率的两倍，就可以从采样结果数据中完全恢复出原始信号波形，否则会造成信号的失真。

采样频率一般共分为 22.05kHz、44.1kHz、48kHz 三个等级。22.05kHz 只能达到 FM 广播的声音品质，44.1kHz 则是理论上的 CD 音质界限，48kHz 则更加精确一些。对于采样频率高于 48kHz 所获取的声音人耳已无法辨别出来了。因此采样频率越高，声音质量越好，但产生的数字化声音的数据量会越大，占用的存储空间也越大。

2）量化精度

声音数字化过程中，取得采样值后，要对数据进行量化，每个声音样本转换成的二进制位的个数被称为量化精度。量化精度的单位是 b。例如，CD 音质的量化精度为 16 个二进制位，每个声音样本用 16 个二进制位（2 字节）表示，声音样本值在 0～65 535 的范围内，量化精度是输入信号幅度的 1/65 536。量化精度直接影响声音的质量，量化采用的二进制位数越多，量化精度越高，量化值与采样值之间的误差就越小，声音的质量越高，声音听起来就越逼真、越细腻，但需要的存储空间也越多。

3）声道数

在存储、传送或播放时相互独立的声音数目被称为声道数。通常普通语音是单声道的，老式唱片唱机也是单声道的；盒式磁带、普通 CD 系统是双声道的（也称为立体声）；而新式的带 DTS 解码的 CD、带 AC3 解码的 DVD 及其播放系统（即家庭影院系统）称为环绕立体声，声道数更多。在声音数字化过程中，每个声道的数字化是单独进行的，因此声道数越多，数字化后的声音的数据量也会成倍增加。

4）单位数据量

声音单位数据量也称为码率，单位为 b/s。码率是指将模拟声音信号转换为数字声音信号后，单位时间（每秒）内的二进制数据量，是间接衡量音频质量的一个指标。码率和采样频率、量化精度、声道数的关系如式(2-19)所示。

$$码率=采样频率\times量化精度\times声道数 \tag{2-19}$$

因此，数字化声音的数据量与采样频率、量化精度、声道数及时间都有关。

【例 2-25】 计算以 CD 音质数字化的 5min 立体声歌曲的数据量（按字节存储）。

解：根据式(2-19)计算每秒的数据量。

$$44.1\times16\times2=1411.2(\text{kb})$$

最后的总数据量为

$$1411.2\times60\times5/8/1024\approx51.7(\text{MB})$$

通常光盘的容量是 650MB，这也是为何 1 张 CD 只能存放十多首歌曲的原因。

5）声音的压缩

声音信号中包含有大量的冗余信息，再加上利用人的听觉感知特性，对声音数据进行压缩是可能的。目前已经研究出了许多声音压缩算法，实现压缩倍数高、声音失真小、算法简单、编码/解码成本低的目标。压缩率（又称压缩比或压缩倍数）是指数据被压缩之前的大小和压缩之后的大小之比。

常用的声音格式：

(1) MPEG Audio。运动图像专家组（Moving Picture Experts Group，MPEG）制定的一系列运动图像（视频）压缩算法和标准的总称，其中也包括了声音压缩编码（称为 MPEG Audio）。MPEG Audio 是第一个高保真声音数据压缩国际标准，得到了广泛的应用。

MPEG 提供三个独立压缩层次：层 1 最简单，输出数据率为 384kb/s，用于小型数字盒式磁带；层 2 复杂程度中等，输出数据率为 256～192kb/s，用于数据广播、VCD；层 3 最为复杂，输出数据率为 64kb/s，也就是 MP3。MP3 格式在 16∶1 的压缩率下接近 CD 的音质，1 张 CD 可容纳 200 首左右 MP3 歌曲。

(2) WAV 格式。WAV（波形声音）为微软公司开发的一种声音文件格式，用于保存 Windows 平台的音频信息资源。标准格式的 WAV 文件和 CD 格式一样，也是 44.1kHz 的采样频率，16 位量化精度，声音质量和 CD 相差无几，WAV 格式存储空间需求大，不便交流和传播。

(3) RA 格式。RA（RealAudio）是由 Real Networks 公司推出的一种可以在网络上实时传送和播放的音乐文件的音频格式的流媒体技术。RA 文件压缩比例高，能够随网络带宽的不同而改变声音质量。文件格式主要有 RA、RM（RealMedia，RealAudio G2）、RMX（RealAudio Secured）。

2. 声音符号化

波形声音可以把音乐、语音都进行数据化并且表示出来，但是并没有从音乐和语音本身的特性进行处理，而声音的符号化弥补了此不足。声音的符号化也可以称为抽象化，具体处理包括音乐和语音两种类型。

1）音乐的符号化

由于音乐完全可用符号（乐谱）来表示，因此音乐就可看作符号化的声音媒体。有许多音乐符号化的形式，其中最著名的就是 MIDI（Musical Instrument Digital Interface，乐器数字接口）。MIDI 是一种电子乐器之间以及电子乐器与计算机之间的统一交流协议，实际上就是乐谱的数字描述。

任何电子乐器只要有处理 MIDI 消息的微处理器，并有合适的硬件接口，都可以成为一个 MIDI 设备。MIDI 给出了一种得到音乐的处理方法，即乐谱完全由音符序列、定时以及被称为合成音色的乐器定义组成，当一组 MIDI 消息通过音乐合成器芯片演奏时，相应的设备就会解释这些符号并产生音乐。

MIDI 文件并非像 WAV 或 MP3 那样量化地记录乐曲每一时刻的声音变化，与波形声音相比，MIDI 数据不是声音而是指令，只是一种描述性的“音乐语言”，只将所要演奏的乐曲信息表述记录，所以它的数据量要比波形声音少得多。4 分钟左右长度的 MIDI，其数据量近百余 KB，而同样长度的波形音乐文件（*.WAV）无压缩方式处理则近 40MB，两者相差千倍之多，即使是经过高比例压缩处理的 MP3 也要有 4MB 大小，尤其在播放较长的音乐时，MIDI 的效果就更为突出。

由于 MIDI 数据量小，可以在多媒体应用中与其他波形声音配合使用，形成伴奏的效果，同时既然 MIDI 文件只是一种对乐曲的描述，本身不包含任何可供回放的声音信息，MIDI 的编辑也很灵活。在音序器的帮助下，用户可以自由地改变音调、音色等属性，达到处理的效果，而波形文件就很难做到这一点。

当然，MIDI 的声音尚不能做到在音质上与真正的乐器完全相同，在质量上还需要进一步提高，MIDI 也无法模拟出自然界中其他非乐曲类声音。

2）语音的符号化

语音与文字是对应的，虽然波形声音可以记录表示语音，但是否是语音取决于对声音的理解。因此对语音的符号化实际上就是对语音的识别，将语音转变为字符，反之也可以将文字合成语音。

语音的符号化是指针对构成人类语音信号的各种声音，在采集和存储上可以与波形声音一样，但由于语音由一连串的音素组成，人类语音中包含许多音节以及上下文过渡过程的连接体等特殊的信息，并且语音本身与语言有关，因此语音的符号化是要把语音作为一个独立的媒体来看待和处理。

2.3.4 图像数据

图像是人类视觉的基础，是自然景物的客观反映，是人类社会活动中最常用的信息载体，是人类认识世界和人类本身的重要源泉。“图”是物体反射或透射光的分布，“像”是人的视觉系统所接受的图在人脑中所形成的印象或认识，照片、绘画、剪贴画、地图、书法作品、卫星云图、影视画面、X 光片、脑电图等都是图像。

广义上，图像就是所有具有视觉效果的画面。真实世界的图像一般由图像上每一点光的强弱和频谱（颜色）来表示。图像根据记录方式的不同可分为模拟图像和数字图像两大类。

1. 模拟图像

模拟图像是指在二维坐标系中连续变化、不分割、信号值不分等级的图像。图像的像点是空间无限连续稠密的，同时可以通过某种物理量的强弱变化来记录图像亮度信息，即图像从暗到亮的变化值。模拟图像的典型代表是由光学透镜系统获取的图像，如用胶卷拍出的人物照片和景物照片等。

2. 数字图像

数字图像是用计算机存储的数据来记录图像上各点的亮度信息。数字图像空间上被分割成离散像素，信号值分为有限个等级，采用有限数字和数值像素表示。数字图像具体由数组或矩阵表示，其光照位置和强度都是离散的。通常数字图像把图像按行与列分割成 $M \times N$ 个网格，每个网格的图像表示为该网格内颜色平均值的一个像素，如图 2-16 所示，即用一个 $M \times N$ 的像素矩阵来表达一幅图像，M 与 N 称为图像的分辨率。显然，分辨率越高，图像失真越小。计算机中只能用有限长度的二进制位来表示颜色，因此每个像素点的颜色只能是所有可表达的颜色中的一种，这个过程称为图像颜色的离散化。颜色数越多，用以表示颜色的位数越长，图像颜色就越逼真。

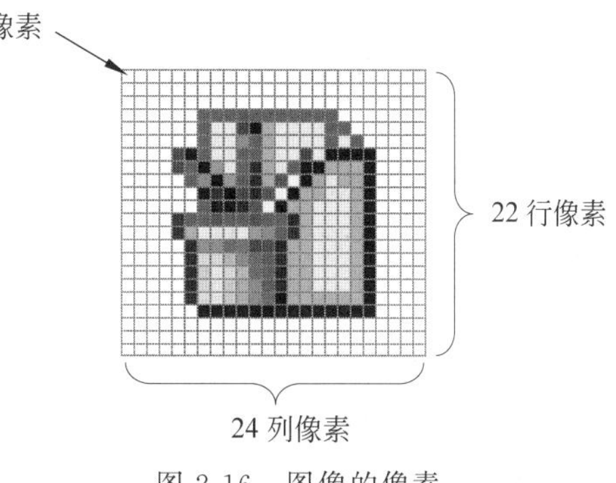

图 2-16　图像的像素

目前的计算机只能处理数字信息，要在计算机中处理模拟图像，必须先把真实的照片、画报、图书、图纸等模拟图像的连续色调信息(连续变化的函数)，通过数字化转化为数字形式，成为计算机能够接受的显示和存储格式，然后再用计算机进行分析处理。可见图像数字化是进行数字图像处理的前提。

模拟图像进行数字化的过程大体可以分为以下四步，如图 2-17 所示。

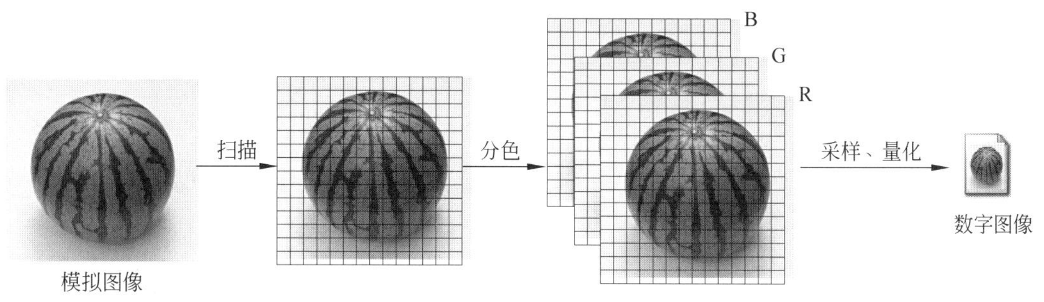

图 2-17　图像的数字化过程

(1) 扫描。针对二维空间上连续的模拟图像，在水平和垂直方向上等间距地分割成均匀的 $M \times N$ 矩形网状结构，每个网格称为一个采样点，网格的位置采用整数坐标表示，最终每个采样点对应生成的数字图像的每个像素。

(2) 分色。完成将彩色图像采样点的颜色分解为 R、G、B 三个基色的工作，如果是灰度或黑白图像，则不必进行分色。

(3) 采样。采样的实质就是确定用多少像素来描述一幅图像，采样结果质量的高低通过图像分辨率来衡量。采样点间隔大小的选取很重要，它决定了采样后的图像能否反映原图像的效果。

(4) 量化。针对采样点每个颜色分量的亮度值进行模-数(A/D)转换，即把模拟量转换为数字量来表示。通常在量化时要明确图像采样的每个点使用的数值范围，其结果也体现图像能够表示的颜色总数。

例如，如果以 4 二进制位存储一个点，就表示图像只能有 2^4 即 16 种颜色；若采用 16 二进制位存储一个点，则能表示 2^{16} 即 65 536 种颜色。量化位数越大，表示图像可以拥有的颜色越多，自然可以产生更为细致的图像效果。但也会占用更大的存储空间，因此需要在视觉效果和存储空间两者间进行取舍和平衡。

对于黑白灰度的照片，它在水平与垂直方向上的灰度变化都是连续的，可以认为有无数个像素，而且任一点上灰度的取值都是从黑到白中的无限个可能值。通过沿水平和垂直方向的等间隔采样可将这幅模拟图像分解为近似的有限个像素，每个像素的取值代表该像素的灰度(亮度)。对灰度进行量化，使其取值变为有限个可能值。

经过这样采样和量化，将得到的一幅空间上表现为离散分布的有限个像素的数字图像，并以一定的格式存储为计算机文件，即完成了整个图像数字化的过程。只要水平和垂直方向采样点数足够多，量化二进制位数足够大，数字图像的质量和原始模拟图像相比将毫不逊色。

数字图像的主要参数包括：

1) 图像的分辨率

图像的像素是按照行和列排列的，像素的列数称为水平分辨率，行数称为垂直分辨率。图像的分辨率是由"水平分辨率×垂直分辨率"来表示的。假设图像的水平分辨率为 24ppi，垂直分辨率为 22ppi，整幅图像的分辨率就是 24×22ppi。分辨率是度量一幅图像的重要指标，分辨率越高的图像像素点越多，图像的尺寸和面积也越大，图像就越清晰，细节的表达能力也越强。

图像分辨率和显示器的显示分辨率、打印机的打印分辨率有着密切的关系。在不进行缩放的前提下，相同分辨率的图像在高分辨率的显示器和打印机上输出的结果比低分辨率的显示器和打印机上输出的结果会小一些；在相同分辨率的显示器或打印机上，高分辨率的图像的输出结果大于低分辨率图像的输出结果。

2) 图像的像素深度

像素深度是指图像中每个像素所用的二进制位数。像素深度决定彩色图像的每个像素可能有的颜色数，或者确定灰度图像中每个像素可能有的灰度级数。彩色图像的像素深度越深，所使用的二进制位数越多，能表达的颜色数目也越多。像素深度越深，所占用的存储空间越大。相反，如果像素深度太浅，也影响图像的质量，图像看起来让人觉得很粗糙和很不自然。

(1) 真彩色。

彩色图像的每个像素用 R、G、B 三个基色分量表示，若每个分量用 8 个二进制位，那么一个像素共用 24 二进制位，像素的深度为 24，每个像素可以表示 $2^8 \times 2^8 \times 2^8 = 2^{24} = 16\ 777\ 216$ 种颜色中的一种，也称为 24 位颜色，即真彩色(或称为全彩色)。

(2) 灰度图像。

灰度图像是指没有彩色只有灰色明暗的图像。灰色是介于白色和黑色之间的过渡色，灰色图像的像素点对应的 R、G、B 分量值相同，具体在黑色（R、G、B 分量均为 0）和白色（R、G、B 分量均为 255）之间，共有 256 个不同等级的灰色（称为 256 级灰度）。256 级灰度只需 8 个二进制位（1 字节），即 256 级灰度图像中使用 1 字节来表示每一像素。

（3）黑白图像。

只有黑白两种颜色的图像称为黑白图像或单色图像，是指图像的每个像素只能是黑或者白，没有中间的过渡。在计算机中用 0 表示黑色，用 1 表示白色，故又称为二值图像，如图 2-18 所示。黑白图像的像素深度为 1。由于只用黑白色来表示图像的像素，在将图像转换为黑白图像时会丢失大量细节。在宽度、高度和分辨率相同的情况下，黑白图像尺寸最小，约为灰度模式的 1/7 和 RGB 模式的 1/22。

（a）整幅图像

（b）局部图像

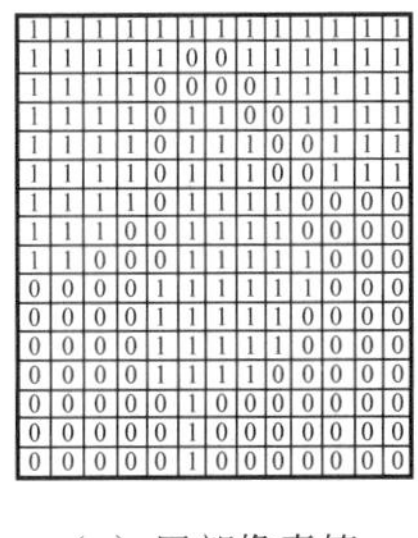

（c）局部像素值

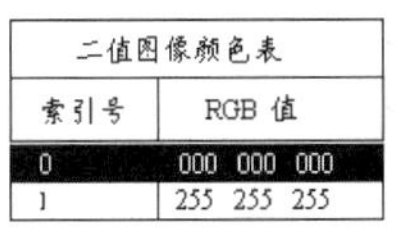

二值图像颜色表	
索引号	RGB 值
0	000 000 000
1	255 255 255

（d）颜色表数据

图 2-18　二值图像

3）图像的数据量

如果图像未经压缩处理，一幅图像的数据量可按式（2-20）进行计算。

$$图像数据量=水平分辨率\times垂直分辨率\times像素深度 \tag{2-20}$$

【例 2-26】 分别计算各种数字图像的数据量（字节）。

解： 分辨率为 640×480ppi 的黑白图像的数据量：640×480/8 = 38 400（字节）

分辨率为 640×480ppi 的灰度图像的数据量：640×480×8/8 = 307 200（字节）

分辨率为 1024×768ppi 的真彩色图像数据量：1024×768×24/8=2 359 296（字节）

通过以上的计算可见，数字图像数据量庞大，具体存储、传输、处理时困难，因此针对图像数据的压缩就显得非常必要。由于数字图像中的数据相关性很强，即数据的冗余度很大，因此对图像进行大幅度的数据压缩是完全可行的。同时人眼的视觉有一定的局限性，即使压缩后的图像有一定的失真，只要限制在一定的范围内，也是可以接受的。

4）图像压缩

图像压缩是数据压缩技术在数字图像上的应用，目的是减少图像数据中的冗余信息，从而提高格式存储和数据传输的效率。图像的数据压缩分无损压缩和有损压缩两种类型。

无损压缩是指压缩以后的数据进行还原后，重建的图像与原始图像完全相同。常见的无损压缩编码（或称为压缩算法）有行程长度编码（RLE）和霍夫曼（Huffman）编码等。

有损压缩是指将压缩后的数据还原成的图像与原始图像之间有一定的误差，但不影响人们对图像含义的正确理解。

图像数据的压缩率是压缩前数据量与压缩后数据量之比：

$$压缩率=压缩前数据量/压缩后数据量$$

无损压缩的压缩率与图像的关系较大，图像内容越复杂，数据冗余度就越小，压缩率就越低；相反，图像的内容越简单，数据的冗余度就越大，压缩率就越高。

有损压缩的压缩率不但受图像内容的复杂程度影响，也受压缩算法的设置影响。

图像的压缩方法很多，不同的方法适用于不同的应用领域，通常按照压缩率、重建图像的质量（对有损压缩而言）和压缩算法的复杂程度进行评价。

常用的图像格式有：

(1) BMP 和 DIB 格式。Windows 操作系统采用的图像文件存储格式，以.bmp 和.dib 为扩展名，是 Windows 环境下所有的图像处理软件都支持的格式。压缩的位图采用的是行程长度编码，属于无损压缩。

(2) GIF 格式。GIF 是 Graphics Interchange Format 的缩写，采用了 LZW 压缩算法(Lempel-Ziv-Welch Encoding)，属于无损压缩。GIF 支持透明背景，常用于网页。最有特色的是 GIF 可以将多张图像保存在同一个文件中，并能按预先设定的时间间隔逐个显示，形成一定的动画效果。

(3) TIFF 格式。TIFF(Tagged Image File Format，标签图像文件格式)支持多种压缩方法，可以描述多种类型的图像。TIFF 大量应用于图像的扫描和桌面出版领域。图像文件以.tiff 或.tif 为扩展名。

(4) JPEG 格式。JPEG(Joint Photographic Experts Group)是由联合照片专家组开发的图像数据压缩国际标准，JPEG 文件的扩展名为.jpg 或.jpeg，其压缩技术先进。JPEG 用有损压缩方式去除冗余的图像和彩色数据，在获得极高压缩率的同时又可以展现十分丰富生动的图像。JPEG 格式特别适合处理连续色调的彩色或灰度图像（如风景、人物照片），绝大多数数码相机和扫描仪可直接生成 JPEG 格式图像文件。

(5) PNG 格式。PNG(Portable Network Graphic)使用了无损数据压缩算法。PNG 格式支持流式读写性能，适合于在网络通信过程中连续传输、逐渐由低分辨率到高分辨率、由轮廓到细节地显示图像。

2.3.5 视频数据

视频是随时间变化的图像流，本质是由一系列的连续图像序列（图像帧）组成的，根据人眼的视觉滞留特点，将时间上连续的帧序列合成到一起形成动态视频，并以每秒 24 帧以上连续动态播放。视频能够传递文字、声音、图像等多种类型的信息，含有更为丰富的其他媒体所无法表达的信息和内容，远远大于文本或静态的图像，可以直观、生动、真实、高效地表达现实世界。

1. 帧

帧(frame)是组成视频的最小视觉单位，是一幅静态的图像。通过将时间上连续的帧序列合成到一起便形成动态视频。对于帧的描述和处理具体可以采用类似图像的方法进行。视频根据制式的不同有着不同的帧速（即每秒显示的帧数目）。

2. 镜头

镜头(shot)是由一系列帧组成的，通常描绘的是一个事件或一组摄像机的连续运动。在具体拍摄视频时，一个镜头可以采用摇镜头、推拉镜头、跟踪等多种摄像机运动方式进行处理。从叙事的观点一系列有相似性质的镜头可组成场景(scene)形成一定的语义。最后由多个场景进行组织，共同构成一个有意义的故事情节。

视频数据具有时空二重性的复杂结构关系；文本数据是一种纯字符型数据，没有时间和空间属性；图像数据有空间属性，但是没有时间属性。用一段视频表现出来的效果就强过单纯用一幅图像或一段文字来表现。

3. 数据量

视频数据的数据量巨大，存储空间和传输信道的要求很高，相比静态图像、文本等类型的数据，视频数据的数据量比结构记录的文本数据大约大七个数量级。

例如，分辨率为640×480ppi的1分钟长度视频（每秒30帧，像素深度为24位），未经压缩的数据量为：$640\times480\times24\times30\times60\div8\div2^{30}=1.54$(GB)。两小时的视频未压缩数据量超过185GB。

此外，视频中一般还有加入音频信号，同样具有大量的数字量，无论是存储、传输还是处理视频都有很大的困难，因此对视频数据进行压缩势在必行。

4. 视频的压缩

由于视频信息中画面内容有很强的信息相关性，相邻图像帧的内容又有高度的连贯性，再加上人眼的视觉特性，使视频数据压缩成为可能。国际标准化组织和相关专业公司都积极参与视频压缩标准的制定，并且推出大量实用的视频压缩格式。

常用的视频格式有：

1）AVI格式

AVI(Audio Video Interleaved，音频视频交错)由Microsoft公司开发的将语音和视频同步组合在一起的文件格式，以.avi为扩展名。AVI对视频文件采用了一种有损压缩方式，是一种兼容好、调用方便、低成本、低分辨率的视频格式。AVI文件体积较大，不适合长时间的视频内容。

2）MOV格式

MOV是Apple公司开发的一种音频、视频文件封装格式（以.mov为文件扩展名），用于存储常用数字媒体类型。采用了有损压缩方式的MOV格式文件，具有较高的压缩比和较完美的视频清晰度，画面效果较AVI格式要好，因具有跨平台、存储空间要求小等技术特点，不仅能支持Mac OS，同样也能支持Windows操作系统。

3）MPEG格式

MPEG(Moving Picture Expert Group，运动图像专家组)格式是运动图像压缩算法的国际标准。MPEG标准的视频压缩技术，主要综合运用了有损压缩，以减少运动图像中的冗余信息，大大增强了压缩性能。目前MPEG格式有三个压缩标准，分别是MPEG-1、MPEG-2和MPEG-4，相应的视频格式的文件扩展名包括.mpg、.mpe、.mpeg、.m2v、.asf和.divx等，后续将会进入更先进的MPEG-X。

4）WMV格式

WMV(Windows Media Video)也是Microsoft公司推出的一系列视频压缩格式的统称。WMV格式文件可以实现边下载边播放、本地或网络回放、可扩充的媒体类型、部件下载、多语言支持、环境独立性、丰富的流间关系以及扩展性等，因此，WMV格式文件很适合在网上播放和传输。

5）RMVB格式

RMVB是Real Networks公司所制定的音频视频压缩规范，是由其前身RM格式延伸出的视频格式。RMVB根据不同的网络传输速率，制定出不同的压缩比率，从而实现在低速率的网络上进行影像数据实时传送和播放，具有体积小、画质良好的优点。另外，RMVB视频格式还具有内置字幕和无须外挂插件支持等特点。

2.4 数据结构

随着计算机的普及、信息量的增加、信息范围的拓宽，许多规模很大、结构又相当复杂的非数值型数据需要进行控制、管理及处理。例如，在城市交通运输中，从A地到B地有很多条道路可走，每条道路的长度不同，实际的拥挤程度不同，如何选择一条又快又便捷的线路呢？又如，图书馆有成千上万的图书资料，如何进行搜索才能查找到需要的图书资料呢？这些问题都有一个共同点，就是问题中涉及的对象无法通过标准的数进行表示，也无法利用数学公式直接通过数值运算获得结果从而达到快速解决问题的目的。

在大多数情况下，现实世界的这些信息（数据）并不是没有组织，信息之间往往具有重要的结构关系，而计算机要处理好这些现实的问题，就要考虑并解决如何在计算机内部描述和存储这些数据，以及采用什么样的操作可以快速、有效地完成问题的求解，于是就产生了数据结构的概念。

数据结构是对各类数据间关系的总结、归纳和抽象，是计算机存储、组织数据的方式。数据结构的目标和任务是针对不同需要处理的问题，研究如何组织数据和处理数据，并根据问题的要求及数据元素之间的特性，确定相应的存储结构以便运算实现，并确保经过这些运算后所得到的新结构仍然是原来的结构类型。精心选择的数据结构可以带来更高的运行或者存储效率。

下面通过例子来认识一下数据结构。

例如，身份证是我国公民有效的身份证明证件，如果想利用计算机来实现快速查找身份证号对应人员的档案资料，可以通过公安机关系统的身份证信息表进行查找。如果相应的信息表格是按居民向公安机关申领的日期顺序存储到计算机中的，那么表中数据将只和时间有关，则身份证号码就没有任何规律。如果采用身份证号码进行查找，则只能从第一个号码开始逐一进行，显然效率非常低。为了提高查询的效率，就可以将表格数据按身份证号的递增顺序来重新组织。在这个例子中关心的问题是提高查找效率。

为解决该问题，就需要了解处理对象之间的关系以及如何存储和表示这些数据。这里每个居民的身份信息就是一个要处理的数据，称为数据元素。通过分析研究可以发现每个身份证信息之间的先后次序就是数据元素之间的关系，因此确定利用身份证号进行居民信息的顺序存储，就可为后续的居民身份信息的各类操作处理提供帮助。

由此可见，数据结构实质就是研究、分析需要处理对象间的内在联系，通过抽象描述出数据的逻辑结构，并在确定相应合理的存储结构后完成数据的基本操作运算。

2.4.1 逻辑结构

数据的逻辑结构是对数据元素之间逻辑关系的描述。通常数据的逻辑结构独立于计算机，与数据元素具体在计算机内部是如何存储无关。例如，在城市公共交通环境中，通过分析发现两个不同的城市之间存在三种逻辑关系：第一种是两个城市之间有公交车可以直达；第二种是两个城市之间没有直达的公交车，但可以通过中途换乘其他公交车而到达；第三种逻辑关系是两个城市之间没有公交车可以到达。又如，家族族谱信息如何进行分类、单位行政机构的组织关系如何表示，也都涉及相关数据之间的逻辑关系。

数据的逻辑结构有 4 种基本类型：集合结构、线性结构、树形结构和图形结构。线性结构的表（全序关系）和非线性结构的树（偏序或层次关系）是最常用的两种数据结构，通过这两种数据结构可设计实现许多高效的算法。

1. 集合结构

集合结构是一种松散的逻辑结构。集合中的任何两个数据元素之间无逻辑关系，即结构中的数据元素除了同属于一个集合以外，别无其他关系，如图 2-19 所示。这与数学中的集合概念是一致的，集合结构的元素间没有固有的关系，不需要存储关系，往往借助于其他数据结构，如线性表和树。唯一专用于集合类型的数据结构是哈希表。

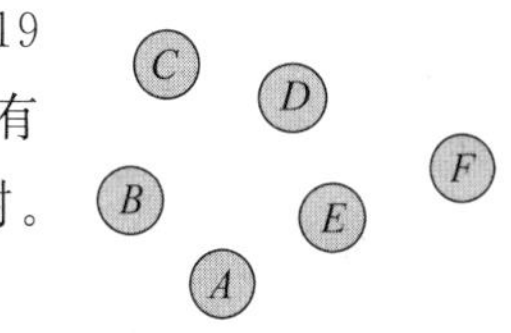

图 2-19　集合结构

现实中很多情况都是采用集合结构管理数据对象的，如公共汽车上的所有乘客、存放在仓库中的产品。

2. 线性结构

线性结构是最常用且最简单的数据结构。线性结构是一个有序数据元素的集合，如图 2-20 所示。线性结构的特点是数据元素之间存在着"一对一"的线性关系，即有且仅有一个起始数据元素没有前驱数据元素但有一个后继数据元素，如图 2-20 中的 A；有且仅有一个终端数据元素没有后继数据元素但有一个前驱数据元素，如图 2-20 中的 F；其他数据元素都有且仅有一个前驱数据元素和一个后继数据元素，如图 2-20 中的 B、C、D、E。且在一个线性结构中的数据元素类型相同。

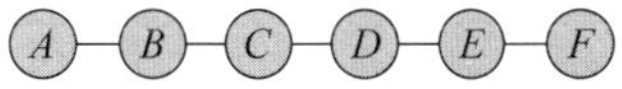

A—B—C—D—E—F

图 2-20　线性结构

在日常生活中线性结构的应用很多，如学生情况信息表、单位的电话号码簿、超时购物付款的队伍等。其中，学生、电话号码以及顾客都抽象地看成是相应的数据元素，这些数据元素之间除了在表中的排列次序即先后次序不同外，没有其他的联系。

3. 树形结构

树形结构是一类重要的非线性数据结构，树形结构的数据元素之间存在着"一对多"的关系，即一个数据元素与另外多个数据元素有关系。树形结构中所有数据元素之间有明显的层次特性和分支结构，如图 2-21 所示。在树形结构中，除了一个称为根的结点没有前驱结点外，如图 2-21 中的 A，其他每个结点都有且仅有一个直接前驱结点，另外每个结点有且仅有零个或多个后继结点，如图 2-21 中的 D、E 和 F 为叶子结点，没有后继结点，图 2-21 中的 B 和 C 有多个直接后继结点。

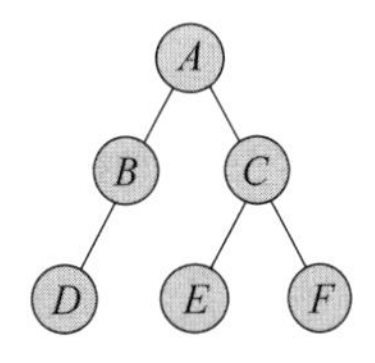

图 2-21　树形结构

树形结构可应用在许多方面，如人类社会的族谱和各种社会组织机构都可用树的层次关系表示。

4. 图形结构

图形结构是一种比树形结构更复杂的非线性结构。图形结构的数据元素之间存在着多对多的关系，即每个数据元素可以有零个或多个直接前驱数据元素，零个或多个直接后继数据元素，如图 2-22 所示。在图形结构中，任意两个顶点之间都可能相关，即顶点之间的邻接关系可以是任意的，图形结构也称作网状结构。

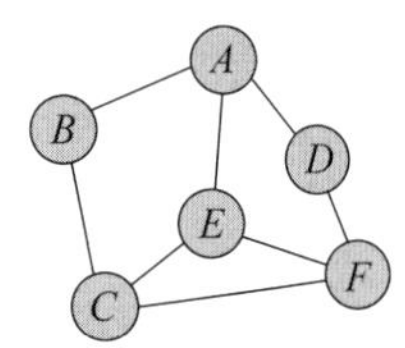

图 2-22　图形结构

图形结构被用于描述各种复杂的数据对象，在自然科学、社会科学和人文科学等许多领域有着非常广泛的应用，如电子线路分析、最短路径寻找、工程计划、统计力学以及遗传学等。

2.4.2　存储结构

数据的存储结构是指数据元素在计算机存储设备中的存储方式。例如，在城市公共交通环境中，要解决如何在计算机中表示存储城市，如何记录两个城市间存在的一条公交线路及线路长度等；图书资料信息在计算机中如何保存、如何表示资料的分类；如何存储身份证信息等都与存储结构有关。

数据的存储结构有顺序存储结构、链式存储结构和索引存储结构，其中顺序存储结构、链式存储结构是最基本的两种存储结构。

1. 顺序存储结构

顺序存储结构是把逻辑上相邻的数据元素存储在物理位置上相邻的存储单元中，每个存储单元含有所存数据元素本身的信息，数据元素之间的逻辑关系由存储单元的邻接关系来体现。

在计算机中用一组地址连续的存储单元，依次存储线性表的各个数据元素，称作线性表的顺序存储结构，用这种方法存储的线性表称为顺序表。在计算机程序设计语言（例如 C/C++）中，通常顺序存储结构是借助于数组来描述的。

顺序存储结构的主要优点是节省存储空间，因为分配给数据的存储单元全用于存放结点的数据，结点之间的逻辑关系没有占用额外的存储空间。采用这种方法时，可实现对结点的随机存取，即每一个结点对应一个序号，由该序号可以直接计算出结点的存储地址。但顺序存储结构的主要缺点是不便于修改，对结点进行插入、删除运算时，可能要移动一系列的结点，平均来看要移动线性表中一半的元素。

2. 链式存储结构

数据的存储结构还可以采用链式方式进行存储，每一个数据结点独立保存在内存的任意一组存储区域（这组存储区域可以是连续的，也可以是不连续的）之中的任意存储单元，结点和结点之间的存储位置不要求连续。

为了能反映数据元素的逻辑关系，在链式存储结构中，每个结点除了需要存储数据元素的自身信息外，还需要保存直接前驱元素或直接后继元素的存储位置，即每个结点必须有一个能反映逻辑上前驱或后继在内存中位置的信息，存放该信息的部分称为链域（在程序设计语言中常称为指针），结点之间通过链域相互连接。

链式存储结构只要给出第一个结点的位置，就可以通过链域找到所有数据，第一个结点的位置称为链表首指针。

链式存储结构中每个结点都由数据域与指针域两部分组成，相比顺序存储结构增加了存储空间。链式存储结构不要求逻辑上相邻的数据元素在物理位置上也相邻，因此链式存储结构没有顺序存储结构所具有的弱点，但也同时失去了可随机存取的优点，查找结点时链式存储要比顺序存储慢。

3. 索引存储结构

索引是为了加速检索而创建的一种存储结构。索引存储结构采用分别存放数据元素和元素间关系的存储方式，所有存储结点存放在一个存储区域，另设置一个索引区域存储结点之间的关系。索引存储就是给存储在计算机中的数据元素建立一个索引表，索引表的每项由主关键字和数据元素的地址组成。通过索引表，可以得到数据元素在内存的位置，完成对数据元素进行的操作，加速物理数据的检索。

索引存储是顺序存储的一种推广，最大特点就是可以把大小不等的数据元素(所占的储空间大小自然也不一样)按顺序存放。还可以建立两级或多级索引，也就是建立索引的索引。显然，索引存储需要额外的索引表，增加了额外的开销。

例如，图书馆的很多书籍一般都附有一个索引表，按照一定的排序给出书中一些重要的概念、名字、定理等在书中的具体位置，便于读者找到自己关心的内容。可见索引表对于内容的检索是非常有用的。

2.4.3 基本操作

对数据结构而言，特定的数据结构必定存在与它密切相关的一组操作。若具体操作的种类、数目和要求不同，即使逻辑结构相同，数据结构能起的作用也不同。另外，不同的存储结构也决定着数据结构的实际可完成的操作有所不同。

虽然定义在不同的数据结构上，具体拥有的一组操作集不同，针对集合结构、线性结构、树形结构和图形结构等而言，下列操作通常是必不可缺的。

1. 结构的生成

建立一个数据结构上的初始结构，通常是一个空结构，完成结构初始化。

2. 结构的销毁

删除所有结构上的元素，收回该数据结构所占空间。

3. 在结构中查找满足规定条件的数据元素

按规定条件在数据结构中查找并返回相关数据元素。

4. 在结构中插入新的数据元素

根据结构的特性确定新数据元素应该放置的位置，插入元素。

5. 删除结构中已经存在的数据元素

根据结构的特性查找指定数据元素所在位置，删除元素。

6. 遍历

按某种策略逐个访问数据结构中的每个元素。

2.4.4 典型的数据结构

1. 线性表

线性表是最基本、最简单也是最常用的一种数据结构。线性表属于线性结构，采用顺序存储和链式存储两种方式。

1）线性表的存储

（1）顺序表。顺序表是采用顺序存储结构的线性表，其结点按照其逻辑顺序依次存储在计算机内存中一组地址连续的存储单元中，常用数组实现。图 2-23 所示为顺序存储的线性表。

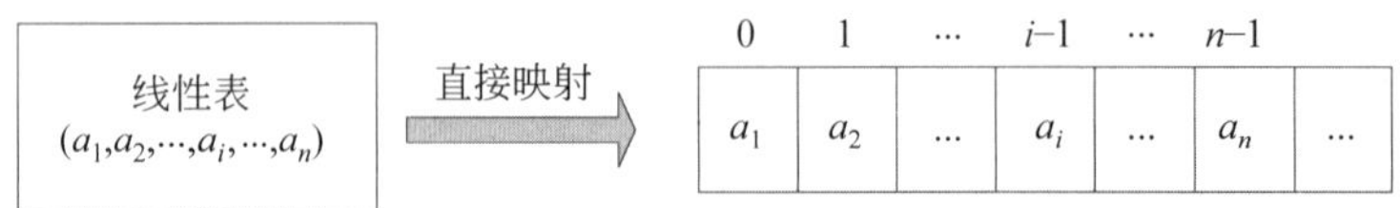

图 2-23　顺序存储的线性表

（2）线性链表。线性链表是采用链式存储结构的线性表，其每个存储元素不仅包含所存储元素本身的信息（即数据域），而且包含元素之间逻辑关系的信息，即前趋元素包含后继元素的地址信息，这称为指针域。图 2-24 所示为链式存储方式的线性链表，head 表示头指针，指向首元结点。在程序设计时，由于每个元素具体在内存中的物理位置并不重要，因此通常用带有箭头的实线表示指针，最后用∧表示为链表最后一个结点，这样可以通过前驱元素的指针域方便地找到后继元素的位置。

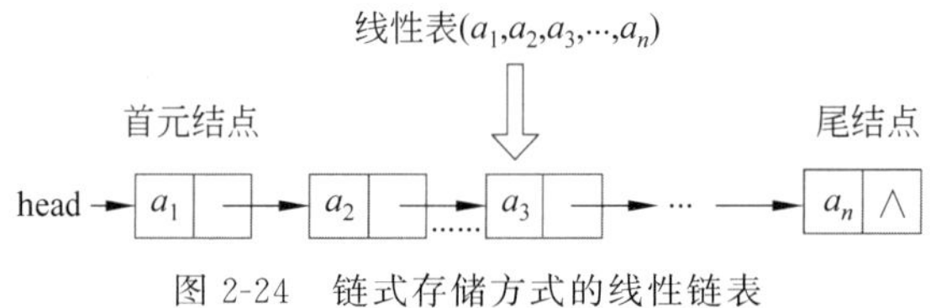

图 2-24　链式存储方式的线性链表

2）常用操作

线性表的操作很多，常见的包括根据线性表的结构建立一个空表、求线性表长度（表中的元素个数）、按序号取出表中指定序号的元素、按确定值查找元素、在表中指定位置上插入给定值的元素、删除表中指定序号的元素等。

3）线性表的应用

当需要对线性表进行的插入和删除操作较少，而查找和检索操作较多时，线性表的顺序存储是合适的存储方式。如果需要对线性表进行大量的插入和删除操作，那么线性表的链式存储是合适的存储方式。此外线性表中元素个数变化较大或者未知时，最好使用链表实现；而如果事先知道线性表的大致长度，使用顺序表的空间效率会更高。

2. 栈

栈（stack）是限定仅在表的一端进行插入或删除操作的线性表，按照先进后出的原则存储数据。栈的此端有着特殊的含义，称为栈顶（top），栈顶的第一个元素被称为栈顶元素，相对地，把另一端称为栈底（bottom）。向栈插入新元素又称为进栈或入栈，就是把该元素放到栈顶元素的上面，使之成为新的栈顶元素；从栈删除元素又称为出栈或退栈，就是把栈顶元素删除掉，而其下面相邻元素成为新的栈顶元素。不含元素的空表称为空栈。栈既然属于线性结构，所以顺序存储和链式存储结构同样适用于栈。

1）栈的存储

（1）顺序栈。栈的顺序存储方式简称为顺序栈，它是利用一组地址连续的存储单元依次存放自栈底到栈顶的数据元素。同样需要使用一个数组和一个整型变量来实现,利用数组来顺序存储栈中的所有元素,利用整型变量来存储栈顶元素的下标位置。

图 2-25 所示为顺序栈,其中称 a_1 为栈底元素,a_n 为栈顶元素。栈中元素按 $a_1,a_2,\cdots,a_n$ 的顺序进栈,先进入的元素被压入栈底,最后的元素在栈顶,需要读元素时从栈顶开始弹出元素,即出栈的第一个元素应为栈顶元素 a_n,栈的读取是按后进先出的原则进行的。因此又把栈称为后进先出(Last In First Out,LIFO)表。

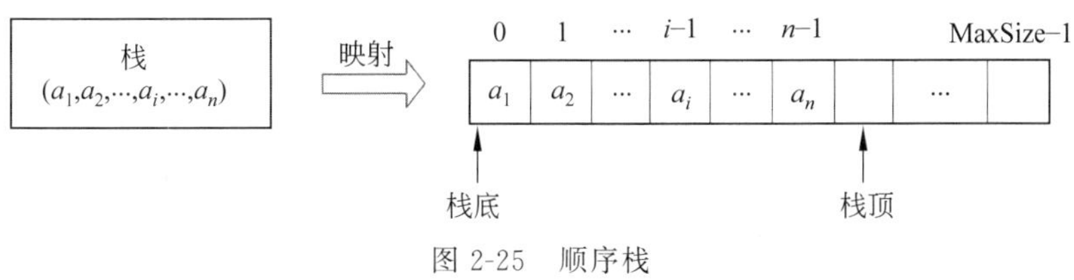

图 2-25 顺序栈

(2) 链栈。栈的链式存储结构与线性表的链接存储结构相同,是通过由结点构成的单链表实现的,此时表头指针被称为栈顶指针,由栈顶指针指向的表头结点被称为栈顶结点,整个单链表被称为链栈,即链式存储的栈。它是一种特殊的单链表,也是一种动态存储结构,不用预先分配存储空间,如图 2-26 所示。

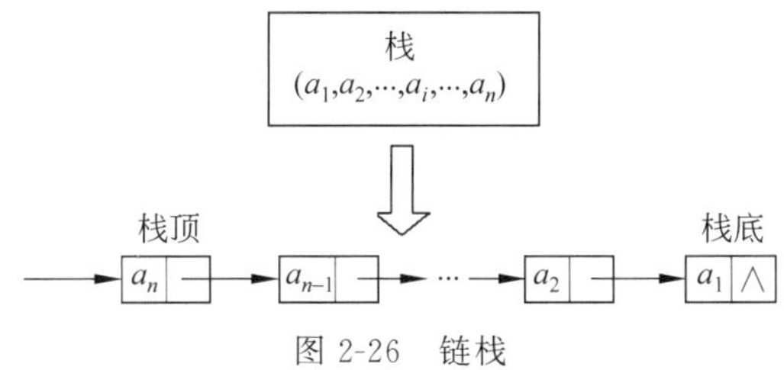

图 2-26 链栈

当向一个链栈插入元素时,是把该元素插入栈顶,即使该元素结点的指针域指向原来的栈顶结点,而栈顶指针则修改为指向该元素结点,使该结点成为新的栈顶结点。当从一个链栈中删除元素时,是把栈顶元素结点删除掉,即取出栈顶元素后,使栈顶指针指向原栈顶结点的后继结点。

2) 基本操作

栈的操作很多,常见的包括置空栈操作、当栈非空时取栈顶元素操作、在栈顶压入一个元素的进栈操作、在非空栈中删除已存在的栈顶元素,即出栈操作及判断一个栈是否为空。

3) 栈的应用

栈在程序中是应用最广泛的,包括函数的调用也利用栈去完成,如果少量数据需要频繁地操作,那么在程序中动态申请少量栈内存会获得很好的性能提升。此外利用栈的先进后出特性,栈还应用于数制转换、括号匹配的检验、行编辑程序、迷宫求解、表达式求解等。

3. 队列

队列(queue)也是一种特殊的线性表,特殊之处在于它只允许在表的前端(front)进行删除操作,而在表的后端(rear)进行插入操作。和栈一样,队列是一种操作受限制的线性表。通常把进行插入的操作端称为队尾,进行删除的操作端称为队头。队列是按照先进先出的原则组织元素的,队列又称为先进先出(First In First Out,FIFO)的线性表。队列中没有元素时，称为空队列。

1）队列的存储

(1) 顺序队列。顺序队列与顺序表一样，必须为其静态分配或动态申请一片连续的存储单元顺序存放队列中的各个元素，并设置两个指针进行管理，一个是队头指针 front，指向队头元素，另一个是队尾指针 rear，指向下一个入队元素的存储位置，具体用一个一维数组来存放数据元素。图 2-27 所示为顺序队列。

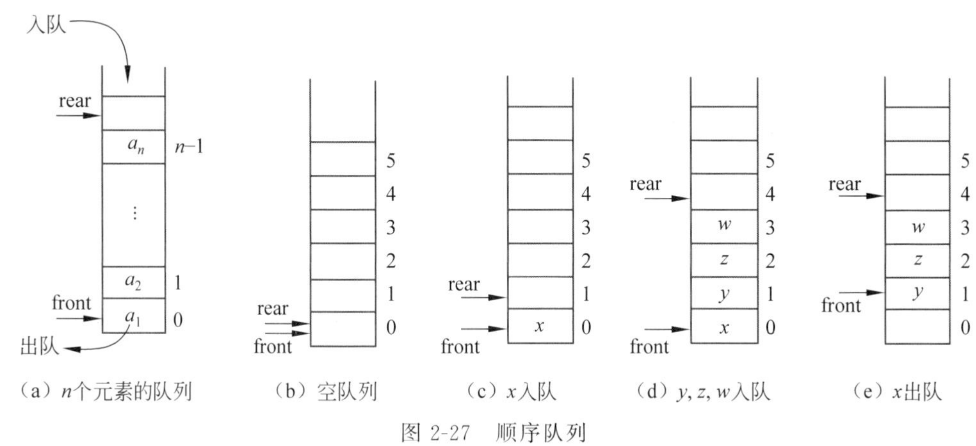

图 2-27　顺序队列

注意，顺序队列会存在"假溢出"问题，即尾指针指向最后一个元素，当前面已经有元素出队时，实际上队列并未满，但这时要插入元素，仍然会发生溢出，为此引入循环队列，如图 2-28 所示。

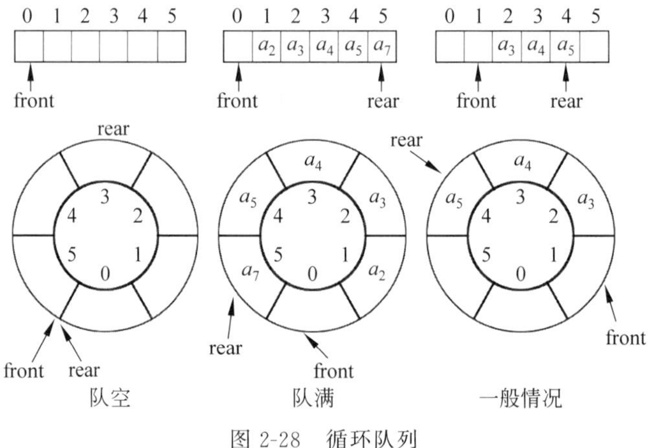

图 2-28　循环队列

(2) 链队列。队列的链式存储结构称为链队列。链队列的头指针指向队列的头元素，链队列的尾指针指向队列的尾元素。在队列的形成过程中，可以利用线性链表的原理来生成一个队列，图 2-29 所示为链队列。

链队列动态创建和删除结点，查找效率较低，但是可以动态增长。

2）队列的基本操作

初始化空队列、取队列的队头元素，但队列状态不变；若队列还有空间，则将元素插入队

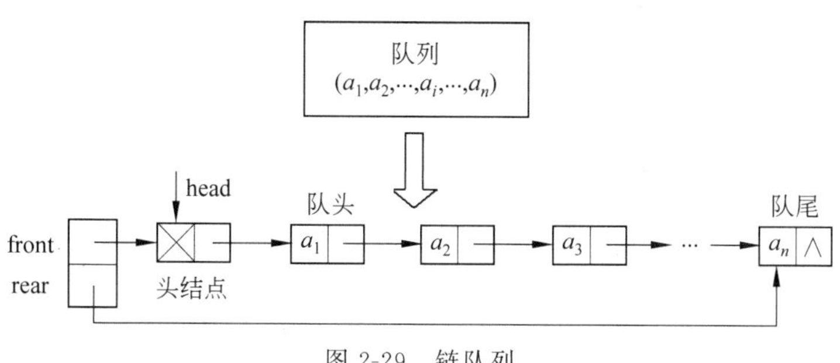

图 2-29　链队列

尾；若队列不为空，则删除队头元素；判断队列是否为空。

3）队列的应用

队列主要用在和时间有关的地方，计算机操作系统按照用户请求的先后顺序，将其排成一个队列，解决由多用户引起的资源竞争问题，是实现多任务的重要机制，如 Windows 中的消息机制就是通过队列来实现的。此外设置一个打印数据缓冲区，可以解决主机与外部设备之间速度不匹配的问题。

4. 二叉树

在树形结构中，二叉树是每个结点最多有两个子树的有序树。二叉树的子树有左右之分，称作"左子树"(left subtree)和"右子树"(right subtree)，次序不能颠倒。二叉树是递归定义的，并且左右子树本身也是二叉树。另外，二叉树即使只有一棵树也是要区分左右子树的，这也是二叉树与树的最主要的差别。图 2-30 所示为二叉树及基本形态。

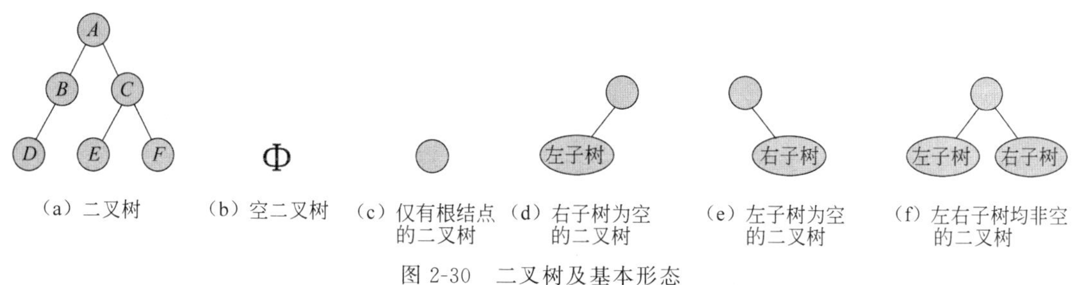

图 2-30　二叉树及基本形态

1）二叉树的存储

线性表的顺序存储和链式存储也是计算机中非线性结构数据存储的基础，也就是说，非线性结构的存储通常是利用线性表的物理存储方式来存储数据的。

（1）二叉树的顺序存储。用一组地址连续的存储单元来存放二叉树的数据元素。在确定树中各数据元素的存放次序（一般按层序存储）的基础上，使各数据元素的相应位置反映出数据元素之间的逻辑关系，使用一维数组来存储二叉树的各个结点。图 2-31 所示为二叉树的顺序存储。采用顺序存储方式简单，但对于一般的二叉树而言，通常会造成部分空间的浪费。

（2）二叉树的链式存储。为了克服用顺序存储方式存放一般二叉树的缺点，在实际应用中，二叉树一般采用链式存储结构，即二叉链表。二叉链表中每个结点至少包含三个域：数据域、左指针域、右指针域。图 2-32 所示为二叉树的链式存储。

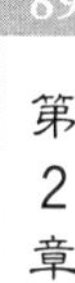

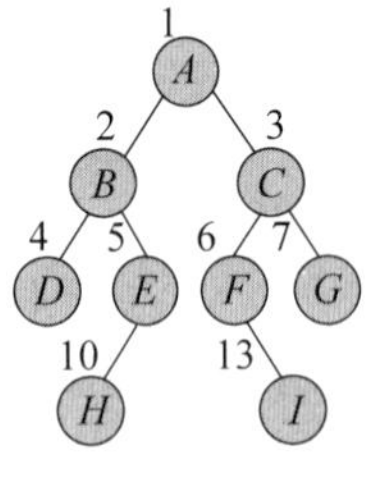

A	B	C	D	E	F	G	#	#	H	#	#	I

（a）一般二叉树　　（b）一般二叉树的存储结构

图 2-31　二叉树的顺序存储

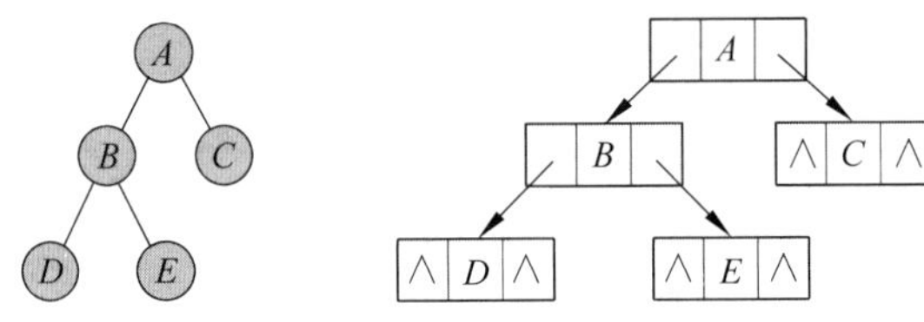

图 2-32　二叉树的链式存储

2）二叉树的基本操作

遍历是对树的一种最基本的运算，许多其他的操作可以在遍历基础上实现。二叉树遍历就是按一定的规则和顺序走遍二叉树的所有结点，使每一个结点都被访问一次，而且只被访问一次。由于二叉树是非线性结构，因此树的遍历实质上是将二叉树的各个结点转换为一个线性序列来表示。

注意：遍历操作中的访问含义很广，可以是对结点的各种处理，如修改结点数据、输出结点数据等。

二叉树由根、左子树、右子树三部分组成。二叉树的遍历可以分解为访问根、遍历左子树和遍历右子树。因此按照约定先左后右，分为先序(根)遍历、中序(根)遍历、后序(根)遍历三种方法，使得每个结点被访问一次且仅被访问一次。

(1) 前序(根)遍历：先访问根结点，再按照从左到右的顺序遍历根结点的每一棵子树。

(2) 后序(根)遍历：先按照从左到右的顺序遍历根结点的每一棵子树，再访问根结点。

(3) 中序(根)遍历：按照从左到根再到右的顺序遍历根结点的每一棵子树。

3）树的应用

在计算机领域中，树形结构得到广泛应用。Windows 文件系统的目录结构就是采用树形结构；编译程序中用树来表示源程序的语法结构；数据库系统中的信息组织形式也是如此；由于有序树的搜索较快，因此现在的索引一般都是采用树结构。另外，在处理语法解析时，各种语言解析之后都是先得到语法树，再做后续处理；再者人类对未来事件的预测和规划也是树形的，所以很多经典的 AI 算法包括决策树都是属于树形结构的应用。

5. 图

图是由一组有穷顶点集合和一组有穷顶点与顶点之间的连线(称为边)的集合构成的抽象数据结构，属于非线性结构。为了与树形结构加以区别，在图结构中常常将结点称为顶点，边是顶点的有序偶对，若两个顶点之间存在一条边，就表示这两个顶点具有相邻关系。图可分为有向图和无向图。图 2-33(a)所示的有向图中连接两顶点的边有方向(用箭头表示方向)，图 2-33(b)所示的无向图中的边没有方向。

图中的顶点可以代表对象或概念，边常用来代表这些对象或概念的关系，如果图是有向的，那么关系就是单向的；如果图是无向的，那么关系就是双向的。

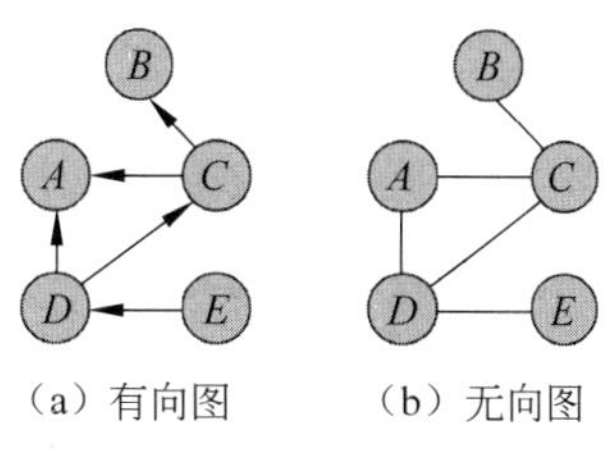

图 2-33　图的结构

1) 图的存储

因为图的结构特点，使得其存储方式相对复杂。通常，更多的是采用链表存储，具体的存储方法包括多种基本形式，如邻接矩阵(数组)、邻接表(链表)、邻接多重表(链表)、十字链表(链表)等。

(1) 数组表示法。数组表示法是图的一种顺序存储结构，用邻接矩阵表示顶点间的关系，具体用两个数组存储，用一维数组(按编号顺序)存储图的顶点，用二维数组存储图的邻接矩阵表示图顶点间的关系，如图 2-34 所示。

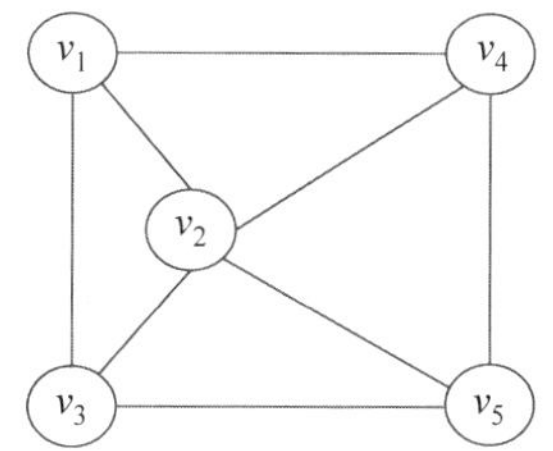

$$\begin{bmatrix} 0 & 1 & 1 & 1 & 0 \\ 1 & 0 & 1 & 1 & 1 \\ 1 & 1 & 0 & 0 & 1 \\ 1 & 1 & 0 & 0 & 1 \\ 0 & 1 & 1 & 1 & 0 \end{bmatrix}$$

图 2-34　图的邻接矩阵

(2) 邻接表。图的邻接表存储方法是一种顺序分配和链式分配相结合的存储结构，具体按编号顺序将顶点数据存储在一维数组中，用线性链表存储关联同一顶点的边，如图 2-35 所示。

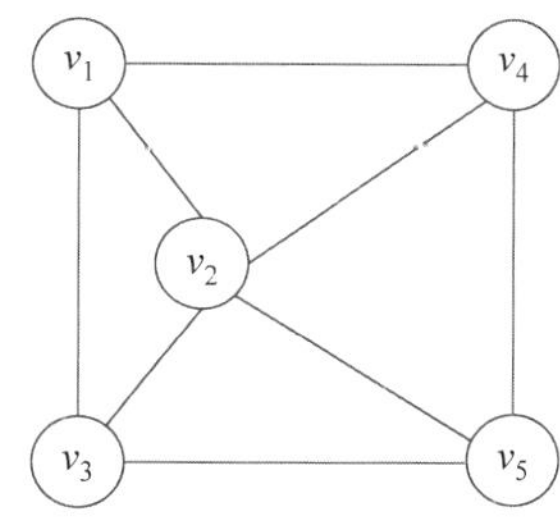

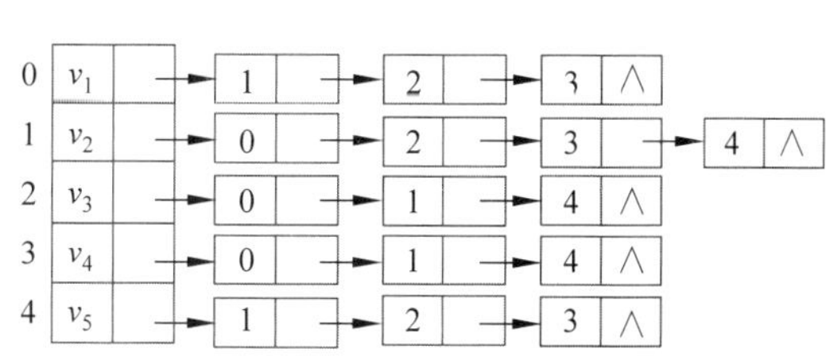

图 2-35　图的邻接表

注意：图在不同的存储结构下，实现各种操作的效率可能是不同的。所以在求解实际问题时，要根据求解问题所需操作，选择合适的存储结构。

2) 图的基本操作

在图结构中，最重要的基本操作是遍历。遍历是从图中的任一顶点出发，对图中的所有顶点访问一次且只访问一次。图的遍历操作和树的遍历操作功能相似，图的许多其他操作都是建立在遍历操作的基础上的。

由于图结构本身的复杂性，在图结构中没有"自然"的首顶点，任意顶点都可作为第一个被访问的顶点；从图中某顶点开始访问相应连通的所有顶点；图中如有回路，相应顶点被访问之后，有可能沿回路又回到该顶点；在图结构中，某顶点可相连多个顶点，就需要确定顶点访问的顺序问题，所以图的遍历操作也较复杂。

目前图的主要遍历方法如下。

(1) 深度优先遍历。深度优先遍历是树的前序(根)遍历的推广，如图 2-36 所示。其基本思想：从图 G 某个顶点(源点) v_0 出发，访问 v_0，然后选择一个与 v_0 相邻且没被访问过的顶点 v_i 访问，再从 v_i 出发选择一个与 v_i 相邻且未被访问的顶点 v_j 进行访问，依次继续。如果当前被访问过的顶点的所有邻接顶点都已被访问，则退回到已被访问的顶点序列中最后一个拥有未被访问的相邻顶点的顶点 w，从 w 出发按同样的方法遍历，直到图中所有顶点都被访问。

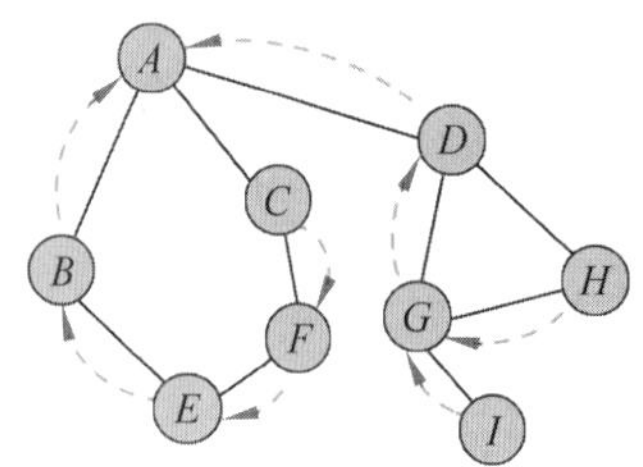

图 2-36 图的深度优先遍历

(2) 广度优先遍历。图的广度优先搜索是树的按层次遍历的推广，如图 2-37 所示。其基本思想：首先访问初始点 v_0，并将其标记为已访问过，接着访问 v_0 的所有未被访问过的邻接点 $v_{i_1}, v_{i_2}, \cdots, v_{i_t}$，并均标记已访问过，然后再按照 $v_{i_1}, v_{i_2}, \cdots, v_{i_t}$ 的次序，访问每一个顶点的所有未被访问过的邻接点，并均标记为已访问过，依次类推，直到图中所有和初始点 v_0 有路径相通的顶点都被访问过为止。

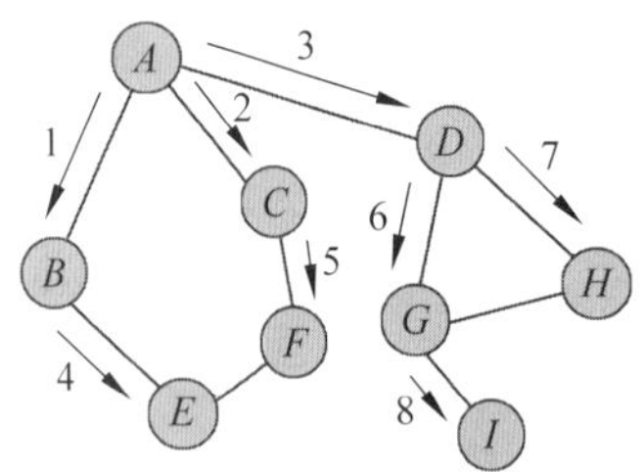

图 2-37 图的广度优先遍历

3) 图的应用

图在现实中具有广泛的应用，如生产工序的流程、工程施工的计划、交通规划系统(各种路线的规划)等。最常用的是有关两点之间的路径问题，如寻找从一个点到另一个点的最短路径，寻找访问所有结点的最短路径等，都可采用相应的图形结构来表示和解决实际的问题。

* 阅读材料
莱布尼茨与中国文化

戈特弗里德·威廉·莱布尼茨(Gottfried Wilhelm Leibniz)，德国哲学家、数学家，是历史上少见的通才，被誉为 17 世纪的亚里士多德，如图 2-38 所示。莱布尼茨在政治学、法学、伦理学、哲学、历史学、语言学等诸多方向都留下了著作，在数学史和哲学史上更是占有重要地位。他和艾萨克·牛顿（Isaac Newton）先后独立发现了微积分。他所发明的微积分数学符号因为更综合、适用范围更广而一直沿用至今。

图 2-38 莱布尼茨

二进制计数法的历史常与莱布尼茨联系在一起。但事实上，莱布尼茨并不是这种计数法的最早发现者。在他之前已经有人提出过这种计数法。如 17 世纪初，英国代数学家哈里奥特在他未发表的手稿中提到了它。1670 年卡瓦利埃里又一次重复了这一发现。莱布尼茨大概未见到过前人的论述，所以当他重新发现二进制时，一直以为这是自己的独创。不过，由于二进制是在莱布尼茨的大力提倡和阐述下才引起人们关注的，因此把二进制与莱布尼茨联系在一起就成为了一种习惯说法。

莱布尼茨重新发现二进制的时间是 1672—1676 年。1679 年 3 月 15 日，他写了题为《二进算术》的论文，对二进制进行了充分的讨论，并建立了二进制的表示及运算。1696 年，他向奥古斯特公爵介绍了二进制，公爵深感兴趣。1697 年 1 月，莱布尼茨还特地制作了一个纪念章献给公爵。上面刻写着拉丁文："从虚无创造万有，用一就够了。"由此可看出，莱布尼茨对二进制的极大偏爱存在神学方面的原因。

莱布尼茨是一位有着极其广泛兴趣的学者，被誉为百科全书式的人物。他兴趣的触角也伸向了中国。从年轻时候起，他就通过广泛阅读了解中国传统文化。1689 年，莱布尼茨访问罗马时，遇见刚从中国休假归来的传教士闵明我，他对莱布尼茨关于中国文化的兴趣与深入研究，起了决定性的影响。此后，两人过从甚密，书信往来频繁。莱布尼茨曾在写给闵明我的信中，附了一份问题目录，里面的 30 个问题几乎涵盖了所有知识领域，足见其求知热情和对中国的浓厚兴趣。

1697 年 10 月，另一位在中国的著名法国传教士、汉学大师若阿基姆·布韦（Joachim Bouvet，汉名白晋，1662—1732 年）与莱布尼茨开始了通信。1697 年 12 月，在与白晋的通信中，莱布尼茨阐明了通过《易经》的学习后对二进制的观点："《易经》也就是变异之书。在伏羲氏之后的许多世纪，文王和他的儿子周公，以及之后著名的孔子，都曾在 64 个图形中寻找过哲学的秘密……这恰恰是二进制算术。在这个算术中，只有两个符号：0 和 1……因为二者恰恰相符：阳爻（yáo）'—'就是 1，阴爻'--'就是 0。这个算术提供了计算千变万化数目的最简便的方式，因为只有两个。"不难看出莱布尼茨不但阐明了二进制，而且已经把二进制与中国的八卦联系在一起，也充分说明《易经》的变异之道。莱布尼茨为几千年前中国圣人的创造与自己的发现相一致而高兴，并为自己解开了《易经》之谜而欣喜若狂。

《易经》包括本文和解说两部分：本文内容叫作"经"；解说部分叫作"传"。"经"由 64 个"卦"组成，每一个卦，又是由称为"爻"的两种符号排列而成。"阳爻"和"阴爻"合称"两仪"。如果每次取两个，会得到四种排列，称为"四象"；如果每次取三个，会得到八种排列，称为"八卦"；如果每次取六个，那么会得到 64 种排列，称为"64 卦"。现在如果把阳爻看作数码 1，阴爻看作数码 0，那么就可以把各种卦转换为二进制中的数了。如由 6 个阴爻组成的坤卦可看作 000000(相当于十进制中的 0),而由 6 个阳爻组成的乾卦可看作 111111(相当于十进制中的 63)。

如何看待莱布尼茨二进制与中国古代典籍《易经》关系的问题,本质是涉及近代中西文化的各自特质以及它们之间的相互作用问题。虽然二进制只是一种算术计数法,但它实际上是特定文化(包括数学、语言、符号、逻辑和哲学等)的产物。立足于近代中西文化交流的大背景,从概念与认知分析入手,从二进制与《易经》哲学和卦图的相互作用关系角度看,将莱布尼茨二进制思想的形成过程,置于近代中西文化交流所编织的概念网络系统之中,就可以梳理出莱布尼茨在秉承西方近代数学概念的同时,如何通过获取和吸纳《易经》概念资源而实现概念的创造性转换的脉络。因此,除了莱布尼茨个人独创性的伟大贡献外,近代意义上的二进制实际上是"中西合璧"的产物。

值得一提的是,莱布尼茨除发展了二进制算术之外,他还是现代数理逻辑的创始人和计算机制造的先驱。

计算机中加法的实现

计算机其实就是靠简单电路集成起来的复杂电路而已,而构成这些复杂电路最简单的逻辑电路就是"与""或""非"。而在它们的基础之上进行组合,又能够形成"与非""异或"等逻辑电路。其中,加法器是计算机中的基础硬件,了解加法器不仅能够揭开计算机的本质,也能对计算机的数制运算产生深刻的理解。

计算机所做的计算处理只有加法,有了加法就可以利用加法计算除法、乘法和减法。而计算机所处理的数据是二进制数,也就是 0 和 1,所以二进制加法机的构造原理就是 CPU 计算单元的基本计算原理。根据数学运算规则,一般进行加法运算时,从低位到高位,依次计算对应两个数的和以及数的进位,实际上把加法分为计算和以及计算进位两步。二进制加法也是如此,比如 0101 和 0111 计算相加,依次从低位的 1 加 1,计算和为 0,进位为 1。然后再计算第二位 0 加 1 的和为 1 再与前一位的进位加后和为 0,进位为 1。依次类推,计算出两个四位二进制的和为 1100。那么这两步如何用电路构造呢?

1. 针对进位

当两个加数 A 和 B 均为 1 时,进位 C 为 1,否则进位 C 为 0。如果将二进制数相加的 A、B 两个输入和输出 C 看作逻辑运算结果,那么加法计算的进位 C 的逻辑关系和逻辑运算中的逻辑"与"是一致的,即当两个输入 A、B 都为 1 时,结果 C 为 1;否则结果 C 为 0,如表 2-9 所示。由此就可利用门电路中"与门"来完成二进制数相加计算中的进位处理单元。即

$$C = A \wedge B$$

表 2-9　加法的进位规则及逻辑"与"

A	B	进位 C	逻辑"与"
0	0	0	0
0	1	0	0

续表

A	B	进位 C	逻辑“与”
1	0	0	0
1	1	1	1

2. 针对加法和

不管加法的进位，当两个加数 A 和 B 均为 1 或均为 0 时，所得和 S 为 0，否则和 S 为 1。同样若将二进制数相加的 A、B 两个输入和输出看作逻辑运算结果，那么加法计算的和 S 的逻辑关系和逻辑运算中的逻辑“异或”是一致的，即当两个输入 A、B 都为 1 和都为 0 时，结果 S 为 0；否则结果 S 为 1，如表 2-10 所示。由此就可以利用门电路中“异或门”来完成二进制数相加中计算和的处理单元。即

$$S=A\oplus B$$

表 2-10　加法的求和规则及逻辑“异或”

A	B	和 S	逻辑“异或”
0	0	0	0
0	1	1	1
1	0	1	1
1	1	0	0

3. 逻辑电路都设计

通过完成计算二进制加法运算的和以及进位的逻辑电路的设计，并将逻辑电路组合到一起就可以实现二进制的加法。

图 2-39 所示的逻辑电路有 A 和 B 两个输入，本位和 S 以及进位 C 两个输出，可以用来计算 A 和 B 两个一位二进制数的加法，由于这个电路不考虑低位的进位所以称为半加器。

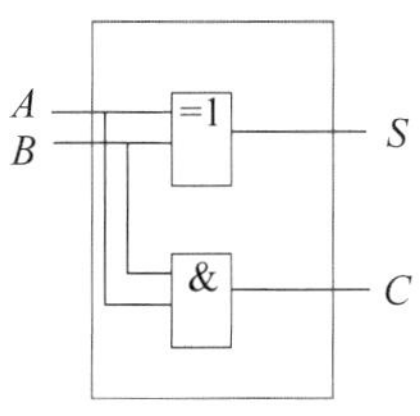

图 2-39　半加器

考虑低位进位的加法器称为全加器，逻辑电路如图 2-40 所示。电路中除了 A、B 两个输入外还有低位的进位 C_{i-1} 共三个输入，可以获得 A、B 两个加数以及低位的进位 C_{i-1} 三数相加的结果，即本位和 S_i 以及进位 C_i 两个输出。

拓展开来，多位二进制相加时最低位是两个数最低位的相加，不需考虑进位。其余各位

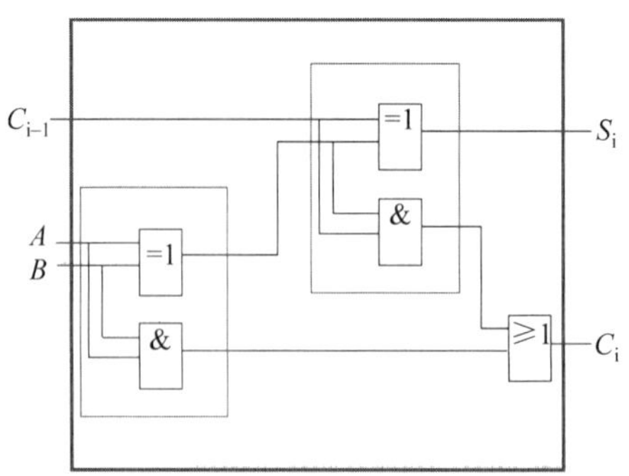

图 2-40　全加器

都是三个数相加，包括两个加数和低位送来的进位。任何对应位相加后都会产生本位的和以及向高位的进位两个结果。图 2-41 所示为实现二进制数 1011 和 1001 之和的逻辑电路。其中 $a_3a_2a_1a_0$ 表示加数 1011 的输入，而 $b_3b_2b_1b_0$ 表示加数 1001，每个加法器的 C_i 表示前一位的进位，C_o 表示本位进位，S 表示本位和，最低位（最左侧的全加器）的进位 $C_i=0$，最终两数之和运算结果为 $s_4s_3s_2s_1s_0$ 即 10100。

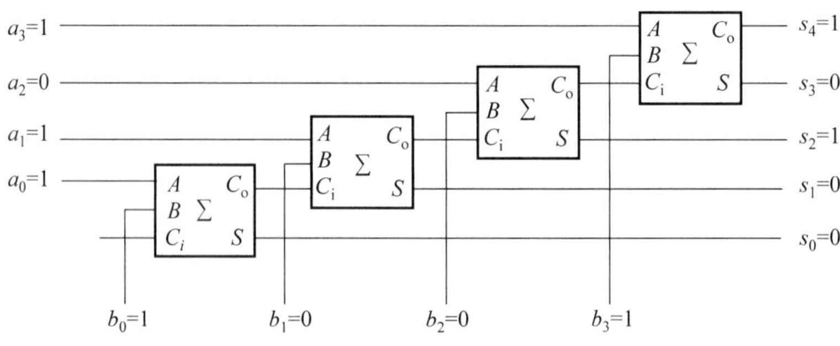

图 2-41　多位二进制加法器示例

第3章　计算机技术

计算机(computer)俗称电脑，是一种用于高速计算的电子计算机器。计算机具有数据存储记忆功能，是可以按照程序自动、高速运行并处理海量数据的现代化智能电子设备。计算机技术的内容非常广泛，通常是指计算机领域中所运用的技术方法和技术手段，具有明显的综合特性。它与电子工程、应用物理、机械工程、现代通信技术和数学等紧密结合，并随着相关技术的发展而快速发展。

计算机系统由计算机硬件系统和计算机软件系统两大部分组成。其中，计算机硬件系统相关技术包括计算机体系结构、计算机部件技术、计算机器件技术和计算机组装技术等几方面；计算机软件系统相关技术包括操作系统、程序设计语言以及软件应用技术等。

3.1　计算机体系结构

3.1.1　图灵理论模型

阿兰·图灵(Alan Turing，以下简称图灵，1912年6月23日—1954年6月7日)如图3-1所示。他是英国著名的数学家和逻辑学家，被称为计算机科学之父、人工智能之父，是计算机逻辑的奠基者，被永远载入计算机的发展史中。图灵对电子计算机发展的主要贡献有两个：一是建立图灵机(Turing machine)理论模型；二是提出定义机器智能的图灵测试(Turing test)。

图3-1　阿兰·图灵

1936年，图灵发表了一篇论文——《论可计算的数及其在密码问题的应用》，首次提出了一种抽象逻辑机的通用模型，现在人们就把这个模型机称为图灵机，缩写为TM。

图灵的基本思想是用机器来模拟用纸笔进行数学运算的过程，他把过程看作两种简单的动作：

(1) 在纸上写上或擦除某个符号；

(2) 把注意力从纸的一个位置移动到另一个位置。

而在每个阶段，要决定下一步的动作，依赖于当前所关注的纸上某个位置的符号和当前思维的状态。

为了模拟这种运算过程，图灵构造的TM由以下几部分组成：一个处理器P、一个读写头W/R、一条存储带M和一套控制规则TABLE组成，如图3-2所示。其中，M是一条无限长的带，被分成一个接一个单元，从最左单元开始依次被编号为0,1,2,…，向右延伸直至无穷。读写头 W/R 可以在 M 上左右移动，它能读出当前所指单元上的符号，并能改变当前单元上的符号。P 是一个有限状态控制器，能使 W/R 左移或右移，并且控制针对 M 上的符号进行修改或读出。控制规则 TABLE 根据当前机器所处的状态以及当前读写头所指的单元上的符号来确定读写头下一步的动作。图灵通过把非本质的东西丢掉，将整个计算过程局限在了少数非常简单的操作上。

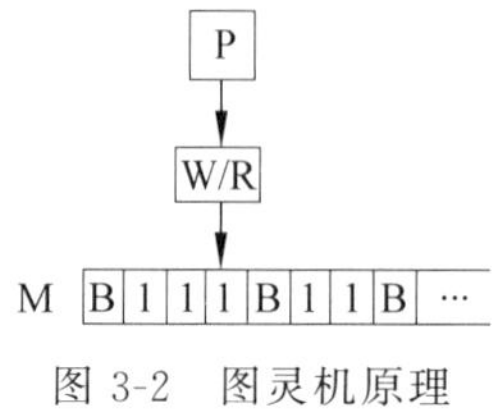

图 3-2　图灵机原理

那么，图灵机怎样进行运算呢？例如，做加法 3＋2＝？开始先把最左单元放上特殊的符号 B，表示分割空格，它不属于输入符号集。然后写上 3 个“1”，用 B 分割后再写上 2 个“1”，接着再填一个 B，相加时，只要把中间的 B 修改为“1”，而把最右边的“1”修改为 B，于是机器把两个 B 之间的“1”读出就得到 3＋2＝5。由于计算过程的直观概念可以看成是能用机器实现的有限指令序列，因此图灵机被认为是过程的形式定义，图灵认为这样的一台机器就能模拟人类所能进行的任何计算过程。

显然，图灵机每一部分都是有限的，因此仅仅是理论模型。如果问“哪家公司生产图灵机？”那将令人啼笑皆非。那么，这个理论模型是否有实际意义呢？理论已经证明，如果图灵机不能解决的计算问题，那么实际计算机也不可能解决。只有图灵机能够解决的计算问题，实际计算机才有可能解决。当然，还有些问题是图灵机可以解决而实际计算机还不能实现的。图灵机的计算能力概括了数字计算机的计算能力，它能识别的语言属于递归可枚举集合，它能计算的问题称为部分递归函数的整数函数。图灵给可计算性下了一个严格的数学定义，在这个基础上发展了可计算性理论。

因此，可以认为图灵机对数字计算机的一般结构、可实现性和局限性产生了意义深远的影响。直到今天，人们还在研究各种形式的图灵机，如可逆 TM、化学 TM，甚至酶 TM、细胞 TM，以便解决理论计算机科学中的许多所谓基本极限问题。

图灵在对人工智能的研究中，提出了一个叫作图灵测试的实验，尝试定出一个决定机器是否有智能的标准。1950 年 10 月，图灵发表了另一篇题为《机器能思考吗》的论文，其中提出了一种用于判定机器是否具有智能的试验方法，即图灵测试。测试由计算机、被测试的人和主持试验人组成，过程是让人类考官通过键盘向一个人和一个机器发问，这个考官不知道他问的是人还是机器。如果在经过一定时间的提问以后，这位人类考官不能确定谁是人谁是机器，那么就认为这台机器拥有智能。图灵提出的关于机器思维的问题，引起了研究领域的广泛注意，对人工智能的发展产生深远的影响。

必须强调指出，图灵并不只是一位纯粹抽象的数学家，他还是一位擅长电子技术的工程专家。二次大战期间，他是英国密码破译小组的主要成员。图灵以独特的思想设计创造的破译机，一次次成功地破译了德国法西斯的密码电文。为纪念图灵的理论成就，美国计算机协会(ACM)专门设立了计算机学术界的最高成就奖——图灵奖。2012 年是阿兰·图灵诞辰 100 周年，所以被定为“阿兰·图灵年”。

3.1.2 冯·诺依曼结构

冯·诺依曼(Von Neumann)如图 3-3 所示。他是著名匈牙利裔美籍数学家、计算机科学家、物理学家以及化学家。他是一位在电子计算机、博弈论、核武器和生化武器等诸多领域内有杰出建树的科学家,被后人称为"计算机之父"和"博弈论之父"。

图 3-3 冯·诺依曼

计算机工程的发展也应大大归功于冯·诺依曼。计算机的逻辑设计和结构图式,电子计算机中存储、速度、基本指令的选取以及线路之间相互作用的设计,都深深受到冯·诺依曼思想的影响。冯·诺依曼参与了主要为电子管元件组成的计算机 ENIAC 的研制。1945 年 3 月,冯·诺依曼在和摩尔小组共同讨论的基础上起草了全新的存储程序通用电子计算机 EDVAC(Electronic Discrete Variable Automatic Computer,电子离散变量自动计算机)设计方案,并发表了《电子计算机装置逻辑结构初探》的论文。文中确定了计算机结构、采用存储程序以及二进制作为数字计算机的数制基础等理论,又称为冯·诺依曼体系结构。符合冯·诺依曼体系结构的计算机就称为冯·诺依曼计算机。

冯·诺依曼计算机的基本特点如下:

1. 计算机由输入设备、输出设备、存储器、运算器和控制器五大部件组成

在冯·诺依曼体系结构中计算、存储及通信等工作具体都是使用单一处理部件来完成,冯·诺依曼计算机的组成部分如图 3-4 所示。

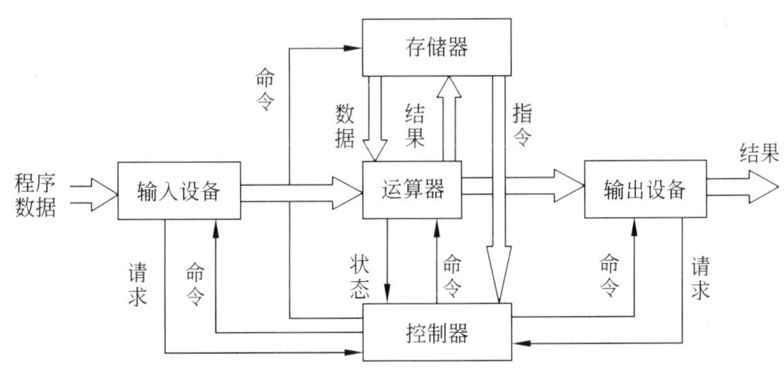

图 3-4 典型的冯·诺依曼计算机结构

(1) 控制器。控制器是整个计算机的指挥中心。它负责协调输入输出设备的操作和内存访问,完成针对指令的分析、判断,发出控制信号,使计算机各部分自动、连续、协调动作,确保系统作为一个整体进行正确运行。

(2) 运算器。运算器是计算机对信息进行加工处理的核心部件之一。它在控制器的控制下与内存交换信息,负责进行各类基于二进制数的基本算术运算、逻辑运算、比较、移位、逻辑判断等各种操作。

(3) 存储器。存储器是计算机的记忆装置,用于存放原始数据、中间数据、最终结果和处理程序。为了对存储的信息进行管理,计算机中的各种信息都要存储在存储器中。

(4) 输入设备。输入设备是向计算机输入信息的装置,用于把原始数据和处理这些数据的程序输入计算机系统中。不论信息的原始形态如何,输入计算机中的信息都使用二进位来表示。

(5) 输出设备。输出设备的主要任务是将计算机工作过程中处理的中间或最终结果信息,以用户熟悉、方便的形式输出。

2. 数据和指令均采用二进制形式表示

计算机程序发给计算机的命令就是指令,指令是程序的基本单位,由操作码和地址码两部分组成。操作码指明操作的性质,即操作的类型或性质,如取操作数、做加法或输出数据等。地址码指明操作对象或数据存放的存储单元地址。若干指令的有序集合组成完成某项功能的程序。

冯·诺依曼计算机中,指令与数据均以二进制代码的形式同存于存储器中,两者在存储器中存储时的地位相同,采用按地址的方式完成寻访,即指令和数据的形式就是一串 0 和 1。

3. 采用存储程序控制方式

存储程序控制是构建冯·诺依曼计算机的核心思想。采用存储程序方式是指在用计算机工作之前,事先编制好程序并连同所需的操作数据预先存入存储器中。在运行程序过程中,由控制器按照事先编好并存入存储器中的程序自动、连续地从存储器中依次取出指令和操作数并执行,直到获得所要求的结果为止。可见存储程序方式是计算机能高速、自动运行的基础。

虽然人们把"存储程序计算机"当作电子计算机的重要标志,并把它归于冯·诺依曼的努力,但是,他本人谦虚地认为电子计算机的设计思想来自图灵的创造性工作。

4. 计算机的工作原理

冯·诺依曼计算机的基本工作流程:预先要把控制、指挥计算机进行操作的指令序列(通常称为程序)和操作需要的原始数据,通过输入设备输入到计算机的内部存储器中。程序中的每条指令中都明确地规定了将进行的步骤,如计算机从哪个地址取指令码或相应的操作数;具体进行什么运算操作;完成的结果送到什么地址等。

需要注意,从存储器中取出的信息可能是指令操作码,也可能是操作数,不同的信息其意义和具体的执行过程是不同的。

当计算机开始运行时,向内存储器发出取指令命令。先从存储器中取出第一条指令,送入控制器进行分析译码,明确指令的操作任务后,并根据指令的操作要求,向存储器发出取参与运算数据的命令。按运算命令由运算器对操作数进行指定的运算和操作。经过运算器计算后,再按要求把结果送到内存中的指定地址存储下来。接下来,再取出第二条指令,在控制器的指挥下完成规定操作。依次进行下去,直至遇到停止指令。最后在控制器发出的取数和输出命令的作用下,通过输出设备输出计算结果。

特别提示,在微处理器问世之前,运算器和控制器是两个分离的功能部件,加上当时计算机存储器的存储容量较少,因此早期冯·诺依曼提出的计算机体系结构是以运算器为中心的,其他部件都通过运算器完成信息的传递。

综上所述,遵循冯·诺依曼理论的计算机又称冯氏计算机,从 EDVAC 到当今最先进的计算机大多采用的是冯·诺依曼体系结构,并将继续为电子计算机设计者所采用。由此可见其对电子计算机的设计具有决定性的影响。随着计算机技术和应用领域的拓展，对计算机的性能要求越来越高，虽然针对冯·诺依曼体系结构进行了许多变革，获得了一定程度的性能提高，如指令流水线技术、多总线等，但总体上没有突破冯·诺依曼体系结构，由此可见，冯·诺依曼是当之无愧的现代电子数字计算机之父。

3.2 计算机的主要部件

按照冯·诺依曼理论和体系结构，电子计算机系统自顶向下从硬件组成结构的角度，具体包括运算器、控制器、外存储器、输入设备和输出设备五大功能部件，如图 3-5 所示。其中，通常把运算器和控制器统称为 CPU；把 CPU 与内存统称为计算机主机（简称主机）；外存储器、输入设备、输出设备称为计算机的外部设备，简称为 I/O 设备或外设。

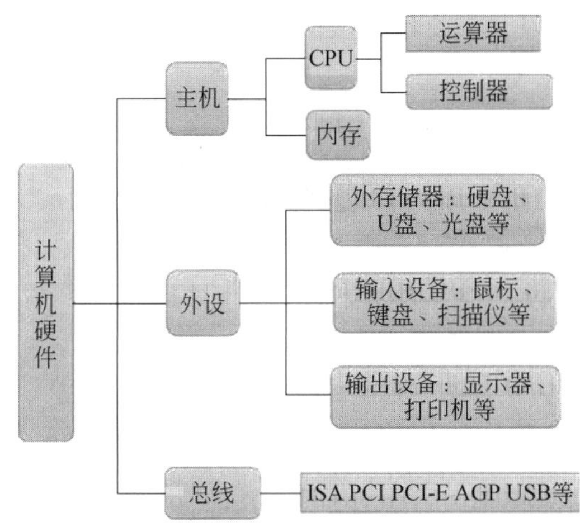

图 3-5 计算机功能部件

3.2.1 CPU

CPU（Central Processing Unit，中央处理器）是电子计算机的主要设备之一。CPU 是任何一台计算机必不可少的核心部件。CPU 的功能主要是读取、解释计算机指令并执行指令处理计算机软件中的数据，承担着运行系统软件和应用软件的任务。

计算机技术的快速发展过程，实质上就是 CPU 从低级向高级、从简单向复杂的发展过程。不同计算机性能的差别首先体现在 CPU 的性能上。CPU 的内部结构基本上都是由控制单元（控制器）、算术逻辑单元（运算器）以及寄存器为核心组成的。CPU 的组成及其与内存的关系如图 3-6 所示。

1. CPU 的主要性能指标

1）主频

主频即 CPU 内核工作的时钟频率，是指计算机 CPU 在单位时间内由时钟电路产生的标准脉冲数。CPU 的周期性工作是由主频控制的，但主频不等于处理器每秒执行的指令条数，因为一条指令的执行可能需要多个时钟周期。对于 CPU，主频越高，CPU 的工作速度越快。目前的 CPU 主频一般以 GHz 为单位。

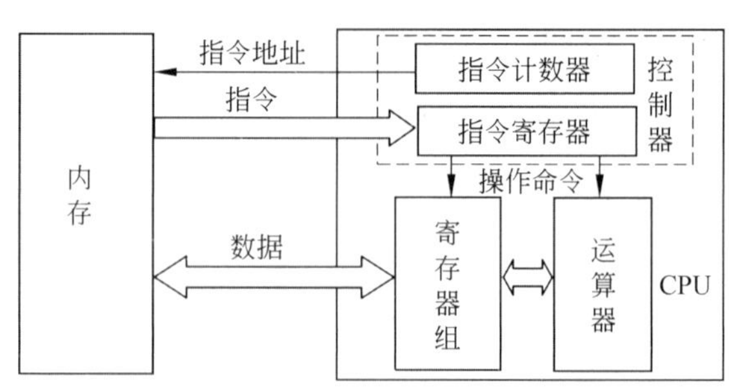

图 3-6　CPU 的组成及其与内存的关系

注意：主频和实际的运算速度存在一定的关系，但还没有一个确定的公式能够定量两者的数值关系。CPU 的主频并不直接代表 CPU 的运算速度，因为 CPU 的运算速度还要看 CPU 各方面的性能指标（缓存、指令集、CPU 的位数等），但提高主频对于提高 CPU 运算速度却至关重要。

2）外频

外频也叫 CPU 外部频率或基频，是主板上提供的供计算机上其他部件工作的基准节拍。外频是 CPU 与主板之间同步运行的速度，而且在绝大部分计算机系统中外频也是内存与主板之间同步运行的速度。

注意：使用外频高的 CPU 组装计算机，其整体性能比使用相同主频但外频低一级的 CPU 要高，这项参数关系适用于主板的选择。

3）倍频

倍频即 CPU 主频与外频之比的倍数。当 CPU 的主频超过外部设备的工作频率时，CPU 将以外频的若干倍工作。CPU 的主频、外频及倍频的关系如式(3-1)所示。

$$\text{CPU 主频} = \text{倍频} \times \text{外频} \tag{3-1}$$

4）地址总线宽度

地址总线宽度即地址总线的位数，其决定 CPU 可以访问的存储器的容量。总线宽度不同则内存最大容量也不一样。如 32 位地址总线能使用的最大内存容量为 4GB。

5）数据总线宽度

数据总线宽度是 CPU 与内存、输入输出设备之间一次性数据传输的信息量，以字节为单位。目前数据总线的宽度为 64 位，即 CPU 一次可以同时传输 8 字节的数据。

6)多核

CPU 是在半导体硅片上制造的，而硅片上元件之间采用导线进行连接。由于在高频状态下，导线越细、越短才能减小导线分布、电容等杂散干扰，保证 CPU 运算正确。因此 CPU 工作主频的提高主要受到生产工艺的限制，这也成为 CPU 主频发展的最大障碍之一。面对主频发展之路走到尽头，CPU 开启了多核时代。多核指单个裸片上具有多个可见的处理器，这些处理器各自拥有独立的控制和工作状态，互相之间无须共享关键资源。

多核系统更易于扩充，能够在更纤巧的外形中融入更强大的处理性能。这种外形所用的功耗更低，计算时产生的热量更少。多核技术是处理器发展的必然。

2. 主流 CPU 产品

从 1971 年 11 月 15 日 Intel 公司首次向全球市场推出 4004 微处理器，到今天 CPU 的制造技术、工艺和性能指标的巨大提升，CPU 推动了全世界整个计算机硬件产业的形成和高速发展。

1）Intel 公司产品

Intel 公司作为半导体行业和计算创新领域的全球领先厂商，在 CPU 的设计制造上一直引领行业，如图 3-7 所示。

图 3-7　Intel 公司产品

尤其是进入 21 世纪，Intel 公司陆续推出的产品有：2000 年的 Pentium 4 处理器、Intel Pentium 4 HT 处理器、Intel Pentium M 处理器，2005 年的 Intel Pentium D 处理器（首颗内含 2 个处理核心，正式揭开 x86 处理器多核心时代），2006 年起陆续上市的 Intel Core 2 Duo 处理器（酷睿 2）、Intel Core i3 处理器（2 核）、Intel Core i5 处理器（4 核）、Intel Core i7 处理器。Intel 公司同时还生产廉价版本的 Celeron（赛扬）系列以及用于服务器和工作站的 Intel Xeon 系列和 Itanium 系列处理器。

2）AMD 公司产品

AMD 公司专门为计算机、通信和消费电子行业设计和制造各种创新的微处理器，如图 3-8 所示。目前在 CPU 市场上的占有率仅次于 Intel 公司，但仍有不少差距。

图 3-8　AMD 公司产品

AMD 公司的主流产品为面向台式计算机、笔记本电脑的 AMD Athlon（速龙）处理器系列、采用 x86-64v 架构面向工作站和服务器的 AMD Opteron（皓龙）处理器系列、面向台式机的 Athlon 64 以及面对普通用户的 Athlon 64 处理器。

3）IBM 公司产品

目前在 CPU 市场上 IBM 公司是高端服务器、处理器的最大制造商。2007 年 IBM 公司推出当时主频最高的微处理器 IBM Power 6 及系列产品，后又推出功能更加强大的微处理器 IBM Power 7 系列。Power 7 拥有 8 个内核，每个内核拥有 4 个线程，可以同时运行 32

项任务，拥有更大的吞吐量，能管理大规模并行事务处理。IBM Power 系列（见图 3-9）主要用于 IBM 的高端服务器及大型超级计算机。

4）ARM 公司产品

ARM 公司 1991 年成立于英国剑桥。ARM 公司主要出售芯片设计技术的授权，其微处理器及技术的应用已经广泛深入到工业控制、网络应用、消费类电子产品、成像和安全产品等各个领域，如图 3-10 所示。ARM 微处理器系列包括低功耗 32 位 RISC 处理器的 ARM 7；应用于无线设备、仪器仪表、安全系统、机顶盒、高端打印机、数字照相机和数字摄像机等的 ARM 9；应用于下一代无线设备、数字消费品、成像设备、工业控制、通信系统、存储设备和网络设备等领域的 ARM 9E 和 ARM 10E 等系列。

图 3-9　IBM Power 系列

图 3-10　ARM 公司产品

3.2.2　存储器

存储器是计算机系统中拥有“记忆”功能的设备。存储器是计算机信息存储的核心，是计算机必不可少的部件之一。存储器可以存放程序和数据，并能在计算机运行过程中高速、自动地进行存取。把信息存入存储器或从存储器取出信息的速度越快，计算机处理信息的速度就越高。

1. 存储器构成

在计算机中采用二进制来表示数据，因此存储器采用具有两种稳定状态的物理器件来存储二进制数 0 和 1，这些器件也称为记忆元件。构成存储器的存储介质，目前主要采用半导体器件和磁性材料。存储器中最小的存储单位就是一个双稳态半导体电路或一个 CMOS 晶体管或磁性材料的存储元，它可存储一个二进制代码数 0 或 1。

若干存储元组成一个存储单元，再由许多存储单元组成一个存储器。通常每个存储单元可存放一个字节（所以按字节编址）。一个存储器中所有存储单元可存放数据的总和称为存储容量。假设一个存储器的地址码由 20 位二进制数组成，则表示 2^{20}，即 1M 个存储单元地址，则该存储器的存储容量为 1MB。

2. 存储器分类

随着计算机及其器件的发展，存储器的功能和结构都发生了很大变化。存储器类型日益繁多，相继出现了各种存储器，以适应计算机系统的需要。存储器的分类方法很多，主要分类如下。

（1）按存取速度分，有高速、中速、低速存储器。

（2）按存储材料分，有半导体存储器、磁记录存储器、激光存储器等。

（3）按功能分，有寄存器型存储器、高速缓冲存储器、主存储器、外存储器、后备存储器等。

(4) 按存储方式分,有随机存储器、顺序存储器、只读存储器等。

最近又出现了固态存储器、移动存储器、微型存储器等。

3. 存储器的层次结构

存储器的种类很多而且它们的性能和价格差异很大,所以为了解决对存储器要求容量大、速度快、成本低三者之间的矛盾,可以利用计算机程序的局部性特点进行选择。通常采用不同类型的存储器,建立合理的多级存储层次结构,获得快速及大容量的存储器,以及较高的性能价格比,从而提高计算机系统的存储性能。

各类存储器之间的关系如图3-11所示。

1) 寄存器型存储器

寄存器是CPU内部的元件,包括通用寄存器、专用寄存器和控制寄存器。寄存器是有限存储容量的高速存储部件,主要用来暂时存放地址、数据及运算的中间结果。寄存器拥有非常高的读写速度,可与CPU匹配,但存储容量很小。寄存器是存储层次中的最顶端。

2) 高速缓冲存储器

高速缓冲存储器Cache是高速而小容量的存储器,如图3-12所示。它采用速度更快、价格更高的半导体静态存储器,甚至与微处理器做在一起,主要存放CPU近期要执行的指令和数据。配合适当的调度算法可提高系统的处理速度,从而解决高速CPU与速度相对较慢的主存的矛盾。Cache的容量是数十万字节到几兆字节。

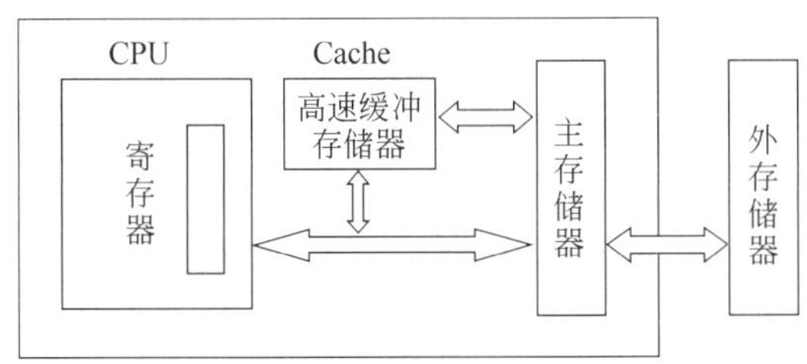

图3-11 各类存储器之间的关系

图3-12 高速缓冲存储器Cache

Cache的运算速度高于内存储器,它以接近CPU的速度向CPU提供程序和数据。通常高速缓冲存储器位于主存储器与CPU之间。CPU读取数据的顺序是先Cache后内存储器,即读写程序和数据时,先访问Cache,若包含,则直接从Cache中读取(称为"命中"),并送给CPU处理;若未包含,则再到主存储器去读取(称为"未命中"),同时把这个数据所在的数据块调入Cache中。这样可以使得以后对整块数据的读取都在Cache中进行,不必再调用内存储器。

注意:增加Cache,只是提高CPU的读写速度,而不会改变内存储器的容量。

3) 主存储器

主存储器是计算机硬件的一个重要部件。它是CPU能够直接随机存取的存储器,简称主存。主存储器一般采用半导体存储器,用来存储计算机运行期间较常用的大量的程序和数据。

目前主存储器已采用大规模集成电路构成,主要是随机存储器(RAM)。其内容可以根据需要随时按地址读出或写入,通过某种电触发器的状态进行存储。断电后信息无法保存,主要用于暂存数据。因此 RAM 是计算机处理数据的临时存储区。具体可分为动态随机存储器芯片(DRAM)和静态随机存储器芯片(SRAM)两种。存储器中的数据可反复使用,只有向存储器写入新数据时存储器中内容才被更新。

RAM 最初使用的是最普遍的也最经济的 DRAM。由于存储芯片的容量有限,主存储器往往以由一定数量芯片构成的内存条形式出现。内存条通过主板上存储器槽口插入,如图 3-13 所示。DRAM 芯片的存取速度适中,一般为 50~70ns,其容量可以达到数吉字节。近年来,内存条开始大量使用速度和可靠性更好的 SRAM 芯片,其访问时间可以达到 1~15ns,而在主板上的连接形式保持不变。

图 3-13　内存条及内存条的安装

无论主存储器采用 DRAM 还是 SRAM 芯片构成,在断电时存储的信息都会“丢失”。因此要设法通过维持若干毫秒的供电以保存主存储器中的重要信息,以便供电恢复时计算机能恢复正常运行。鉴于上述情况,选用只读存储器(ROM)。只读存储器可以作为主存储器的一部分,常用来存放重要的、经常用到的程序和数据,如监控程序等。只要接通电源,CPU 就可执行 ROM 中的程序。只读存储器还可以用作其他固定存储器,例如存放微程序的控制存储器、存放字符点阵图案的字符发生器等。

ROM 存储单元只能随机地读出信息,而不能写入新信息,通常是在厂家制造时或在脱机情况、非正常情况下写入的。ROM 的特点是在电源断电后,信息也不会消失或受到破坏。数据区域甚至也可采用 ROM 芯片构成,就不怕暂时供电中断,还可以防止病毒侵入。

按照 ROM 的内容是否能被改写或改写的方式不同可分为不可在线改写内容的 ROM 和 Flash ROM(快擦除 ROM,或闪速存储器)。

4) 外存储器

外存储器是计算机主机外部的存储器,又称辅助存储器(简称外存、辅存)。它可以帮助主存储器记忆更多的信息,但是其中信息必须调入主存储器后,才能为 CPU 所使用。外存储器通常是磁性介质或光盘,能长期保存信息,并且不依赖于电来保存信息。外存储器的容量可以很大,而且在断电时它所存放的信息也不丢失,可以长久保存。外存储器复制、携带都很方便,但是由机械部件带动,速度与 CPU 相比就显得慢很多,存取速度较低。

目前常用的外存储器有硬盘、光盘、U 盘、固态硬盘等。

(1) 硬盘。

硬盘又称硬磁盘存储器(Hard Disk Drive,HDD),全名为温彻斯特式硬盘,如图 3-14 所示。它是计算机系统中最主要的辅助存储媒介之一,是磁盘向高密度、大容量发展的产物。

硬盘是由若干涂有磁性材料的铝合金盘片组成的。磁盘利用磁头外加磁场在磁介质表面进行磁化,产生两种方向相反的磁畴单元来表示 0 和 1,磁头、磁盘、磁头定位机构甚至读

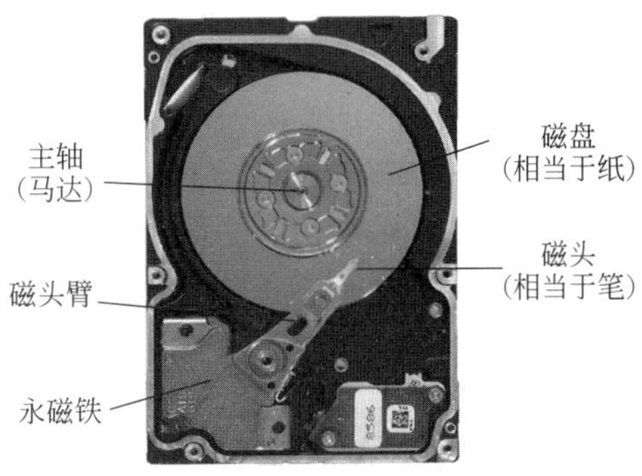

图 3-14　硬盘

写电路等均密封在一个盘盒内，构成密封的磁头—磁盘组合体，这个组合体不可随意拆卸。它的防尘性能好，可靠性高，对使用环境要求不高。

硬盘按几何尺寸主要为 3.5 英寸。按硬盘接口划分，主要有 SATA、mSATA 或 NGFF 等接口硬盘。硬盘的特点是容量大，成本低，可以脱机保存信息，是目前计算机系统中应用最普遍的辅助存储器。

硬盘主要的性能指标：

① 容量。硬盘的容量指的是硬盘中可以容纳的数据量。目前硬盘的容量以吉字节(GB)或太字节(TB)为单位，1TB 等于 1024GB，而 1GB 等于 1024MB。

注意：硬盘厂商通常使用的 GB 是按 1G 等于 1000MB 换算的，而 Windows 系统，依旧以 GB 字样来表示存储单位按 1024 换算，因此在系统格式化硬盘时看到的容量会比厂家的标称值要小。

② 转速。硬盘的转速是硬盘内电机主轴的旋转速度，也是硬盘盘片在一分钟内所能完成的最大转数，单位为转每分(r/m)。转速的快慢是标志硬盘档次的重要参数之一，也是决定硬盘内部传输率的关键因素之一。转速在很大程度上直接影响硬盘的性能，转速越快硬盘寻找文件的速度也就越快。RPM 值越大，内部传输率就越快，访问时间就越短，硬盘的整体性能也就越好。

硬盘的转速一般有 7200r/m、10 000r/m 甚至 15 000r/m，但随着硬盘转速的提高也带来了温度升高、电机主轴磨损加大、工作噪声增大等负面影响。

③ 平均寻道时间。平均寻道时间指磁头到达目标数据所在磁道的平均时间，直接影响硬盘的随机数据传输速度。目前的主流硬盘中平均寻道时间为 7.6～9ms。

(2) 光盘。光盘是近代发展起来不同于磁性载体的光学存储介质，它采用聚焦的氢离子激光束处理记录介质的方法来存储信息。光盘具有记录密度高、存储容量大、采用非接触方式读/写信息、信息可长期保存等优点，因此在计算机外存储器当中占有重要地位。

光盘分为不可擦写光盘(如 CD-ROM，DVD-ROM)和可擦写光盘(如 CD-RW，DVD-RAM)等，如图 3-15 所示。常见的光盘非常薄，只有 1.2mm 厚，分 5 层，包括基板、记录层、反射层、保护层、印刷层等。光盘必须通过机电装置才能进行信息的存取操作，该机电装置被称为光盘驱动器(简称光驱)，如

图 3-15　光盘

图 3-16 所示。

图 3-16　光盘驱动器

(3) U 盘。U 盘(见图 3-17)是一种采用 Flash 存储器(闪存)技术通过 USB 接口与计算机连接,可重复存储擦写 100 万次,实现即插即用使用,无须物理驱动器的微型高容量移动存储产品。U 盘的称呼最早来源于朗科公司生产的一种新型存储设备,名曰"优盘"。

U 盘小巧,便于携带,存储容量大,安全可靠性好,使用寿命长。目前广泛使用的 U 盘容量有 16GB、32GB、64GB、128G 等。U 盘中无任何机械式装置,抗震性能极强。另外,U 盘还具有防潮、防磁、耐高低温等特性。

(4) 固态硬盘。固态硬盘(Solid State Drives,SSD)又称固盘,如图 3-18 所示。它是用固态电子存储芯片阵列而制成的硬盘,在便携式计算机中代替传统的硬盘,虽然成本较高但也正在逐渐普及。

图 3-17　U 盘

图 3-18　固态硬盘

固态硬盘技术与传统硬盘技术不同,利用 NAND 存储器,再配合适当的控制芯片,就可以制造。固态硬盘的外形与常规硬盘相同,通常有 2.5 英寸或 3.5 英寸。固态硬盘普遍采用 SATA-3.0 接口、MSATA 接口、PCI-E 接口、M.2 接口等与主机的接口相互兼容。存储容量为 512GB～1TB 或更大。固态硬盘具有低功耗、无噪声、抗震动、低热量、体积小、工作温度范围大等优点;读写速度也快于传统硬盘;固态硬盘没有机械马达和风扇,工作时噪声值极低。

注意:固态电子存储芯片都有一定的写入寿命,寿命到期后数据会读不出来且难以修复。

3.2.3　外部设备

1. 输入设备

输入设备是用户和计算机系统之间进行信息交换的主要装置之一。输入设备的功能是向计算机输入数据和信息,是计算机与用户或其他设备通信的桥梁。

现在的计算机能够接收各种各样的数据,既可以是数值型的数据,也可以是各种非数值型的数据，如图形、图像、声音等都可以通过不同类型的输入设备输入计算机中，因此输入设备也有很多种类且各自的功能、用途各异。

1）键盘

键盘是用于操作计算机设备运行的一种指令和数据输入装置。通过键盘可以将英文字母、汉字、数字、标点符号等输入计算机中，从而向计算机发出命令、输入数据等。键盘可以说是一种万能输入设备，也是最常用、最方便的输入设备。

图 3-19 所示的键盘为人体工程键盘，这种设计可以减少键盘操作者的手部疲劳，提高输入速度。

键盘由一组开关矩阵组成，包括数字键、字母键、符号键、功能键及控制键等。每一个按键在计算机中都有它的唯一代码。当按下某个键时，键盘接口将该键的二进制代码送入计算机主机中，并将按键字符显示在显示器上。

键盘按键数可分为 83 键盘、101 键盘、104 键盘、107 键盘等。通常将平时用到的标准键盘称作 QWERTY 键盘，这 6 个字母顺序排列于键盘字母区域的左上方，这种布局是在机械打字机年代就规定好的。键盘接口电路多采用单片微处理器，由它控制整个键盘的工作，如上电时对键盘的自检、键盘扫描、按键代码的产生和发送及与主机的通信等。键盘与主机的接口主要有 USB、无线接口。键盘分为有线键盘和无线键盘。

2）指点设备

随着图形方式操作系统的普及，越来越多的软件运用要求用户与图标打交道（屏幕上显示的一些图形符号，代表文档或程序），并完成在系统及应用的“菜单”列表中做出的选择。指点设备便是基于这一目的应运而生的一类输入设备，具体包括有鼠标、轨迹球、触摸板等。

（1）鼠标。

鼠标是计算机显示系统纵横坐标定位的指示器，因形似老鼠而得名，如图 3-20 所示。其标准称呼应该是“鼠标器”，英文名是 mouse。鼠标的使用是为了使计算机的操作更加简便快捷，以代替键盘烦琐的指令。

图 3-19　键盘

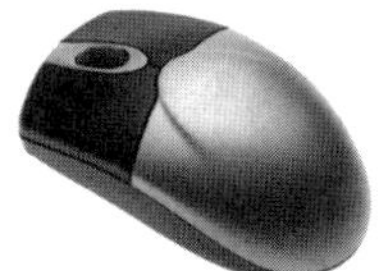

图 3-20　鼠标

鼠标按其工作原理的不同可以分为机械鼠标和光电鼠标。机械鼠标主要由滚球、辊柱和光栅信号传感器组成。当拖动鼠标带动滚球转动时，滚球带动辊柱转动，装在辊柱端部的光栅信号传感器产生的光电脉冲信号反映出鼠标器在垂直和水平方向的位移变化，再通过计算机程序的处理和转换来控制屏幕上光标的移动。光电鼠标器是通过检测鼠标器的位移，将位移信号转换为电脉冲信号，再通过程序的处理和转换来控制屏幕上的光标的移动。光电鼠标用光电传感器代替了滚球。

(2) 轨迹球。

轨迹球是另外一种类型的鼠标，如图 3-21 所示。其工作原理与机械鼠标相同，只是改变了滚轮的运动方式，其球座固定不动，直接用手拨动轨迹球来控制光标的移动，即可实现光标的运动，由于轨迹球占用空间小，多用于笔记本计算机等便携机。

(3) 触摸板。

触摸板是一种在平滑的触控板上，利用手指的滑动操作来移动游标的输入装置，如图 3-22 所示。通常为小型矩形平面，当使用者的手指接近触摸板时会使电容量改变，触摸板通过检测，将电容变量，转换为坐标，实现手写输入功能。触摸板没有移动式机构件，使用可靠、耐久。触摸板常用在笔记本计算机中。

3) 扫描仪

扫描仪是利用光电技术和数字处理技术，通过光源照射以扫描方式将图形或图像信息转换为数字信号的装置。扫描仪具有比键盘和鼠标更强的功能，从最原始的图片、照片、胶片到各类文稿资料都可用扫描仪输入计算机中，进而实现对这些图像形式的信息的处理、管理、使用、存储、输出等，配合光学字符识别(Optic Character Recognize，OCR)软件还能将扫描的文稿转换为计算机的文本形式。

常用的扫描仪有台式扫描仪(见图 3-23)、手持式扫描仪和滚筒式扫描仪。随着应用领域的拓展，近年又有了笔式扫描仪、便携式扫描仪、胶片扫描仪、底片扫描仪和名片扫描仪。

图 3-21 轨迹球

图 3-22 触摸板

图 3-23 台式扫描仪

扫描仪的主要技术指标包括：

(1) 分辨率。分辨率是扫描仪最主要的技术指标，它体现扫描仪扫描图像的清晰程度、图像细节上的表现能力，即决定了扫描仪所记录图像的细致度，其单位为 ppi。通常用每英寸长度上扫描图像所含有像素点的个数来表示。大多数扫描的分辨率为 300～2400ppi。ppi 数值越大，扫描的分辨率越高，扫描图像的品质越高。

(2) 色彩位数(色彩深度)。色彩位数表示彩色扫描仪所能产生颜色的范围。通常用表示每像素点颜色的数据位数即比特位表示，反映了扫描仪对图像色彩的辨析能力，位数越多，能反映的色彩就越丰富，扫描的图像效果也越真实，例如 24b，32b，48b。

(3) 扫描速度。扫描仪的扫描速度与分辨率、内存容量、数据存取速度以及图像大小有关，通常用指定的分辨率和图像尺寸下的扫描时间来表示。

(4) 扫描幅面。扫描幅面表示容许扫描图稿尺寸的大小，常见的有 A4、A3、A0 幅面等。

(5) 接口。接口指扫描仪与计算机的连接方式，常见的有 SCSI 接口、EPP 接口、USB 接口以及 1394 接口。

4）其他输入设备。

随着计算机应用领域的拓宽以及多媒体技术的发展，为提升信息数据的输入效率，除了传统通用的输入设备外，人们陆续开发设计出许多特殊用途的输入设备，包括有数字化仪（工程图纸）、条形码阅读机（条形码）、触摸屏、POS机（信用卡）、IC卡输入设备、录音笔（语言）、数字摄像头（图像）、数码相机以及智能手机等。

2. 输出设备

输出设备用于把各种计算结果数据或信息以数字、字符、图像、声音等形式表现出来。输出设备有多种类型，常见的有显示器、打印机、绘图仪、影像输出系统、语音输出系统、磁记录设备等。输出设备的功能是将内存中计算机处理后的信息，以人或其他设备所能接受的形式输出。

1）显示器

计算机显示是通过显示器和显卡两部分相互依赖共同完成的。显卡（video card，graphics card）全称为显示接口卡，又称显示适配器。显卡控制计算机的图形输出，负责将CPU送来的影像数据处理成显示器可识别的格式，再送到显示器；而显示器负责将显卡传来的数字信号转换为图像信号进行显示。因此显卡的性能好坏决定着机器的显示效果。

最常见的输出设备是显示器，又称监视器，是实现人机对话的主要工具。它既可以显示键盘输入的命令或数据，也可以显示计算机数据处理的结果。显示器是实现人机对话最重要的设备。

显示器主要有两种类型：一种是阴极射线管显示器（CRT）；另一种是液晶显示器（LCD）。显示器按输出色彩可分为单色显示器和彩色显示器，如图3-24所示。

随着显示器技术的不断发展，显示器从黑白世界进入了色彩世界，显示器的分类也越来越明细。早期CRT显示器使用普遍，具有准确的色彩和极低的延迟的优点，但是因辐射大、体积大、功耗高、刷新率低等缺点逐步被淘汰出市场。现在常见的主要是液晶显示器。

3D显示器一直被公认为显示技术发展的终极梦想，近年已开始陆续出现相关立体显示技术体系，如图3-25所示。

图3-24　显示器

图3-25　3D显示器

显示器的主要技术指标包括：

（1）尺寸。衡量显示器显示屏幕大小的技术指标，以显示器对角尺寸为标准，一般单位为英寸。目前常见显示器有17英寸、21英寸和27英寸等几种。

（2）分辨率。分辨率指显示屏上可以容纳的像素个数，分辨率越高，图像就越细腻。但分辨率受到点距和屏幕尺寸的限制，屏幕尺寸相同，点距越小，分辨率越高。常用的分辨率有1024×768ppi、1280×1024ppi、1600×1280ppi等。

显示器必须配置显卡才能构成完整的显示系统。显卡是连接显示器和个人计算机主板的重要元件，如图 3-26 所示。同时显卡还有图像处理能力，可协助 CPU 工作，提高整体的运行速度。对于从事专业图形设计的人来说显卡的选择非常重要。

图 3-26 显卡

显卡可分为：

① 集成显卡。集成显卡是将显示芯片、显存及其相关电路集成在主板上，与主板融为一体。其优点是功耗低、发热量小，但性能相对略低，且固化在主板或 CPU 上，本身无法更换，如需更换，只能与主板一起更换。

② 独立显卡。独立显卡是将显示芯片、显存及其相关电路自成一体而作为一块独立的板卡存在的，需占用主板的扩展插槽。其优点是单独安装有显存，可以不占用系统内存，在技术上也较集成显卡先进得多，但功耗有所加大，发热量也较大。

③ 核心显卡。核心显卡是 Intel 公司新一代图形处理的核心，其凭借在处理器制程上的先进工艺以及新的架构设计，将图形核心与处理核心整合在同一块基板上，构成一个完整的处理器，加强了图形处理的效率，缩减了处理核心、图形核心、内存及内存控制器间的数据周转时间，有效提升处理效能，并大幅降低芯片组整体功耗。

2）打印机

打印机将计算机的运算结果或中间结果以人所能识别的数字、字母、符号和图形等，依照规定的格式印在纸上的设备。打印机正向轻、薄、短、小、低功耗、高速度和智能化方向发展。

打印机种类很多，按工作原理可分为击打式打印机和非击打式打印机两类，具体包括击打式针式打印机（又称点阵打印机）和非击打式喷墨打印机与激光打印机，如图 3-27 所示。

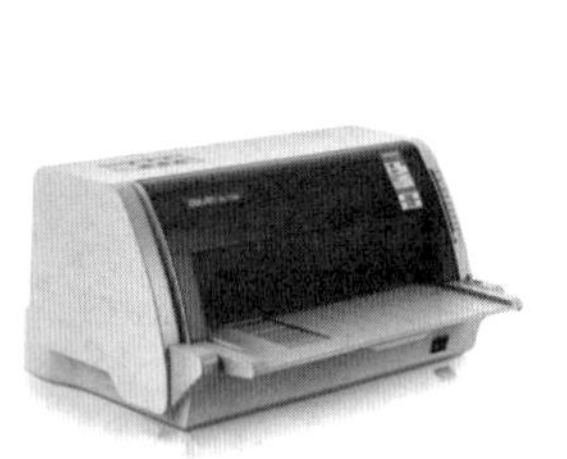

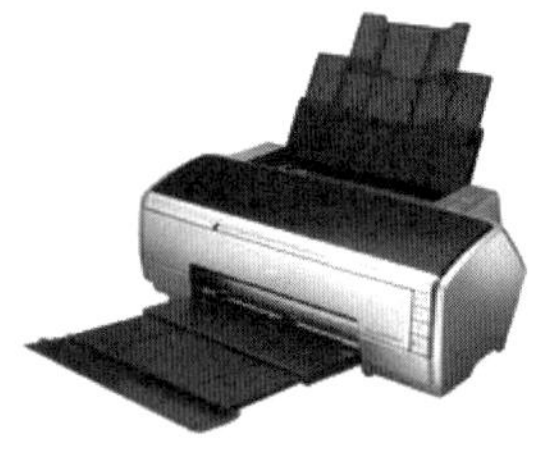

图 3-27 打印机

（1）针式打印机。针式打印机是一种特殊的打印机，其打印的字符或图形是以点阵的形式构成的。针式打印机的打印头由若干根打印针和驱动电磁铁组成，打印时使相应的针头接触色带击打纸面来完成。针式打印机一直都有着自己独特的市场份额，服务于一些特殊的行业用户，随着专用化和专业化的需要，出现了不同类型的针式打印机。针式打印机的主要特点是价格便宜，使用方便，但打印速度慢，噪声大。

（2）喷墨打印机。喷墨打印机是利用油墨经喷嘴变成细小微粒喷到印纸上，形成字符、图形。喷墨打印机品牌有 HP 系列、EPSON 系列等。喷墨打印机价格适中、打印效果较好，较受用户欢迎。但喷墨打印机对使用的纸张要求较高，墨盒消耗较快，同时因为墨水在高温下易发生化学变化，墨水微粒的方向性与体积大小不好掌握，打印线条边缘容易参差不齐，所以一定程度上也影响了打印质量。

(3) 激光打印机。激光打印机是激光技术和电子照相技术的复合产物，类似复印机。光源用的是激光，其基本工作原理是由计算机传来的二进制数据信息，转换为激光驱动信号，然后由激光扫描系统产生载有字符信息的激光束。激光打印机内部有一个称为"光敏旋转磁鼓"的关键部件，当激光照到这一关键部件上时，被照到的区域即"感光区域"就会被磁化，能吸起磁粉等细小的物质，可将激光束转变成可见的墨粉像。在转印电极的电场作用下，墨粉便转印到普通纸上，最后经预热板及高温热滚定影，即在纸上熔凝出文字及图像。激光打印机能输出分辨率很高且色彩很好的文字及图像。所以激光打印机的速度快、分辨率高、无噪声等优势得到外设市场的认可和推广。

注意： 衡量打印机质量的重要技术指标是分辨率，用每英寸的打印点数，即 dpi 表示。针式打印机打印质量可达到 360dpi，喷墨打印机打印质量可达 720dpi 以上，激光打印机质量可达 12 000dpi 以上。

3) 绘图仪

绘图仪是一种输出图形的硬拷贝设备。绘图仪在绘图软件的支持下可绘制出复杂、精确的图形，包括管理图表和统计图、大地测量图、建筑设计图、电路布线图、各种机械图等，是各种计算机辅助设计不可缺少的工具。绘图仪的性能指标主要有绘图笔数、图纸尺寸、分辨率、接口形式及绘图语言等。

绘图仪的种类很多，按结构和工作原理可以分为滚筒式和平台式两大类。对平台式绘图仪来说，纸张保持在平面固定位置上，由绘图仪在纸上移动。而滚筒式绘图仪(见图 3-28)需要在鼓旋转的同时，将图形打印上去。

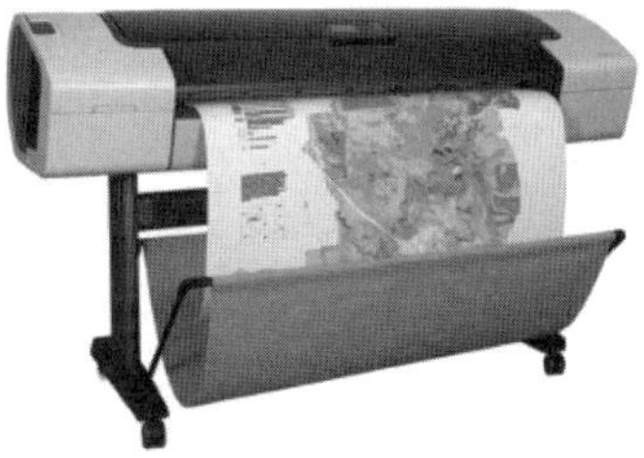

图 3-28　滚筒式绘图仪

3.2.4　总线

总线是一组连接计算机各个部件的公共通信线，即两个或多个设备之间进行通信的路径。它是由导线组成的传输线束。总线可以被共享，当多个设备连接到总线上以后，其中任何一个设备传送的信息都可以被连接到总线上的其他设备所接收。

1. 总线结构

总线由多条通信线路组成，每一条线路都能够传输二进制信号 0 和 1。一串二进制数字序列可以通过一条线路传输，而同时采用多条线路就可以同时(即并行地)传送二进制数字序列。例如，一个 8 比特的数据单元就可以通过 8 位(即 8 条线路)的总线一次性传输。总线可同时传输的数据数就称为宽度，单位为比特，即 32 位、64 位等总线宽度。总线宽度越大，传输性能就越佳。

总线的带宽指的是单位时间内总线上传送的数据量，即每秒传送的最大稳态数据传输率。与总线密切相关的两个因素是总线的位宽和总线的工作频率，它们之间的关系为

$$\text{总线的带宽} = \text{总线的工作频率} \times \text{总线的位宽}/8 \tag{3-2}$$

计算机系统具有多种不同类型的总线，这些总线为处在体系结构不同层次中的部件提供通信线路，而总线的英语名称"bus"很形象地表示了总线的特征。总线就像是城市里的公共汽车(bus)，能按照固定行车路线，传输来回不停的比特(bit)。

2. 总线分类

总线由一组物理导线组成,可根据多种不同的分类标准进行分类,每类总线具有不同的性能。

(1) 根据信号传送方式分为并行总线和串行总线。并行总线是指数据的每位同时传送,每位都有各自的传输线,互不干扰,一次传送整个信息。并行传输的优点是传送速度快。并行总线要求线数多,成本高,在距离不远时可以采用并行传输。串行总线是指信息按顺序一位一位地逐位传送,它们共享一条传输线,一次只能传送一位。串行传输的特点是只需一条传输线,成本低,比较经济,但是串行传送速度慢。

(2) 根据总线所在位置分为内部总线、系统总线和外部总线,具体的位置与关系如图 3-29 所示。

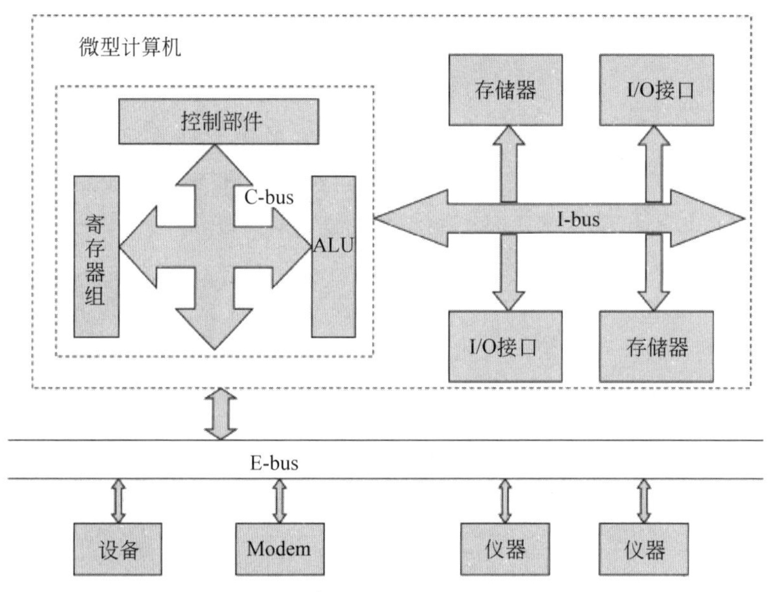

图 3-29 总线位置关系

内部总线是计算机内部各外围芯片与微处理器之间的总线,用于芯片一级的数据互通;系统总线是计算机各扩展槽与主板之间的总线;外部总线是主机与外部设备、计算机与计算机间连接的总线,用来实现和其他设备间的信息、数据交换。

(3) 根据传输的信息种类分为数据总线、地址总线和控制总线。对于不同的 CPU 芯片,数据总线、地址总线和控制总线的根数也不同。它们分别用来传输数据、数据地址和控制信号。

① 数据总线(Data Bus,DB)在 CPU 与内存之间来回传送需要处理或需要储存的数据信息。数据总线是双向三态形式的总线,既可以把 CPU 的数据传送到存储器或 I/O 接口等其他部件,也可以将其他部件的数据传送到 CPU。数据总线的位数是计算机的一个重要指标,通常与字长相一致。例如,如果数据总线带宽是 8 位,每条指令是 16 位,则处理器在一个指令周期内必须访问两次存储器模块。平常所说的 32 位或 64 位计算机指的就是 CPU 数据总线的带宽,如"奔腾"CPU 有 32 条数据线,表示每次可以交换 32 位数据。目前,大多数微型计算机的 CPU 具有 64 条数据线,即为 64 位机。

② 地址总线(Address Bus,AB)专门用来传送 CPU 发出的地址信息。由于地址只能从 CPU 传向外部存储器或 I/O 端口,即指明数据总线上数据的源地址或目的地址,因此地址总线总是单向三态的。例如,如果处理器想从存储器中读取一个字(8、16 或 32 比特位),它就要把这个字的地址输出到地址总线上。很明显,地址总线的宽度决定了系统的最大存储能力,即 CPU 的最大寻址能力。存储器每个存储单元都有一个固定地址且是按地址访问的。例如:要能够访问 1GB 存储器中的任一单元,需要 30 位地址。如果 CPU 有 32 根地址线,其最大寻址能力为 4GB。

③ 控制总线(Control Bus,CB)用来控制数据总线和地址总线的访问和使用,即传送控制信号、命令信号和定时信号等。控制信号用来在系统模块间传递命令和定时信息;命令信号指定将要执行的操作;定时信号指明数据信息和地址信息的有效性。其中有的是 CPU 向内存或外部设备发出的信息,有的是内存或外部设备向 CPU 发出的反馈信息。显然,控制总线中的每一根线总是一定的、单向的,但作为一个整体则是双向的。因此在各种结构框图中,凡涉及控制总线,均是以双向线表示。

3. 总线标准

计算机采用总线结构后使整个系统的结构变得简单。制定总线标准的目的是便于机器的扩充和新设备的接入。国际上通用的总线标准已得到各厂家的认可,可以按照有关标准设计、生产相应的功能模块和软件。有了总线标准,不同厂商可按同样的标准和规范生产各种不同功能的芯片、模块和整机。用户也可以根据功能需求去选择不同厂家生产的、基于同种总线标准的模块和设备,甚至可以按照标准,自主设计专用模块和设备组成应用系统。这样可使产品具有兼容性和互换性,使计算机系统可维护性和可扩充性得到充分保证。

在计算机的发展中,CPU 的处理能力迅速提升,总线屡屡成为系统性能的瓶颈,也促使总线技术不断更新,从 PC/XT 到 ISA、MCA、EISA、VESA、PCI、PCI-E 总线,如图 3-30 所示。

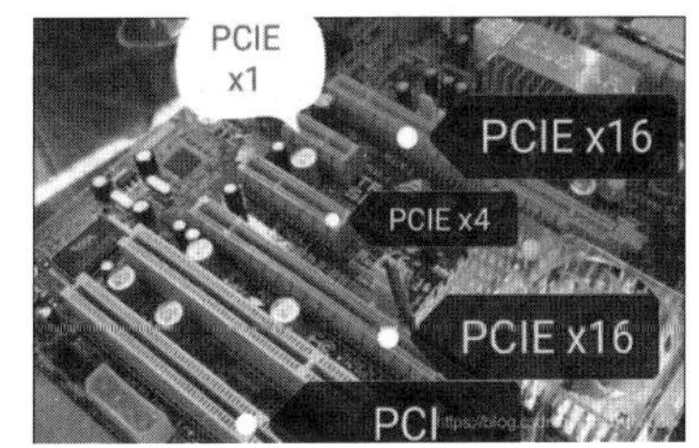

图 3-30　总线型号

总线性能的改善和发展对提高计算机的总体性能有着极大的影响。ISA(Industrial Standard Architecture)总线是 IBM 公司于 1984 年为推 PC/AT 机而建立的系统总线标准,也叫 AT 总线。EISA(Extended Industrial Standard Architecture)总线是在 ISA 总线基础上扩充的开放总线标准。

PCI(Peripheral Component Interconnect)总线是目前个人计算机、服务器主板广泛采用一种高性能总线。PCI 是 Intel 公司于 1991 年提出的。后来 Intel 又联合 IBM、DEC 等 100 多家 PC 业界主要厂商进行了统筹和推广 PCI 标准的工作。PCI 总线具有兼容性和可扩充性好、主板插槽体积小、支持即插即用(Plug-and-Play,PnP)等优点。

USB 接口也是常用的总线标准。它是由 Intel 等 7 家世界著名的计算机和通信公司共同推出的。USB 使用 4 线电缆:两个作为串行数据信号线,一个是+5V 电源线,另一个是地线。USB 使用集线器(Hub)经电缆分层形成树形结构,理论上最多可以连接 127 个外设。

IEEE 1394 同样是一种连接外部设备的机外总线,具有即插即用、支持带电热插拔、为外设提供电源等特性。从性能看最高传输率可达480Mb/s。

3.3 计算机软件

在计算机问世初期，通常“计算机”都是指“计算机硬件”。20世纪60年代，随着程序设计技术的进步和发展，逐步形成了“计算机硬件”和“计算机软件”的概念。软件最初源于程序，后期人们慢慢认识到各类数据、程序文档的重要性，进一步提升了对软件的理解和认识。计算机软件作为计算机系统的重要组成部分的地位也得到认可。

计算机硬件是“躯体”，计算机软件是“灵魂”，软件的出现使计算机呈现出多样性。在计算机系统中软件与硬件相互依存，缺一不可。从系统工程角度来看，计算机软件作为系统元素，与计算机硬件、人、数据库等共同构成计算机系统。

3.3.1 基本概念

1. 软件的定义

“软件”是指与计算机系统操作有关的计算机程序、规程、规则以及可能有的文件、文档及数据。

完整的软件原则上由计算机程序、数据、文档和服务组成。其中，计算机程序是按事先设计的功能和性能要求执行的指令序列；数据是指支撑计算机程序执行的数据结构。计算机程序能够满意地处理信息的数据结构；文档是与描述程序开发、操作使用和运行维护有关的材料，具体包括用于描述系统的结构系统文档和针对软件产品解释如何使用系统的用户文档。目前，随着计算机网络的发展，软件的文档信息更多由相应Web站点提供下载。

从学术上更细致地探讨“软件”对象，可以看出“软件”具有三层含义：

(1) 个体含义是指计算机系统中的某个特定的程序、数据、文档以及服务。

(2) 整体含义是指在特定计算机系统中所有个体含义软件的总体。

(3) 学科含义是指在开发、使用和维护前述含义下的软件所涉及的理论、原则、方法、技术所构成的学科。通常在此含义下，软件也可称为软件学。

从使用计算机的角度，软件为用户与硬件之间的接口。用户主要通过软件与计算机进行交互。没有软件的计算机仅仅是无任何功能的“裸机”，要操控和使用计算机，必须要有软件。软件在计算机系统中起指挥、管理作用。计算机系统工作与否、做什么以及如何做本质上取决于软件。

2. 软件的特点

1) 软件的抽象性

软件是一种逻辑实体，无形，没有物理形态，不是具体的物理实体。软件可以记录在介质上，但却无法看到形态。只能通过运行状况来观察、分析、思考、判断和了解软件的功能、特性和质量。这个特点使软件和计算机硬件、其他工程对象有着明显的差别。

2) 软件的开发

软件的开发渗透了大量的脑力劳动。软件没有明显的制造过程，因而人的逻辑思维、智能活动和技术水平是保证软件产品质量的关键。在软件开发过程中，人们通过智力活动的有效管理，把知识与技术转化成软件产品。一旦软件开发成功，后期就可大量地复制同一内容的软件副本。

3）软件的复杂性

计算机软件是人类创造的复杂产物。软件反映了实际问题的复杂性、程序自身逻辑结构具有的复杂性。软件开发涉及众多其他领域的专业知识。相当多的软件工作涉及社会因素。

4）软件的寿命

软件不存在磨损和老化问题，但存在缺陷维护和技术更新。在运行和使用过程中软件不会被用坏，也没有硬件的机械磨损、短路、损坏等问题。但软件可能存在失效和退化问题而被废弃。任何机械、电子设备的运行使用，其失效率大都遵循如图 3-31(a)所示的 U 型曲线(即浴盆曲线)。而软件由于可以多次修改(维护)，其失效率曲线如图 3-31(b)所示。随着时间推移，软件最终会因不适应或需求的变化而被废弃。

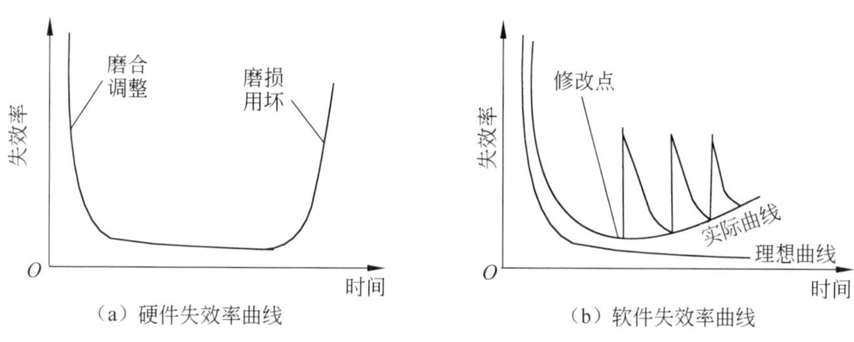

(a) 硬件失效率曲线　　(b) 软件失效率曲线

图 3-31　失效率曲线

5）软件的设计

软件大多数是定制的，而不是装配的。早期软件产品很少有类似于硬件设备的"零部件"概念，通常具有独立完整的功能，且多数是为用户专门"定制"，无法通过功能"装配"而成，现在情况正在改变，软件开发中面向对象技术和构件技术的迅速发展，使得越来越多的软件部件(或称为软件组件、软件构件)，可以像硬件产品那样，实现一定程度的"即插即用"。

6)软件开发和运行的环境

软件的开发和运行必须依赖于特定的计算机系统环境，并不同程度地受到计算机系统的限制。对于硬件的依赖性使软件不能完全摆脱硬件运行，在开发和运行中必须以硬件提供的条件为依据，因此软件开发有可移植性需求。

7)软件研制成本

软件成本昂贵，软件的研制工作需要投入大量的、复杂的、高强度的脑力劳动，其开发尚未完全摆脱手工方式。

3. 软件的分类

软件涉及的种类繁多、内容丰富，针对不同类型的工程应用对象，进行开发和维护都有着不同的要求和处理方法，所以从不同的角度可以有不同的软件分类方式。通常，按照软件在整个计算机系统的功能划分，可以将软件分为系统软件和应用软件两大类。

1）系统软件

系统软件与计算机硬件紧密配合在一起，是指控制和协调计算机及外部设备，支持应用软件开发和运行的系统，是无须用户干预的各种程序的集合。其主要功能是调度、监控和维护计算机系统；负责管理计算机系统中各种独立的硬件协调工作。系统软件使得计算机使用者和其他软件将计算机当作一个整体而不需要顾及到底层每个硬件是如何工作的。系统软件一般是在计算机系统购买时随机携带的，也可以根据需要另行安装。系统软件是计算机系统必不可少的一个组成部分。系统软件中的数据结构复杂，外部接口多样化，用户可反复使用。

系统软件包括操作系统、高级语言处理程序、系统支撑软件、系统实用程序等。

(1) 操作系统是系统软件的核心、管理计算机硬件与软件资源的程序，同时也是计算机系统的内核与基石。操作系统身负诸如管理与配置内存、决定系统资源供需的优先次序、控制输入输出设备、操作网络与管理文件系统等基本事务。操作系统也是一个让使用者与系统交互的操作接口。

(2) 计算机只能直接识别和执行机器语言，因此要在计算机上运行高级语言程序就必须配备程序语言翻译程序，不同的高级语言都有相应的翻译程序。程序语言处理系统包括汇编语言汇编器、高级语言编译、连接器等，负责完成程序语言编写的程序变换，使高级语言在计算机上执行得到运算结果。

(3) 系统支撑软件是支撑各种软件的开发与维护的软件，又称为软件开发环境(SDE)，是协助用户开发软件的工具性软件。它主要包括环境数据库、各种接口软件和工具组，也包括帮助管理人员控制开发进程的工具。

(4) 系统实用程序是为了增强计算机系统的服务功能而提供的各种程序，如磁盘清理程序、备份程序等。

2) 应用软件

应用软件是和系统软件相对应的，在系统软件支持下开发的功能软件，是用户使用的各种程序设计语言，以及用各种程序设计语言编写的应用程序的集合，分为应用软件包和用户程序。应用软件包是利用计算机解决某类问题而设计的程序的集合，多供用户使用。应用软件是为满足用户不同领域、不同问题的应用需求而提供的那部分软件。它可以拓宽计算机系统的应用领域，放大硬件的功能。

现在几乎所有的国民经济领域都使用了计算机，为这些计算机应用领域服务的应用软件种类繁多，具体包括有商业数据处理软件、工程和科学计算软件、计算机辅助设计/制造(CAD/CAM)软件、计算机辅助教学(CAI)软件、财务管理软件、办公自动化软件、即时通信软件、多媒体软件、系统仿真软件、实时控制软件、智能产品嵌入软件以及人工智能软件等。

伴随着应用软件的开发和使用的拓展，传统的产业部门也面目一新，带给人们的是惊人的生产效率，巨大的经济效益，生活、学习以及工作方式的改变。

3.3.2 操作系统

操作系统(Operating System，OS)是直接运行在“裸机”上的最基本的系统软件，是计算机系统的关键组成部分，是管理计算机硬件资源、控制其他程序运行并为用户提供交互操作界面的系统软件的集合，任何其他软件都必须在操作系统的支持下才能运行。

1. 操作系统的发展史

早期计算机并没有操作系统。但随着计算机的发展出现的微程序方法，使得计算机开始出现系统管理工具以及简化硬件操作流程的程序，这成为操作系统的基础。

到了20世纪60年代，商用计算机制造商研制了批处理系统，用于系统工作的设置、调度以及执行序列化。1964年，IBM公司推出了系列用途与价位都不同的大型计算机IBM System/360，并为其设计了适用于整个系列产品的共享代号为OS/360的操作系统，也是IBM System/360成功的关键。今天IBM公司的大型操作系统都是由它发展而来。OS/360建立了分时概念，它将大型计算机珍贵的时间资源适当分配到所有使用者身上，让使用者有了独占整部计算机的感觉。

同时期，奇异公司与贝尔实验室合作以PL/I语言建立的Multics更是激发了20世纪70年代众多操作系统开发的灵感，尤其是由贝尔实验室的丹尼斯·里奇(Dennis Ritchie)与肯·汤普森(Ken Thompson)所设计的UNIX系统。作为新诞生的操作系统，UNIX受到了大学机构的欢迎。20世纪70年代末，70%的大学机构获得了UNIX许可，许多计算机专业的毕业生在使用UNIX的同时甚至对UNIX代码进行修改，使它更加健全。UNIX采用汇编语言编写，后由C语言重写。UNIX是当时众多操作系统中最成功的，可安装在几乎所有16位及以上的计算机上，包括个人计算机、工作站、小型机、多处理器和大型机等。

20世纪80年代，第一代个人计算机与大型计算机或小型计算机不同，并没有安装操作系统的需求或能力；它们只需要最基本的系统程序，通常这种系统程序是从ROM中读取，被称为监视程序(monitor)。

20世纪80年代个人计算机普及。当时最著名的是Commodore C64套装计算机，它使用微处理器6510，拥有8位处理器加上64KB内存、屏幕、键盘以及低音质喇叭。该机没有操作系统，也没有内核或软硬件保护机制，而是以8KB只读内存基本输入输出系统(Basic Input Output System，BIOS)初始化彩色屏幕、键盘以及软驱和打印机，并以BASIC语言来直接操作BIOS，依此编写程序，系统运行的主要是游戏且大多跳过BIOS层次，直接控制硬件。此时BASIC语言的解释器勉强可算是该计算机的操作系统。

早期最著名的磁盘启动型操作系统是CP/M，许多同时代的个人计算机都支持该系统。后来广泛使用的MS-DOS也大量参考了它的功能。

第一代的IBM PC的架构类似C64，它们使用BIOS初始化与抽象化硬件的操作，甚至附了一个BASIC解释器。但是它与任何符合IBM PC架构的计算机相兼容。IBM PC利用Intel 8088处理器(16位寄存器)完成寻址，最多可有1MB的内存(虽然最初只有640KB)，用软式磁盘机取代了磁带机，并使之成为新一代的存储设备，并拥有512KB的读写空间。为了支持更进一步的文件读写概念，开发了磁盘操作系统(Disk Operating System，DOS)，它可以合并任意数量的磁盘分区，能在一张磁盘片上放置任意数量与大小的文件，文件之间以文件名相区别。

IBM公司当时并没有很在意其IBM PC上的DOS，1980年微软公司取得了与IBM公司的合约，通过收购和修改完成了IBM PC的操作系统，以MS-DOS的名义出品。MS-DOS可以直接让程序操作BIOS与文件系统，并在Intel 80286处理器的时代，开始实现基本的存储设备保护措施。MS-DOS的架构同时只能执行最多一个程序且没有任何内存保护措施，对驱动程序的支持也不够完整，某些操作的效能也不高。虽然如此，MS-DOS还是成为了

IBM PC 的操作系统。MS-DOS 的成功使得微软公司成为地球上最赚钱的公司之一。

而 20 世纪 80 年代另一个崛起的操作系统是 Mac OS。1986 年,史蒂夫·乔布斯(Steve Jobs,见图 3-32)向人们展示了美国苹果公司推出的图形化操作系统 Mac OS,它是全图形化界面和操作方式的鼻祖,是首个在商用领域成功的图形用户界面。Mac OS 是基于 UNIX 内核的图形化操作系统,由于它拥有全新的窗口系统、强有力的多媒体开发工具和操作简便的网络结构而风光一时。

图 3-32 史蒂夫·乔布斯

Mac OS 紧紧与苹果个人计算机捆绑在一起,因此也开始了苹果公司的大发展。现今许多基本图形化接口技术与规则,都是由苹果计算机打下的基础(例如下拉式菜单、桌面图标、拖曳式操作与双击等)。Mac OS 的许多特点和服务都体现了苹果公司的理念。目前 Mac OS X 已经正式被苹果改名为 OS X。

20 世纪 90 年代出现了许多影响未来个人计算机市场走向的操作系统。由于图形化使用者界面日趋繁复,操作系统的功能也越来越复杂,因此好的操作系统就成了迫切的需求。这是许多套装类个人计算机操作系统互相竞争的时代。

除了商业主流的 UNIX 操作系统外,从 20 世纪 80 年代起,在开放源码的世界中,UNIX 的衍生系统 BSD 系统也发展了很长时间。但到了 20 世纪 90 年代,由于与 AT&T 的法律争端,使得远在芬兰赫尔辛基大学的另一个开源操作系统——Linux 兴起。

图 3-33 林纳斯·托瓦兹

最初的 Linux 由芬兰的一名青年学者林纳斯·托瓦兹(Linus Torvalds,见图 3-33)开发。Linux 内核是一个标准 POSIX 内核,其可算是 UNIX 家族的一支。Linux 与 BSD 家族都搭配 GNU 计划所发展的应用程序,但是由于使用的许可证以及历史因素,Linux 取得了相当可观的开源操作系统市场占有率。

相较于 MS-DOS 架构,Linux 拥有傲人的可移植性(MS-DOS 只能运行在 Intel CPU 上)。Linux 是一个分时多进程内核,同时实现了良好的内存空间管理(普通的进程不能存取内核区域的内存)。此措施让内核可以完美管理系统内部与外部设备,并且拒绝无权限进程提出的各种请求。因此理论上任何应用程序执行时的错误,都不可能让系统崩溃。Linux 操作系统是目前全球较大的一个自由软件,是免费使用和自由传播的类 UNIX 操作系统。它主要用于基于 Intel x86 系列 CPU 的计算机上,具有完备的网络功能,具有稳定性、灵活性和易用性等特点。

1983 年开始微软公司就想要为 MS-DOS 建构一个图形化的操作系统应用程序,称为 Windows。由于 BIOS 设计以及 MS-DOS 的架构,最初 Windows 并不是一个操作系统,只是一个应用程序,其背景还是纯 MS-DOS 系统。在 20 世纪 90 年代初,微软公司与 IBM 公司的合作破裂,微软公司从 OS/2(曲高和寡的图形化操作系统)项目中抽身,并且在 1993 年 7 月 27 日推出以 OS/2 为基础的图形化操作系统 Windows NT 3.1,并不断升级 Windows NT,包括 3.5、3.51 与 4.0 版。

1995 年 8 月 15 日，微软公司推出 Windows 95，如图 3-34 所示。Windows 95 系统依然是建立在 MS-DOS 的基础上。直到 2000 年推出了真正脱离 MS-DOS 基础的图形化操作系统 Windows 2000。Windows 2000 是 Windows NT 的改进系列，Windows XP（Windows NT 5.1）以及 Windows Server 2003、Windows Vista、Windows 7、Windows Server 2008，也都是基于 Windows NT 架构的。

图 3-34　Windows 95

Windows NT 系统架构为：在硬件阶层之上，有一个由微内核直接接触的硬件抽象层（HAL），而不同的驱动程序以模块的形式挂载在内核上执行。因此微内核可以完成诸如输入输出、文件系统、网络、信息安全机制与虚拟内存等功能。而系统服务层提供所有统一规格的函数调用库。

2012 年 10 月 26 日，微软公司推出 Windows 8。Windows 8 是继 Windows 7 之后的新一代操作系统，它支持来自 Intel、AMD 和 ARM 的芯片架构，由微软剑桥研究院和苏黎世理工学院联合开发。该系统具有更好的续航能力，启动速度更快，占用内存更少，并兼容 Windows 7 所支持的软件和硬件。2015 年 1 月 22 日，微软公司又推出 Windows 10。Windows 10 覆盖全平台，可以运行在手机、平板、台式机以及 Xbox One 等设备中，它们拥有相同的操作界面和同一个应用商店，使用户能够跨设备进行搜索、购买和升级。在系统界面上，Windows 10 采用了全新的多任务处理方式，类似 OS X 系统。

现有的操作系统种类繁多，安装从简单到复杂，大都为图形用户界面（GUI），并附加如鼠标或触控面板等有别于键盘的输入设备操作方式。选择要安装的操作系统通常与其硬件架构有很大关系，只有 Linux 与 BSD 可在几乎所有的硬件架构上运行。

个人计算机的操作系统首选是 Windows 家族、类 UNIX 家族或者 Linux，其次是 Linux 或 Mac OS X。大型机与嵌入式系统使用的操作系统更多元化。在服务器方面 Linux、UNIX 和 Windows Server 占据了市场的大部分份额。在超级计算机方面，Linux 取代 UNIX 成为了第一大操作系统。世界超级计算机 500 强排名中基于 Linux 的超级计算机占据了 462 个席位，比率高达 92%。随着智能手机的发展，Android 和 iOS 已经成为目前最流行的两大手机操作系统。

2. 操作系统的功能

从资源管理的角度来看，操作系统的功能包括作业管理、文件管理、处理器管理、存储管理和设备管理五方面。

1）作业管理

作业是指用户请求计算机系统完成的一个独立任务，它必须经过若干加工步骤才能完成，其中每一个加工步骤称为一个作业步。作业管理包括作业的调度与控制两方面。作业调度是指在多道程序设计系统中，系统要在多个作业中按一定策略选取若干作业，为它们分配必要的共享资源，使之同时执行。

常用的作业调度策略包括先来先服务策略、最短作业优先策略、响应比最高者优先策略、优先数策略以及分类调度策略等。而作业控制包括控制作业的输入、控制被选中作业的运行步骤、控制作业执行过程中的故障处理以及控制作业执行结果的输出等。

2）文件管理

文件管理又称为文件系统。文件是一组完整的信息集合。计算机中的各种程序和数据均为计算机的软件资源，它们以文件的形式存放在外存中。操作系统对文件的管理主要包括文件目录管理、文件存储空间的分配、为用户提供灵活方便的操作命令（如文件的按名存取等）以及实现文件共享、安全、保密等措施。

3）处理器管理

CPU 是计算机的核心部件，它是决定计算机性能的最关键的部件，而处理器管理即为 CPU 管理。因此，处理器管理应最大限度地提高 CPU 的效率。处理器管理主要解决 CPU 的分配策略、实施方法等。在多道程序系统中，多个程序同时执行，如何把 CPU 的时间合理地分配给各个程序是处理器管理要解决的问题。

CPU 管理的另一个工作是处理中断。CPU 硬件中断装置首先发现产生中断的事件，中止现行程序的执行，再由操作系统调出处理该事件的程序进行处理。

4）存储管理

计算机系统的内存空间分成两个区域：一个是系统区，用于存放操作系统、标准子程序和例行程序；另一个是用户区，用于存放用户程序。操作系统的存储管理主要解决多道程序在内存中的分配，保证各道程序互不冲突，并且通过虚拟内存来扩大存储空间。

5）设备管理

电子计算机系统都配置了各种各样的 I/O 设备，它们的操作和性能各不相同。设备管理便是用于对这类设备进行控制和管理的一组程序。它的主要任务是：①设备分配。用户提出使用外部设备的请求后，由操作系统根据一定的分配策略进行统一分配，并为用户使用 I/O 设备提供简单方便的命令。②输入输出操作控制。设备管理程序根据用户提出的 I/O 请求控制外部设备进行实际的输入输出操作，并完成输入输出后的善后处理。

3. 操作系统的层次结构

操作系统中定义的内核层和它与用户之间的接口，如图 3-35 所示。

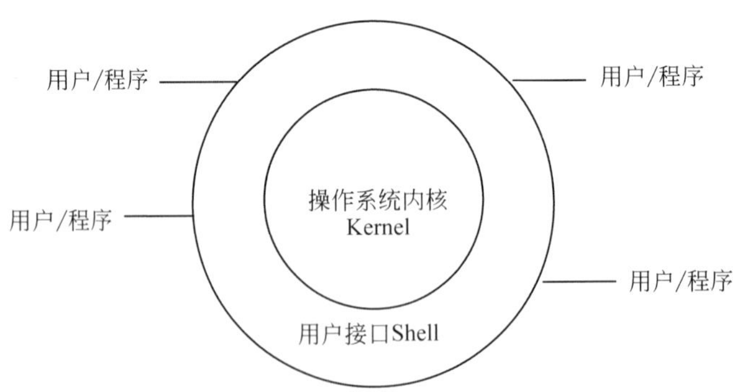

图 3-35　操作系统的内核和 Shell 结构

1）操作系统的内核

图 3-35 中位于操作系统中心的 Kernel 叫作内核程序，也就是说 Kernel 是操作系统的核心。Kernel 的组成部分包括：

(1) 管理计算机各种资源所需要的基本模块（程序）代码。这些相应功能模块可以直接操作计算机的各种资源，例如文件管理就是属于这类功能模块的。

(2) 设备驱动程序直接和设备进行通信以完成设备操作。键盘的输入就是通过操作系统的键盘驱动程序进行的，键盘驱动程序把键盘的机械性接触转换为系统可以识别的ASCII码并存放到内存的指定位置，供用户或其他程序使用。

(3) 内存管理可在一个多任务的环境中把现有程序调入内存运行，或者将内存分为几部分分别供几个程序使用。在不同的时间片，CPU在不同的内存地址范围执行不同的程序。

Kernel核心程序还包括调度(scheduled)和控制(dispatcher)程序，前者决定哪一个程序被执行，后者控制着为这些程序分配时间片。

2) 操作系统的接口Shell

在Kernel和用户之间的接口部分就是Shell程序。Shell最早是UNIX系统提出的概念，它是用户和Kernel之间的一个交互接口。早期的Shell为一个命令集，Shell通过基本命令完成基本的控制操作。Shell运行命令时，使用参数改变命令执行的方式和结果。它对用户或者程序发出的命令进行解释并将解释结果通报给Kernel。

Shell命令有两种方式：一种是会话式输入，会话方式表现在程序被执行过程中提供接口；另一种是命令文件方式。MS DOS系统将Shell称为命令解释器(Command)。在Windows系统中Shell是通过“窗口管理器”来完成的，被操作的对象如文件和程序，以图标的方式形象地显示在屏幕上，用户通过单击图标的方式向“窗口管理器”发出命令，启动程序执行的“窗口”。

4. 操作系统的运行

运行启动操作系统的过程是指将操作系统从外部存储设备装载到内存并开始运行的过程，Windows操作系统的启动过程如下：

(1) 机器加电(或者按下Reset键)，BIOS程序首先将存储设备的引导记录(boot record)载入内存，BIOS为计算机提供最低级、最直接的硬件控制与支持，是联系最底层的硬件系统和软件系统的桥梁，是计算机系统软硬件之间的一个可编程接口。为了在关机后使BIOS不会丢失，早期的BIOS不超过64KB，被存储在ROM中；而目前的BIOS大多1～2MB，所以被存储在闪存(flash memory)中。

(2) BIOS先运行程序POST(Power-On Self Test，加电后自检)，BIOS会通知CPU各种硬件设备的中断号，并提供中断服务程序。POST主要检测系统中一些关键设备部件是否存在和能否正常工作，例如内存和显卡等设备；如果硬件出现问题，主板会发出不同含义的蜂鸣，启动中止。如果没有问题，屏幕就会显示CPU、内存、硬盘等设备的参数信息。

(3) BIOS程序在执行一些必要的开机自检和初始化后，会根据在CMOS中保存的配置信息来判断使用哪种设备启动操作系统。

(4) BIOS运行引导程序(boot)开始搜寻可引导的存储设备(即根据用户指定的引导顺序从软盘、硬盘或是可移动设备)。接着boot会将外部存储设备中的操作系统内核载入内存，并进入内核的入口点开始执行。

(5) 操作系统内核完成系统的初始化，并允许用户与操作系统进行交互。

当操作系统成功运行起来后，其具体在计算机内存中的状态如图3-36所示。

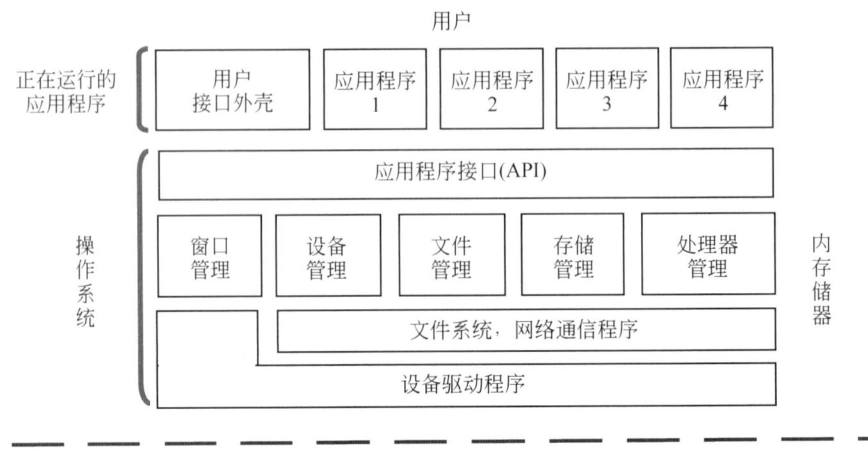

图 3-36　操作系统运行时内存的状态

3.3.3　从机器语言到高级语言

计算机语言(computer language)指用于人与计算机之间交流的语言，是人与计算机之间传递信息的媒介。从计算机应用的观点看，为了让计算机解决一个实际问题，必须事先用计算机语言编写好程序。“程序”一词来自生活，通常指完成某些事务的一种既定方式和过程，即顺序实施这些步骤，即可完成该项事务。程序就是人与计算机交流信息的基本方式，人通过程序指挥计算机。由于计算机的本质特征，从它诞生之初就有了程序设计工作。程序是计算机指令的某种组合，控制计算机的工作流程，完成一定的逻辑功能，以实现某种任务。

计算机语言种类非常多，根据程序设计语言与计算机硬件的联系程度，可以分为三类：机器语言、汇编语言和高级语言。

1. 机器语言

计算机处理的所有信息均使用由“0”和“1”组成的二进制数表示。二进制是计算机语言的基础，计算机提供给用户的最原始的工具就是指令系统。指令系统是一种指令集的体系，是计算机硬件的语言系统，也叫机器语言(machine language)。指令集称为机器码(machine code)，也被称为源码。从系统结构的角度看，机器语言是系统程序员看到的计算机，它是计算机的设计者通过计算机的硬件结构赋予计算机的操作功能。机器语言具有灵活、可直接执行和运行速度快等特点。

在计算机发展的早期，人们使用机器语言利用二进制编码的指令编写程序。用机器指令编写的程序称为机器语言程序，或称为目标程序，这是计算机能够直接执行的程序。

一条指令就是机器语言的一条语句，它是一组有意义的二进制代码。机器指令的格式一般分为两部分：操作码和地址码如图 3-37 所示。

操作码	地址码

图 3-37　指令格式

其中，操作码指明了指令的操作性质及功能，例如加、减、乘、除等；地址码则给出了该指令的操作数或操作数的地址。

不同的机器，其指令系统是不同的，大多数计算机都设计了比较庞大的指令系统，以满足用户的需求。但是使用机器语言编写程序的前提是程序员必须熟悉机器的指令系统代码和代码的含义，并记住各个寄存器的功能，还要了解计算机硬件的许多细节。

例如，下面是一段计算 10+9+8+…+2+1 的机器语言程序（该程序用 8086/8088 的指令系统编写，共 5 条机器指令），如表 3-1 所示。第 1 列是存储器的地址，第 2 列是机器语言程序（为书写方便采用十六进制），如果不加说明，用户是很难读懂该程序的。

表 3-1 机器语言程序

存储器地址（十六进制）	机器指令（十六进制）	注　　释
0000	B80000	立即数 0 送 AX 寄存器
0003	BB0A00	设 BX 寄存器为计数器，设置为 10
0006	11D8	AX 与 BX 相加其结果送 AX
0008	4B	计数器减 1
0009	75FB	判断计数器是否为 0，如果不为 0，则继续进行加法运算

虽然机器语言对计算机来说是最简单直观的，不需要任何翻译就能立即执行，但程序员得自己处理每条指令和每一个数据的存储分配和输入输出，还得记住编程过程中每步所使用的工作单元处在何种状态。同时由于机器语言程序用二进制形式表示，编出的程序全是 0 和 1 组成的指令代码，直观性差，很难阅读理解，还易出错且不便修改，因此给编写程序带来了很大困难。编写机器语言程序花费的时间往往是实际运行时间的几十倍或几百倍。

随着计算机的发展和功能的强大，指令分成许多类。例如英特尔公司的奔腾和酷睿处理器中共有 7 大类指令：数据传送类、算术运算类、逻辑运算类、移位操作类、位（位/串）操作类、控制转移类、输入输出类等。每一类指令（如数据传送类、算术运算类）又按照操作数的性质（如是整数还是实数）、长度（16 位、32 位、64 位、128 位等）而区分为许多不同的指令，因此 CPU 往往有数以百计的不同指令，指令系统也变得庞大。

现在，除计算机生产厂家的专业人员外，绝大多数的程序员已经不再去学习机器语言了。

2. 汇编语言

为了克服机器语言的缺点，人们通过抽象设计又研究发明了比较易于阅读和理解的汇编语言。汇编语言也称为符号语言。汇编语言采用英文字母、符号等助记符来表示机器指令操作码、寄存器、操作数和指令或存储地址等，这样编写出来的程序就称为符号语言程序或汇编语言程序。

大多数情况下，一条汇编指令对应一条机器指令，少数对应几条机器指令。下面是几条汇编指令的操作符及它们代表的含义。

ADD：	加法	SUB：	减法
MOV：	传送	MUL：	无符号乘法
JMP：	无条件转移	CMP：	比较指令

例如还是计算 10+9+8+…+2+1,如果采用汇编语言程序,如表 3-2 所示。第 1 列是机器语言程序(为书写方便采用十六进制),第 2 列是汇编语言程序,可以发现汇编语言编写的程序已经对机器语言进行了抽象表示,对于专业编程人员有了一定帮助。

表 3-2 汇编语言程序

机器指令(十六进制)	汇编指令	注释
B80000	MOV AX,0	立即数 0 送 AX 寄存器
BB0A00	MOV BX,0A	设 BX 寄存器为计数器,设置为 10
11D8	ADC AX,BX	AX 与 BX 相加其结果送 AX
4B	DEC BX	计数器减 1
75FB	JNZ 6	判断计数器是否为 0,如果不为 0,则继续进行加法运算

尽管汇编语言比机器语言容易阅读理解且便于检查,但是,由于计算机本质上不懂得任何文字符号,仍然只能接受由 0、1 组成的二进制代码程序,即目标程序。因此,使用汇编语言编写的程序,计算机不能直接识别,要由一种程序将汇编语言翻译成机器语言,这种起翻译作用的程序叫汇编程序。汇编程序是系统软件中的语言处理系统软件。汇编程序把汇编语言翻译成机器语言的过程称为汇编。

汇编语言程序的执行过程如图 3-38 所示。

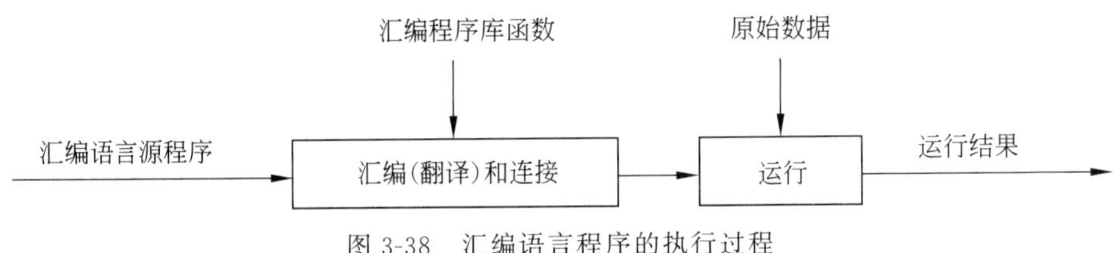

图 3-38 汇编语言程序的执行过程

汇编语言是面向具体不同型号的计算机,仍然离不开具体计算机的指令系统。对应着不同的机器语言指令集,有着不同结构的汇编语言。任何一种计算机都配备相应的汇编程序。而且,对于同一问题所编写的汇编语言程序,在不同种类的计算机间是互不相通的。特定的汇编语言和特定的机器语言指令集是一一对应的,不同平台之间是不可直接移植的。

汇编语言是与具体的计算机密切相关的,汇编语言的抽象层次很低,与机器语言一样,仍然是面向计算机的语言。只有熟悉了计算机的指令系统,才能灵活地编写出所需的汇编语言程序。而且针对某一种计算机编写出来的汇编语言程序,在别的型号的计算机上不一定可用,即可移植性较差。由于一些复杂的运算通常要用一个子程序来实现,而不能用一个语句来解决,因此用汇编语言编写程序仍然相当麻烦。尽管如此,从机器语言到汇编语言,仍然是前进了一大步。这意味着人与计算机的硬件系统不必非得使用同一种语言。程序员可以使用较适合人类思维习惯的语言。因此随着计算机程序设计技术的发展而出现的高级语言可以避免汇编语言的这些缺点。

目前,汇编语言不像其他大多数的程序设计语言一样被广泛用于程序设计。在今天的实际应用中,它通常被应用在底层硬件操作和程序优化的场合。驱动程序、嵌入式操作系统和实时运行程序等都需要使用汇编语言编写程序。

3. 高级语言

高级语言的出现是计算机编程语言的一大进步。高级语言进一步提高了语言的抽象层次，相对于低级语言是高度封装了的编程语言，屏蔽了机器的细节。高级语言是以比较接近人类的日常语言表述为基础的一种编程语言，使用一般人易于接受的文字来表示(例如不规则英文、汉字或其他外语)。程序中具体采用了结构化数据、结构化语句、数据抽象、过程抽象等概念，使程序更便于体现客观事物的结构和逻辑含义，使得在编写程序时可以联系到程序所描述的具体事物，从而使程序员编写更容易，程序也有较高的可读性。

在高级语言下，其语法和结构更类似汉字或者普通英文；处理问题采用与普通的数学语言及英语很接近的方式进行，有更强的表达能力；可方便地表示数据的运算和程序的控制结构；能更好地描述各种算法，并且远离了对硬件的直接操作，不依赖于机器的结构和指令系统，而且容易学习掌握，使得一般人经过学习之后都可以编程。

高级语言并不是特指的某一种具体的语言，而是包括很多编程语言。高级语言通常按其基本类型、代系、实现方式、应用范围等分类。如 FORTRAN、BASIC、COBOL、Pascal、C、C++、C#、Java、Python 等，这些语言的语法、命令格式各不相同。使用高级语言编写的程序通常能在不同型号的机器上使用，可移植性较好。

高级语言、汇编语言和机器语言都是用于编写计算机程序的语言。但高级语言编译生成的程序代码一般比用汇编程序语言设计的程序代码要长，而且编译出来的程序往往效率不高，执行的速度也慢。所以汇编语言适合编写一些对速度和代码长度要求高的程序和直接控制硬件的程序。高级语言程序"看不见"计算机的硬件结构，不能用于编写直接访问计算机硬件资源的系统软件或设备控制软件。为此，一些高级语言提供了与汇编语言之间的调用接口。用汇编语言编写的程序，可作为高级语言的一个外部过程或函数，利用堆栈来传递参数或参数的地址。

用高级语言编写的源程序，也必须翻译成目标程序(即机器码)，计算机才能执行。将高级语言所写的程序翻译为机器语言的程序有如下两种。

1) 编译程序

编译程序也称为编译器，是指把用高级程序设计语言编写的源程序，通过编译程序翻译成等价的机器语言格式的目标程序。

编译程序属于采用生成性实现途径的翻译程序。它以高级程序设计语言书写的源程序作为一个整体作为输入，而以完整的可执行的汇编语言或机器语言表示的目标程序作为输出。编译程序执行的过程如图 3-39 所示。

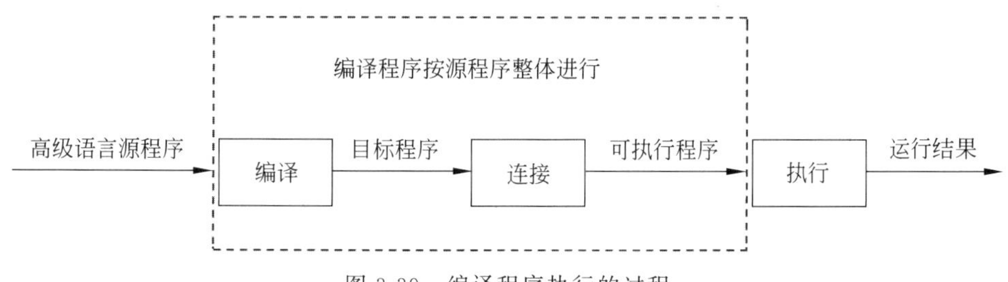

图 3-39　编译程序执行的过程

标准的编译系统，除了基本功能之外，还应具备语法检查、调试措施、修改手段、覆盖处理、目标程序优化、不同语言合用以及人机联系等重要功能。

2）解释程序

解释程序也是把高级语言翻译成汇编语言或机器语言的程序。它是对源程序边解释翻译成机器代码边执行，但不生成目标程序代码的语言处理程序。解释程序执行的过程如图 3-40 所示。

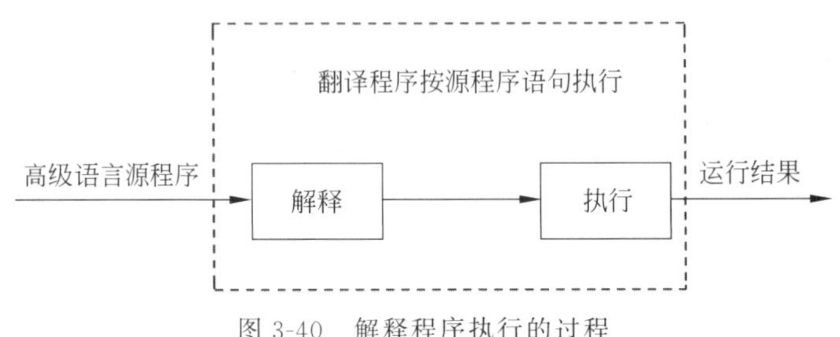

图 3-40　解释程序执行的过程

解释程序通常由一个总控程序和若干执行子程序组成。解释程序工作时，由总控程序执行初始化，按照高级语言程序的语句书写顺序，从源程序中取一条语句，并进行语法检查。如果语法有错，则输出错误信息；否则，根据所确定的语句类型转去执行相应的执行子程序。返回后检查解释工作是否完成，如果未完成，则继续解释下一条语句，直至最后产生运行结果；否则，进行必要的善后处理工作。

解释程序结构简单，易于实现，且在解释执行过程中可灵活、方便地插入、修改调试措施，其方便性和交互性较好。但其最大缺点是执行效率很低，例如，需要多次重复执行的语句，采用编译程序时只需要翻译一次，但在解释程序中却需要重复翻译，重复执行。

4. 典型程序设计语言

1）FORTRAN

FORTRAN 是世界上最早出现的计算机高级程序设计语言，于 1954 年由 IBM 公司约翰·贝克斯(John Backus)正式对外发布，如图 3-41 所示。

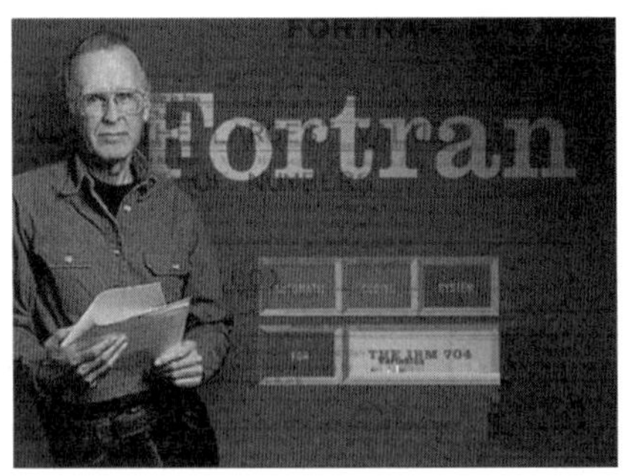

图 3-41　约翰·贝克斯

1957 年由 IBM 公司正式推出的第一个 FORTRAN 编译器在 IBM 704 计算机上实现，并首次成功运行了 FORTRAN 程序。此后，FORTRAN 语言广泛应用于科学和工程计算领域并发挥着重要作用。

FORTRAN 是英文 Formula Translator 的缩写，其含义是“公式翻译”。FORTRAN 语

言的最大特性是接近数学公式的自然描述，它允许使用数学表达式形式的语句来编写程序。FORTRAN 语言程序是分块结构，语言书写紧凑清晰，具有很高的执行效率。

在全球范围内流行的过程中，FORTRAN 语言的标准不断吸收现代化编程语言的新特性，先后经历了 FORTRAN Ⅰ、FORTRAN Ⅱ、FORTRAN Ⅲ、FORTRAN Ⅳ、FORTRAN 66、FORTRAN 77、FORTRAN 90、FORTRAN 95、FORTRAN 2003、FORTRAN 2008 等多个版本，曾经在工程计算领域占有重要地位。随着编程语言技术的发展，目前 FORTRAN 语言已逐步淡出。

2）BASIC

BASIC 是一种易学易用的高级语言，它是 Beginner's All-Purpose Symbolic Instruction Code 的缩写，其含义是"初学者通用符号指令编码"。它是从 FORTRAN 语言简化而来的，最初是美国达特茅斯学院为便于教学而开发的会话式语言。1964 年，BASIC 语言正式发布。第一个 BASIC 程序在 1964 年 5 月 1 日进行编译后成功运行。它自 1964 年诞生以来，其应用已远远超出教学范围。1975 年，微软公司把它移植到 PC 上，并于 1977 年开始了标准化工作，出现了一些结构化的 BASIC 语言，主要有 True BASIC、Quick BASIC、Turbo BASIC 等。

BASIC 语言的特点是简单易学。基本 BASIC 只有 17 种语句，语法结构简单，层次分明，容易掌握；具有人机会话功能，便于程序的修改与调试，非常适合初学者学习运用。

1991 年 4 月，Visual Basic 1.0 for Windows 版本发布，这在当时引起了很大的轰动，许多专家把 Visual Basic（简称 VB）的出现当作软件开发史上的一个具有划时代意义的事件。Visual Basic 意为"可视的 BASIC"，即图形界面的 BASIC，是广泛用于 Windows 系统开发的应用软件，它可以设计出具有良好用户界面的应用程序。

微软公司总裁比尔·盖茨（Bill Gates）曾说过："Visual Basic 是迎接计算机程序设计挑战的最好例子。"后来又陆续推出 Visual Basic 3.0、Visual Basic 4.0、Visual Basic 6.0、VB.NET、VB.NET 2005、VB.NET 2010 等版本。

3）COBOL

COBOL 是英文 Common Business Oriented Language 的缩写，其含义是"面向商业的通用语言"。第一个专用于商务处理的计算机语言 COBOL 文本于 1960 年推出，其后经过修改扩充、丰富完善和标准化，陆续发展出多种版本。COBOL 是一种面向数据处理的、面向文件的、面向过程的高级编程语言。在财会工作、统计报表、计划编制、情报检索、人事管理等数据管理及商业数据处理领域，COBOL 都有着广泛的应用。

COBOL 的特点是按层次结构来描述数据，具有完全适合现实事务处理的数据结构，具有更接近英语自然语言的程序设计风格、较强的易读性，通用性强。然而，用 COBOL 编写的程序不够精练，程序文本的格式规定、内容等都比较庞大，不便记忆。

由于 COBOL 最初用于主机系统，因此它和主机系统联系得非常紧密。主流的主机系统，例如 IBM 的大型机、中型机等都配备了相应的 COBOL 编译程序。在个人计算机领域 COBOL 的应用有限。

4）Pascal

Pascal 语言由瑞士苏黎世联邦工业大学的尼古拉斯·沃斯（Niklaus Wirth）教授于 20 世纪 60 年代末设计。1971 年，以计算机先驱帕斯卡的名字为之命名。Pascal 语言是在

ALGOL 60 的基础上发展而成的。Pascal 语言语法严谨，层次分明，程序易写，可读性强，一出世就受到广泛欢迎，迅速地从欧洲传到美国。

Pascal 是第一个系统地体现结构程序设计思想的编程语言，在高级语言发展过程中，Pascal 是一个重要的里程碑。

Pascal 有 6 个主要的版本，分别是 Action Pascal、Unextended Pascal、Extended Pascal、Object-Oriented Extensions to Pascal、Borland Pascal 和 Delphi Object Pascal。尽管 Pascal 非常流行(20 世纪 80 至 90 年代)，但它不适合在非教学的场合使用，而作为一个面向过程的编程语言，和 90 年代兴起的面向对象的语言相比，它不利于大型软件的开发。

Pascal 语言具有丰富的数据类型，诸如枚举、子界、数组、记录、集合、文件、指针等，能够用来描述复杂的数据对象，十分便于书写系统程序和应用程序。Pascal 语言体现了结构程序设计的原则，语句简明通用，框架优美，结构清晰简洁，功能很强；算法和数据结构采用分层构造，可自然地应用自顶向下的程序设计技术；程序可读性好，便于验证程序的正确性，编译简单，目标代码效率较高。

5) C、C++ 及 C#

C 语言由早期的编程语言 BCPL(Basic Combined Programming Language)发展、演变而来。在 1970 年，贝尔实验室的肯·汤普森根据 BCPL 设计出较先进的取名为 B 的语言。1972 年，里奇在 B 语言的基础上最终设计出了一种新的语言，他取了 BCPL 的第二个字母作为这种语言的名字，这就是 C 语言。随着 UNIX 的发展，C 语言自身也在不断地完善。

C 语言功能齐全、适用范围大，良好地体现了结构化程序设计的思想。准确地说，C 语言是一种介于低级语言和高级语言间的中级语言。C 语言编译器普遍存在于各种不同的操作系统中，例如 Microsoft Windows、Mac OS X、Linux、UNIX 等。

1980 年，贝尔实验室的本贾尼·斯特劳斯特卢普(Bjarne Stroustrup)开始对 C 语言进行改进和扩充。1983 年正式命名为 C++。在经历了 3 次 C++ 修订后，1994 年制定了 ANSI C++ 标准草案。以后又经过不断完善，成为目前的 C++。C++ 包含了整个 C，拥有 C 的全部特征和优点。C++ 是 C 语言的继承，它既可以进行 C 语言的过程化程序设计，又可以进行以抽象数据类型为特点的基于对象的程序设计，还可以进行以继承和多态为特点的面向对象的程序设计。C++ 语言仍在不断发展中。

C# 是微软公司发布的一种由 C 和 C++ 衍生出来的一种安全的、稳定的、简单的、优雅的面向对象编程语言。C# 在继承 C 和 C++ 强大功能的同时去掉了一些它们的复杂特性，C# 综合了 VB 简单的可视化操作和 C++ 的高运行效率。C# 以其强大的操作能力、优雅的语法风格、创新的语言特性和便捷的面向组件编程的支持成为运行于.NET Framework 和.NET Core(完全开源，跨平台)之上开发的首选语言。因为这种继承关系，C# 与 C/C++ 具有极大的相似性，熟悉类似语言的开发者可以很快地转向 C#。

6) Java

Java 是一种面向对象编程的程序设计语言，不仅吸收了 C++ 语言的各种优点，还摒弃了 C++ 里难以理解的多继承、指针等概念，因此 Java 语言具有简单性、面向对象、分布式、健壮性、安全性、平台独立与可移植性、多线程、动态性等特点。Java 语言作为静态面向对象编程语言的代表，极好地实现了面向对象理论。它允许程序员以优雅的思维方式进行复杂的编程。Java 语言广泛应用于编写桌面应用程序、Web 应用程序、分布式系统和嵌入式系统应用程序等。

根据结构组成和运行环境的不同,Java 程序可以分为 Java Application 和 Java Applet 两类。简单地说,Java Application 是完整的程序,需要独立的解释器来解释运行;而 Java Applet 则是嵌在超文本标记语言(Hyper Text Markup Language,HTML)编写的 Web 页面中的非独立程序,它由 Web 浏览器内部包含的 Java 解释器来解释运行。Java Application 和 Java Applet 各自使用的场合也不相同。

Java 语言也是一种随时代快速发展的计算机程序语言。它简明严谨的结构及简洁的语法编写展示了程序编写的精髓,为其将来的发展及维护提供了保障。Java 语言提供了网络应用的支持和多媒体的存取,从而推动了 Internet 和企业网络的 Web 的应用。

7) Python

Python 由荷兰数学和计算机科学研究学会的吉多·范·罗苏姆(Guido van Rossum)于 20 世纪 90 年代初设计。Python 提供了高效的高级数据结构以及简单有效的面向对象编程。Python 语言的语法和动态类型以及解释型语言的本质,使它成为多数平台上写脚本和快速开发应用的编程语言。随着版本的不断更新和语言新功能的添加,Python 逐渐被用于独立的、大型项目的开发。

Python 是一种既简单又功能强大的编程语言。Python 程序具有很强的可读性,具有独特的语法结构。Python 解释器易于扩展,可以使用 C 或 C++ 增加新的功能和数据类型。Python 语言具有丰富的标准库,提供了适用于各个主要系统平台的源码或机器码。众多开源的科学计算软件包都提供了 Python 的调用接口,使得 Python 语言及其众多的扩展库所构成的开发环境,十分适合工程技术、科研人员处理实验数据、制作图表以及开发科学计算应用程序。

Python 语言自 1990 年诞生,2000 年推出 Python 2.0 版本后,进入一个发展高峰期,越来越多的人开始使用该语言开发软件系统,同时为 Python 的发展贡献力量。2008 年推出了 Python 3.0。2021 年 10 月,TIOBE 将 Python 加冕为最受欢迎的编程语言,20 年来首次将其置于 Java、C 和 JavaScript 之上。

3.4 软件工程

3.4.1 软件危机

随着大容量、高速度计算机的出现,计算机程序在复杂度、规模和应用领域等方面的增长引人注目,计算机应用也日益普及和深化。同时软件在计算机系统中所占的比重不断增加,导致上千亿资金花费在软件开发上,更多人的工作和生活依赖于软件开发的成果。软件产品帮助人们获得更高的工作和生产效率,也给人们提供一个更加安全、灵活和宽松的工作与生活环境。软件产品尽管有很多成功之处,但在成本、工期、质量等方面依然存在严重问题。

软件产品通常具有复杂性、不可见性和易变性。针对小型软件非常有效的基于个人或小组开发的编程技术和过程,随着大型软件系统的开发规模和复杂程度的不断增加,难以发挥同样的作用。包含数百万行代码的大型软件常需要耗资几十亿美元、花费几千人年(一人工作一年称为一人年)的劳动才能开发出来。例如 20 世纪美国航天飞机上使用的软件规模达到4000万行代码。同时软件成本也从20世纪60年代大约占计算机系统总成本的20%增长到80年代的超过80%。

20世纪60年代末期，计算机领域把进行大型软件系统开发、运行和维护过程中遇到的规模越来越大、复杂程度越来越高、软件可靠性问题也越来越突出的情况称为“软件危机”。典型的例子是IBM公司于1963—1966年为IBM 360系列机开发的操作系统OS/360。这是一个功能较强的多道批处理操作系统，当时参加软件开发的人员最多时超过了1000人，总计有大约5000人年的工作量，耗资数亿美元，编写了近100万行的源程序。但结果并不理想，软件中隐藏有大量的错误，每次发行的新版本都是在前一个版本的基础上发现并改正1000个错误后形成的。要知道，在这么多人合作编写的这么大规模的一个软件中，找到错误的性质和位置并改正错误又不引起新的错误，是一件相当困难的事情。

软件危机主要表现在以下几方面。

(1) 软件开发成本和开发进度难以预测。软件开发不仅仅在规模上快速地发展扩大，其复杂性也急剧地增加。软件开发拖延工期几个月甚至几年的现象并不罕见，这种现象降低了软件开发企业的信誉。投资成本一再追加，往往使得实际成本比预算成本高出一个数量级。而为了赶进度和节约成本所采取的一些权宜之计又往往损害了软件产品的质量，从而不可避免地会引起用户的不满。

(2) 用户对最终软件系统不满意的现象经常发生。软件开发产品的特殊性和人类智力的局限性，导致由于开发人员和用户之间缺乏系统沟通，软件开发人员不能真正了解用户的需求，而用户又不了解计算机求解问题的模式和能力，从而造成双方无法用共同熟悉的语言进行交流和描述，造成难以统一的矛盾。在双方无法充分了解的情况下，仓促设计系统、匆忙编写程序，所形成的“闭门造车”的开发方式，必然导致最终软件产品不符合用户的实际需要。

(3) 软件产品的质量往往不可靠。软件是逻辑产品，质量问题很难以统一的标准度量，尤其是大型复杂软件系统的质量控制非常困难。并不是软件产品不能有错误，而是如果盲目检测很难发现错误，系统中的错误更难以消除，而隐藏下来的错误往往是造成重大事故的隐患。

(4) 软件产品难以维护。软件产品本质上是开发人员代码化的逻辑思维活动，他人难以替代。除非是开发者本人，否则很难及时检测、排除系统故障。各类人员的信息交流不及时、不准确会产生误解，使得软件开发项目的开发人员为使系统适应不同硬件环境，或根据用户需要在原系统中增加新功能时，发生不能有效地、独立自主地处理全部关系和各个分支，由于疏漏出现系统错误。

(5) 软件缺少适当的文档资料。文档资料是软件必不可少的重要组成部分。实际上，软件的文档资料是开发者和用户之间权利和义务的合同书，是系统管理者、总体设计者向开发人员下达的任务书，是系统维护人员的技术指导手册，是用户的操作说明书。缺乏必要的文档资料或者文档资料不合格，将给软件开发和维护带来许多严重的困难和问题。

软件危机的出现表明，必须寻找新的技术和方法来指导大型软件系统的开发。考虑机械、建筑等专业领域都经历过从手工方式演变成严密、规范、完整的工程科学方式的过程，人们认为大型软件的开发也应该向“工程化”方向发展。

软件工程正是在这个时期，为了解决“软件危机”而提出来的。“软件工程”这个概念第一次正式提出是在1968年北大西洋公约组织(North Atlantic Treaty Organization,NATO)的一次学术讨论会上,主要思想是按工程化的概念、原理、技术和方法来组织规范开发和维护软件,把经过时间考验证明正确的管理技术和当时能够得到的最好的软件技术方法结合起来,解决软件研制中面临的困难和混乱,从而从根本上解决软件危机。实践表明,软件工程的方法和技术确实对大型软件系统的开发产生了巨大影响。

计算机软件3个时期的发展特点,如表3-3所示。

表3-3 计算机软件3个时期的发展特点

特点	时间		
	程序设计	程序系统	软件工程
软件所指	程序	程序及说明书	程序、文档、数据
程序设计语言	汇编及机器语言	高级语言	软件语言*
软件工作范围	程序编写	包括设计和测试	软件生存周期
需求者	程序设计本人	少数用户	市场用户
开发软件的组织	个人	开发小组	开发小组及大中型软件开发机构
软件规模	小型	中小型	大中小型
决定质量的因素	个人编程技术	小组技术水平	技术水平和管理水平
开发技术和手段	子程序和程序库	结构化程序设计	软件开发工具和环境,工程化开发方法、标准和规范,网络和分布式开发、面向对象及软件复用
维护责任者	程序设计者	开发小组	专职维护人员
硬件特征	价格高,存储容量小,工作可靠性差	降价;速度、容量及可靠性有明显的提高	向超高速、大容量、微型化及网络化方向发展
软件特征	完全不受重视	软件技术不能满足需要,出现了软件危机	开发技术有进步,但未获突破性进展,未完全摆脱软件危机

* 这里软件语言包括需求定义语言、软件功能语言、软件设计语言、程序设计语言。

3.4.2 软件工程定义

软件工程是计算机领域的一个较大的研究方向,其内容十分丰富,包括理论、结构、方法、工具、环境、管理、经济、规范等,如图3-42所示。

软件工程的最终目的是研究如何以较少的投入获得易维护、易理解、可靠性高的软件产品。所以软件工程学就必须研究软件结构、软件设计与开发方法、软件的维护方法、软件工具与开发环境、软件工程的标准与规范、软件工程经济学以及软件开发技术与管理技术的相关理论。

软件开发技术包括软件开发方法、软件开发工具和软件开发环境。良好的软件开发工具可促进方法的研制,而先进的软件开发方法能改进工具,软件开发工具集成软件开发环境。软件开发方法、工具和环境是相互作用的。软件开发工具是指为了支持软件人员开发和维护活动而使用的软件。使用软件开发工具可大大提高软件生产率。机械工具可以放大

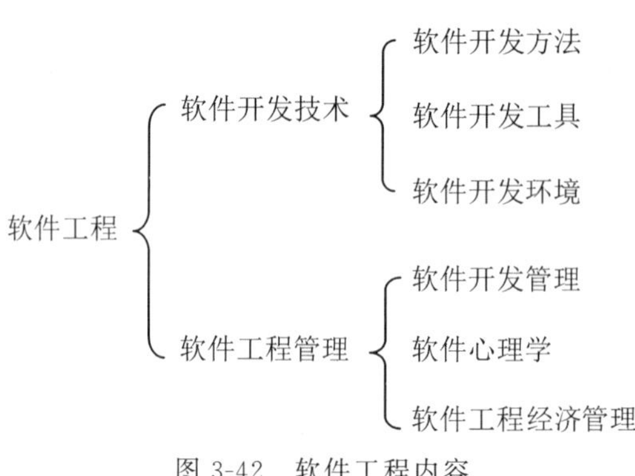

图 3-42　软件工程内容

人类的体力,软件开发工具可以放大人类的智力,例如项目估算工具、需求分析工具、设计工具、编码工具、测试工具和维护工具等。软件开发环境是指全面支持软件开发全过程的软件工具集合。

软件工程管理可以保证软件开发质量,包括软件开发管理、软件心理学和软件工程经济管理。软件开发管理完成软件开发规划的制订、人员的组成、制订实施计划、确定软件标准与配置。软件心理学是用实验心理学的技术和认知心理学的概念来进行软件生产,由于软件开发过程是开发人员的活动,因此,开发人员的热情、情绪等心理因素显然会对软件的开发过程产生影响,所以现在对开发人员的心理活动的研究也非常重视。软件工程经济管理主要指成本估算、效益评估、风险分析、投资回收计划、质量评价等。

综上软件工程的内容可知,它涉及计算机科学、工程科学、管理科学、经济学和数学等领域,是一门综合性的交叉学科。

3.4.3　软件生命周期

软件生命周期是软件工程中最基本的概念,是软件的产生直到报废或停止使用的生命周期。软件生命周期具体包括问题定义、可行性分析、总体描述、系统设计、编码、调试和测试、验收与运行、维护升级到废弃等阶段。

随着新的面向对象的设计方法和技术的成熟,软件生命周期正在逐步调整。从时间进程的角度,整个软件生命周期每个阶段都有明确的目标和任务,需要确定完成任务的理论、方法和工具,检查和审核的手段。每个阶段有规定的工作完成标志,并由一系列指定的软件工作产品构成,具体为开发的软件产品(程序、数据和文档)。

软件生命周期通过归纳,可由软件定义、软件开发和软件维护 3 个时期组成,每个时期包括若干阶段。

软件定义时期主要解决的问题是“做什么”,也就是要确定软件的处理对象,软件与外界的接口,软件的功能和性能、界面,并对资源分配、进度安排等做出合理的计划。软件定义时期可以进一步划分为问题定义、软件项目计划、需求分析等阶段。

软件开发时期主要解决的问题是“怎么做”,也就是把软件定义时期得到的需求转变为符合成本和质量要求的系统实现方案,用某种程序设计语言将软件设计转变为程序,进行软件测试,发现软件中的错误并加以改正,最终得到可交付使用的软件产品。软件开发时期可以进一步划分为软件设计、编码、软件测试等阶段。

软件维护时期的任务是在软件可交付使用的整个期间，为适应外界环境的变化以及扩充功能和改善质量，对软件进行修改。软件维护过程本质上是修改和压缩了软件定义和软件开发过程。一个软件的使用时间可能有几年或几十年，在整个使用期间可能都需要进行软件维护。软件维护的代价是很大的，因此，如何提高软件维护的效率、降低维护的成本成为十分重要的问题。

伴随着软件产品从无到有的整个过程，在软件生命周期的每个阶段都要得出最终产品的一个(或几个)组成部分。这些组成部分通常以文档资料的形式存在。文档是指以某种可读形式存在的技术资料和管理资料。文档应该是在软件开发过程中产生的，而且应该是最新的(即与程序代码完全一致)。软件开发组织和管理人员可以通过文档来管理和评价软件开发过程的进展状况；软件开发人员可以利用文档作为通信工具，在软件开发过程中准确地交流信息；软件维护人员可以利用文档资料理解被维护的软件。

在实际从事软件开发工作时，软件规模、种类、开发环境、开发团队以及开发使用的技术方法等因素，都影响软件生命周期的阶段划分。承担的软件项目不同，应该完成的任务也有差异，没有一个适用于所有软件项目的任务集合。例如，适用于大型复杂项目的任务集合，对于小型且较简单的项目而言，往往就过于复杂了。因此，一个科学、合理、有效的软件生命周期里应该定义一组适合于所承担软件项目特点的任务集合。

3.4.4 软件开发模型

在软件开发过程中，若能严格遵循软件工程的方法论，便可提高软件开发的成功率，减少开发及维护中的问题，最终达到在合理的时间、成本等资源的约束下，生产出高质量的软件产品的目的。

根据软件生命周期定义的软件开发时期主要包括：

(1) 需求分析。

确定目标系统必须完成哪些工作，深入描述软件必须具备哪些功能，提出完整、准确、清晰、具体的要求，把软件计划期间建立的软件可行性分析求精和细化，分析各种可能的解法，并且分配给各个软件元素。定义软件的其他有效性需求，解决目标系统“做什么”的问题。

(2) 总体设计。

设计系统总的处理方案，又称概要设计。完成软件系统的结构设计，确定程序由哪些模块组成以及模块间的关系，定义软件设计的约束和软件同其他系统元素的接口。具体包括计算机配置设计、系统模块结构设计、数据库和文件设计、代码设计以及系统可靠性与内部控制设计等内容。

(3) 详细设计。

软件详细设计就是对概要设计的一个细化，确定所需的局部结构。完成每个模块处理过程的详细算法描述，设计模块内的数据结构。详细设计必须遵循概要设计来进行，侧重描述系统的实现方式。

(4) 编码。

具体按照选定的程序设计语言，根据软件详细设计阶段的结果，把软件系统功能模块的过程性描述正确、合理地翻译为程序设计语言的源程序。

(5) 软件测试。

软件测试是用来促进软件正确性、完整性、安全性和质量的过程,并对其是否能满足设计要求进行评估。具体通过规定条件下对程序进行各种类型的测试操作,以发现程序缺陷,保障软件达到预定的要求。

在软件开发的整个过程中,对于不同的软件系统,可以采用不同的开发方法、使用不同的程序设计语言,让各种不同技能的人员参与工作、运用不同的管理方法和手段等,允许采用不同的软件工具和不同的软件工程环境。为了获得高质量的软件产品,需要从宏观上管理软件的开发,必须对软件的开发过程从总体上进行描述,即建立软件开发模型(software development model)。

本质上软件开发模型就是软件开发全部过程、活动和任务的结构框架。通过软件开发模型能清晰、直观地明确要完成的主要活动和任务,用来作为软件项目工作的基础。

在软件的开发过程及软件工程的实践中形成了不同的软件开发模型以适应不同软件开发的需要。

1. 瀑布模型

瀑布模型于1970年由温斯顿·罗伊斯(Winston Royce)在论文《管理大型软件系统开发》中提出。它将软件生命周期的各项活动规定为按固定顺序而连接的若干阶段工作,这些活动自上而下、相互衔接的固定次序,形如瀑布流水、逐级下落,最终得到软件产品。自诞生之日起至20世纪90年代初期,瀑布模型都是被广泛采用的线性软件开发模型。

在瀑布模型中软件开发的各项活动严格按照线性方式进行,如图3-43所示。每项活动接受上一项活动的工作结果,实施完成所需的工作内容。活动的工作结果需要进行验证,如果验证通过,则该结果作为下一项活动的输入,继续进行下一项活动,否则返回修改。

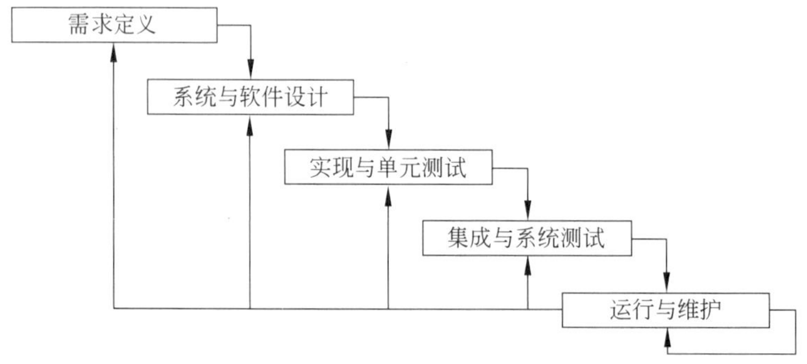

图3-43 软件生存周期的瀑布模型

(1) 需求定义。通过与系统用户沟通建立起系统功能、限制和目标,然后给出详细的定义,编制系统规格说明。

(2) 系统与软件设计。系统设计将需求分配给系统的硬件部分和软件部分,从而建立整个系统的体系结构。设计标识和描述基本的软件系统构件及其之间的关系。

(3) 实现与单元测试。实现是使用某种编程工具将软件设计转化为一组程序或程序单元;单元测试则检查每个程序单元是否满足设计要求。

(4) 集成与系统测试。将每一个经过单元测试的程序或程序单元按一定顺序集成起来，并当作一个完全的系统进行测试以确保软件需求能够得到满足。测试后可将软件系统交付给客户。

(5) 运行与维护。在这一阶段安装并将系统实际投入使用。维护的任务是改正在较早阶段没有发现的错误，根据新的系统需求改进系统单元的实现或加强系统的功能。

瀑布模型的各阶段开发活动均处于一个质量环（输入—处理—输出—评审）中，相关成果是一个或多个经过确认的文档，只有当其工作得到确认，才能继续进行下一阶段。

线性是最容易掌握并能熟练应用的思想方法。当碰到复杂的非线性问题时，人们总是千方百计地将其分解或转化为一系列简单的线性问题，然后逐个解决。由于现实软件开发过程整体可能是复杂的，并非完全是简单的线性，在各个阶段之间存在相互交叠和反馈，迭代也要付出代价，甚至包括必要的返工。

因此，瀑布模型在经过几次迭代之后，常常会暂时中止部分开发，继续后续阶段的开发工作。而问题遗留到稍后再解决或忽略掉。正是由于这种暂时中止会造成需求过程的某些缺失，往往最后完成的软件系统不能达到用户的要求。而且，早期的错误可能要等到开发后期的测试阶段才能发现，进而带来严重的后果。用户只有等到整个过程的末期才能见到开发成果，从而增加了开发的风险。另外，用户提出新的功能或性能要求的修改，系统为了完成变更需要重复执行在开发中已经历过的各项活动。

瀑布模型的线性过程较理想化，在小型软件开发中可以起到良好的作用。但随着软件规模的不断扩大，已不再适合现代的软件开发模式。真正领会线性、简洁的精神，就是不要呆板地套用线性模型的外表，而应该通过某些改变脱出困境，酌情引入一种或者几种改进方法来对瀑布模型加以改进。例如增量模型实质就是分段的线性模型，螺旋模型则是重复的、弯曲的线性模型，在其他模型中也能够找到线性模型的影子。

其实温斯顿·罗伊斯提出的不是一个孤立的模型，而是一系列从简单灵活到完整稳健的模型演化过程。他描述了“瀑布模型”的优点与危害，也说明了如何把一个充满风险的开发过程转换为能提供理想产品的开发过程。为此他提出了采用 5 个步骤来改进瀑布开发模式的方法。只是最终人们只记住了存在风险的瀑布模型，并把它当作温斯顿·罗伊斯的全部理论主张，这不能不说是极大的误解。

2. 快速原型模型

快速原型模型，简称原型模型，也称为演进模型，是基于快速开发一个满足初始构想的模型想法提出来的。它先构造一个原型，然后在此基础上逐渐完成整个系统的开发工作。

由于在项目开发的初始阶段人们对软件的需求认识常常不够清晰，因而使得开发项目难以做到一次开发成功，出现返工再开发的情况在所难免。因此，可以先做试验开发，其目标只是在于探索可行性，弄清软件需求；然后在此基础上获得较为满意的软件产品。通常把第一次得到的实验性产品称为原型，软件开发中的原型是软件的一个早期可运行的版本，它一定程度上反映了最终系统的重要特性，如图 3-44 所示。

在这种模型中，制定规格说明、开发原型和确认需求等活动并行进行，并综合这些活动实现快速反馈。快速原型模型通过建造一个快速原型，实现客户与系统的交互。客户针对原型进行评价，可以进一步细化待开发软件的需求，使开发人员能够确定客户的真正需求是什么，并通过逐步调整原型使其满足客户要求，最终开发出客户满意的软件产品。

在快速原型开发过程常用的有如下两种类型。

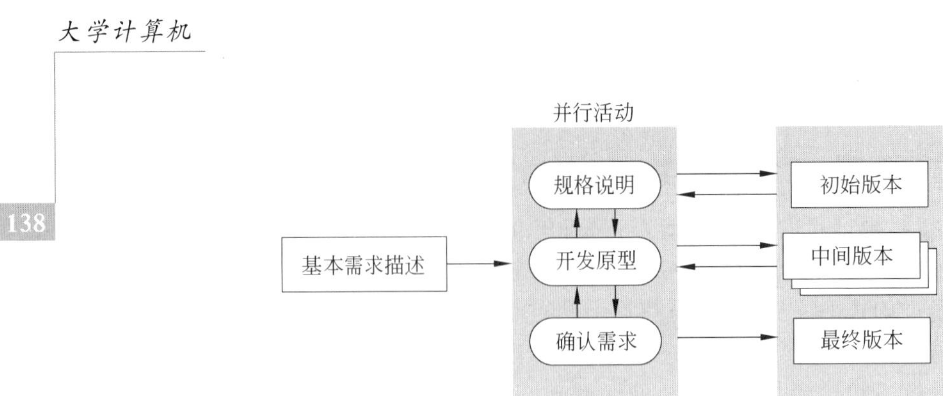

图 3-44　快速原型模型

1）演进开发

演进开发的具体过程是与客户一起工作，通过一次次向客户演示原型系统及主要设计策略并征求意见。通过原型系统反馈，使客户加深对系统的理解，并在试用过程中受到启发，对需求说明进行补充和精确化，消除不协调的系统需求，再根据客户的要求不断纠正交互中的误解与分析中的错误，以满足因环境变化或用户新想法而增添的新的系统要求，从而演化出满足客户需求的可交付的最终系统。

2）废弃原型

废弃原型的具体过程是通过快速建立原型，借助原型与客户沟通，探索与理解客户的真正需求，据此完成软件系统更明确的需求规格说明。而原型是一种软件系统的实验版本，通过合理、有效的参考来完成最终系统开发。但不采取针对原型进行扩充拓展的形成最终系统开发方案的方式，而是原型在完成相应作用后便被废弃。

快速原型模型可以克服瀑布模型的缺点，减少由于软件需求不明确带来的开发风险，比瀑布方法更有效。软件开发采用快速原型的关键在于尽可能快速地构造出软件原型，使客户能够更快看到软件、感受软件主要功能，及时提出提出问题和意见。快速原型模型具有较大的灵活性，适合于软件需求不明确、设计方案有一定风险的软件项目。

显然，对于具体的软件开发过程需要具体情况具体分析，并根据开发的软件产品特性而变化，可以采用软件开发模型的组合与交叉，比如将瀑布模型与快速原型模型结合起来，强调了其他模型所忽视的风险分析，就形成了所谓的螺旋模型。螺旋模型由风险驱动，强调可选方案和约束条件从而支持软件的重用，有助于将软件质量作为特殊目标融入产品开发之中。螺旋模型沿着螺线进行若干次迭代，特别适合于大型复杂的系统。

软件工程理论基础研究的发展，促使软件开发全面转向工程方式，与此同时软件开发技术也得到了进步。在软件开发过程本身规律的研究基础上，现有软件开发规范与模型不断完善与演变，以智能化、自动化、集成化、并行化、开放化以及自然化为标志的软件开发新技术不断出现。

进入 21 世纪后，伴随软件通用性和用户需求个性化的矛盾，软件平台的研究在软件工程领域迅速发展起来。其中，以业务导向驱动的软件业务基础平台作为一个新的软件层尤为引人注目。通过软件业务基础平台可快速构建应用系统的软件开发平台，推动软件行业的进一步创新和发展。

* 阅读材料

国产中央处理器的发展

中央处理器(CPU)是计算机的核心,是计算机的大脑和心脏,我国处理器研发起步相对较早,但发展历程比较坎坷。

1960 年,中科院半导体所和河北半导体所正式成立,标志着我国半导体工业体系初步建成。此时世界集成电路的"西点军校"美国仙童公司创立。日本以举国之力发展科技,各国都在积聚实力。20 世纪 60 年代后期,就在人类世界芯片"长跑"比赛开始打响之时,一方面集成电路是先进技术,与国家安全脱离不了关系,国际社会上不断对中国施压;另一方面在这关键时刻,中国经济与社会上出现巨大断层,与世界断了技术交流之路。

落后的无奈与中国芯片历史上的阵痛,直到改革开放的春风吹来,中国芯片才迎来了自己的春天。1982 年,国务院专门制定了中国芯的第一个发展战略——531 战略,提出要求普遍推广 5μm 技术,积极开发 3μm 技术,全力攻关 1μm 技术。20 世纪 80 年代,全国芯片产业开始了各种技术与设备"引进"的热潮,531 战略热情似火的"拿来主义"带来繁荣的同时也藏着一定的泡沫。20 世纪 90 年代,国家领导人参观了韩国三星集成电路生产线,带回了"触目惊心"的感叹。由此诞生了中国电子工业史上投资规模最大、技术最先进的国家项目 909 工程,上下一心突出与市场融合、引进技术,继而为我所用的任务目标。

科技更新迭代速度之快,落后 5 年意味着落后 20 年。1971 年世界上第一块微处理器 4004 在 Intel 公司诞生,CPU 发展走过了 50 多年的历程,Intel 和 AMD 两大公司占据了主流市场。我国在高性能处理器方面依赖进口,存在木马、漏洞和后门等严重安全隐患的同时还可能成为被监视和控制的对象。特别自"棱镜门"事件后,"中兴事件"再次为我们敲响警钟,国产处理器作为国家战略产品的发展必须走自主可控的道路。

2001 年中国启动处理器设计项目,新世纪的中国芯一路向前,至今走过 20 多年,中国芯一代们走出了多样的路,呈现百花齐放的局面。

1. 中科龙芯

中国科学院中科技术有限公司采用 MIPS 体系结构,自主研制了包括龙芯 1 号、龙芯 2 号和龙芯 3 号三个系列。龙芯 1 号系列 32/64 位处理器主要应用于云终端、工业控制、数据采集、手持终端、网络安全、消费电子等领域;龙芯 2 号系列 64 位高性能低功耗处理器,面向桌面和高端嵌入式应用;龙芯 3 号系列(见图 3-45)为面向高性能计算机、服务器和高端桌面应用的多核处理器,具有高带宽、高性能、低功耗的特征。龙芯 7A1000 桥片是龙芯的第一款专用桥片组,具有高国产率、高性能、高可靠性等特点。

2. 天津飞腾

国防科技大学高性能处理器研究团队采用 SPARC/ARM 架构,生产的处理器 FT-387SX、流处理器 YHFT64-2、FT-1000 系列、FT-1500 系列(见图 3-46)和 FT-2000 系列,可应用于政府办公、互联网、电信、金融、税务等行业信息化系统,以及数据中心、高端服务器上。其中 FT-1000 和 FT-1500 系列 CPU 成功应用于我国超级计算机"天河一号"和"天河二号"。

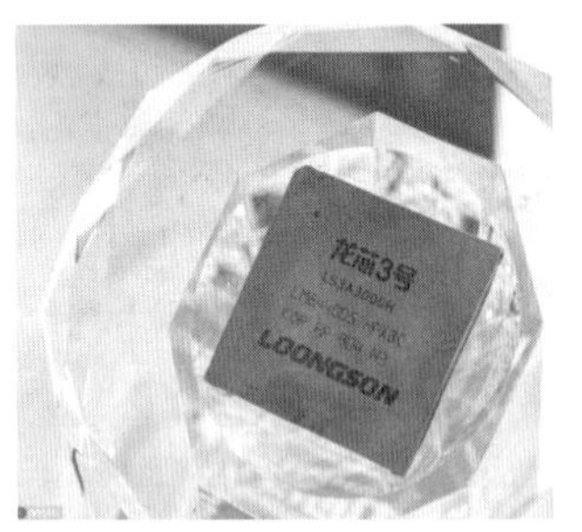

图 3-45　龙芯 3 号

图 3-46　飞腾 FT-1500

3. 上海申威

申威处理器是在国家“核高基”重大专项支持下采用自主指令集，具有完全自主知识产权的处理器系列。它采用 Alpha 架构，产品包括单核 SW-1、双核 SW-2、四核 SW-410、十六核 SW-1600/SW-1610 等，如图 3-47 所示。神威蓝光超级计算机使用了 8704 片 SW-1600，搭载神威睿思操作系统，实现了软件和硬件全部国产化。基于 SW-26010 构建的“神威・太湖之光”超级计算机自 2016 年 6 月以来，已连续 4 次占据世界超级计算机 500 强榜单第一，包揽了 2016 年、2017 年度世界高性能计算应用领域最高奖——“戈登・贝尔”奖。

4. 上海兆芯

兆芯处理器由上海兆芯集成电路有限公司开发研制，采用 x86 架构，产品包括开先 ZX-A、ZX-C/ZX-C+，开先 KX-5000 和 KX-6000(见图 3-48)，开胜 ZX-D、KH-20000 等。其中开先 KX-5000 系列处理器采用 28nm 工艺，提供 4 核或 8 核两种版本，整体性能达到国际主流通用处理器性能水准，能够全面满足桌面办公应用需求。开先 KX-6000 系列处理器主频高达 3.0GHz，兼容全系列 Windows 操作系统及中科方德、中标麒麟、普华等国产自主可控操作系统，性能与 Intel 第 7 代的酷睿 i5 相当。开胜 KH-20000 系列处理器是面向服务器推出的 CPU 产品。

图 3-47　申威 SW-1600

图 3-48　兆芯 KX-6000

从技术到市场，从市场到资本，中国的芯一代们全线布局，在不断突围中打造中国芯的影响力。通过不断创新进取，不断技术融入，将梦想植于全球，产品的性能逐年提高，应用领域不断扩展，使中国长期以来无“芯”可用的局面得到了极大扭转，为构建安全、自主、可控的国产化计算平台奠定了基础。

中国芯的未来意味着新的危机与机遇并存，这仍然是一个充满未知的时代，5G 登场，AI 芯片已经在路上，在承认中国芯与外国芯存在差距的同时，中国芯并没有停下革新的脚步；同时外界的封锁不会停下，风险也相伴相生，但中国人不会因此退缩。黑暗无论怎样悠长，白昼总会到来。这是中国芯充满未知的时代，但也是中国芯最好的时代。

智能手机操作系统

随着移动通信技术的飞速发展和移动多媒体时代的到来，手机作为人们必备的移动通信工具，已从简单的通话工具向智能化发展。智能手机就是“掌上计算机+手机”，它除了具备普通手机的全部功能外，还具备了移动计算的能力，从而演变成为一个移动信息处理平台。当然这都需要借助智能手机操作系统和丰富的应用软件。

智能手机操作系统是在嵌入式操作系统基础之上发展而来，专为手机设计的操作系统。它们除了具备嵌入式操作系统的功能（如进程管理、文件系统、网络协议栈等）外，还需要针对电池供电系统的电源管理部分、与用户交互的输入输出部分、对上层应用提供调用接口的嵌入式图形用户界面服务、针对多媒体应用提供底层编解码服务、Java 运行环境、针对移动通信服务的无线通信核心功能及智能手机的上层应用等功能。

手机操作系统发展历史由 1996 年微软发布的 Windows CE 操作系统开启。2001 年 6 月，塞班公司发布了 Symbian 操作系统，如图 3-49 所示。Symbian 操作系统以其庞大的客户群和终端占有率曾经称霸世界智能手机中低端市场。但由于缺乏持续的新技术支持，Symbian 系统的市场份额日益萎缩，最终于 2012 年 5 月 27 日被诺基亚彻底放弃开发了。

2007 年 6 月，苹果公司的类 UNIX 商业操作系统 iOS 登上了历史舞台。iOS 创新地将移动电话、手指触控、可触摸宽屏、网页浏览、手机游戏、手机地图等多种功能融合为一体，如图 3-50 所示。iOS 以流畅著称，动画、透明效果好，处理器的优化十分到位，新版本的更新速度较快，更新覆盖率高，能满足用户的多样体验，在全世界范围内广受好评。

图 3-49　Symbian 操作系统

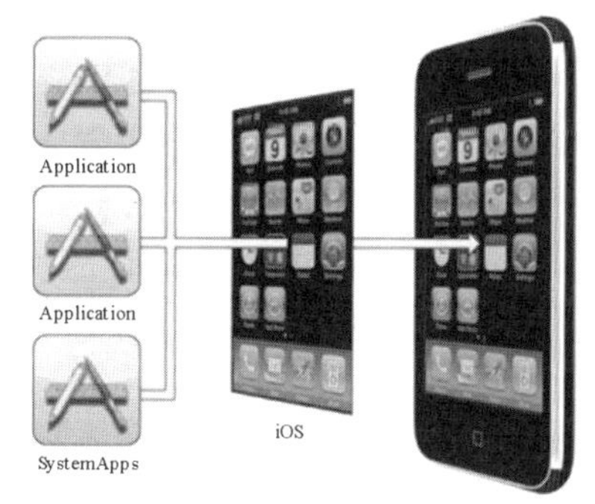

图 3-50　iOS

当苹果和诺基亚两个公司还沉溺于彼此的争斗之时，2007 年 11 月 5 日 Google 公司推出的基于 Linux 内核的手机操作系统 Android 悄然出现在世人面前，如图 3-51 所示。Android 是一款完全开放和免费的智能手机平台，采用了分层系统架构，从高层到低层分别是应用程序层、应用程序框架层、系统运行库层和 Linux 核心层，底层 Linux 内核只提供基本的功能，应用软件可由第三方软件开发商自行开发，采用 Android 操作系统的终端可以有效地降低产

图 3-51　Android 操作系统

品成本，由于良好的用户体验和开放性的设计，让 Android 很快地打入了智能手机市场。在正式上市两年后 Android 就成为了全球最受欢迎的智能手机平台，此后还向平板计算机市场急速扩张。

到了 2012 年 11 月，数据显示 iOS 已经占据了全球智能手机系统市场份额的 30%，iOS 平台上的应用总量达到 552 247 个，其中游戏 95 324 个，为 17.26%；书籍类 60 604 个，排在第二，为 10.97%；娱乐应用排在第三，总量为 56 998 个，为 10.32%。2013 年 3 月，又推出 iOS 6.1.3，修正了 iOS 的越狱漏洞和锁屏密码漏洞。2013 年 6 月，iOS 重绘了所有的系统 App，去掉了所有的仿实物化，整体设计风格转为扁平化设计。苹果的生态构建十分完善，iOS 只能在苹果应用商店进行下载，App 必须通过苹果应用商店的审核，使得系统的安全性得到保障。同时，苹果手机、计算机、平板计算机以及各种配件能够通过 iOS 系统进行无缝体验，使得大量用户青睐 iOS 产品。2020 年 6 月 8 日，苹果公司举办了 WWDC21 开发者大会，正式发布了新一代的 iOS15 和 iPad OS 15 等新系统。

同时期，Android 操作系统由 Google 主导研发，搜索、天气预报、GoogleTalk、地图、Gmail 等一应俱全，使其在应用方面拥有其他系统无可比拟的优势。用户在使用 Android 的在线软件时，可以与计算机上使用的 Google 服务进行真正的无缝连接，实现 Google 服务的完全同步。但由于手机与互联网的紧密联系，个人隐私很难得到保障，使得安全性受到威胁。Android 操作系统还常出现死机和卡顿的情况，在系统流畅性、运行速度上也不如 iOS 系统。伴随着众多的企业加入手机操作系统研发制造行列，在不断竞争的过程中也快速提高了 Android 操作系统的质量和用户体验。手机系统中 Android 操作系统由于系统的开源性，帮助其在软件应用的多元化相比 iOS 更为突出，使得市场份额更大。2022 年 1 月，Android 操作系统占据全球手机操作系统市场的 69.74%，中国主要的智能手机终端制造商华为、小米、OPPO、vivo 等多数采用 Android 操作系统的深度设计定制。

2019 年 8 月 9 日，华为公司在华为开发者大会（HDC.2019）上正式发布基于微内核开发的鸿蒙系统——HarmonyOS，如图 3-52 所示。HarmonyOS 是一款全新的面向 5G 物联网和全场景的分布式操作系统，HarmonyOS 并不是基于 Android 操作系统深度设计定制，是与 Android 操作系统、iOS 并列的不同架构的手机操作系统。HarmonyOS 将手机、计算机、平板计算机、电视、工业自动化操作、无人驾驶、智能穿戴等应用相互连接，将人、设备、场景有机地联系在一起，创造了一个超级虚拟终端互联的世界，同时 HarmonyOS 兼容 Android 操作系统上的 Web 应用，将有效避免因缺少应用软件造成用户丢失。HarmonyOS 无论是页面间的转换，还是 App 之间的切换，比 Android 操作系统更流畅，子程序的运行互不干扰、稳定性好，软件之间兼容性更好。HarmonyOS 采用了更高级别的隐私保护功能，开启了多设备的协同认证，全面保护用户的隐私安全。HarmonyOS 也成为了继 Android、iOS 之后的全球第三大手机系统。

2020 年 9 月 10 日，华为鸿蒙系统升级至 HarmonyOS 2.0 版本，如图 3-53 所示。2021 年 4 月 22 日，华为 HarmonyOS 应用开发在线体验网站上线。5 月 18 日，华为公司宣布华为 HiLink 将与 HarmonyOS 统一为鸿蒙智联，使得华为公司搭载鸿蒙设备突破了 1.5 亿台。HarmonyOS 座舱汽车 2021 年底发布。2021 年 11 月 17 日，HarmonyOS 迎来第三批开源，新增开源组件 769 个，涉及工具、网络、文件数据、UI、框架、动画图形及音视频 7 大类。

图 3-52　HarmonyOS

图 3-53　HarmonyOS 2.0

2022 年 1 月 12 日，华为鸿蒙官方宣布，HarmonyOS 服务开放平台正式发布，鸿蒙生态有望渐入佳境。

移动互联网继承了桌面互联网开放、协作、共享的“互联”精神，又兼具移动通信网实时性、便捷性、隐私性、可标识、可定位的“移动”特点，人们使用智能手机和移动终端访问互联网将成为主流，未来智移动终端的发展核心的操作系统也将进一步发展。

第4章 计算机方法学

2400多年前，在《墨子·天志》中墨子就说："今夫轮人(做车的工匠)操其规，将以量度天下之圆与不圆也，曰中吾规者谓之圆，不中吾规者谓之不圆，是故圆与不圆皆可得而知也。此其故何？则圆法明也。匠人亦操其矩，将以量度天下之方与不方也。日中吾矩者谓之方，不中吾矩者谓之不方，是故方与不方皆可得而知也。此其故何？则方法明也。"

方法是指人们在任何一个领域中，为了获得某种东西或达到某种目的而采取的行为方式。方法也被人们称为活动的手段，但它不是物化了的手段，而是需要人们进行一系列思维和实践活动，具体包括人们认识客观世界和改造客观世界应遵循的某种方式、途径和程序。科学方法论是以认识论为基础，以科学研究过程为线索，以系统的科学研究方法为内容所建立起来的体系。

4.1 问题求解

人们在客观世界的现实工作、生活甚至娱乐中，常常会面对很多与信息处理相关的问题需要解决。而在寻求解决问题的方式时，常会发出这样的疑问：这个问题确定是可解的吗？解决这个问题有多困难？怎样才是最佳解决方法？在没有计算机之前，人类是如何求解的？有了计算机以后，又是如何解决的呢？

随着计算机时代的到来，计算机和计算方法飞速发展，人们会进一步考虑：如何有效地利用计算机来实现问题的求解和处理？利用计算机来实现是可行的吗？需要做哪些规律性的归纳和一致性的整合？如何发现算法并直观地表示算法？实现的效率是可以接受的吗？怎样在人与计算机之间找到一个最佳的契合点？计算机提供的软件工具平台如何使用？语法规则与数据描述有哪些？如何将算法转换为可实现的高级语言程序代码？

由此可见，计算方法学是逐渐通过在问题求解的实践中发展起来的。它在理论和方法上和许多学科相互融合，推动着计算机科学和技术方法的应用向前发展。当然，计算方法要解决的问题来源是多方面的，但归结起来，问题主要来源于科学技术实践和社会生产实践。科学技术实践中的科学问题大多是科学自身发展中的问题，社会生产实践中的科学问题大多是实用性或技术性问题。

4.1.1 基本模式

问题求解具体是指人们在生产、生活中面对新问题时，通过对现成的有效对策的分析，而进行的一种积极寻求问题答案的活动过程。正如苏格拉底所说："问题是接生婆，它能帮助新思想诞生。"通常人们只有意识到问题的存在，产生了解决问题的主观愿望，而仅依靠旧的方法手段不能奏效时，才会进入解决问题的思维过程，开启问题求解的过程。

问题求解的活动是十分复杂的过程。它不但包括了整个认识活动，而且也受到许多外部因素的作用和影响，其中人类的思维活动是解决问题的核心成分。问题求解通常分为四阶段模式，也称“创造性问题解决模式”“创造性思维四阶段论”，如图 4-1 所示。

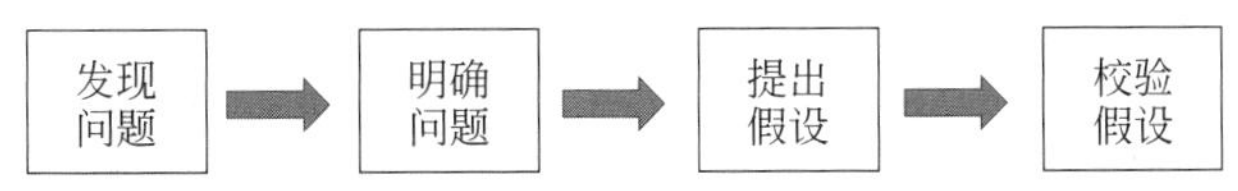

图 4-1　问题求解的四个阶段

1. 发现问题

一般认为科学研究和科学发现始于问题。发现问题和提出问题，不是随便一种思想活动所能奏效的，而是必须遵守一定的思维规律，采用一定的科学方法。问题往往源于事物的差异和矛盾，矛盾具有普遍性。在人类社会的各个实践领域中，存在着各种各样的问题。不断地解决这些问题，是人类社会发展的需要。这种社会需要转化为个人的思维任务，即发现和提出问题，它是解决问题的开端和前提，并能产生出巨大的动力，激励和推动人们投入解决问题的活动之中。

许多重大发明和创造都是从发现问题开始的，而重大的、有价值的问题的发现和提出取决于多种因素。

(1) 依赖于个体对活动的态度。人对活动的积极性越高，社会责任感越强，态度越认真，越容易从许多司空见惯的现象中敏锐地捕捉到他人忽略的重大问题。

(2) 依赖于个体思维活动的积极性。思想懒汉和因循守旧的人难以发现问题，勤于思考、善于钻研的人才能从细微平凡的事件中发现关键性问题。

(3) 依赖于个体的求知欲和兴趣爱好。好奇心和求知欲强烈、兴趣爱好多样的人，接触范围广泛，往往不满足于对事实的通常解释，力图探究现象中更深层的内部原因，总要求有更深奥、更新颖的说明，经常产生各种“怪念头”和提出意想不到的问题。

(4) 取决于个体的知识经验。知识贫乏会使人对一切都感到新奇，并刺激人提出许多不了解的问题，但所提的问题大都流于肤浅和幼稚，没有科学价值。知识经验不足又限制和妨碍对复杂问题的发现和提出。只有在某方面具有渊博知识的人，才能够发现并提出深刻而有价值的问题。

2. 明确问题

明确问题的过程实质就是通过具体分析问题，抓住关键，找出主要矛盾，确定问题的范围和解决问题方向。一般来说，最初遇到的问题往往是混乱、笼统、不确定的，包括许多局部的和具体的方面，要顺利解决问题，就必须对问题所涉及的方方面面进行具体分析，以充分揭露矛盾，区分出主要矛盾和次要矛盾，使问题症结具体化、明朗化。

明确问题是一个严谨的思维活动。能否明确问题，首先取决于是否全面、系统地掌握感性材料，只有在全面掌握感性材料的基础上，进行充分比较、分析，才能确定问题的性质，也就是弄清有哪些矛盾、它们之间有什么关系，以确定所要解决的问题必须具备的条件和已具有哪些条件，以及要达到什么结果。否则，感性材料不完整，缺乏充分的思维活动，矛盾关键把握不住，问题自然也不会明朗。其次，利用已有的经验正确地进行问题归类，对于找出解决问题的方法和途径也是十分关键的。

3. 提出假设

提出假设就是找出可用的解决问题的方案，是问题解决的关键阶段，其中包括采取什么原则、具体的途径和关键方法。但所有这些往往不是简单的能够立即确定下来的，当然也不是现成的。因此，需要在明确问题的基础上，根据已有知识进行预想，合理地推测问题成因，提出可能的解决问题途径、建议和方案，即假设的解决方案。

假设是科学的侦察兵，是解决问题的必由之路。提出假设就为解决问题搭起了从已知到未知的桥梁。科学理论正是在假设的基础上，通过不断地实践、发展和完善起来的。假设的提出依赖于知识经验、直观的感性材料、尝试性的实际操作、语言的表述和重复、创造性的构想等条件。正确的假设引导问题顺利得到解决，不正确、不恰当的假设则使问题的解决走向弯路甚至导向歧途。

4. 检验假设

假设只是提出一种可能的解决方案，还不能保证问题必定能获得解决。提出的假设是否切实可行是需要检验的，这也是问题解决的最后一步。通常有两种检验方法：

1）实践检验

实践检验是一种直接的验证方法，即按假定方案实施去具体进行实际问题的解决，如果成功就证明假设正确，同时问题也得到解决；否则，假设就是无效的。例如，科学家做科学实验来检验自己的设想是否正确；人们常到实际生活中去做调查，了解情况，检验自己的设想是否符合实际。这种检验是最根本、最可靠的手段。

2）间接验证

在不能立即用实际行动来检验假设的情况下间接验证对检验假设起着特别重要的作用。它根据掌握的科学知识在头脑中通过思维活动来进行检验。具体利用公认的科学原理、原则，利用思维活动按假设进行推理论证，从而在思想上考虑对象或现象可能发生以及将要发生什么变化，来分析、推断自己所立的假设是否正确。如果能合乎逻辑地论证预期成果，就算问题初步解决。例如，军事战略部署、解答智力游戏题、猜谜语、对弈、学习等智力活动。

特别注意，即使间接验证方法能检验证明假设正确，问题的真正解决仍有待实践结果才能证实，最终还需要接受实践的检验。另外，不论哪种检验如果未能获得预期结果，必须重新另提假设再行检验，直至获得正确结果，问题才算解决。

下面通过实例来学习问题求解的模式的应用过程。

【例 4-1】 在一千多年前的《孙子算经》中，描述“今有物不知其数，三三数之剩二，五五数之剩三，七七数之剩二，问物几何？”。类似的记载，汉代有名将韩信，每次集合部队，都要求部下报三次数，第一次按 1～3 报数，第二次按 1～5 报数，第三次按 1～7 报数，每次报数后都要求最后一个人报告他报的数是几，这样韩信就知道一共到了多少人，人称为“韩信点兵”，也称“鬼谷算”。

解：

(1) 按照两段相关的文字描述，发现要处理的问题就是“一个数除以 3 余 2，除以 5 余 3，除以 7 余 2，求这个数”。

(2) 通过具体分析要抓住处理的问题关键，确定问题的范围（自然数）和解决问题的方向（解同余式）。

(3) 根据知识推测问题成因,提出可能合理的问题解决方案(即假设)。先列出除以 3 余 2 的数 2,5,8,11,14,17,20,23,26,…,再列出除以 5 余 3 的数 3,8,13,18,23,28,…,这两列数中,首先出现的公共数是 8,同时根据两数最小公倍数的规则(3 与 5 的最小公倍数是 15),两个条件通过合并成的新条件就是 $8+15x$,x 为整数,从而可获得的数列是 8,23,38,…,再列出除以 7 余 2 的数 2,9,16,23,30,…,观察发现符合条件的公共数是 23,再按同样的方案规则(7 与 15 的最小公倍数是 105),合并可得出新条件就是 $23+105x$,x 为整数,从而通过提出的方案获得问题的解。

(4) 最后检验三个条件合并成的方案(假设),即解同余式(被 105 除余 23),那么给出韩信点兵数量范围为 1000~1500,通过检验结果将是 $105\times10+23=1073$,再通过对同类的问题进行假设验证,从而完成这样的问题求解。

4.1.2 借助计算机的求解过程

尽管计算机通常只是被当成一个高级的工具,但借助于计算机进行问题求解,其思维方法和求解过程却发生了很大的变化,其具有独特的概念和方法,其中对问题的分析和算法描述是关键。相应的问题求解过程如图 4-2 所示。

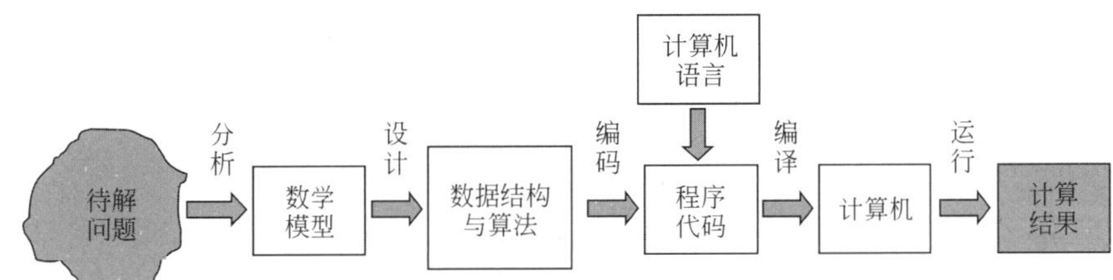

图 4-2 计算机的问题求解过程

1. 分析问题

利用计算机求解问题时,首先要做的事情就是问题分析,具体针对问题进行定性、定量的分析。定性分析法是对问题进行"质"的方面的分析,确定问题的性质,需要达到什么目的;定量分析法是对要解决的问题的数量特征、数量关系与数量变化进行分析的方法。根据现有的技术和条件的可行性分析,完成待求解问题的抽象,确定其数学模型。

2. 设计算法

有了数学模型后,将根据问题求解的需要,组织、提取相应的原始数据,以及确定原始数据进入计算机后的存储结构(即数据结构),并在数据结构的基础上,完成以非形式化的方法表述问题处理方法、步骤和过程的设计,通常这种解决特定问题的、由一系列明确而可执行的步骤组成的过程称为算法。

算法设计就是进行问题求解过程准确而完整的描述,是一系列解决问题的清晰的、可执行的指令。算法也代表着用系统的方法描述解决问题的策略机制,也就是说,能通过算法对一定准确的、清晰的和规范的输入,在有限时间内获得所要求的输出。如果一个算法有缺陷,或不适合于某个问题,执行这个算法将不会解决这个问题。不同的算法可能用不同的时间、空间或效率来完成同样的任务。一个算法的优劣可以用空间复杂度与时间复杂度来衡量。

3. 程序编码

算法代表了对问题的求解方案,而程序则是算法在计算机上特定的程序设计语言编码实现。程序设计就是问题求解从数据结构、算法到程序代码的演化过程，也是使用不同计算机语言将人们关心的现实世界（问题域）映射到计算机世界的过程。其中，具体包括问题求解的程序设计语言编码、语言编译器进行源程序的编译、目标程序在计算机上的运行，最终获得问题的解。

注意：完成计算机求解问题，除了图4-2所示的主要过程步骤外，还有一些需要做的工作，如调试、测试和维护。

【例4-2】 对一个大于或等于3的正整数，判断它是不是一个素数。

解：首先分析问题，明确目标。所谓素数，是指除1和该数本身之外，不能被其他任何整数整除的数。例如13就是素数，因为它除了1和该数本身，不能被2,3,4,…,12整除，接着需要完成求解问题的抽象，确定其数学模型。

判断一个数 $N(N\geqslant 3)$ 是否素数的数学模型：只要将 N 作为被除数，将 $2\sim N-1$ 各个整数轮流作为除数，如果都不能被整除，则 N 为素数。进一步通过数学证明可以将除数的范围缩小到 $2\sim\sqrt{N}$。具体的步骤如下：

(1) 输入 N 的值。

(2) 令 $K=2$。

(3) N 被 K 除，得余数 R。

(4) 如果 $R=0$，表示 N 能被 K 整除，则打印 N“不是素数”，算法结束；否则执行(5)。

(5) 令 $K=K+1$。

(6) 如果 $K\leqslant N-1$，返回(3)，否则打印 N“是素数”，算法结束。

不难想象，不同的数学模型对应的求解方法，将产生出不同的算法。最终算法将由计算机程序设计语言编码完成可运行的程序，而决定程序的本质就是问题的求解方法和算法。

4.1.3 两种问题求解过程的比较

通过以上描述，可以看到传统意义下，人类求解问题的思路和过程与借助于计算机这一现代计算工具进行求解问题，还是存在着明显的差异。

(1) 在人类问题求解的过程中，不一定需要建立对应问题的数学模型，更多依靠以往解决同类问题的经验。通过试探性的选择求解方法完成任务，当然就存在失败的可能性，主观性色彩较重。而借助于计算机技术进行求解问题时，多数情况要先确定数学模型再进行计算处理，因此具有良好的合理性。

(2) 人类求解问题时，常表现出“心中有数”的状态。虽然也是遵循一定的解决问题的方法和步骤，但这些“心中”的算法没有外在的表现形式，除了“当事人”清楚知道外，别人自然无法具体深入地了解。而借助于计算机技术求解问题时则需要完成一个语义明确、可行且有效的算法，再借助于特定的算法描述手段以及规范的表达形式，把具体的算法直观地描述出来，以供计算机程序语言设计者进行程序编码。

(3) 人类求解问题时，充分体现出针对问题的具体分析、归纳、总结与推理等方面的能力。但对于大数据量的处理与计算则表现出较低的处理效率，通常需要利用额外的方案优化提升效率。相反，如果借助于计算机求解问题时，只要通过程序语言告诉计算机“如何算”即可，一般不再需要进行干预，尤其在确定的方案下处理大批量的数据，体现出人类无法比拟的高效率，但在处理类似问题分析、归纳、总结与推理等方面，则比人类要“笨拙”“刻板”得多。

(4) 在人类问题求解的过程中,更擅长于对问题的形象思维,其中出现的灵感(顿悟)与直觉有时候非常有效管用,但是对于数据本身表现出不敏感性,尤其在长时间重复进行一件事情时很容易疲劳和出错。而借助于计算机求解问题时,由于机器的特性使计算机擅长于确定的逻辑,从而表现出明显的刻板和机械特性,但长时间重复做一件事情不会出现疲劳和出错(除非硬件故障)。

4.2 问题的抽象

抽象思维是人们在认识活动中运用概念、判断、推理等的思维形式,是自然知识、社会知识、思维知识的概括和总结,是世界观和方法论的统一,是对客观现实进行间接的、概括的反映过程。

科学的问题抽象是在对问题的本质属性进行分析、综合、比较的基础上,抽取出问题的本质属性,撇开其非本质因素,实现从感性具体到抽象规定,形成概念,具有概括性和间接性的特点。

4.2.1 哥尼斯堡七桥问题

这里从一个有趣的古典数学问题说起。

18 世纪初,普鲁士的哥尼斯堡有一条河从城中穿过,河上有两个小岛,同时将整个城区分成了四个区域(岛区、南区、北区和东区),人们通过架设的七座桥把两个岛与河岸联系起来,如图 4-3 所示。哥尼斯堡独特的地理位置造就了当地市民非常热衷一项有趣的消遣活动——人们在星期六会进行一次走过所有七座桥的散步。

有个人提出一个问题:如何在具体的散步过程中,能够不遗漏地一次走完七座桥,要求各桥只能经过一次,不能重复,而且起点与终点必须是同一地点。问题提出后,很多人对此很感兴趣,纷纷进行试验。如果要完成试验任务,那么所有的走法一共有 5040 种。这么多情况,要一一试验,将会是很大的工作量。但如何才能找到成功走过每座桥而不重复的路线呢?在相当长的时间里,问题始终未能解决,因而形成了著名的"哥尼斯堡七桥问题"。

莱昂哈德·欧拉(Leonhard Euler,见图 4-4)在 1736 年亲自访问哥尼斯堡,观察了哥尼斯堡七桥后,也饶有兴趣地研究了这个问题。他认真思考走法,但始终没能成功,于是怀疑七桥问题是不是原本就是无解的。

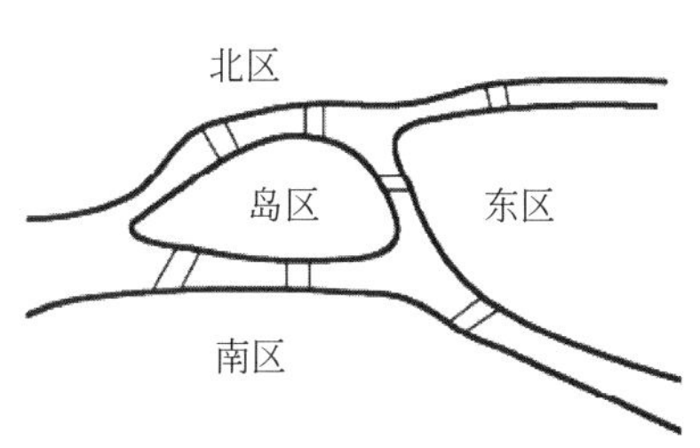

图 4-3 哥尼斯堡七桥问题

图 4-4 莱昂哈德·欧拉

在经过一年的研究之后，29 岁的欧拉向圣彼得堡科学院提交了《哥尼斯堡七桥》的论文。他在文中指出，从一个点出发不重复地走遍七座桥，最后又回到原出发点是不可能的，从而圆满解决了这一问题，同时开创了数学一个新分支——图论与几何拓扑。

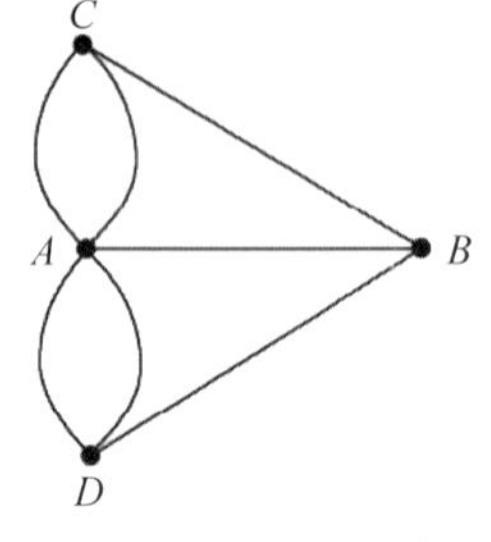

图 4-5　七桥问题示意图

为了解决哥尼斯堡七桥问题，欧拉把每一块陆地考虑成一个点，连接两块陆地的桥以线表示，用四个字母 A、B、C、D 代表四个城区，并用七条线表示七座桥，这样就得到了一个简化了的图，如图 4-5 所示。欧拉抽象出了问题本身最本质的东西，忽略了问题非本质的东西(如桥的长度、宽度等)，从而将哥尼斯堡七桥问题抽象为一个纯粹的数学问题(几何一笔画问题)，即经过图中每条边一次且仅仅一次的回路问题。

欧拉运用一笔画定理为判断准则。连通图可以一笔画的充要条件是：奇点的数目不是 0 个就是 2 个(连到一点的线数目如果是奇数条，就称为奇点，如果是偶数条就称为偶点，要想一笔画成，必须中间点均是偶点，也就是有来路必有另一条去路，奇点只可能在两端。因此任何图能一笔画成，奇点要么没有要么在两端)。由此判断出要一次不重复走遍哥尼斯堡的七座桥是不可能的。也就是说，人们费脑费力寻找的那种不重复的路线，根本就不存在。一个曾难住了那么多人的问题，竟是这么一个出人意料的答案！

欧拉具体推论：除了起点以外，每一次当一个人由一座桥进入一块陆地(或点)时，他(或她)同时也由另一座桥离开此点。所以每经过一点时，计算为两座桥(或线)，从起点离开的线与最后回到始点的线也计算为两座桥。因此每一个陆地与其他陆地连接的桥数必为偶数。七桥所成的图形中，没有一点含有偶数条，因此从著名数学家欧拉所画的图看出上述的任务是无法完成的。欧拉的思维非常重要，也非常巧妙，这正表明了数学家处理实际问题的独特之处，即把一个实际问题抽象成合适的"数学模型"。虽然这并不需要运用多么深奥的理论，但想到这一点，却是解决难题的关键。哥尼斯堡七桥问题也成为实际问题抽象成数学问题的经典案例。

欧拉的论文为图论的形成奠定了基础。现在，图论已广泛地应用于计算学科、运筹学、信息论、控制论等学科之中，并已成为人们对现实问题进行抽象的一个强有力的数学工具。随着计算学科的发展，图论在计算学科中的作用也越来越大，与此同时，图论本身也得到了充分的发展。

4.2.2　数学模型

数学模型的历史可以追溯到人类开始使用数字的时代。随着人类使用数字，就不断地建立各类数学模型，以解决各种各样的实际问题。建立数学模型是沟通实际问题与数学工具之间联系的一座必不可少的桥梁。所谓数学模型，就是利用字母、数字及其他数学语言符号建立起来的等式或不等式以及图表、图像、框图等描述客观事物的特征及其内在联系的数学结构表达式。

众所周知，数学是精确定量分析的重要工具。精确定量思维是指人们从客观实际问题中提炼出数学问题，再抽象化为简洁的数学模型的过程。从定性或定量的角度来刻画实际问题，借助于数学运算或计算机等工具能求出此模型的解或近似解。然后将解返回实际问题进行检验，必要时修改模型使之更切合实际。这为解决现实问题提供精确的数据或可靠的指导，最终得到更广泛的应用。

数学建模是数学理论与实际问题相结合的技术，是一种数学思想方法，是对现实世界中的问题原型进行具体构造数学模型的过程，是“问题求解”的一个重要方面。通过数学建模将考察的实际问题转化为数学问题，构造出相应的数学模型以解决实际问题，这种解决问题的方法就叫数学模型方法。

建立数学模型通常涉及许多数学知识，是一个非常复杂的过程。针对同一个问题可以利用不同方法建立不同的模型。数学模型建立的基本步骤如下：

(1) 对问题(事件或系统)进行观察分析，明确建模目的；对问题进行必要的、合理的简化，搜集必需的各种信息，研究其运动变化情况；用精确的非形式语言(自然语言)进行问题描述，初步确定总的变量及相互关系；为了使处理方法简单，应尽量使问题线性化、均匀化。

(2) 明确问题的系统种类(力学系统、管理系统等)、模型类型(离散模型、连续模型和随机模型等)以及适当的描述数学工具(高等数学、图论、常微分方程、排队论、线性规划、对策论等)。注意，建立数学模型是为了让更多的人明白并能加以应用，因此工具越简单越有价值。

(3) 做出假设是建模至关重要的一步。假设表明了数学模型的抽象性，是从事物的现象中提炼的最本质的内容，并对非本质的东西进行简化，针对完成的假设进行扩充和形式化。选择具有关键性作用的变量及其相互关系进行简化和抽象，用数字、图表、公式、符号将问题的内在规律表示出来，并经过数学上的推导和分析，得到定量(或定性)关系，初步形成数学模型。

(4) 具体根据实际数据对数学模型进行测试、分析和统计，对模型解答进行数学上的分析。“横看成岭侧成峰，远近高低各不同”，能否对模型结果做出细致精当的分析，决定了模型能否达到更高的层次。注意，不论哪种情况都需进行误差分析和数据稳定性分析，评估模型。

(5) 检验修改模型是在问题的真实性与便于数学处理之间的折中过程。将数学模型分析的结果放回到现实问题，并用实际的现象、数据与之比较，检验模型的合理性和适用性。模型只有在被检验、评价、确认基本符合要求后，才能被接受；否则需要及时地修改模型。注意，模型的修改有时是局部的，有时甚至要推倒重来。

对数学模型而言，数学是工具，解决问题是目的。计算机技术出现以后，通过抽象出问题的数学模型，借助计算机技术，求解问题变得更加便捷和高效，进一步强化了数学模型方法的应用。

这里再利用印度的古老传说——汉诺塔问题(汉诺塔也称梵天塔，汉诺塔问题后来演变为汉诺塔游戏)，解释数学模型的求解问题。

据说开天辟地之神勃拉玛在贝拿勒斯(在印度北部)的神庙里留下了三根金刚石柱，并在第一根上自上而下、由小到大依次摞着不同的 64 片中空的圆形金盘。勃拉玛要求庙里的僧侣们把这些金盘按由小到大的顺序搬到第三根上，每次只能搬动一片，规定可利用中间的一根石柱作为中转帮助，但同时要求在搬运的过程中，不论在哪根石柱上，大的金盘都不能放在小的金盘上面。

19 世纪，法国的数学家爱德华·卢卡斯(Édouard Lucas)对该问题进行过研究，得到的结论是：假设僧侣们个个身强力壮，要完成这个任务，僧侣们搬动金盘的总次数为 $2^{64}-1=$ 18 446 744 073 709 551 615 次。若僧侣们每天 24 小时不知疲倦地工作，而且一秒移动一个金盘，那么一年共计 31 536 926 秒(注：按回归年算，每年 365 天 6 时 9 分 10 秒)，完成这个任务也得花 5845.54 亿年！地球存在至今不过 45 亿年，这将大大超过太阳系的预期寿命。看来，众僧们耗尽毕生精力也不可能完成金片的移动。

在对汉诺塔问题进行深入分析时，发现要想将给定的 N 个盘子从 A 柱搬移到 C 柱(即原始问题)，需要把上面的 $N-1$ 个盘子移动到中转柱 B 上(子问题 1)，再将 A 上的唯一盘子(最大的盘子)移动到目标柱 C 上；然后再把临时存储在 B 上的 $N-1$ 个盘子移动到目标柱 C 上(子问题 2)；需要注意的是，当 N 为 1(边界条件)时，则只需简单地将其移动到目标柱 C 上即可，如图 4-6 所示。

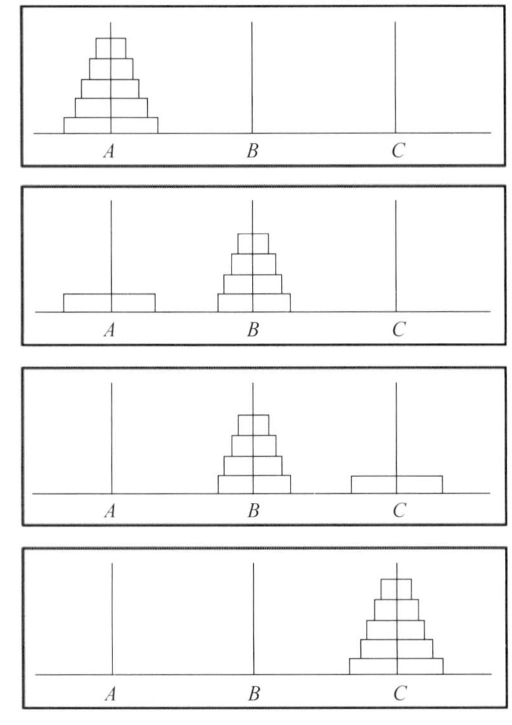

图 4-6　汉诺塔问题示意

分析发现，汉诺塔原始问题可分解为子问题 1 和子问题 2，而子问题 1 和子问题 2 与原始问题本质上是等价的，只是规模小了，即问题本身是递归定义的。递归法是用简单的问题和已知的操作运算来解决复杂问题的方法。对于汉诺塔问题可以通过递归定义建立相应的问题求解数学模型。汉诺塔问题也是用递归方法求解的一个典型问题。

汉诺塔问题在数学界有很高的研究价值，而且至今还在被一些数学家们所研究，针对汉诺塔问题的研究也体现了几方面的观点：

(1) 完成汉诺塔任务时要对圆盘的移动顺序进行预先计划和回顾性计划活动。当问题呈现后，在开始第一步的移动之前，都会根据设定好的目标状态，对圆盘的移动顺序进行预先计划，以决定圆盘的移动顺序。但是这种计划能力的作用可能会受到问题难度的影响。

(2) 不是计划能力而是抑制能力参与汉诺塔问题的解决过程。为了把更大的圆盘先放置于指定位置，必须让较小的圆盘暂时偏离其最终应该放置的位置。但结果自然反应总是“尽快”将圆盘移动到最终的目的地，如此反而导致错误，使移动步数更多，完成时间更长。

(3) 不同性质的记忆对于汉诺塔问题解决的具有重要性。在解决汉诺塔问题的过程中，对圆盘位置的记忆应该是存在的。那么这种记忆与汉诺塔任务存在关系。

和汉诺塔传说相似的还有另外一个印度传说：舍罕王打算奖赏国际象棋的发明人——宰相西萨·班·达依尔(Sissa Ben Dahir)。国王问他想要什么，他对国王说：“陛下，请您在这张棋盘的第1个小格里赏给我一粒麦子，在第2个小格里给2粒，第3个小格给4粒，以后每一小格都是前一小格的2倍。请您把这样摆满棋盘上所有64格的麦粒，都赏给您的仆人吧！”国王觉得这个要求太容易满足了，就命令给他这些麦粒。当人们把一袋一袋的麦子搬来开始计数时，国王才发现：就是把全印度甚至全世界的麦粒全拿来，也满足不了那位宰相的要求。

那么，宰相要求得到的麦粒到底有多少呢？$1+2+2^2+\cdots+2^{63}=2^{64}-1$，等于移完汉诺塔所需的步骤数。这么大的数字估计全世界两千年也难以生产这么多麦子！

把大规模的问题转化为小规模问题来求解的递归法，与《老子》六十三章：“图难乎于其易，为大乎于其细。天下之难事，必作于易；天下之大事，必作于细。”的思想是一致的。做事应当从易到难，从简到繁，踏踏实实干，才能取得成就。

很显然，随着科学技术的广泛应用，针对研究对象的日益精确化、定量化和数学化，数学模型已成为处理科技领域中各种实际问题的重要工具，并在自然科学、社会科学与工程技术的各个领域中得到广泛应用。

面对客观世界的一个待求解的问题，如果抽象不出它的数学模型，基本上就等于宣布无法利用计算机求解该问题了(少数情况例外)。

利用计算机模拟天上云层变化，就是个很难解决的问题。其核心是如何建立数学模型？数学上如何抽象出随机变化的云层？具体变化的规律是什么？又如何利用计算机模拟呢？若能发现并建立精确的数学模型，那天气预报问题就彻底解决了。这对人类的生产和生活所产生的影响将是不可估量的。

当然随着人类科学技术的发展，一些曾经的难解问题都将不断地被破解。例如，分形通常跟分数维、自相似、自组织、非线性系统、混沌等应用问题联系起来出现。分形能通过图形化的方式表达出来而被大众接受，更由于分形在自然界的直观存在，如海岸线、雪花，分形的研究受到越来越多的重视。

分形向人们展示了一类具有标度不变对称性的新世界，如图4-7所示，吸引着人们寻求其中可能存在着的新规律和新特征；分形提供了描述自然形态的几何学方法，使得在计算机上可以从少量数据建立模型出发，对复杂的自然景物进行逼真的计算机模拟，使山脉、花草等得以表达，并启发人们利用分形技术对信息进行大幅度的数据压缩制造出以假乱真的景物。

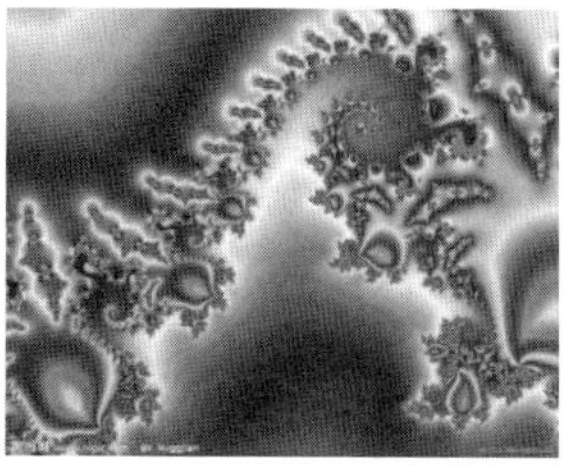

图4-7 分形

分形以其独特的手段来解决整体与部分的关系问题，利用空间结构的对称性和自相似性，模拟真实图形的模型，使整个生成的景物呈现出细节的无穷回归的性质。分形在自然界真实物体模拟、仿真形体生成、计算机动画、艺术装饰纹理、图案设计和创意制作等方面具有广泛的应用价值。

4.3 认识算法

不少问题的数学模型是显然的，但是有更多的问题需要依靠分析问题来构造其数学模型。依靠分析问题建立起数学模型后，接下来就需要设计出恰当的解决问题的算法(algorithm)。算法代表着用系统的方法描述解决问题的策略机制。也就是说，能够对一定规范的输入，在有限时间内获得所要求的输出。如果算法有缺陷，或不适合某个具体问题，执行该算法将不会解决相关问题。

算法的研究由来已久，很多算法是前人智慧的结晶。两千多年前，古希腊数学家欧几里得提出的用于计算两个正整数 a 和 b 的最大公约数的欧几里得算法又称辗转相除法，是数论和代数学中的重要方法，被认为是人类历史上第一个算法。

随着计算机的出现，算法被广泛地应用于计算机的问题求解中。当用一种计算机语言来描述一个算法时，则其表述形式就是一个计算机程序。当一个算法的描述形式详尽到足以用一种计算机语言来编程表述时，算法转换为计算机可以“读懂”的程序就是瓜熟蒂落而且唾手可得的。因此，算法是程序的前导与基础，是程序的“灵魂”。它被认为是程序设计的精髓。算法在程序设计中具有重要的地位。

从算法的角度来看，程序是为解决所求问题的计算机语言有穷操作规则(即低级语言的指令，高级语言的语句)的有序集合。显然，当采用低级语言(机器语言和汇编语言)时，程序的表述形式为“指令的有序集合”；当采用高级语言时，则程序的表述形式为“语句的有序集合”而已。若要计算机去执行算法，还要利用计算机语言将算法转换为程序，并对编写程序进行不断地测试和修改，保证其正确运行以满足问题求解的要求。

4.3.1 什么是算法

1. 定义

做任何事情都有一定的步骤，算法表达了解决问题的步骤。广义地说，算法就是为解决问题而采取的一组明确的、可以执行的方法或步骤的有序集合。解决问题的过程就是算法实现的过程。

事实上算法无处不在，日常生活中很多问题的处理，人们有意无意都按一定的算法执行和实施。例如，同学们考上大学一定都经历了交报名费、拿到准考证、参加高考、填报高考志愿、收到大学录取通知书、到学校报到注册等过程。这一系列的步骤都是按一定顺序进行的，缺一不可。它有着严格的次序，实际也是每个大学新生入学的“算法”。

人们到商店购物，首先确定要购买的东西，然后进行挑选比较，最后到收银台付款，这一系列有序的操作步骤实际上就是购物的“算法”。菜谱是人们烹饪菜肴的“算法”。乐谱(见图 4-8)是弹唱歌曲的“算法”…… 类似的例子还很多。

图 4-8 弹唱歌曲的算法——乐谱

当然，算法都有执行主体。在现实世界人是执行主体，在计算机世界设计算法是让计算机可以执行。例如“打一瓶酱油”或“煎一份牛排”虽然也可理解为是“算法”，但至少目前计算机还不能完成。因此，这里主要讨论的是可以让计算机执行的算法。

对于一个特定问题的算法在大部分情况下都不是唯一的。同一个问题，可以有多种解决问题的算法，而对于特定的问题、特定的约束条件，相对好的算法还是存在的。因此，借鉴前人的智慧，选择合适的算法，会对解决问题有很大的帮助。

2. 算法的基本性质

算法反映的是解题的逻辑，是一种抽象的解题方法，是解题思想的表达。算法的选择与正确性直接影响到对问题求解的结果。算法的性质归纳如以下：

1）确定性(definiteness)

组成算法的每一个步骤都是确定的、明确无误的。算法的每一种运算(包括判断)必须要有确切的定义，即每一种运算应该执行何种动作必须是相当清楚的、无二义性的，模棱两可的步骤不能构成算法。例如，操作完成“把变量 x 加上一个不太大的整数”，这里“不太大的整数”就很不明确。

2）可行性(effectiveness)

算法中的每一步骤还必须是“可执行的”，即相应步骤是有效和可以实现的，或者都可以分解成计算机可执行的基本操作。一个算法是可行的，表示算法中描述的操作都可以通过已经实现的基本运算执行有限次来实现。可行性不是一定能被计算机所直接执行，即它不一定直接对应计算机的某个指令。

例如，“列出所有的正整数”就是不可行的，因为有无穷多的正整数；再如当 $B=0$ 时，N 除以 B 就无法执行，这不符合可执行性要求；而在实数范围内不能求一个负数的平方根等。

算法在执行过程中往往要受到计算工具的限制，使执行结果产生偏差。例如，在进行数值计算时，如果采用 7 位有效数字(单精度运算)，则计算 $A=10^{12}$、$B=1$、$C=-10^{12}$ 三者之和时，如果采用不同的运算顺序，就会得到不同的结果，如式(4-1)和式(4-2)所示。

$$A+B+C=10^{12}+1+(-10^{12})=0 \quad (4\text{-}1)$$

$$A+C+B=10^{12}+(-10^{12})+1=1 \quad (4\text{-}2)$$

而在数学上，$A+B+C$ 与 $A+C+B$ 是完全等价的。因此，算法与计算公式是有差别的。在设计一个算法时，必须要考虑它的可行性，否则可能无法得到满意的结果。

3）输入(input)

在算法执行过程中，从外界获得的信息就是输入。一个算法可以有 0 个、1 个或多个数据输入。它们是在算法开始之前对算法赋予的量，这些输入取自特定的对象集合，所谓 0 个输入是指算法本身定出了初始条件。例如，求两个整数 m 和 n 的最大公约数，则需要输入 m 和 n 的值。一个算法也可以没有输入，算法执行的结果总是与输入的初始数据有关。不同的输入将会产生不同的输出结果。当输入不够或输入错误时，还会导致算法无法执行或执行错误。

4）输出(output)

算法的目的是为了求解，“解”就是输出。一个算法所得到的结果就是该算法的输出。它们是同输入有某种特定关系的量。一个算法必须有 1 个或多个输出，否则，“只开花不结果”的算法就没有实际意义了。

5）有穷性（finiteness）

一个算法必须在执行有穷步骤之后结束。换言之，任何算法必须在有限时间内完成。也就是说，算法的执行步数是有限的，解必须在有限步内得到。同时也不能出现“死循环”，即执行是可终止的。任何不会终止的算法是没有意义的。有穷性意味着执行时间应该合理。这种合理性则需要具体问题具体分析，不能一概而论。例如，数学中的无穷级数，在实际计算时只能取有限项，即计算无穷级数值的过程只能是有穷的。因此，一个数的无穷级数表示只是一个计算公式，而根据精度要求确定的计算过程才是有穷的算法。所以如果一个算法在计算机上要运行上千年，那就失去了实用的价值，尽管它是有穷的。

4.3.2 算法的描述

算法源于人的大脑的思维、论证，是求解问题的智慧和结晶。算法描述是提交程序设计人员作为编写程序代码的依据，也是算法研究分析的前提。通过研究和实践，人们常用的算法描述方法包括：

1. 自然语言描述

用人们日常使用的自然语言来描述或表示算法的方法，具体就是把算法的各个步骤，依次用人们所熟悉的自然语言表示出来，可以是汉语、英语或其他语言。使用自然语言描述算法的特点是通俗易懂。

当算法中的操作步骤都是顺序执行时，自然语言描述比较直观、容易理解。但如果算法中包含了判断选择和重复，则自然语言就很难清楚地表达出算法的逻辑流程。当算法的操作步骤较多时，烦琐且冗长的自然语言描述就更显得不那么直观清晰了。因此，采用自然语言描述算法时，需要注意尽可能简洁、精确和详尽，避免产生歧义。

【例 4-3】 判断 1900—2100 年中每一年是否是闰年，是则区分“世纪闰年”和“普通闰年”，打印出结果（用自然语言描述）。

解：闰年的条件如下。

（1）普通闰年是能被 4 整除，但不能被 100 整除的年份，如 2004 年、2020 年；

（2）世纪闰年是整百数，能被 400 整除的年份，如 2000 年是世纪闰年，1900 年不是世纪闰年。

设 Y 为年份，算法可表示如下：

① 将 1900 赋值给 Y；

② 若 Y 不能被 4 整除，则打印 Y“不是闰年”，然后转到⑤；

③ 若 Y 能被 4 整除，不能被 100 整除，则打印 Y“是普通闰年”；

④ 若 Y 能被 4 整除，又能被 400 整除，打印 Y“是世纪闰年”；

⑤ $Y+1$ 赋值给 Y；

⑥ 当 Y 小于 2100 时，转②继续执行，如果 Y 大于 2100，算法停止。

注意，在这个算法中，采取了多次判断，先判断 Y 能否被 4 整除，如果不能，则 Y 必然不是闰年。如果 Y 能被 4 整除，并不能马上决定它是否是闰年，还要看它能否被 100 整除。如果不能被 100 整除，则肯定是普通闰年（例如 2004 年）。如果能被 100 整除，还不能判断它是否是闰年，还要被 400 整除，如果能被 400 整除，则它是世纪闰年，否则不是世纪闰年。在这个算法中，每做一步，都分离出一些年份（为闰年或非闰年），逐步缩小范围，使被判断的范围愈来愈小。

在考虑算法时,有时判断的先后次序与问题的解无关,而有时判断条件的先后次序则不能任意颠倒,这需要根据具体问题决定其逻辑。

2. 图形化工具描述

众所周知,人们对图形图像比数字和文字要敏感得多。所以用图形来描述算法是非常直观的,这也是很多人喜闻乐见的。人们设计了许多专用的图形工具,用一种比较直观的方法展示算法的操作流程,常用的有流程图、N-S 图和 PAD 等。

1) 流程图

流程图是一种传统的算法表示方法,也是早期的程序描述工具。它的符号简单,表现灵活,流传广泛。流程图采用几何图形框代表各种不同性质的操作,用流程线来指示算法的执行方向,用文字说明达到形象直观地描述算法的目的。画流程图通常是程序设计所必需的步骤。我国国家技术监督局批准的程序流程图标准符号图例如图 4-9 所示。

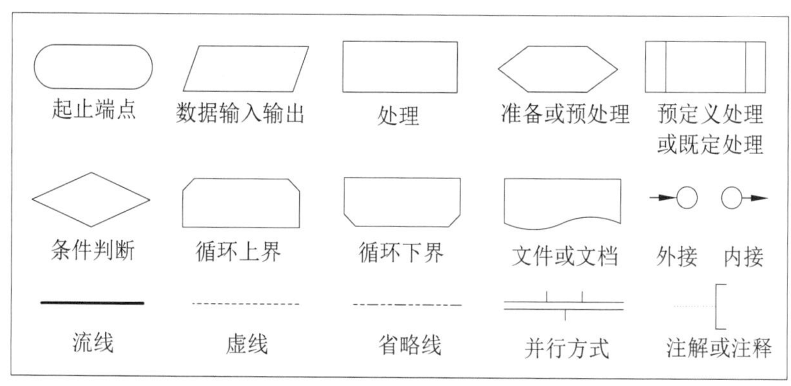

图 4-9 程序流程图标准符号图例

流程图使用的符号有明确规定,除按规定使用定义的符号之外,流程图中原则上不允许出现任何其他符号。流程图可使用文字处理软件或 Visio 等进行绘制,具体可参考相关资料。

事物总是一分为二的,流程图的不足就是“麻烦”。一个简单算法的流程图也许还行,对于一个复杂的算法,即使绘出流程图,恐怕也难以“阅读”了。试想一下,一个 10 万行的程序,其流程图是何等的壮观!事实上,10 万行还根本算不上一个特别大的程序,已知的最大程序多达数千万行了。

另外,需要特别提醒的是,流程图和结构化程序设计思想不完全吻合,尤其是自结构化程序设计问世以来,流程图中能随意表达任何控制结构的特点反而成为它的缺点。事实上,只要算法描述时逻辑结构清晰,也不需要“图形”来帮助理解。

2) N-S 图

随着结构化程序设计的兴起,美国学者 I.Nassi 和 B.Shneideman 提出的一种新的流程图形式,并以他俩姓氏的第一个字母命名为 N-S 图,又称为盒图。N-S 图简化了传统流程图,去掉了带箭头的控制流向线,全部算法以一个大的盒子来表示,并且可以嵌套。在 N-S 图中,功能域明确,不可能任意转移控制。采用它作为详细设计的工具,可以使程序员逐步养成用结构化的方式思考问题和解决问题的习惯。

【例 4-4】 采用图形化描述求 10!的算法。

解：传统流程图描述如图 4-10(a)所示；N-S 图描述如图 4-10(b)所示。

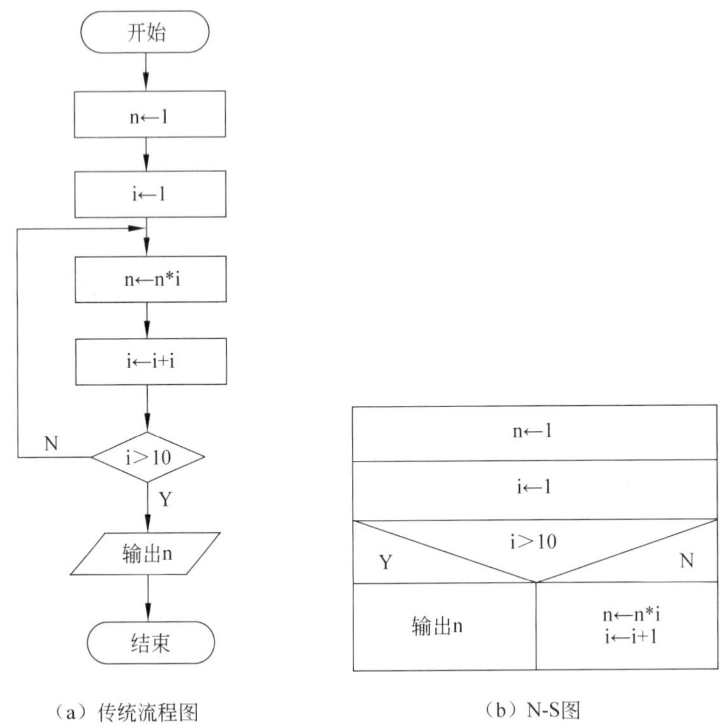

(a) 传统流程图　　(b) N-S图

图 4-10　求 10！的算法图形化描述

3) PAD

PAD(Problem Analysis Diagram)即问题分析图，它用二维树形结构的图描述程序控制流，主要是用于描述软件详细设计的图形表示工具。PAD 是一种算法结构可见性好、结构唯一、易于编程、易于检查和易于修改的详细设计表示方法，如图 4-11 所示。

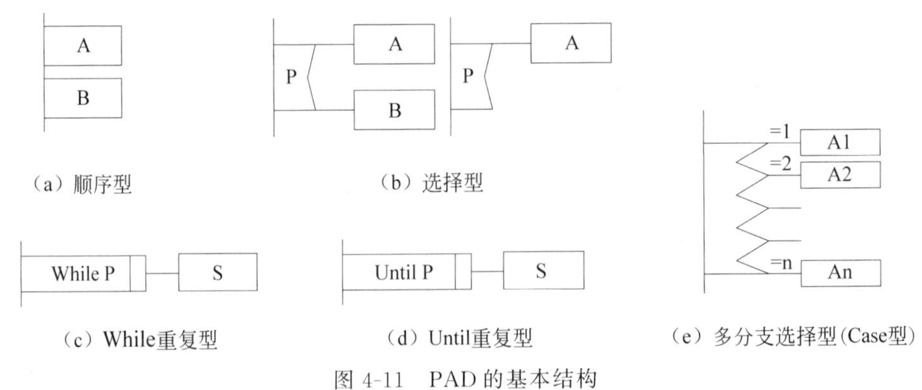

(a) 顺序型　　(b) 选择型　　(c) While重复型　　(d) Until重复型　　(e) 多分支选择型(Case型)

图 4-11　PAD 的基本结构

PAD 所描述的算法结构十分清晰，能描述结构化程序允许使用的几种基本结构。使用 PAD 符号所设计出来的算法较易转换为结构化程序，而且能够使用软件工具自动将这种图翻译成程序代码。图中最左边的竖线是算法的主线，即第一层控制结构。随着算法层次的增加，PAD逐渐向右延伸，每增加一个层次，图形向右扩展一条竖线。PAD中竖线的总条数就是算法的层次数。用PAD表现算法逻辑清晰，易读、易懂、易记。算法从图中最左边上端的结点开始执行，自上而下、从左到右顺序执行。PAD能够面向高级程序设计语言，既可用于表示算法逻辑，也可用于描述程序的数据结构；PAD的符号支持自顶向下、逐步求精方法的使用。

3. 伪代码

伪代码(pseudocode)是非正式的、半角式化、不标准的语言，它类似于英语结构，是一种用于描述模块结构的算法描述语言。其目的是使被描述的算法可以容易地以任意一种编程语言(Pascal、C、Java等)来实现。它具体通过使用一些介于自然语言与高级语言之间的符号语言来描述算法，从而将整个算法运行过程结构用接近自然语言的形式描述出来。

采用伪代码描述算法结构清晰，代码简单，不拘于具体实现，可读性好。表4-1描述了伪代码的相关符号。

表4-1　伪代码的相关符号

运算符号说明	符号表示	范例
赋值符号	←或＝	A ← 5、B ＝6
算术运算符号	＋、－、×、/、Mod(整除取余)	A＋B、A－B、A×B、A/B、A Mod B
关系运算符号	＞、≥、＜、≤、＝、≠	A＞B、A≠B
逻辑运算符	And(与)、Or(或)、Not(非)	Not(A≥B And A＋B≤A×B Or A＞0)
输入和输出	Input、Print	Input A、Print B
选择结构	如果P成立则A否则B： If P Then A Else B EndIf	If A＝B Then Print A Else B EndIf
循环结构	当型循环结构：While P Do A 直到型循环结构：Repeat A… Until P 或 Do A… While P	Count＝1； While(Count ＜ 7)Do {Print Count； Count ＝ Count＋1；}
程序单元	无参数 Procedure Name 有参数 Procedure Name(参数列表)	Procedure Printing Procedure Fac(N)

伪代码常常应用于考虑算法功能而不是其语言实现的情况。伪代码中常用于在技术文档中表示算法，或者在软件开发的实际编码过程之前表达程序的逻辑情况。伪代码是不依赖于语言的，仅用来表示算法步骤执行过程，并不一定能编译成可运行的代码。伪代码不是用户和分析师的工具，而是设计师和程序员的工具。

【例4-5】 采用伪代码描述算法，输入3个数，打印输出其中最大的数。

解：

```
Begin(算法开始)
   Input A,B,C
   If A>B Then A←Max
   Else B←Max
```

```
    EndIf
    IF C>Max Then C←Max
    EndIf
    Print Max
End (算法结束)
```

4. 计算机语言

设计的算法也确实需要用"语言"恰当地表示出来。计算机无法识别和执行自然语言、流程图和伪代码形式描述的算法。这些方法只是为了帮助人们描述和梳理算法,用于描述算法的思想。因此,要用计算机解决问题,最终必须用计算机程序设计语言来描述算法。这里涉及大量的代码语言元素、语法规则和语言环境工具。采用计算机描述算法得到的结果既是算法也是程序,作为程序就可以直接上机运行算法。

【例 4-6】 采用计算机语言(C 语言)描述算法,输入 3 个数,打印输出其中最大的数。

解:

```
#include<stdio.h>
int main()
{
      int A , B , C , Max=0;
      scanf("%d, %d , %d", &A ,&B , &C);
      if( A>B )
          Max=A ;
      else
          Max=B ;
      if ( C >Max)
          Max=C ;
      printf("最大值为: %d\n",Max);
    return 0;
}
```

使用计算机语言表述算法,需要遵循语法规则和结构,采用由粗到细的严谨的设计过程,抓住问题的本质表达算法的核心思想。

另外,计算机语言有多种,且各有特点,选择哪一种语言来描述算法,算法实现又是用哪一种计算机语言,也需要明确。例如,算法描述用的是 A 语言,算法实现要求用 B 语言,而程序员也许熟悉 C 语言,说不定系统用户更熟悉 D 语言,这样在算法设计过程中必然会面对"交流和沟通"的问题,更不用说不同的计算机语言之间是否能实现等价的转换了,因此,采用计算机语言描述算法需要在技术层面进行评估。

4.3.3 算法的评价

解决方案的优劣是通过评价算法来判定的。算法的评价取决于用户更注重哪方面的性能。通常评价一个算法主要从正确性、时间复杂度、空间复杂度、可读性和健壮性五方面进行。

1. 正确性

算法正确性是指算法设计应当满足具体问题的需求,它是评价一个算法优劣的最重要的标准。算法正确性要求对任意一个合法的输入经过有限步执行之后，算法应给出正确的结果。具体包括：对不同的输入数据能够得出满足要求的结果；对于所选择的典型或者极限的输入数据能够得出满足要求的结果；对于一切合法的输入数据都产生满足要求的结果。

2. 时间复杂度(运行时间)

算法的时间复杂度是通过算法编写的程序在计算机上运行时所消耗的时间来度量。算法的时间复杂度是一个问题规模 n 的函数 $f(n)$，它定量描述了该算法的运行时间。

一般来说，算法的时间复杂度具体与问题的规模有关，算法执行的时间的增长率与 $f(n)$的增长率成正相关，可以记作 $T(n)=O(f(n))$。$f(n)$越小，算法的时间复杂度越低，算法的效率越高。对于一个固定的规模，算法所执行的时间还可能与特定的输入有关。

在计算时间复杂度时，先找出算法的基本操作，然后根据相应的各语句确定它的执行次数，再找出 $T(n)$ 的同数量级($1, \mathrm{lb}n, n, n\mathrm{lb}n, n^2, n^3, 2^n, n!$)。随着问题规模 n 的不断增大，上述时间复杂度不断增大，算法的执行效率逐步降低。

例如，在 $N\times N$ 矩阵相乘的算法中，算法的执行时间与基本操作(乘法)重复执行的次数 n^3 成正比，也就是时间复杂度为 n^3，表示为 $T(n)=O(n^3)$。

3. 空间复杂度(占用空间)

算法的空间复杂度是指算法运行需要消耗的内存空间，主要包括存储算法本身所占用的存储空间、算法的输入输出数据所占用的存储空间和算法在运行过程中临时占用的存储空间这三方面。

算法的空间复杂度也是问题规模 n 的函数。其计算和表示方法与时间复杂度类似，一般都用复杂度的渐近性来表示。也就是说，算法的空间复杂度作为算法所需存储空间的量度，记作 $S(n)=O(f(n))$，其中 n 为问题的规模(或大小)。同时间复杂度相比，空间复杂度的分析要相对简单。

例如，递归算法，其空间复杂度为递归所使用的堆栈空间的大小。它等于一次调用所分配的临时存储空间的大小乘以被调用的次数(即为递归调用的次数加 1，这个 1 表示开始进行的一次非递归调用)。当一个算法的空间复杂度为一个常量，即不随被处理数据量 n 的大小而改变时，可表示为 $O(1)$；当一个算法的空间复杂度与以 2 为底的 n 的对数成正比时，可表示为 $O(\mathrm{lb}n)$。

需要注意，对于一个算法，其时间复杂度和空间复杂度往往是相互影响的。当追求一个较好的时间复杂度时，可能导致占用较多的存储空间，使空间复杂度的性能变差；反之，当追求一个较好的空间复杂度时，可能导致占用较长的运行时间，会使时间复杂度的性能变差。因此，当设计一个算法(特别是大型算法)时，要综合考虑算法的各项性能、算法的使用频率、算法处理的数据量的大小、算法描述语言的特性、算法运行的机器系统环境等各方面因素，才能够设计出比较好的算法。算法的时间复杂度和空间复杂度合称为算法的复杂度。

4. 可读性

算法首先是为了方便人们的阅读与交流，其次才是便于机器执行。可读性是指一个算法可供人们阅读的容易程度，包括算法的书写、命名等。算法的可读性好有利于人们对算法的理解；晦涩难懂的程序易隐藏较多错误，难以调试和修改。

5. 健壮性

健壮性是指算法对不合理或非法数据输入的反应能力和处理能力，也称为容错性。它强调了即使输入了非法数据，算法应能够识别并做出正确处理，而不是产生莫名其妙的输出结果。例如，一个求凸多边形面积的算法是采用求各三角形面积之和的策略来解决问题，当输入的坐标值集合表示的是一个凹多边形时，则不应继续计算，而应报告输入出错。并且，处理错误的方法是返回一个表示错误或错误性质的值，而不是打印错误信息或异常，并同时终止程序的执行，以便在更高的抽象层次上进行处理。

综上，通过对解决问题的算法进行评估分析，可以明确算法适合在什么样的环境中有效地运行。例如：要在学生信息表中查找某个学生，若相应的信息表是按照学号顺序排列组织的，那么如果分别采用顺序查找和二分搜索两个算法来解决这个问题，则会获得不同的效果。

根据顺序查找算法，查找给定学生的学号，就需要从表的开头开始，将记录与目标学号一一对比，直到记录与目标学号匹配或全部记录比对完毕也没有匹配上为止。假定有30 000个学生，由于没有目标值的任何其他信息，因此不能确定要查找多少次才能得到结果。经过多次查找，可以认为平均查找深度是表的一半长度，那么顺序查找方法平均每次需要查找15 000条记录。假设检索比对一条记录需要1ms，那么整个查找需要15s，显然这个查找算法的等待时间是比较长的。

而采用二分搜索的基本思想充分利用了元素间的次序关系。将表中所有元素按序排列，分成个数大致相同的两半，通过比较目标值和表的中间值来进行查找。可在最坏的情况下用$O(\mathrm{lb}n)$完成查找任务。同样还是对于30 000条记录，最多通过15次就能够找到目标值或者确定在30 000条记录中不存在目标值。假设检索比对一条记录需要1ms，那么整个查找只需要0.015s，这个时间完全是可以接受的等待时间。

当在长度为n的表中进行查找时，顺序查找算法的平均查找长度是$n/2$，而二分搜索算法在最差情况下的查找长度不超过$\mathrm{lb}n$，明显要优于顺序查找。所以在信息表按照学号顺序排列组织这个前提下，若学生信息表的组织是乱序存储排列，那么，二分查找算法将无法使用，而顺序查找算法还是可以运用。

4.4 算法设计

随着计算机的广泛应用，人们利用计算机求解的问题数量日益增多，问题的种类千差万别，需要设计的求解算法自然也各不相同。计算机科学家们通过研究分析发现，很多现实世界需要处理的问题存在有相似特征，从而可以采取一些合理通用的思想进行算法设计，从而完成问题的解决。

因此，在计算机应用领域产生了很多有效、实用和优秀的算法设计方法和策略，解决了现实世界很多重要的、基础性问题。常用的算法主要包括穷举法、分治法、动态规划法、递归法、递推法、贪心法、回溯法等。下面将从方法论的角度阐述这些典型有效的算法。

4.4.1 穷举法

穷举法(enumeration)也叫枚举法。顾名思义，穷举法的基本思想就是对于要解决的问题，通过列举出它的所有可能的情况，逐个判断，找出哪些是符合问题所要求的条件，从而得到问题的解。穷举法的具体设计策略是按照问题要求确定问题解的大致范围，然后在此范围内对这些可能解进行列举，再判断所列举的可能问题解是否满足问题的要求，直到所有可能解列举完毕。破译密码就是穷举法的典型，即将密码进行逐个推算直到找出真正的密码为止。例如一个已知是5位并且全部由数字组成的密码，其可能共有100 000种组合，因此最多尝试100 000次就能找到正确的密码。

现实世界中，对于许多毫无规律的问题求解而言，穷举法能够用时间上的牺牲换来解集的全面性保证。使用穷举法需要解决的关键是如何缩短具体的试误时间，而随着计算机技术的发展，计算机计算速度加快，永不疲劳的特性为穷举法的使用提供了有力的帮助。

【例4-7】 二元一次方程组求解。对下列方程组求解（X、Y均为自然数）。

$$\begin{cases}2X+3Y=13\\3X-Y=3\end{cases} \tag{4-3}$$

解：

```
Begin
i←1;
j←1;
While (i ≤ 13) Do
{
    While (j ≤ 13) do
    {
        If ((2×i+3×j=13) And (3×i-j=3)) Then              //方程组成立
            Print i,j ;
        EndIf
        j ← j +1;
    }
    i←i+1;
}
    End
```

【例4-8】 百钱买百鸡。公元前五世纪，我国数学家张丘建在《算经》中提出"百鸡问题"：鸡翁一值钱五，鸡母一值钱三，鸡雏三值钱一。若百钱买百鸡，问鸡翁、鸡母、鸡雏各几何？

解：原问题分析可转化为求下面方程组的解，其中x为公鸡，y为母鸡，z为小鸡。

$$\begin{cases}X+Y+Z=13\\5X+3Y+Z/3=100\end{cases} \tag{4-4}$$

```
Begin
    x ← 1
    y ← 1
    While (x≤20)Do                              //最多可以买 20 只鸡翁,33 只鸡母
    {
      While (y≤33)Do
      {
        z ← 100 -x - y
        If ((5 × x +3 × y +z / 3 =100) And (z Mod 3 =0)) Then
```

```
                Print 公鸡 x 只,母鸡 y 只,小鸡 z 只
            EndIf
        }
    }
End
```

通过分析发现,穷举法的实质是穷举所有可能的解,再用检验条件判定哪些是有用的,哪些是无用的,而题目往往就是检验条件(例 4-7 中的方程组,例 4-8 中的百钱买百鸡)。

对于穷举问题,计算机与人的问题求解思路类似,只是由于一般需要穷举的数据范围比较大,如果仅仅通过手工进行计算,则需要耗费大量的时间。而计算机的最大特点是速度快,通过计算机来求解穷举问题,实际完成的时间将大大缩短,这也成为穷举法被大量使用的原因之一。目前,随着计算机性能的快速提高,在算法设计领域,虽然穷举法在效率上显得较低,但已经不再是低等和原始的无奈之举,穷举法也具有了一定适用的应用领域。

其实在现实中,只有很少的一些问题是真正意义上的"毫无规律",大多数问题仍有内在规律可循。求解那些可确定解的取值范围但一时又找不到其他更好的算法时,就可以选择使用穷举法。

4.4.2 分治法

在计算机科学中,分治法(divide and conquer)是一种很重要的算法。分治法属于计算思维中的分解方法,采取"分而治之"的设计思想。研究表明,任何一个可以用计算机求解的问题所需的计算时间都与其规模有关。问题的规模越小,越容易直接求解,解题所需的计算时间也越少。分治法就是通过降低问题规模达到快速解决问题的目的。

分治法所能解决的问题一般具有以下特征:

(1) 当问题的规模缩小到一定的程度时就可以容易地解决;

(2) 问题可以分解为若干规模较小的相同问题,即问题具有最优子结构性质;

(3) 通过原问题分解出的子问题的解,可以合并获得该问题的解,这也是能否利用分治法的关键特征;

(4) 具体分解出的各个子问题需要是相互独立的,即子问题之间不再包含公共的子问题,这也是分治法效率的体现。如果各子问题是不独立的,则分治法就要做许多不必要的工作,重复地解公共的子问题。

分治法设计策略是对于一个规模为 n 的问题,若该问题可以容易地解决(比如说规模 n 较小)则直接解决,否则将其分解为 k 个规模较小的子问题,这些子问题互相独立且与原问题形式相同,再把子问题分成更小的子问题……直到最后子问题可以简单地直接求解,然后将各子问题的解合并得到原问题的解。

【例 4-9】 采用分治法,计算 X 的 n 次幂(X^n)。

解:令 $Y=X*X$,则计算 X 的 n 次幂问题,则可转换为计算 Y 的 $n/2$ 幂次新问题。问题的规模从原来的 n 下降到 $n/2$,以上过程每执行 1 次,问题规模将减小一半。但若不断重复上述过程,每次将规模减小一半,运行效率就提高了。而当 n 等于 2 的整数乘幂时,例如 $n=2^k$,算法时间复杂性的阶将下降为 $O(\text{lb}n)$。考虑到 n 可能是奇数,因此,算法中还需添上"变奇为偶"的处理。

```
Procedure QuickPower( X,n)
{
    P←1;
    Y←X;
    K←n;
    While (K>0) Do
    {
      if (K Mod 2=0) Then
          Y←Y×Y;
          K←K/2;
      Else
          P←P×Y;
          K←K-1;
      EndIf
      Print x,P;
}
```

注意:算法中的 $P=P*Y$;$K=K-1$ 两步操作不仅完成了变奇为偶,而且巧妙地使 P 随算法的执行过程逐步更新其内容,并参与运算。当最终退出运算时,P 的值即为最后的结果。

【例 4-10】 采用分治法,完成对数据序列{35,33,42,10,14,19,27,44,26,31}的快速排序。

解:快速排序是一种排序执行效率很高的排序算法,分治法的思想是首先从待排序序列中任选一个元素 P 作为中间元素,将所有比 P 小的元素移动到它的左边,所有比 P 大的元素移动到它的右边;P 左右两边的子序列看作两个待排序序列,各自重复执行前一步。直至所有的子序列都不可再分(即仅包含 1 个元素或者不包含任何元素),这样整个序列就变成了一个有序序列。

(1) 选择序列中最后一个元素 31 作为中间元素,将剩余元素分为两个子序列,分别是{26,27,19,10,14}和{33,44,35,42},前者包含的所有元素都比 31 小,后者包含的所有元素都比 31 大,两个子序列还可以再分。

(2) 重复第(1)步,将第一个子序列{26,27,19,10,14}看作新的待排序序列:

① 选择最后一个元素 14 作为中间元素,将剩余元素分为{10}和{19,26,27}两个子序列。其中{10}仅有一个元素,无法再分;{19,26,27}可以再分。

② 将{19,26,27}看作新的待排序序列,选择最后一个元素 27 作为中间元素,分得的两个子序列为{19,26}和{}。其中{}是空序列,无法再分;{19,26}可以再分。

③ 将{19,26}看作新的待排序序列,选择最后一个元素 26 作为中间元素,分得的两个子序列为{19}和{},两个子序列都无法再分。

经过以上 3 步,{26,27,19,10,14}子序列变成了{10,14,19,26,27},这是一个有序子序列。

(3) 重复第(1)步,将第二个子序列{33,44,35,42}看作新的待排序序列:

① 选择最后一个元素 42 作为中间元素,将剩余元素分为{33,35}和{44}两个子序列。其中{33,35}可以再分;{44}仅有一个元素,无法再分。

② 将{33,35}看作新的待排序序列,选择最后一个元素35作为中间元素,分得的两个子序列为{33}和{},两个子序列都无法再分。

经过以上2步,{33,44,35,42}子序列变成了{33,35,42,44},这是一个有序的子序列。

最终,原序列变成了{10,14,19,26,27,31,33,35,42,44},这是一个升序序列。

由分治法产生的子问题往往是原问题的较小模式,这就为使用递归技术提供了方便。在这种情况下,反复应用分治手段,可以使子问题与原问题类型一致而其规模却不断缩小,最终使子问题缩小到很容易直接求出其解。这也就自然导致递归过程的产生。通常分治与递归像一对孪生兄弟,经常同时应用在算法设计之中,是很多高效算法的基础,并由此产生许多高效算法。

【例 4-11】 设有有序数据序列为{04,12,28,39,49,49,56,66,75,98},利用二分搜索查找28和85。

解:二分搜索又称折半查找,它是一种效率较高的查找方法。二分搜索要求线性表是有序表,即表中结点按关键字有序,并且要用向量作为表的存储结构。不妨假设有序表是递增有序的。二分搜索的基本思想是(设R[low.. high]是当前的查找区间):

(1) 确定该区间的中点位置:

$$mid=\lfloor (low+high)/2 \rfloor$$

(2) 将待查的K值与R[mid].key比较:若相等,则查找成功并返回此位置,否则须确定新的查找区间,继续二分搜索,具体方法如下:

① 若R[mid].key>K,则由表的有序性可知R[mid..n].key均大于K,因此若表中存在关键字等于K的结点,则该结点必定是在位置mid左子表R[1..mid−1]中,故新的查找区间是左子表R[1..mid−i]。

② 类似地,若R[mid].key<K,则要查找的K必在mid的字表R[mid+1..n]中,即新的查找区间为右子表R[mid+1..n]。下一次查找是针对新的查找区间进行的。

因此,从初始的查找区间R[1..n]开始,每经过一次与当前查找区间的中点位置上的结点关键字的比较,就可确定查找是否成功,若不成功则当前的查找区间就缩小一半。重复这个过程直至找到关键字为K的结点,或者直至当前的查找区间为空(即查找失败)时为止。

图4-12给出了关键字K为28的查找过程。

图4-13给出了关键字K为85的查找过程。

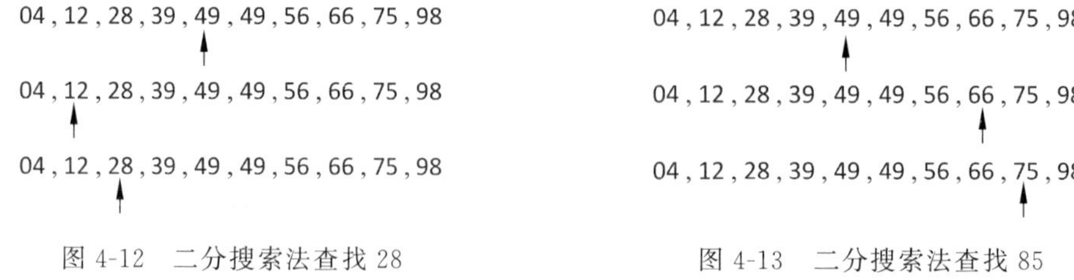

图4-12 二分搜索法查找28　　图4-13 二分搜索法查找85

由于在查找时85比75大,所以查找的下一个数为98,而75到98之间没有其他数,故查找失败。

4.4.3 动态规划法

动态规划法(dynamic programming)解决问题的过程和分治法类似,也是先将问题拆分成多个简单的小问题,通过逐一解决这些小问题找到整个问题的答案。不同之处在于,分治法拆分出的小问题之间是相互独立的,而动态规划法拆分出的小问题之间相互关联,例如要想解决问题 A,必须先解决问题 B 和 C。

动态规划法采取的是分治法加消除冗余,是一种将问题实例分解为更小的、相似的子问题,并存储子问题的解而避免重复计算子问题,从而解决问题的算法。使用动态规划法可以求两个字符序列中最长公共子序列的算法、求解图中任意两点间的最短路径(即 Floyd-Warshall 算法)等。

【例 4-12】 假设有 1、7、10 这 3 种面值的纸币,每种纸币使用的数量不限,要求用尽可能少的纸币拼凑出的总面值为 15。

动态规划法的解题思路是用 $f(n)$表示凑齐面值 n 所需纸币的最少数量,面值 15 的拼凑方案有 3 种,分别是:

(1) 若挑选一张面值为 1 的纸币,$f(15)=f(14)+1$,$f(14)$表示拼凑出面值 14 所需要的最少的纸币数量;

(2) 若挑选一张面值为 7 的纸币,$f(15)=f(8)+1$,$f(8)$表示拼凑出面值 8 所需要的最少的纸币数量;

(3) 若挑选一张面值为 10 的纸币,$f(15)=f(5)+1$,$f(5)$表示拼凑出面值 5 所需要的最少的纸币数量。

也就是说,$f(15)$的问题就是 $f(14)+1$、$f(8)+1$ 和 $f(5)+1$ 三者中的最小值问题,所求就是最优的拼凑方案。采用同样的方法,继续求 $f(14)$、$f(8)$、$f(5)$的值:

$f(5)=f(4)+1$;只能选择一张面值为 1 的纸币;

$f(8)=f(7)+1=f(1)+1$;可以选择一张面值为 1 的纸币或面值为 7 的纸币;

$f(14)=f(13)+1=f(7)+1=f(4)+1$;可以选择一张面值为 1、7 或 10 的纸币;

最终得出最优的拼凑方案,即只需要面值 1、7、7 共 3 张纸币。

动态规划法是以分治法为基础,也是将原问题分解为相似的子问题,在求解的过程中通过子问题的解求出得到最终解。但是,如果原问题的解无法由少数几个子问题的解答直接组合得出,而依赖于大量子问题的解答,并且子问题的解答又需要反复利用多次时,动态规划法会系统地记录各个子问题的解答,据此求出整个问题的解答。

4.4.4 递归法

递归法(recursion)是一种直接或者间接地调用自身的过程。在数学中,递归法是指在函数的定义中使用函数自身的方法。在计算机科学中,递归法也是一种常用算法,借助递归法,可以把一个相对复杂的问题转换为一个与原问题相似的规模较小的问题来求解,递归算法的描述简洁而且易于理解,往往使只需少量的过程描述就可阐述出解题中的多次重复过程。

递归法是一个非常有趣且实用的算法设计方法,生活中递归的例子不少。举例如下。

有一个家庭,夫妇俩生养了 5 个孩子,个个活泼,调皮,可爱。一日,家里来了客人,见到了这一群孩子，难免喜爱和好奇。遂问老大："你今年多大了?"老大脑子一转，故意说："我不告诉你，但我比老二大 2 岁。"客人遂问老二："你今年多大了?"老二见老大那样回答，也调皮地说："我也不告诉你，我只知道比老三大 2 岁"……客人于是就挨个问下去，天真的孩子们回答的一样。轮到最小的老五时，庆幸的是老五"童言无忌"，诚实地回答："3 岁。"于是客人再往回就轻易地推算出了老四、老三、老二和老大的年龄，这就是递归。

再来看一个流传的古老民间故事。

从前有座山，山里有座庙，庙里有个老和尚和小和尚，老和尚给小和尚讲故事：

"从前有座山，山里有座庙，庙里有个老和尚和小和尚，老和尚给小和尚讲故事：

从前有座山，山里有座庙，庙里有个老和尚和小和尚，老和尚给小和尚讲故事：

从前有座山，山里有座庙，庙里有个老和尚和小和尚，老和尚给小和尚讲故事：

……"。

这个民间故事在体现语言世界奇妙循环的同时，也表达递归的概念，如图 4-14 所示。

想象这样一个面面，一个主持人在播音台现场直播新闻。在他的左边有一台电视机，里面正在播放这一节目。这时人们会通过他左边的电视机看到相同的画面，在这一小画面中的电视机仍然有相同的画面，这便是无穷递归。

采用递归法解决的问题通常有以下特点：

(1) 问题的定义具有递归性，即可以在定义过程中直接或间接地调用自身。

(2) 可使用递归法解决的问题，必须有一个明确的递归结束条件，又称为递归出口。

(3) 递归法解题虽然很简洁，但在递归调用的运行中，要为每层的返回点、局部量等开辟栈来存储，递归次数过多容易造成栈溢出等，所以递归法运行效率较低。

【例 4-13】 这里观察一个有趣的兔子繁殖问题，又称"兔子数列"。生物研究发现(见图 4-15)，兔子在出生两个月后，就有繁殖能力，假设一对兔子每个月能生出一对小兔子来。如果所有兔子都不死，那么一年以后可以繁殖多少对兔子?

图 4-14　民间传说与递归

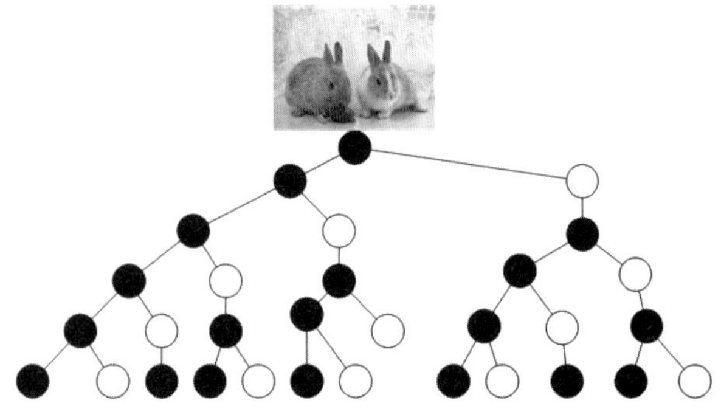

图 4-15　兔子数列

解：(1) 问题分析如下。

第一个月小兔子没有繁殖能力，所以还是一对；两个月后，生下一对小兔子，总数共有两对；三个月以后，老兔子又生下一对，因为小兔子还没有繁殖能力，总数共是三对；依次类推。表 4-2 列出了兔子繁殖情况。

表 4-2　兔子繁殖情况

经过月数	0	1	2	3	4	5	6	7	8	9	10	11	12
幼崽对数	1	0	1	1	2	3	5	8	13	21	34	55	89
成兔对数	0	1	1	2	3	5	8	13	21	34	55	89	144
总体对数	1	1	2	3	5	8	13	21	34	55	89	144	233

查看兔子繁殖问题的结果，可以发现满足斐波那契数列（Fibonacci）的特征。斐波那契数列是这样一个数列：1，1，2，3，5，8，13，21，34，55，89，144，233，377…特别指出，数列的第1项是1，第2项是1，从第3项开始，每一项都等于前两项之和。

（2）使用递归法求解斐波那契数列的第 n 项，相应的递归函数如下：

$$F(n)=\begin{cases}F(n-1)+F(n-2) & n\geqslant 3\\ 1 & n=2\\ 1 & n=1\end{cases} \tag{4-5}$$

（3）具体算法如下：

```
Procedure FIB(n)
{
    If n=1 Then
        Return 0;
    Else
        If n=2 Then
            Return 1;
        Else
            Return FIB(n-1)+FIB(n-2);
        EndIf
    EndIf
}
```

在算法中，函数 FIB(n)在定义中要用到 FIB(n－1)和 FIB(n－2)，这就是前面说过的“自己调用自己”，也是构成递归法的特征。

斐波那契数列在自然世界中广泛存在，如可以在观察某些植物的叶、枝花瓣（典型的有向日葵花瓣）等中发现。黄金矩形、黄金分割、等角螺线、十二平均律等也与斐波那契数列有联系，甚至在通俗艺术中也时常出现斐波那契数列，风靡一时的电影《达·芬奇密码》里斐波那契数列就作为一个重要的符号和情节线索出现。

递归法编程非常容易，程序设计语言一般都有递归机制。用递归过程来描述算法不仅非常的自然，而且证明算法的正确性也比相应的非递归形式容易很多，因此，递归是算法设计的基本技术。

实际上，递归不仅用来解决数值计算问题，而且常用于求解非数值计算问题，有些看起来相当复杂、难以下手的问题用递归过程来解决，常常会显得十分简单。著名的汉诺塔问题就是适于用递归算法求解的一例。

【例 4-14】　汉诺塔递归算法。

解：

```
Procedure MoveHanoi (n,1,2)
{
        MoveHanoi( n-1,1,3);
        MoveDisk(1,2);
        MoveHanoi( n-1,3,2);
}
```

其中，过程 MoveHanoi 的参数依次表示共几个盘子、起始柱和目的柱；过程 MoveDisk 的参数表示从起始柱移到目的柱。递归法的内容就这三步，递归程序能自动地做到 0 个任务为止。

具体移动 N 个盘的任务变成两个移动 $N-1$ 个盘的任务，加上一个真实的动作，看来这个问题似乎没解决，移动 N 个和 $N-1$ 个差不多，到底如何移动还是不知道。其实这个问题已经解决了，把 MoveHanoi($N-1$,1,3)这个新任务如法炮制，把 2 柱当成过渡柱，也可以变为两个子任务加一个 MoveDisk(1,3)的动作。如此做下去，每次移动盘子的任务减 1 直到 0 个盘子时就没有任务了，剩下的全部是动作。

这里采用 3 个盘子来检验一下递归法。当任务为 0 时，剩下的盘子的搬动顺序是：1→2，1→3，2→3，1→2，3→1，3→2，1→2，和实际完全一样。

4.4.5 递推法

递推法(recursion)是一种用若干步可重复的简单运算(规律)来描述复杂问题的方法，也称迭代法。递推法是一种常用算法，具体通过已知条件，利用特定关系可从已知项的值推算出未知项的值来，直至得到结果。递推法分为顺推和逆推两种。顺推法是从已知条件出发，逐步推算出要解决的问题的方法，逆推法从已知问题的结果出发，用迭代表达式逐步推算出问题的开始的条件，即顺推法的逆过程。广义地说，凡在某一算式的基础上从已知的值推出未知的值，都可以视作递推。在这个意义上，用算式 $s=s+i$ 求累加和，算式 $p=p*a$，求累乘积，都可采用递推法进行。

递推法的思想是把一个复杂的庞大的计算过程转换为简单过程的多次重复。递推法在问题求解中的应用十分广泛。递推法的特征是化难为易、化繁为简。使用递推法时，先考虑与问题有关系的另一个较为简单的问题，并加以解决。然后以此为基础，寻求规律，一步一步推导出原题的解答。而计算机运算速度快和不知疲倦的机器特点，也为递推法的运用提供了条件。

递推法的基本步骤：

(1) 具体按次序研究最初、最原始的若干问题。

(2) 按次序寻求问题间的转换规律即递推关系，使问题逐次转换为较低层级或简单的且能解决的问题或已解决的问题。

【例 4-15】 某工厂开展技术技能比赛，有 5 位工人参加了某零件生产比赛活动，他们完成零件的数量都不相同。问第一位工人生产了多少零件时，他指着旁边的第二位工人说比他多生产 5 个零件；追问第二位工人，他又说比第三位工人多生产 5 个零件……如果每位工人都说比旁边另一位工人多生产 5 个零件。最后问到第五位工人时，他说自己生产了 30 个零件。那么第一位工人生产了多少零件？

解：设第一位工人生产的零件为 A_1，欲求 A_1，需从第五位工人生产的零件数 A_5 入手，根据发现的“多 5 个零件”这个规律，按照一定顺序逐步进行推算。

(1) $A_5=30$；

(2) $A_4=A_5-5=25$；

(3) $A_3=A_4-5=20$；

(4) $A_2=A_3-5=15$；

(5) $A_1=A_2-5=10$。

最后推出第一位工人生产了 10 个零件。

需要注意，递推法的数学公式也是递归的，只是在实现计算时与递归相反，递推法不需反复调用自己（节省了很多调用时参数匹配开销），免除了数据进出栈的过程，不需要函数不断地向边界值靠拢，而直接从边界出发，直到求出函数值。由此可见，递推的效率要高一些，在可能的情况下，应尽量使用递推，递推法也总可以转换为递归法。

【例 4-16】 使用递推法求解斐波那契数列的第 n 项。

解：(1) 分析可建立数列的递推关系。

$$F(n)=\begin{cases}1 & n=1\\ 1 & n=2\\ F(n-1)+F(n-2) & n\geqslant 3\end{cases} \tag{4-6}$$

(2) 具体算法如下：

```
Procedure FIB( n)
{
    K←n;
    If K=1 or K=2 Then
        Return 1;
      Else
        F1←1;
        F2←1;
        While (K>2) Do
        {
            F←F1+F2;
            F1←F2;
            F2←F;
            K←K-1;
        }
    EndIf
    Return F;
}
```


4.4.6 贪心法

贪心法(greedy)是一种对某些求最优解问题的更简单、更迅速的设计技术，是一种最直接的方法。用贪心法设计算法的特点是一步一步地进行,每一步骤中都采取在当前状态下最好或最优(即最有利)的选择,而不考虑各种可能的整体情况,从而希望导致结果是最好或最优的。

贪心法可解决的问题通常都有以下特性:

(1) 为了构造问题的解决方案,有候选对象的集合,且问题可以用最优方式来解决。

(2) 随着算法的进行,将积累两个集合(一个包含已经被考虑过并被选出的候选对象,另一个包含已经被考虑过但被丢弃的候选对象)。

(3) 有一个函数来检查候选对象的集合是否提供了问题的解答。注意,该函数不考虑此时的解决方法是否最优。

(4) 还有一个函数用于检查候选对象的集合是否可行,即是否可能往该集合上添加更多的候选对象以获得一个解。注意,函数不考虑解决方法的最优性。

(5) 通过选择函数可以指出哪一个剩余的候选对象最有希望构成问题的解。

(6) 目标函数给出解的值。

贪心法的设计策略:采用自顶向下,以迭代的方法做出相继的贪心选择,省去了为找最优解要穷尽所有可能而必须耗费的大量时间,每做一次贪心选择就将所求问题简化为一个规模更小的子问题,通过每一步贪心选择,可得到问题的一个最优解。贪心法虽然每一步上都要保证能获得局部最优解,但由此产生的全局解有时不一定是最优的。

由于贪心法容易过早做决定,因此通常只能求出近似解。只有在一些特殊情况下,贪心法才能求出问题的最优解。但是一个问题如果可以通过贪心法来解决,那么贪心法一般是解决这个问题的最好方法,贪心法可以用于解决很多问题,如背包问题、最小延迟调度、求最短路径、Huffman 编码等问题。

【例 4-17】 有一个背包,背包可容纳的物品总质量 $M=150$。有 7 个物品,物品 A(质量 35、价值 10)、B(质量 30、价值 40)、C(质量 60、价值 30)、D(质量 50、价值 50)、E(质量 40、价值 35)、F(质量 10、价值 40)、G(质量 25、价值 30),物品不可以分割成任意大小。要求尽可能让装入背包中的物品总价值最大,但不能超过总容量。

解:目标函数 $\sum p_i$ 最大,p_i 表示每个装入包中物品的价值。

约束条件:装入的物品总重量不超过背包可容纳的物品总质量,$\sum w_i \leqslant M(M=150)$,$w_i$ 表示每个装入包中物品的质量。

(1) 根据贪婪法的策略,每次挑选价值最大的物品装入背包,得到的结果是否最优?

(2) 每次挑选所占质量最小的物品装入背包,是否能得到最优解?

(3) 每次选取单位质量价值最大的物品,成为解本题的策略。

需要注意的是,贪婪策略一旦经过证明成立后,简单易行,构造贪婪策略通常也不困难,因此,贪婪法是一种高效的算法。可惜的是,贪婪法需要证明后才能真正运用到题目的算法中。由于本题 0/1 背包问题是一种组合优化的 NP 完全问题,用贪婪法并不一定可以求得最优解。

4.4.7 回溯法

回溯法(backtracking,又称探索与回溯法)是一种选优搜索法,按选优条件向前搜索,以达到目标。但当探索到某一步时,发现原先选择并不优或达不到目标,就退回一步重新选择,这种走不通就退回再走的技术为回溯法,而满足回溯条件的某个状态的点称为“回溯点”。

八皇后问题(eight queens)是能用回溯法解决的一个经典问题。八皇后问题是一个古老而著名的问题。该问题是由国际象棋棋手马克斯·贝瑟尔(Max Bezzel)于1848年提出的,在8×8的国际象棋上摆放八个皇后(见图4-16),使其不能互相攻击,即任意两个皇后都不能处于同一行、同一列或同一对角线上,问有多少种摆法。

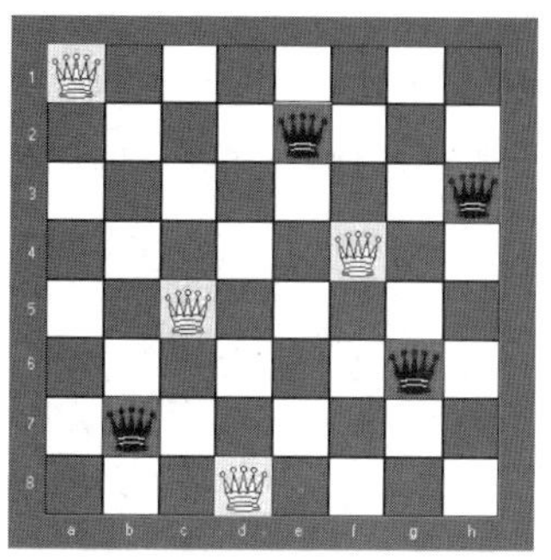

图4-16　八皇后问题

19世纪著名的数学家高斯(Gauss)认为有76种方案。1854年在柏林的象棋杂志上不同的作者发表了40种不同的解,后来有人用图论的方法解出92种结果。如果经过±90°、±180°旋转,和对角线对称变换的摆法看成一类,共有42类。计算机发明后,通过计算机语言可以编程解决此问题。

八皇后问题如果用穷举法需要尝试$8^8=16\ 777\ 216$种情况。每一列放一个皇后,可以放在第1行,第2行,…,直到第8行。穷举时从所有皇后都放在第1行的方案开始,检验皇后之间是否会相互攻击。如果会,把列H的皇后挪一格,验证下一个方案。移到底了就“进位”到列G的皇后那一格,列H的皇后重新试过全部的8行。这种方法是非常低效率的,因为它并不是哪里有冲突就调整哪里,而是盲目地按既定顺序穷举所有的可能方案。

回溯法求解八皇后问题的原则:有冲突时解决冲突,没有冲突时往前走,无路可走时回退,走到最后是答案。为了加快有无冲突的判断速度,可以给每行和两个方向的每条对角线是否有皇后占据建立标志数组,用于存放下一个新皇后做标志,回溯时挪动一个旧皇后清除标志。

【例4-18】 八皇后算法。

解:(1)八个皇后用$k=0,1,2,3,4,5,6,7$来表示。

(2)第一个皇后放在8×8矩阵的(0,0)位置,也就是$k=0,x[k]=0$,这里的k表示行和皇后k,$x[k]$表示列。

(3)因为不能在同一行,所以第二个皇后肯定在第二行放,这个时候到底在哪一列还没有确定。

(4)在确定第二个皇后到底在哪一列时,使用一个判断函数确定皇后不在同一列和同一斜线上。

(5)若发生了冲突(即与棋盘上已有皇后在同一列或同一斜线上),就$x[k]++$,一直找到不发生冲突的位置或越界。

(6)在找到皇后的位置之后,要先判断一下是否皇后都找到了合适的位置。

(7)若还有剩余的皇后,则$k=k+1$,摆放下一个皇后,若是发生越界,则说明需要回溯,则$x[k]=-1,k=k-1$。对于许多复杂的、规模较大的问题,当要求满足某种性质(约束条件)的所有解或最优解时,往往都可以使用回溯法,它有“通用解题法”之美誉,是一种比穷举"聪明"的效率更高的搜索技术。回溯法可以形象地概括为"向前走,碰壁回头",若再往前走不可能得到解,就回溯,退一步另找线路,这样可以省去大量的无效操作,提高搜索效率。

回溯法的基本行为是搜索,其求解问题的关键在于如何定义问题的解空间。回溯法的实现方法有两种:递归和递推。一般来说,一个问题用两种方法都可以实现,只是在算法效率和设计复杂度上有区别。

【例 4-19】 迷宫问题(见图 4-17)的回溯算法。

图 4-17 迷宫

解:对于迷宫,当从一个入口进入时,会遇到很多墙,在走的过程中如果遇到墙就要返回上一个位置,看上一个位置是否有其他方向的路可以走,依次循环进行,直到找到出口位置。迷宫有很多墙,阻挡住迷宫的路无法进行下去,所以需要在可行走的路中,找到最优达到出口的路。

可以先遍历所有可能出去的路,如果遇到墙,标记下来,以免下次重复遍历。

首先每次进入只能走一步;

将走过的路进行标记,表示已经走过;

若遇到墙,则需要退到上一步,判断是否还有其他方向的路可以走。

(1) 问题分析:给定迷宫,找到从入口到出口的所有可行路径,并给出最短的路径。

(2) 算法思想:用二维数组来表示迷宫,则走迷宫问题用回溯法解决类似于图的深度遍历。从入口开始,选择下一个可以走的位置,如果位置可走,则继续往前;如果位置不可走,则返回上一个位置,重新选择另一个位置作为下一步位置。

(3) 采用递归实现迷宫问题,具体实现步骤为:

① 将当前点加入路径,并设置为已走。

② 判断当前点是否为出口,若是则输出路径,保存结果;跳转到④。

③ 依次判断当前点的上、下、左、右四个点是否可走,如果可走则递归走该点。

④ 由当前点推出路径,设置为可走。

4.5 程序设计基础

利用计算机技术解决客观世界里的实际问题,必定需要相应的应用程序。在计算机中,一切信息处理都要受程序的控制,任何问题的求解最终要通过执行程序来完成。

从程序开发的角度看,程序设计就是根据应用完成计算机程序描述、编制、调试的方法和过程。计算机程序设计是一门编写和设计计算机程序的科学和艺术。任何设计活动都是在各种约束条件和相互矛盾的需求之间寻求一种平衡,包含了设计过程中的特定思维。程序设计也不例外,程序设计是人们利用计算机语言完成明确目标任务的思维活动。专业的程序设计人员常被称为程序员。

4.5.1 基本概念

1. 什么是程序

程序是为了实现特定目标或解决特定问题而采用计算机语言编写的命令序列的集合，是人们求解问题的思维活动的代码化描述。它控制计算机的工作流程以实现某种任务，完成一定的逻辑功能。程序体现了人们解题的设计思想，具体描述了要求计算机执行的操作流程。程序是使计算机能按所要求的功能进行精确记述的逻辑方法。例如：鱼香肉丝的菜谱（相当于程序）就是用中文（相当于程序设计语言）完成的用于指导懂中文、具有相关烹饪手法的人制作出这道菜（任务）。

从计算机的角度，一组机器指令就是程序。人们完成的机器代码或机器指令都是程序，程序是按计算机硬件规范的要求编写出来的动作序列。

从计算机应用角度，程序是采用某种高级语言编写的语句序列，完成的源程序和源代码都是程序，通常以文件的形式保存。计算机程序设计语言编写的程序，需要用编译程序或者解释执行程序翻译成机器语言程序，计算机才能执行。

需要注意的是，算法与程序是有区别的，算法是通过非形式化方式表述解决问题的过程；算法是程序的逻辑抽象，是解决某类客观问题的数学过程。程序则是用形式化计算机编程语言表述的精确代码，是计算机对问题求解的执行过程。

2. 程序设计

程序设计是给出解决特定问题程序的过程，是软件构造活动中的重要组成部分。在计算机技术发展的早期，由于硬件资源比较昂贵，相应程序的时间和空间代价往往是程序设计者关心的主要因素；随着硬件技术的飞速发展和软件规模的日益庞大，程序设计的结构、可维护性、复用性、可扩展性等因素日益重要，程序设计过程中运用的方法、技巧和工具成为研究的热点。

程序设计是一种高智力的活动。不同的程序设计者对同一个求解问题的处理可以设计出完全不同的程序。计算机发展的早期，程序设计被认为与个人专业经历、思维方式以及技术运用相关联，所以软件构造活动主要就是程序设计活动，因此，需要探索出相应的方法与技巧。在计算科学中，通过从不同角度对程序及其设计和产生过程的特性和规律进行观察，经抽象、分析和总结，利用坚实的数学理论基础，研究发展出了许多程序设计方法与技巧，并在实践中得到反复检验、证明。

程序设计与程序编码并不等同，通常意义上的程序编码是在程序设计的工作完成后才开始的，它们的关系类似于建筑设计和建筑施工，在建筑设计阶段不涉及拌沙砌砖的具体工作，只有在完成了建筑设计，有了设计图纸之后，实际施工阶段才开始。同样在程序或软件设计中，也是如此，首先要先分析问题、设计确定解决问题的算法，再使用计算机语言（程序设计语言）进行具体的程序编码，完成源程序代码。

3. 程序设计方法

随着计算机应用领域的拓展和计算机技术的发展，软件系统的规模和复杂度都达到了空前的高度，也给程序设计带来了一系列问题，人们开始重新思考和研究程序设计的基本问题，即程序的基本组成、设计方法。

程序设计方法是研究程序的性质以及构造程序的过程，是研究关于问题的分析、环境的模拟、概念的获取、需求定义的描述，以及把这种描述变换细化、编码成机器可以接受的表示的一般方法。程序设计方法是用于指导程序设计各阶段工作的原理和原则，以及依此提出的设计技术，使程序设计更加科学化和工程化。1980年，D.Gries综合了以谓词演算为基础的证明系统，首次把程序设计从经验、技术升华为科学，称为“程序设计科学”。

程序设计方法与软件工程关系密切。程序设计方法对软件的研制和维护起指导作用。软件工程要求程序设计规范化，建立新的原则和技术。而一种新的程序设计方法的出现，又要求制定出相应的规则。程序设计方法还涉及程序推导、程序综合、程序设计自动化研究、并发程序设计、分布式程序设计、函数式程序设计、语义学、程序逻辑、形式化规格说明和公理化系统等多方面。

一般来讲，程序设计方法主要有结构化程序设计和面向对象程序设计两种。

4.5.2 结构化程序设计

结构化程序设计(structured programming)起源于20世纪60年代，发展于20世纪80年代。结构化程序设计的产生和发展形成了现代软件工程的基础，是计算机软件发展的一个重要里程碑。

在20世纪五六十年代，软件人员在编程时常常大量使用GOTO语句，使得程序结构非常混乱。1965年，荷兰科学家艾兹格·迪科斯彻(Edsger Dijkstra，1972年图灵奖获得者)指出“GOTO是有害的，可以从高级语言中取消GOTO语句，程序的质量与程序中所包含的GOTO语句的数量成反比”，希望通过程序的静态结构的良好性保证程序的动态运行的正确性。

1966年，科拉多·伯姆(Corrado Böhm)及朱塞佩·贾可皮尼(Giuseppe Jacopini)于1966年5月在*Communications of the ACM*期刊上发表论文，说明任何一个有GOTO指令的程序，可以改为完全不使用GOTO指令的程序，即只用顺序、选择和循环三种基本的控制结构就能实现任何单入口单出口的问题求解程序，每种基本结构都可包含若干语句，这为结构化程序设计技术奠定了理论基础。

1968年，通过研究分析艾兹格·迪科斯彻首先提出了结构化程序设计的概念。结构化程序设计采用“自顶向下、逐步求精、分而治之的设计方法和单入口单出口的控制结构”，从欲求解的原问题出发，运用科学抽象的方法，按功能和处理过程，把复杂的问题分解成若干相对独立的小问题的组合，再依次细化，直至各个小问题获得解决为止。具体划分包括：问题细化为若干模块层次结构；每个模块的功能进一步地细化，分解成为多个更小的子模块，直到分解成相应的程序语句。

1）结构化程序设计的主要特征

(1) 自顶向下。

自顶向下是指在进行程序设计时，先考虑程序的整体结构，后考虑细节；先考虑全局目标，后考虑局部目标。不是一开始就过多追求细节，而是先从最上层总目标开始设计，逐步使问题具体化。符合人类解决复杂问题的普遍规律，因此可以显著提高软件开发的成功率和生产率。

(2) 逐步求精。

逐步求精是指对于复杂问题,设计一些子目标作为过渡,一层一层地逐步细化。也就是说,把一个较大的复杂问题分解成若干相对独立且简单的小问题,而且处理的问题都控制在容易理解和处理的范围内。采用从简单的小问题出发,以各个击破的策略,逐个解决问题。只要解决了这些小问题,整个问题也就解决了。

(3) 模块化。

模块化基于功能的单一性、有效性、可维护性和可测试性,通过把要解决的问题按照功能或层次结构划分为多个模块,每一个模块又由不同的子模块组成,最小的模块是一个最基本的结构。强调模块采用单入口单出口的基本控制结构(顺序、选择、循环),避免使用GOTO 语句,即执行该模块的功能时,只能从该模块的入口处开始执行;执行完该模块的功能后,从模块的出口转而执行其他模块的功能。模块化降低了程序的复杂度,便于问题分析,有利于程序设计中按照模块分工合作,独立地完成各个模块。

2) 结构化程序设计的基本结构

理论上,结构化程序设计的顺序、循环和选择三种基本结构(见图 4-18)可以解决任何复杂的问题。

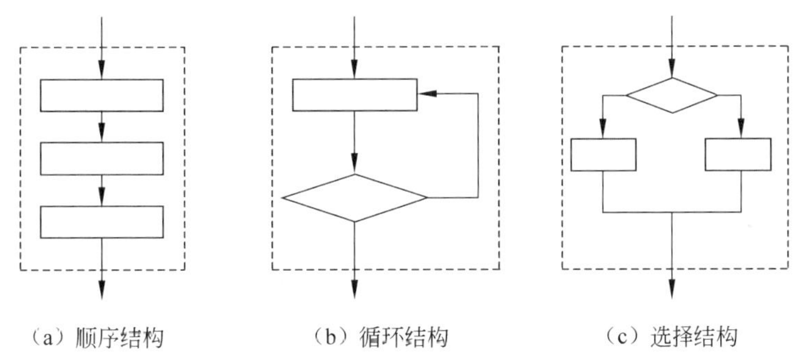

(a) 顺序结构　　(b) 循环结构　　(c) 选择结构

图 4-18　结构化程序设计的三种基本结构

(1) 顺序结构。

顺序结构是一种线性的、有序的结构,它让计算机按先后顺序依次执行各语句,直到所有的语句执行完为止,如图 4-18(a)所示。将复杂的计算任务分解成若干小的计算任务,直至每个小的计算任务可以用一个语句来表达。如果每一个计算任务用一个语句 S 来表示,则这样的顺序结构可用有序计算任务序列(S_1,S_2,…,S_n)来表示。

例如:召开会议时,如果没有什么非常特殊的情况,就按照会议的既定议程逐项来完成,直至会议结束,这就是一个典型的顺序结构。

再看实例“交换两个变量 x 和 y 的值”,这项任务可以分解为三项基本子任务,按照顺序执行:

① 将变量 x 的值保存于临时变量 temp 中;

② 将变量 y 的值存放到变量 x 中;

③ 将临时变量 temp 中的值转存到变量 y 中。

至此,两个变量 x 和 y 的值就交换过来了。

需要注意,在顺序结构中,某一计算任务被另一个顺序结构替代后,得到的结构仍然是顺序结构。

(2) 循环结构。

循环结构能控制一个计算任务重复执行多次,直到满足某一条件为止。它由循环体中的条件判断继续执行某个功能还是退出循环。

根据判断条件执行的先后,循环结构又可细分为以下两种形式:先执行后判断的循环结构(见图 4-18(b))和先判断后执行的循环结构。

对于先执行后判断的循环结构,首先执行一次循环体,也就完成一次计算任务;接着判断条件(按条件成立为判断标准),当条件成立时,就再执行一次循环体;然后再判断条件,如果条件还成立,则再执行一次循环体;然后再判断条件是否成立……如此循环下去,直到条件不成立为止。

需要注意,程序设计语言中循环结构多半都提供了 while 循环语句、for 循环语句和 until 循环语句等,不同的循环语句其实可以相互转换,这也为程序设计提供了方便。

现实生活中也有很多循环结构的例子。例如:每学期开学前拿到的课表,课表上详细安排周一到周五的教学任务。然后从第一周开始,每天按课表上的安排去上课;第一周结束后,第二周又重复一次课表上的教学安排……如此重复课表上的教学任务,直到学期结束。这就是一个典型的循环结构。

再看实例:"依次输出 1,2,3,…,100",完成此项任务的程序结构如下:

① number 初始化为 1;

② 如果 number 大于 100 则转向⑥;

③ 输出 number;

④ number 增加 1;

⑤ 转向②;

⑥ 结束。

(3) 选择结构。

选择结构是利用于给定的判断条件,根据判断结果条件成立与否,有选择地执行某个计算任务,实现控制程序的流程。选择结构有多种形式,分为单分支(见图 4-18(c))、双分支、多分支。

选择结构生活中到处都是,例如:如果明天下雨就坐公交车去学校,否则,就骑自行车去学校,明天要么坐公交车去学校,要么骑自行车去,根据天气情况,二者必选其一,也只能选其一。还有如果明天天气好就去爬山,去爬山的前提是天气好,如果天气不好,自然就不去了,只有一种选项。不难看出,这两种选择结构还是有区别的。

再看实例:"已知变量 a,b,c,求它们的最大值,结果存放于变量 z 中",完成此项任务的程序结构如下:

① 比较变量 a 和 b 的大小;

② 如果变量 a 大于变量 b,将变量 a 的值存放到变量 z 中;

③ 否则将变量 b 的值存放到变量 z 中;

④ 再比较变量 c 和 z 的大小；

⑤ 如果变量 c 大于变量 z，将变量 c 的值存放到变量 z 中；

⑥ 输出变量 z（此时变量 z 即为变量 a、b、c 中的最大值）。

需要注意的是这个例子用到了两个选择结构。

综上所述，由以上三种基本结构构成的程序，称为结构化程序。在一个结构化程序中，每一个程序块都只有一个入口和一个出口，不能有永远执行不到的语句，也不能有无限制地循环（即死循环）。

结构化程序设计是软件开发的重要方法，经过数十年的发展，已被广泛使用。采用这种方法设计的程序具有结构清晰、易于阅读和理解，便于修改、调试和维护的优点，同时可以提高编程工作的效率，降低软件开发成本。

结构化程序设计又称为面向过程的程序设计，在设计中最终问题被看作一系列需要完成的任务程序。程序一般由若干子程序（语句、函数或模块）构成，子程序又由若干语句构成，解决问题的焦点集中在子程序上。子程序是面向过程的，即它关注如何根据规定的条件完成指定的任务。但是，作为面向过程的程序设计方法，将解决问题的重点放在了如何实现过程的细节方面，把数据和对数据的操作截然分开，因而仍然有着方法本身无法克服的缺点。这样设计出来的程序，其基本形式是主模块与若干子模块的组合（如 C 语言中的 main()函数和若干子函数）。程序中数据和操作代码（函数）的分离，使得当数据格式或结构发生改变时，相应的操作函数就要改写，而且对于核心数据的访问也往往得不到有效的控制。同时，如果程序进行扩充或升级需要大量修改函数。如果软件系统达到一定规模，采用结构化程序设计方法，会因为问题复杂性的增加而使设计变得不可控制。

随着计算机程序设计方法的迅速发展，程序结构也呈现出多样性，尤其随着面向对象语言的产生，出现了面向对象的程序设计方法，程序设计进入面向对象程序设计阶段。

4.5.3 面向对象程序设计

面向对象的程序设计（Object-Oriented Programming，OOP）相对于传统的结构化程序设计而言是一种新方法、新思路。它是对面向过程的程序设计方法的继承和发展，它吸取了面向过程的程序设计方法的优点，同时又考虑现实世界与计算机之间的关系。面向对象的程序设计方法将客观世界看成是由各种各样的实体组成，这些实体就是面向对象方法中的对象。每个对象都有自己的自然属性和行为特征，而一些对象的共性的抽象描述，就是面向对象方法中的核心——类。面向对象程序设计将对象作为程序的基本单元，将程序和数据封装其中，从而提高软件的重用性、灵活性和扩展性。与面向过程的程序设计方法相比，面向对象的程序设计方法为适应问题的发展而对程序进行的修改要少得多，因而在大型项目设计中广为应用。

面向对象程序设计可以看作一种在程序中包含各种独立而又互相调用的对象的思想，这与传统的思想刚好相反：传统的程序设计主张将程序看作一系列函数的集合，或者直接就是一系列对计算机下达的指令。面向对象的程序设计方法就比较适合人类认识问题的客观规律，用对象的观点来描述现实问题。这种描述和处理是通过类与对象实现的，是对现实问题的高度概括、分类和抽象，将其中的一些属性和行为抽象成相应的数据和函数，封装到一个类中。每个对象都具有自己的数据和相应的处理函数，都能够接收数据、处理数据并将数据传达给其他对象。整个程序由一系列相互作用的对象构成，不同对象之间是通过发送消息相互联系、相互作用的。

1. 基本概念

在面向对象的程序设计中引入了对象、类和消息等一系列概念。

1）对象

对象是面向对象方法中最基本的概念。在应用领域中有意义的、与所要解决的问题有关系的任何事物都可以作为对象。它既可以是具体的物理实体的抽象，也可以是人为的概念，或者是人和有明确边界与意义的东西。总之，对象是对问题域中某个实体的抽象，概括来说就是“万物皆对象”。

对象可以用来表示客观世界中的任何实体。对象不仅能表示具体的事物，还能表示抽象的规则、计划或事件。例如一本书、一个人、读者的一次借书、学生的一次选课、一只猫、一只狗都是对象。每个对象有各自的内部属性，不同对象的同一属性可以具有相同或不同的属性值。对象具有状态并能用数据值来描述它的状态；对象还有操作，能用于改变对象的状态；对象及其操作就是对象的行为。对象实现了数据和操作的结合，使数据和操作封装于对象的统一体中。

2）类

类是对具有共同特征的对象的进一步抽象，具有相同或相似性质的对象的抽象就是类。因此，对象的抽象是类，类的具体化就是对象。属性和操作相似的对象可以归为一类，因此类是具有共同属性、共同方法的对象的集合。类描述了属于该对象类型的所有对象的性质，也可以说类的实例是对象。例如杨树、柳树、枫树等是具体的树，抽象之后得到“树”这个类。类具有属性，属性是状态的抽象，如树可抽象出一个属性“高度”，类具有操作，它是对象行为的抽象。

通常来说，类定义了事物的属性和它可以做到的事(它的行为)。在客观世界中的若干类之间有一定的结构关系，通常有一般与具体结构和整体与部分结构两种主要关系。类是面向对象编程的基础，如果一个程序里提供的数据类型与应用中的概念有直接的对应，那么这个程序就会更容易理解，也更容易修改。一组经过很好选择的用户定义的类会使程序更简洁。此外，它还能使各种形式的代码分析更容易进行。

3）消息

消息是一个对象与另一个对象之间传递的信息。它请求对象执行某一处理或回答某一要求的信息，它统一了数据流和控制流。消息中包含传递者的要求，它告诉接收者需要做哪些处理，但并不指示接收者应该怎么样完成这些处理。消息完全由接收者解释，接收者独立决定采用什么方式完成所需的处理，发送者对接收者不起任何控制作用。消息是对象之间交互的唯一途径。一个对象要想使用其他对象的服务，必须向该对象发送服务请求消息。而接收服务请求的对象必须对请求做出响应。

一个对象能接收不同形式、不同内容的多个消息；相同形式的消息可以送往不同的对象，不同的对象对于形式相同的消息也可以有不同的解释，并能够做出不同的反应。一个对象可以同时往多个对象传递消息,两个对象也可以同时向某个对象传递消息。例如:人们向银行系统的账号对象发送取款消息时,账号对象将根据消息中携带的取款金额对客户的账号进行取款操作,验证账号余额,如果账号余额足够,并且操作成功,对象将把执行成功的消息返回给服务请求的发送对象,否则发送交易失败消息。一个对象通过接收消息、处理消息、传出消息或使用其他类的方法来实现一定功能,这叫作消息传递机制。

面向对象的程序设计是以数据为中心,将数据和处理相结合的一种方法,对象是一个由数据及可以施加的操作构成的统一体。注意,这里对象与数据有着本质的区别,传统的数据是被动的,它等待着外界对它施加操作;而对象是处理的主体,要想使对象实施某一操作,必须发消息给对象,请求对象主动地执行该操作,外界是不能直接对对象施加操作的。

因此,面向对象程序设计方法是迄今为止最符合人类认识问题的思维过程的方法。

2. 基本特性

1)抽象性

抽象是人类认识问题的最基本手段之一。抽象是简化复杂的现实问题的途径。面向对象方法中的抽象是对具体问题(对象)进行的概括。抽象只充分地注意那些与当前目标有关方面的本质特征,忽略事物的非本质特征,从而得出出此类对象的共性并加以描述。抽象的过程,就是对问题进行分析和认识的过程。抽象可以为具体问题找到最恰当的类定义。

对一个问题的抽象一般来讲应该包括两方面:数据抽象和代码抽象(或称为行为抽象)。前者描述某类对象的属性或状态,也就是此类对象区别于彼类对象的特征物理量;后者描述某类对象的共同行为特征或具有的共同功能。例如对人进行分析,通过对全部人类进行归纳、抽象,提取出其中的共性,如姓名、性别、年龄等,组成了人的数据抽象部分,用C++语言来表达,可以是:char * name,char * sex,int age;而人类的共同行为如吃饭、行走等动物性行为以及工作、学习等社会性行为,构成了人的代码抽象部分,也可以用C++语言表达:EatFood(),Walk(),Work(),Study()。

2)封装性

封装是面向对象方法的一个重要特性,它有两个含义:一是把数据和操作这些数据的代码封装在对象和类里。这种数据及行为的有机结合也就是封装;二是尽可能隐蔽对象的内部细节,隐藏了某一方法的具体执行步骤,取而代之的是通过消息传递机制传送消息给它,称为信息隐蔽。通过对抽象结果的封装,对外界是完全不透明的,对象类完全拥有自己的属性,将一部分行为作为对外部的接口,以便达到对数据访问权限的合理控制。

封装的目的在于将对象的使用者和对象的设计者分开。用户只看到对象封装界面上的信息,不必知道实现的细节,把整个程序中不同部分的相互影响减少到最低限度。封装保证了类具有较好的独立性,防止外部程序破坏类的内部数据,使得维护、修改程序较为容易。这种有效隐蔽和合理控制,就可以达到增强程序的安全性和简化程序编写工作的目的。

利用封装的特性,编写程序时,对于已有的成果,使用者不必了解具体的实现细节,而只需要通过外部接口,依据特定的访问规则,就可以使用这些现有的东西。在C++中,是利用类(class)的形式来实现封装的。

3）继承性

继承是面向对象技术能够提高软件开发效率的重要特性。继承是使用已有的类定义作为基础建立新的类定义的技术。其含义是特殊类的对象拥有其一般类的全部属性与服务，称为特殊类对一般类的继承。新类相应地可当作派生类来引用。通过继承可以在基础之上有所发展，有所突破，摆脱重复分析、重复开发的困境。

面向对象程序设计中把类组成一个层次结构的系统：一个类的上层可以有父类，又称为基类；下层可以有子类，又称为派生类。这种层次结构系统的一个重要性质就是继承性。继承关系模拟了现实世界的一般与特殊的关系。它允许人们在已有的类的特性基础上构造新类。被继承的类称为基类（父类），在基类的基础上新建立的类称为派生类（子类）。一个派生类直接继承其父类的描述或特性，也自动地共享基类中定义的数据和方法，并且可以修改或增加新的方法，使之更适合特殊的需要。类的这种层次结构反映出认识的发展过程，继承和派生的机制对程序设计的发展是极为有利的。

例如，“人”类（属性：身高、体重、性别等；操作：吃饭、工作等）可以派生出“中国人”类和“美国人”类，都继承人类的属性和操作，并允许扩充出新的特性“国籍”。C++ 中也提供了类的继承机制，允许程序员在保持原有类特性的基础上，进行更具体、更详细的类的定义。继承性很好地解决了软件的可重用性问题，并且降低了编码和维护的工作量。

4）多态性

多态是扩展性在“继承”之后的又一重大表现。多态性是指在一般类中定义的属性或行为，被特殊类继承之后，可以具有不同的数据类型或表现出不同的行为。多态性使得同一属性或行为在一般类及各个特殊类中具有不同的语义，即同样的消息被不同的对象接收时，可导致完全不同的行为。多态性就是多种表现形式，具体来说，可以用“一个对外接口，多个内在实现方法”来表示。

例如，计算机中堆栈可存储多种格式的数据，包括整型、浮点型或字符型。但不管存储的是何种数据，堆栈的算法实现是一样的。针对不同的数据类型，只需使用统一接口名，系统可自动选择。又如“动物”类有“叫”的行为。对象“猫”接收“叫”的消息时，叫的行为是“喵喵”；对象“狗”接收“叫”的消息时，叫的行为是“汪汪”，这就是多态。在 C++ 中，多态是通过重载函数和虚函数等技术来实现的。

多态性包含编译时的多态性（静态多态性）、运行时的多态性（动态多态性）两大类。多态性机制不仅增加了面向对象软件系统的灵活性，进一步减少了信息冗余，而且显著地提高了软件的可重用性和可扩充性。当扩充系统功能增加新的实体类型时，只需派生出与新实体类相应的新的子类，而无须修改原有的程序代码，甚至不需要重新编译原有的程序。利用多态性可以只发送一般形式的消息，而将所有的实现细节都留给接收消息的对象。

综上所述，用面向对象方法建立拟建系统的模型过程就是从被模拟现实世界的感性具体中抽象出要解决的问题概念的过程。这种抽象过程分为知性思维和具体思维两个阶段。知性思维是从感性材料中分解对象，抽象出一般规定，形成了对对象的普遍认识；具体思维是从知性思维得到的一般规定中揭示的事物的深刻本质和规律，其目的是把握具体对象的多样性的统一和不同规定的综合。

面向对象程序设计是将软件看成一个由对象组成的社会：这些对象具有足够的智能，能理解从其他对象接收的信息，并以适当的行为做出响应；允许低层对象从高层对象继承属性和行为。通过面向对象程序设计的思想和方法，实现将模拟的现实世界中的事物直接映射到软件系统的解空间。因此，面向对象程序设计开发应用程序具有良好的可重用性、可靠性和健壮性。面向对象程序设计的本质是以建立模型体现出来的抽象思维过程和面向对象的方法，其所涉及的范围更普遍、更集中、更深刻，推广了程序的灵活性和可维护性，在大型软件系统设计中广为应用。

*阅读材料
《九章算术》之更相减损术

算法在中国古代文献中称为“术”，我国的古代数学就是建立在算法基础之上的，所得的一切结论都通过算法来说明，是一种典型的算法体系。这可以从中国古代数学家的著作中看出端倪，其中最具代表性的就是《九章算术》。

《九章算术》是中国古代数学专著，如图4-19所示，就其成就来说堪称是世界数学名著。它承先秦数学发展的源流，进入汉朝后又经许多学者的删补才最后成书，全书大约成书于东汉初期。

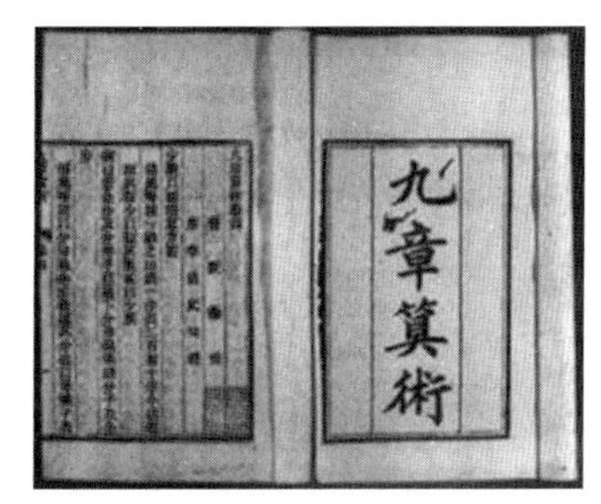

图4-19　九章算术

《九章算术》是我国传统文化的一部分，有着鲜明的特色，它总结了我国先秦至西汉的数学成果，形成以问题为中心的算法体系。时至今日，每当提起中国古代数学，肯定会提到《九章算术》。

《九章算术》的内容十分丰富，全书采用问题集的形式，收有246个与生产、生活实践有联系的应用问题，其中每道题有问（题目）、答（答案）、术（解题的步骤，但没有证明），有的是一题一术，有的是多题一术或一题多术。这些问题依照性质和解法分别隶属于方田、粟米、衰（cuī）分、少广、商功、均输、盈不足、方程及勾股等共九章，原作有插图，今传本已只剩下正文了。

《九章算术》中的“更相减损术”原本是为约分而设计的，但它同时又适用于求任何两个数的最大公约数的场合。“更相减损术”本质源于数的整除性质，即如果两个整数 a、b 都能被 c 整除，那么 a 与 b 的差也能被 c 整除。

关于“更相减损术”书中原文曰：可半者半之，不可半者，副置分母、子之数，以少减多，更相减损，求其等也。以等数约之。

翻译过来为：如果分子分母都是偶数，可以折半就折半（也就是用2来约分）。如果不可以折半的话，那么就比较分母和分子的大小，用大数减去小数，互相减来减去，一直到减数与差相等为止，这个相等的数字就可用来约分，其实质就是分子分母的最大公约数。

具体的执行步骤可描述为：

（1）任意给定两个正整数；判断它们是否都是偶数。若是，则用2约简（多次用2来约简);若不是,则执行第(2)步。

(2) 比较后,以大数减较小的数,接着把所得的差与较小的数比较,再以大数减小数。

(3) 继续操作(2),直到所得的减数和差相等为止。

(4) 若执行了(1),则在执行(1)中约掉的若干 2 的积与通过(2)和(3)得到的等数的乘积就是所求的最大公约数;若仅直接执行了(2),则等数为最大公约数。

需要注意,最后计算结果时,要把步骤(1)中用 2 约简约掉的若干 2 再乘回去。

执行过程中“可半者半之”是指两数皆为偶数时,先用 2 约简,可以发现加入步骤(1)的原因是两数皆为偶数是比较容易遇到的一种情况,经过步骤(1)可以减少数字的位数,简化计算;所说的“等数”,也就是公约数。当然如果省略这个以 2 约简的步骤,也能得到正确的答案。

今天,由于现代计算机的发展,计算减法相对来说比计算除法更快,而且数字无论大小减法运算是一样的,因此可以在实际编程中省去第(1)步,用来直接相减。

辗转相除法也可以用来求两个数的最大公约数。更相减损术和辗转相除法的主要区别在于前者所使用的运算是“减”,后者是“除”。从算法思想上看,两者并没有本质上的区别,但是在计算过程中,如果遇到一个数很大,另一个数比较小的情况,可能要进行很多次减法才能达到一次除法的效果,从而使得算法的时间复杂度退化为 $O(N)$,其中 N 是原先的两个数中较大的一个。相比之下,辗转相除法的时间复杂度稳定于 $O(\log N)$。

【例 4-20】 用更相减损术求 108 与 63 的最大公约数。

解:由于 63 不是偶数,把 108 和 63 以大数减小数,并辗转相减。

$$108-63=45$$
$$63-45=18$$
$$45-18=27$$
$$27-18=9$$
$$18-9=9$$

所以,108 和 63 的最大公约数等于 9。

【例 4-21】 用更相减损术求 340 和 272 的最大公约数。

解:由于 340 和 272 均为偶数,首先用 2 约简得到 170 和 136,再用 2 约简得到 85 和 68。此时 85 是奇数而 68 是偶数,故把 85 和 68 辗转相减。

$$85-68=17$$
$$68-17=51$$
$$51-17=34$$
$$34-17=17$$

所以,340 与 272 的最大公约数等于 17 乘以第一步中约掉的两个 2,即 $17\times2\times2=68$。

排 序 算 法

排序是计算机内经常进行的一种操作,其目的是将一组“无序”的记录序列调整为“有序”的记录序列。若整个排序过程不需要访问外存便能完成,则称此类排序问题为内部排序。反之,若参加排序的记录数量很大,整个序列的排序过程不可能在内存中完成,则称此类排序问题为外部排序。内部排序的过程是一个逐步扩大记录的有序序列长度的过程。排序在很多领域得到相当的重视,尤其是在大量数据的处理方面。

排序算法就是如何使得记录按照要求排列的方法。排序的算法有很多,对空间的要求及其时间效率也不尽相同,一个优秀的算法可以节省大量的资源。排序算法是存在稳定性问题的,如果当有两个相等记录的关键字 R 和 S,且在原本的列表中 R 出现在 S 之前,在采用排序算法完成排序后列表中 R 仍是在 S 之前,则排序算法是稳定的。若在采用排序算法完成排序后列表中 R 和 S 改变了之前的次序,那么排序算法是不稳定的。需要注意,不稳定排序可以被特别地实现为稳定,处理的方法是进行扩充键值的比较,如果出现相同键值的两个对象之间的比较,则决定于原先数据的次序,当然,这通常牵涉额外的空间负担。

在各个应用领域中考虑数据的各种限制和规范,要得到一个符合实际的优秀排序算法,需要经过大量的推理、分析和设计。

1. 插入排序

插入排序的基本思想:将一个记录插入已排序好的有序表中,从而得到一个新的记录数增 1 的有序表。具体先将序列的第 1 个记录看成是一个有序的子序列,然后从第 2 个记录起逐个进行插入,直至整个序列有序为止,如图 4-20 所示。

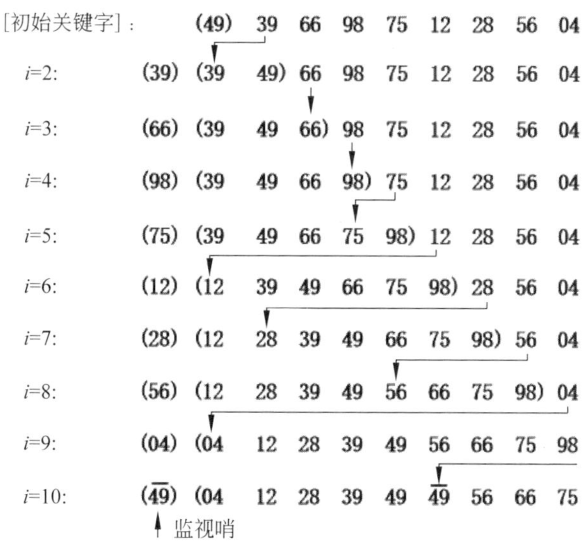

图 4-20 插入排序

如果遇到一个和插入元素相等的,那么插入元素把想插入的元素放在相等元素的后面。所以,相等元素的前后顺序没有改变,从原无序序列出去的顺序就是排好序后的顺序,因此插入排序是稳定的。

插入排序的平均时间复杂度为 $O(n^2)$,效率不高,但是容易实现。它借助了"逐步扩大成果"的思想,使有序列表的长度逐渐增加,直至其长度等于原列表的长度。

2. 选择排序

选择排序的基本思想：每一次从待排序的数据元素中选出最小(或最大)的一个元素，存放在序列的起始位置，然后在剩下的数当中再找最小(或者最大)的与第 2 个位置的数交换，依次类推，直到全部待排序的数据元素排完，如图 4-21 所示。

初始值：	49	39	66	98	75	12	28	$\overline{49}$	56	04
第1趟：	04	39	66	98	75	12	28	$\overline{49}$	56	49
第2趟：	04	12	66	98	75	39	28	$\overline{49}$	56	49
第3趟：	04	12	28	98	75	39	66	$\overline{49}$	56	49
第4趟：	04	12	28	39	75	98	66	$\overline{49}$	56	49
第5趟：	04	12	28	39	$\overline{49}$	98	66	75	56	49
第6趟：	04	12	28	39	$\overline{49}$	49	66	75	56	98
第7趟：	04	12	28	39	$\overline{49}$	49	56	75	66	98
第8趟：	04	12	28	39	$\overline{49}$	49	56	66	75	98
第9趟：	04	12	28	39	$\overline{49}$	49	56	66	75	98

图 4-21　选择排序

选择排序是不稳定的排序方法。选择排序的平均时间复杂度为 $O(n^2)$，效率不高，但是容易实现。

3. 冒泡排序

冒泡排序的基本思想：依次比较相邻的两个数，将小数放在前面，大数放在后面(每当两相邻的数比较后发现它们的排序与排序要求相反时，就将它们互换)，如图 4-22 所示。具体首先比较第 1 个和第 2 个数，将小数放前，大数放后。然后比较第 2 个数和第 3 个数，将小数放前，大数放后，如此继续，直至比较最后两个数，将小数放前，大数放后，完成第 1 趟排序。如此下去，重复以上过程，直至最终完成排序。由于在排序过程中总是小数往前放，大数往后放，相当于气泡往上升，因此称作冒泡排序。

[初始关键字]：	49	39	66	98	75	12	28	56	04	$\overline{49}$
第 1 趟排序后	39	49	66	75	12	28	56	04	$\overline{49}$	98
第 2 趟排序后	39	49	66	12	28	56	04	$\overline{49}$	75	
第 3 趟排序后	39	49	12	28	56	04	$\overline{49}$	66		
第 4 趟排序后	39	12	28	49	04	$\overline{49}$	56			
第 5 趟排序后	12	28	39	04	49	$\overline{49}$				
第 6 趟排序后	12	28	04	39	49					
第 7 趟排序后	12	04	28	39						
第 8 趟排序后	04	12	28							

图 4-22　冒泡排序

冒泡排序是稳定的。冒泡排序的平均时间复杂度为 $O(n^2)$。但冒泡排序是原地排序的，也就是说它不需要额外的存储空间。

4. 希尔排序

希尔排序的基本思想：先将整个待排序的记录序列按某个增量 d($n/2$，n 为要排序数的个数)分割成为若干子序列分别进行直接插入排序，然后再用一个较小的增量($d/2$)对它进行分组，在每组中再进行直接插入排序。继续不断缩小增量直至为 1，待整个序列中的记录“基本有序”时，最后使用直接插入排序完成排序，如图 4-23 所示。希尔排序又叫缩小增量排序，实质上希尔排序是一种分组插入方法。

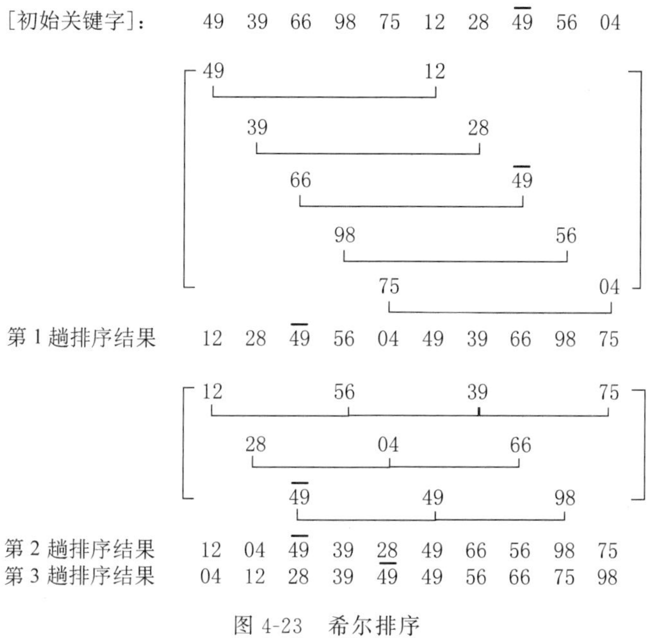

图 4-23 希尔排序

希尔排序是不稳定的。排序的执行时间依赖于增量序列，希尔排序的平均时间复杂度为 $O(n^{1.5})$。

第5章 数据管理技术

5.1 数据管理

5.1.1 信息与数据

对每个人来说，“信息”和“数据”都非常重要。“信息”可以告知有用的事实和知识，“数据”可以更有效地表示、存储和抽取信息。

1. 信息、信息特征及作用

在日常生活中，经常可以听到“信息”这个名词。什么是信息呢？简单地说，信息就是新的、有用的事实和知识，泛指人类社会传播的一切内容。创建宇宙万物的最基本单位是信息。信息是对客观世界中各种事物的运动状态和变化的反映，是客观事物之间相互联系和相互作用的表征，表现的是客观事物运动状态和变化的实质内容。

根据信息的概念，可以归纳出信息具有以下基本特征：

(1) 信息的内容是关于客观事物或思想方面的知识。信息的内容能反映已存在的客观事实，能预测未发生事物的状态和能用于指挥与控制事物发展的决策。信息对当前和将来的决策具有明显的或实际的价值。

(2) 信息源于物质和能量。信息不可能脱离物质而存在，信息的传递需要物质载体，信息的获取和传递要消耗能量。信息能够在空间和时间上被传递。在空间上传递信息称为信息通信，在时间上传递信息称为信息存储。如信息可以通过报纸、电台、电视、计算机网络进行传递。

(3) 信息是有用的。信息是人们活动的必需知识，它可以提高人们对事物的认识，利用信息能够克服工作中的盲目性、增加主动性和科学性，可以把事情办得更好。

(4) 信息需要一定的形式表示，信息是可存储、加工、传递和再生的。信息与其表现符号不可分离。计算机存储技术的发展，进一步扩大了信息存储的范围。借助计算机，还可对收集到的信息进行管理。

信息对于人类社会的发展有重要意义。人通过获得、识别自然界和社会的不同信息来区别不同的事物，得以认识和改造世界。信息是社会机体进行活动的纽带，社会的各个组织通过信息网相互了解并协同工作，使整个社会协调发展；社会越发展，信息的作用就越突出；信息是管理活动的核心，要想管理好事物，需要掌握更多的信息，并利用信息进行工作。

在整个计算机应用中，信息系统所占比例高达70%～80%。一个国家的现代化水平越高，科学管理、自动化服务的要求就越迫切，各行各业的计算机信息系统所占的比例也越高。在信息系统的发展过程中，广泛使用到了数据管理技术。

2. 数据、数据与信息的关系及数据的特征

数据是事实或观察的结果，是对客观事物的逻辑归纳，是用于表示客观事物的未经加工的原始素材。数据是用于承载信息的物理符号。尽管信息有多种表现形式，它可以通过手势、眼神、声音或图形等方式表达，但信息的最佳表现形式和载体是数据。数据可以通过符号、文字、数字、语音、图像、视频等表示信息，因此数据能够被记录、存储和处理，从中挖掘出更深层的信息。

数据和信息是不可分离的。数据是信息的表达；信息是数据的内涵，是对数据的语义解释。必须指出的是，在许多不严格的情况下，会把“数据”和“信息”两个概念混为一谈，称“数据”为“信息”。其实，数据不等于信息，数据只是信息表达方式中的一种，数据本身没有意义，数据只有对实体行为产生影响时才成为信息。正确的数据可表达信息，而虚假、错误的数据所表达的是谬误，不是信息。

在计算机系统中，数据是用于输入计算机并被计算机程序处理，具有一定意义的数字、字母、符号的组合、图形、图像等符号介质的通称，这里的数字数据在某个区间内是离散的值。

通常数据具有以下特征：

(1) 数据有“型”和“值”之分。

数据的型是指数据的结构，而数据的值是指数据的具体取值。数据的结构指数据的内部构成和对外联系。例如，学生的数据由“学号”“姓名”“年龄”“性别”“所在系”等属性构成，其中“学生”为数据名，“学号”“姓名”等为属性名(或称数据项名)；课程也是数据，它由“课程编号”“课程名称”“课时数”等数据项构成；“学生”和“课程”之间有“选课”的联系。“学生”和“课程”数据的内部构成及其相互联系就是学生课程数据的类型，而一个具体取值，如“2021936，张立，20，男，计算机系”就是一个学生数据值。

(2) 数据受数据类型和取值范围的约束。

数据类型是针对不同的应用场合设计的数据约束。根据数据类型的不同，数据的表示形式、存储方式及能进行的操作运算各不相同。在使用计算机处理信息时，应当对数据类型特别重视，为数据选择合适的类型，千万马虎不得。

常见的数据类型有数值型、字符串型、日期型和逻辑型等，它们具有不同的特点和用途。数值型数据就是通常所说的算术数据，它能够进行加、减、乘、除等算术运算；字符串型数据是最常用的数据，它可以表示姓名、地址、邮政编码及电话号码等类数据，能够进行查找子串、取子串和连接子串的运算操作；日期型数据适合表达日期和时间信息；逻辑型数据能够表达“真”和“假”以及“是”和“否”等逻辑信息。

数据的取值范围也称数据的值域，例如学生性别的值域是{“男”，“女”}。为数据设置值域是保证数据的有效性、避免数据输入或修改时出现错误的重要措施。

(3) 数据有定性表示和定量表示之分。

在表示职工的年龄时，可以用“老”“中”“青”定性表示，也可以用具体岁数定量表示。由于数据的定性表示是带有模糊因素的粗略表示方式，而数据的定量表示是描述事物的精确表示方式，因此在计算机软件设计中，应尽可能地采用数据的定量表示方式。

(4) 数据应具有载体和多种表现形式。

数据是客体(即客观物体或概念)属性的记录，它必须有一定的物理载体。当数据记录在纸上时，纸张是数据的载体；当数据记录在计算机的外存上时，保存数据的硬盘、U 盘或光盘就是数据的载体。数据的概念在数据处理领域中已大大地拓宽了，数据具有多种表现形式，它可以用报表、图形、语音及不同的语言符号表示。可用多种不同的数据形式表示同一信息，而信息不随数据形式的不同而改变。

众所周知，21 世纪是知识与信息爆炸的时代，人们生活的周围遍布信息。而如何更好、更充分地获取信息并将其以数据形式存储在计算机中是极其重要的。数据经过计算机的处理，可以使人们更好地交流与传递、进行分析与统计等。此外，随着计算机、通信及网络的广泛应用，数据管理已成为各个部门、机构或单位，甚至是国家政府机关的重要支撑以及决策的主要手段，发挥着越来越重要的作用，也是生活在信息时代每个人必备的信息素养能力之一。

5.1.2 数据管理的变迁

数据管理即对数据资源的管理，是利用计算机硬件和软件技术对数据进行有效的收集、存储、处理和应用的过程。数据管理已成为人类进行正常社会活动的一种需求。

随着计算机技术的发展，数据管理从手工记录的人工管理阶段，发展到以文件形式保存在计算机存储器中的文件系统管理阶段，再到数据库管理阶段。数据管理技术的发展，以数据存储冗余不断减小、数据独立性不断增强、数据操作与维护更加便捷为标志，每一阶段都各有其特点，如图 5-1 所示。

1. 人工管理阶段

20 世纪 40 年代至 50 年代这段时间中，由于当时计算机结构简单，应用面狭窄且存储单元少，计算机内的数据管理非常简单，这时就由应用程序编制人员各自直接管理自身的数据，程序与要处理的数值数据放在一起，此阶段称人工管理阶段，如图 5-2 所示。

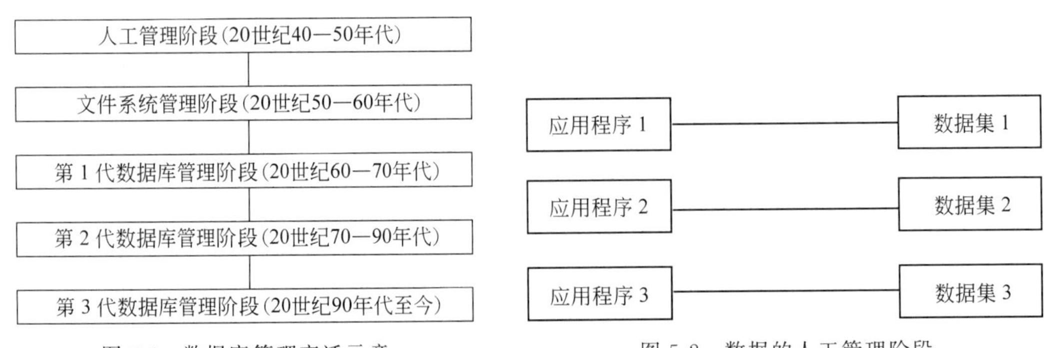

图 5-1　数据库管理变迁示意

图 5-2　数据的人工管理阶段

在人工管理阶段，计算机主要用于科学计算，对于数据保存的需求尚不迫切，所以数据不加保存；每个应用程序都要包括数据的存储结构、存取方法、输入方式等，程序编制人员编写应用程序时，需要安排数据的物理存储和管理；数据面向程序一一对应，数据依赖于特定的应用程序，一组数据只能对应一个程序。多个应用程序涉及某些相同的数据时，也必须各自定义，程序之间有大量的冗余数据；数据不具有独立性，数据完全依赖于程序。数据维护存在共享性等问题。

显然，这种数据管理技术主要适用于数据量小、数据间无逻辑组织关系的应用。由此，数据管理进入文件系统阶段。

2. 文件系统管理阶段

文件系统管理出现于 20 世纪 50 年代，这一阶段计算机不仅用于科学计算，还大量用于信息管理，数据存储、检索和维护成为紧迫的需求。此时计算机中已出现有磁鼓、磁盘等大规模存储设备，计算机应用也逐步拓宽，数据管理技术也得益于计算机的处理速度和存储能力的提高。计算机内的数据已开始有专门的软件进行管理，这就是文件系统，如图 5-3 所示。

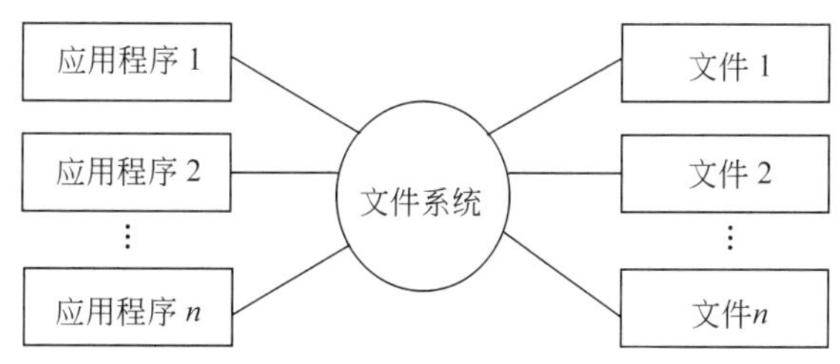

图 5-3　数据的文件系统管理阶段

在文件系统管理阶段，文件系统把计算机中的数据组织成相互独立的、可被命名的数据文件，同时可以按文件的名字来进行管理；此时的文件系统已能对数据进行初步的组织，数据便可以长期保存在计算机外存上，可以对数据进行反复处理，并支持文件的查询、修改、插入和删除等操作；文件形式多样化，包括顺序文件、倒排文件、索引文件等；文件系统实现了记录内部的结构化，但从文件的整体来看却是无结构的；数据文件是独立于程序而存在的，可以随意地增减要操作的数据。

与人工管理阶段相比，文件系统管理阶段对数据的管理有了很大的进步，但一些根本性问题仍没有彻底解决，文件管理方式的数据文件也是面向特定的应用程序，只是与应用程序分离；由于应用环境简单因此接口能力差，导致文件系统的数据管理能力简单，且只能附属于操作系统而不能成为独立部分；具有数据独立性，数据管理简单化了，各数据文件之间缺少有机的联系。一个数据文件基本上对应于一个应用程序，数据仍然不能共享，数据冗余度大；由于相同数据的重复存储、各自管理，在进行更新操作时，容易造成数据的不一致性。可以将其看成是数据库系统的雏形，而不是真正的数据库管理系统。

3. 数据库管理阶段

自 20 世纪 60 年代起，随着硬件环境与软件环境的不断改善与提高，数据处理应用领域需求的持续扩大，计算机存储设备已出现大容量磁盘与磁盘组，且数据量已跃至海量，文件系统已无法满足新的数据管理要求。数据管理职能由附属于操作系统的文件系统而脱离成独立的数据管理机构，即数据库管理系统，由此数据管理进入了数据库管理系统阶段。

从文件系统到数据库系统，标志着数据管理技术质的飞跃。数据库的特点是数据不再只针对某一特定应用，而是面向全组织，具有整体的结构性，共享性高、冗余度小，具有一定的程序与数据间的独立性，并且实现了对数据进行统一的控制。数据库技术的应用使数据存储量猛增，用户增加，而且数据库技术的出现使数据处理系统的研制从围绕以加工数据的程序为中心转向围绕共享的数据来进行，实现了整体数据的结构化，如图 5-4 所示。

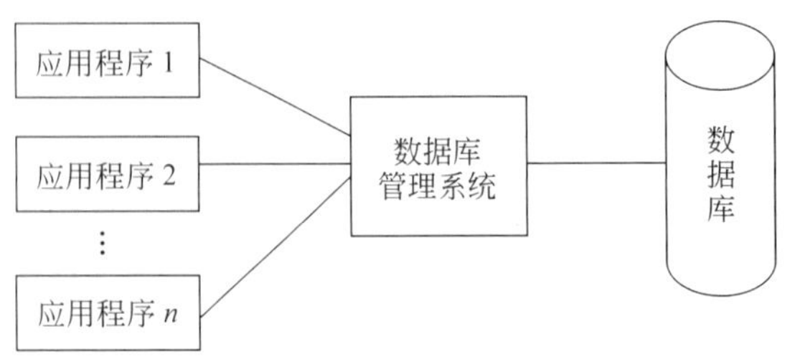

图 5-4　数据的数据库管理阶段

数据库技术与其他软件技术的加速融合，进一步促进了数据管理的模式与功能结构的改进。在数据库管理阶段，因不同的数据结构组织而分成为：

1）层次与网状数据库管理时代

20 世纪 60 年代以后所出现的数据库管理系统是层次数据库与网状数据库，它们具有了真正的数据库管理系统特色，但是它们脱胎于文件系统，受文件的物理特性影响大，因此给数据库使用和应用带来诸多不便。

1969 年，IBM 公司 McGee 等开发的层次数据库系统的 IMS 发表。1971 年，美国数据库系统语言协会下属的数据库任务组对网状数据库方法进行了系统的研究、探讨，提出了网状数据库系统的许多概念、方法和技术，标志着数据库在理论上的成熟。

2）关系数据库管理时代

图 5-5　埃德加·弗兰克·科德

20 世纪 70 年代是关系数据库理论研究和开发原型的时代。随着其蓬勃的发展逐步取代层次与网状数据库系统。1970 年 IBM 公司埃德加·弗兰克·科德（Edgar Frank Codd，见图 5-5）发表了题为《大型共享数据库数据的关系模型》的论文，提出了关系数据模型，开创了关系数据库方法和关系数据库理论。由于 E.F.Codd 的杰出贡献，他于 1981 年获得图灵奖。

关系数据库管理系统用严格的数学理论来描述数据库的组织和操作，结构简单、使用方便、逻辑性强，被公认为是最有前途的数据库管理系统，因此发展十分迅速。20 世纪 80 年代以后，关系数据库管理系统一直占据数据库领域的主导地位。各大计算机厂商先后推出 dBASE、FoxBASE、Oracle、FoxPro、Access 等多种商品数据库管理系统。

3）新一代数据库管理时代

在 20 世纪 90 年代以后，数据库理论和应用进入成熟发展时期。数据库应用领域也在不断地扩大，数据库技术在商业领域的巨大成就刺激了其他领域对数据库需求的迅速增长。数据库逐步扩充至非事务处理领域与数据分析领域，传统关系数据库的应用受到了挑战。需要针对关系数据库管理系统做出必要的改造与扩充：

（1）引入面向对象概念，建立对象关系数据库管理系统，以适应非事务处理领域应用；

（2）扩充数据交换能力，以适应数据库在网络及互联网环境中的应用；

(3) 引入联机分析处理概念，建立数据仓库，以适应数据分析处理领域的应用。

数据库技术与其他现代数据处理技术(如面向对象技术、分布式技术、时序和实时处理技术、人工智能技术、多媒体技术等)完美地集成，形成了“新一代数据库技术”，也可称为“现代数据库技术”，如时态数据库技术、分布式数据库技术、实时数据库技术和多媒体数据库技术等。新型数据库系统应运而生，也带来了一个又一个数据库技术发展的新高潮，为数据的处理带来更便捷、更宽泛的管理。

新一代的数据库系统支持数据管理、对象管理和知识管理，保持和继承了关系数据库已有的技术，支持数据库语言标准，在网络上支持标准网络协议等。当然，由于新一代数据库系统的专业性要求高，对于中小数据库用户来说，其通用性受到一定的限制。

5.2 数据库基础

5.2.1 基本概念

1. 数据库

数据库(Data Base，DB)是数据的集合，它具有统一的结构形式，存放于统一的存储介质内，并由统一机构管理。它由多种应用数据集成，并可被多个应用所共享，具有尽可能小的冗余度。

数据库存放数据，数据按所提供的数据模式存放，它能构造复杂的数据结构以建立数据间内在联系与复杂关系，从而构成数据的全局结构模式。

数据库中的数据具有“集成”“共享”的特点，也即数据库集中了各种应用的数据，并对其进行统一的构造与存储，而数据可为不同应用服务与使用。数据库本身不是独立存在的，它是组成数据库系统的一部分。

2. 数据库管理系统

数据库管理系统(DataBase Management System，DBMS)是统一管理数据库、使用户可以定义、创建和维护数据库以及提供对数据库有限制访问的软件(属系统软件)，DBMS 对数据库进行统一的管理和控制，以保证数据库的安全性和完整性。一般来说，DBMS 通过提供统一的数据语言具体完成。

(1) 数据模式定义。数据库管理系统负责为数据库构造统一数据框架，这种框架称为数据模式，而这种功能称为数据组织。

(2) 数据操纵。数据库管理系统为用户定位与查找数据提供方便，它一般提供数据查询、插入、修改以及删除的功能，用于访问和操作数据库中的数据，处理用户请求。此外，它自身还具有一定的运算、转换及统计的能力和一定的过程调用能力。

(3) 数据控制。用于检索存储或保存的数据，授予或收回用户对数据库的访问权限。数据库管理系统负责数据语法、语义的正确性保护，称为数据完整性控制。数据库管理系统还负责数据访问正确性保护，称为安全性控制。此外，数据库管理系统还负责数据动态正确性保护，具体为并发控制与故障恢复。

(4) 数据交换。数据库管理系统为不同环境用户使用数据提供相应的接口，实现数据的交换。

(5) 数据的扩展功能。为使数据管理更好地为数据处理服务，在数据管理中增加一些对数据处理的延伸服务，这就是数据的扩展功能。它包括人机交互、嵌入式、自含式、调用层接口以及 Web 数据库、XML 数据库等扩展功能。

(6) 数据服务。数据库管理系统提供对数据库中数据的多种服务功能称为数据服务。

(7) 数据字典。数据字典是一组特殊的数据服务，它是信息服务的一种，又称元数据。数据字典存放数据库管理系统中的数据模式结构、数据完整性规则、安全性要求等数据。

3. 数据库系统

数据库系统(DataBase System，DBS)是由数据库及其管理软件组成的系统。它是为适应数据处理的需要而发展起来的一种较为理想的数据处理系统，是一个为实际可运行的存储、维护和应用系统提供数据支撑的软件系统，是存储介质、处理对象和管理系统的集合体。

数据库系统由硬件系统、系统软件(包括操作系统、数据库管理系统等)、数据库应用系统和各类人员四部分组成，如图 5-6 所示。

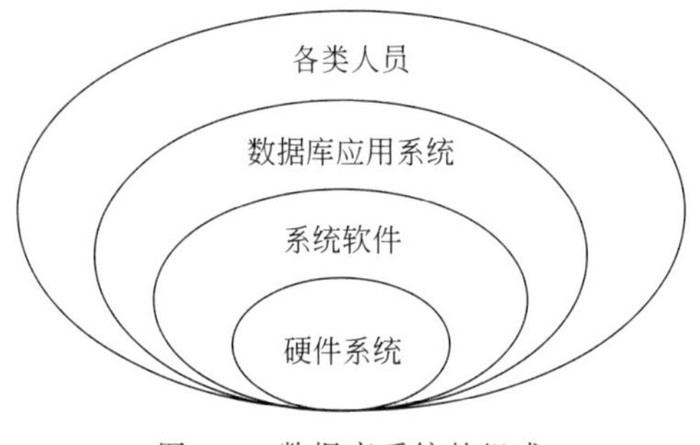

图 5-6 数据库系统的组成

1) 硬件系统

硬件系统的配置应满足整个数据库系统的需要。由于一般数据库系统数据量很大，加之 DBMS 丰富而强大的功能使得自身的体积很大，因此整个数据库系统对硬件资源提出了较高的要求：

(1) 具有足够大的内存以保证存放操作系统、DBMS 的核心模块、数据缓冲区和应用程序。

(2) 具有足够大的直接存取设备存放数据并完成数据备份。

(3) 要求计算机有较高的数据传输能力，以提高数据传送率。

2) 系统软件

系统软件主要包括操作系统、DBMS、与数据库接口的高级语言及其编译系统，以及以 DBMS 为核心的应用开发工具。

操作系统是计算机系统必不可少的系统软件，也是支持 DBMS 运行必不可少的系统软件。DBMS 是数据库系统不可或缺的系统软件。它提供数据库的建立、使用和维护等功能。一般来讲，DBMS 的数据处理能力较弱，所以需要提供与数据库接口的高级语言及其编译系统，以便于开发应用程序。以 DBMS 为核心的应用开发工具指的是系统为应用开发人员和最终用户提供的高效率、多功能的应用生成器、第四代语言等各种软件工具。

3) 数据库应用系统

数据库应用系统是为特定应用开发的数据库应用软件。DBMS 为数据的定义、存储、查询和修改提供支持，而数据库应用系统是对数据库中的数据进行处理和加工的软件。例如，基于数据库的各种管理软件，管理信息系统、决策支持系统和办公自动化等都属于数据库应用系统。

4）各类人员

参与分析、设计、管理、维护和使用数据库的人员均是数据库系统的组成部分。他们在数据库系统的开发、维护和应用中起着重要的作用。各类人员主要包括：

（1）数据库管理员（DataBase Administrator，DBA）。

由于数据库的共享性，因此对数据库的规划、设计、维护、监视都需要有专人管理。数据库管理员负责数据库的总体信息控制。

数据库管理员的具体职责包括：根据数据库中的信息内容和结构，决定数据库的存储结构和存取策略；定义数据库的安全性要求、完整性约束条件、并发控制及系统恢复；监控数据库的使用和运行；负责数据库的性能改进，数据库的调整、重组及重构，保证其运行的效率，以提高系统的性能；负责制定与使用数据库有关的规章制度、检查落实人员培训和咨询等工作。

（2）系统分析员（System Analyst，SA）和数据库设计人员。

系统分析员是数据库系统建设期的主要参与人员，负责应用系统的需求分析和规范说明，要和最终用户相结合，确定系统的数据库结构和应用程序的设计，以及软硬件的配置，并参与组织整个数据库系统的概要设计。

数据库设计人员负责数据库中数据的确定、数据库各级模式的设计。

（3）应用程序员（Applications Programmer，AP）。

应用程序员根据系统的功能需求，负责设计和编写数据库的应用程序。这些应用程序可对数据进行建立、删除、修改或检索，并参与对程序模块的测试。

（4）最终用户。

数据库系统的最终用户是有不同层次的。不同层次的用户其需求的信息以及获得信息的方式也是不同的。最终用户利用系统的接口或查询语言访问数据库。一般可将最终用户分为操作层、管理层和决策层。

5.2.2 数据抽象

数据库管理的对象（数据）存在于现实世界中，抽象于现实世界中的事物及其各种关系。在数据处理中，数据抽象涉及许多范畴。数据从现实世界到计算机数据库里的具体表示要经历三个阶段，即现实世界、信息世界和计算机世界，并通过三个阶段的二次抽象将现实世界的事物抽象为计算机中的数据描述，如图 5-7 所示。

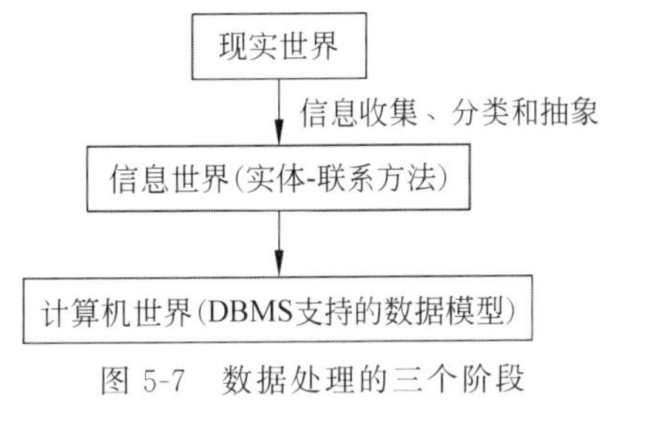

图 5-7 数据处理的三个阶段

1. 现实世界

现实世界是指客观存在世界中的事物及其联系。在这一阶段要对现实世界的事物进行收集、分类，并抽象成信息世界的描述形式。

2. 信息世界

信息世界是现实世界在人们头脑中的反映。经过人脑的分析、归纳和抽象所形成的信息是对客观事物及其联系的一种抽象描述，把这些信息进行记录、整理、归类和格式化后，就构成了信息世界。在数据库设计中，这一阶段又称为概念设计阶段。

1）常用术语

（1）实体。客观存在并可相互区别的事物。实体可以是现实世界中具体的人、事、物，也可以是抽象的概念或联系，例如一个学生、一个教师、一所学校、一门课、一次会议、一堂课、一场球赛等。这里从建立信息结构的角度出发，强调实体是被认识的客观事物，未被认识的客观事物就不可能找出它的特征，也就无法建立起相应的信息结构。

（2）实体集。性质相同的同类实体的集合叫实体集，如教师、学生、课程等实体集。研究实体集的共性是信息世界的基本任务之一。

（3）属性。实体的某一特征称为属性。每个实体都有许多特征，以区别于其他实体。如一本书的主要特征是书名、作者名、出版社、出版年月和定价等；一次会议的主要特征是会议名称、会议时间、会议地点、参加对象及参加人数等。特征是在对客观事物进行深入分析的基础上归纳出来的。属性也称为“型”。实体集中实体具有相同的性质，即指的是具有相同的属性（或相同的型）。

（4）元组。实体的每个属性都有一个确定值，称为属性的值。当某实体有多个属性时，它们的值就构成一组值，称为元组。实体在信息世界中就是通过元组来表示的。属性的取值有一定的范围，这个范围称为属性域（或值域）。如描述人的年龄属性，可定在 1～200 的整数范围内；若对于具体某个人的年龄值，可能取值为 50。

（5）码。唯一标识实体的属性集称为码，例如学号是学生实体的码，座位所在的行号和列号也是座位实体的码。

（6）联系。实体间的“联系”反映了现实世界中客观事物之间的关联。这种联系是复杂的、多种多样的，但归纳起来可分一对一、一对多和多对多三类。

① 一对一联系。

如果对于实体集 A 中的每一个实体，实体集 B 中至多有一个（也可以没有）实体与之联系；反之亦然，则称实体集 A 与实体集 B 具有一对一联系，记为 1∶1。

例如，描述学校的客观事物时，对于班级和（正）班长两个实体集，一个班级只有一个（正）班长，而一个（正）班长只在一个班级中任职，则实体集班级与（正）班长之间具有一对一联系。

② 一对多联系。

如果对于实体集 A 中的每一个实体，实体集 B 中有 n 个实体（$n \geqslant 0$）与之联系；反之，对于实体集 B 中的每一个实体，实体集 A 中至多有一个实体与之联系，则称实体集 A 与实体集 B 有一对多联系，记为 1∶n。

例如，对于班级和学生两个实体集，一个班级中有若干名学生，而每个学生只在一个班级中学习，则实体集班级与学生之间具有一对多联系。

③ 多对多联系。

如果对于实体集 A 中的每一个实体，实体集 B 中有 n 个实体（$n \geqslant 0$）与之联系，反之，对于实体集 B 中的每一个实体，实体集 A 中也有 m 个实体（$m \geqslant 0$）与之联系，则称实体集 A 与实体集 B 具有多对多联系，记为 m∶n。

例如，对于课程和学生两个实体集，一门课程同时有若干学生选修，而一个学生可以同时选修多门课程，则实体集课程与学生之间具有多对多联系。

2）概念模型

从现实世界抽象到信息世界后，抽象的结果是通过概念模型来表达的。它是面向现实世界建模，是面向用户的模型。它按用户的观点对数据和信息建模，描述现实世界的概念化结构，这时与具体的 DBMS 和具体的计算机平台无关。概念模型只是用来描述某个特定组织所关心的信息结构。它使设计人员在设计初始阶段摆脱计算机系统及 DBMS 的具体技术问题，集中精力分析数据本身的特性及数据之间的联系。它是系统分析员、程序设计员、维护人员、各级用户之间相互理解的共同语言。

概念模型是在了解了用户的需求、用户的业务领域工作情况以后，经过分析和总结，提炼出来的用以描述用户业务需求的一些概念性的东西。概念模型的表示方法很多，其中最著名、最常用的是麻省理工学院的陈品山于 1976 年提出的实体-联系方法（Entity-Relationship Approach，E-R 方法）。该方法用 E-R 图来描述现实世界的概念模型，也称为 E-R 模型，如图 5-8 所示。

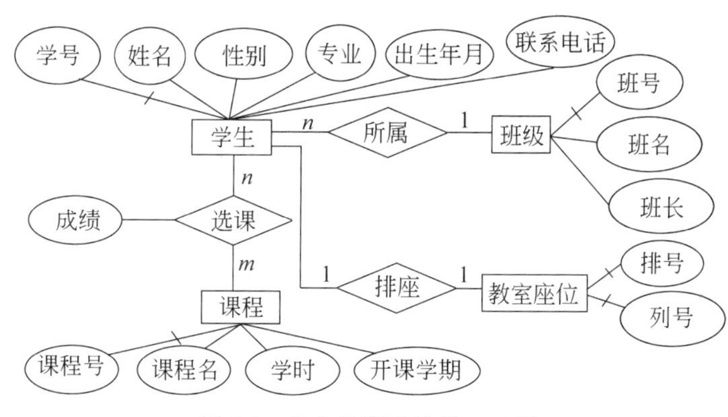

图 5-8　学生选课系统的 E-R 图

E-R 图主要是由实体，属性和联系三个要素构成，其中：

（1）实体用矩形框表示，矩形框内写明实体名。

（2）属性用椭圆表示，并用无向边将其相应的实体连接起来。例如，学生实体集具有学号、姓名、性别、出生年月、专业等属性。

（3）联系用菱形表示，菱形框内写明联系名，并用无向边与有关实体集连接起来，同时在无向边旁边标注上联系的类型。

3. 计算机世界

这一阶段的数据处理是在信息世界对客观事物的描述基础上做进一步抽象，将其信息化，使得信息能够存储在计算机中，是对信息世界中信息的数据化，所以又叫数据世界。它将信息用字符和数值等数据表示，具体使用计算机存储并管理信息世界中描述的实体集、实体、属性和联系的数据。信息世界抽象到计算机世界，则概念模型被抽象为数据模型。数据模型是对数据及其联系的描述。概念模型中的实体内部的联系抽象为数据模型中同一记录内部各字段间的联系，实体之间的联系抽象为记录与记录之间的联系。这一阶段的数据处理在数据库的设计过程中也称为逻辑设计。

1）基本术语

与信息世界常用概念对应，在计算机世界中涉及的术语如下。

（1）字段。对应于信息世界中的属性，用于标记实体属性的命名单位称为字段，或数据项。字段是数据库中可以命名的最小逻辑数据单位。例如，学生关系有学号、姓名、年龄、性别等字段。

（2）记录。字段的有序集合称为记录。一般用一条记录对应描述一个实体，因此记录又可以定义为能够完整地描述一个实体的字段集。例如，对应某一实体教师的一条记录有姓名、年龄、性别、职称等字段。

（3）文件。同一类型记录的集合称为文件。文件是用来描述实体集的。例如，所有学生记录组成一个学生文件，描述实体集学生。

（4）关键字。能够唯一标识文件中每条记录的字段或字段集，称为关键字或主码。例如，因为每个学生只有唯一的学号，所以在学生文件中，学号字段可以作为关键字标识每条记录。

从信息世界抽象到计算机世界是通过数据模型来表达的，计算机世界的数据库是一个具有一定数据结构的数据集合，这个结构是根据现实世界中事物之间的联系来确定的。在数据库系统中不仅要存储和管理数据本身，还要保存和处理数据之间的联系，也就是实体之间的联系，反映在数据上则是记录之间的联系，研究如何表示和处理这种联系是数据库系统的核心问题。

2）数据模型

数据模型的选择是设计数据库的首要任务，数据模型的好坏直接影响数据库的性能。数据模型的设计方法决定着数据库的设计方法。常见的数据模型有层次模型、网状模型和关系模型。

（1）层次模型。

层次模型是数据库中最早出现的数据模型，它用树形结构表示数据之间的联系。树中结点表示现实世界中的实体集，连线表示实体之间的联系。层次模型的特点：有且只有一个结点无双亲（上级结点），此结点叫根结点；其他结点有且只有一个双亲。在层次模型中双亲结点与子女（下级）结点之间的联系只能表示实体与实体之间一对多的对应关系。

院系中教师、学生数据库的层次模型如图 5-9 所示，其中系是根结点，树状结构反映的是实体之间的结构，该模型实际存储的数据通过链接指针体现联系。

（2）网状模型。

网状模型是一种比层次模型更具普遍性的结构，它去掉了层次模型的两个限制，它允许多个结点没有双亲结点，也允许一个结点可以有多于一个的双亲，还允许两个结点之间有多种联系，因此网状模型更能描述现实世界。

学生选课数据库的网状模型如图 5-10 所示，其中实体集学生与选课、课程与选课是一对多的联系。

网状模型和层次模型在本质上是一样的。从逻辑上看，它们都是基本层次模型的集合；从结构上看，它们的每一个结点都是一个存储记录，用链接指针来实现记录之间的联系。当

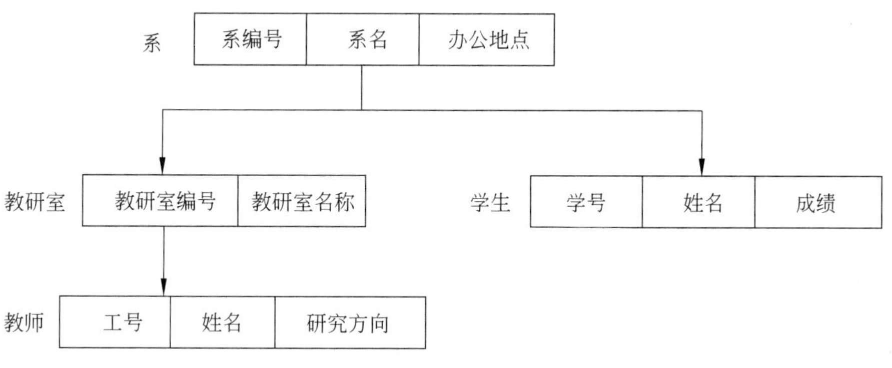

图 5-9　教师、学生数据库的层次模型

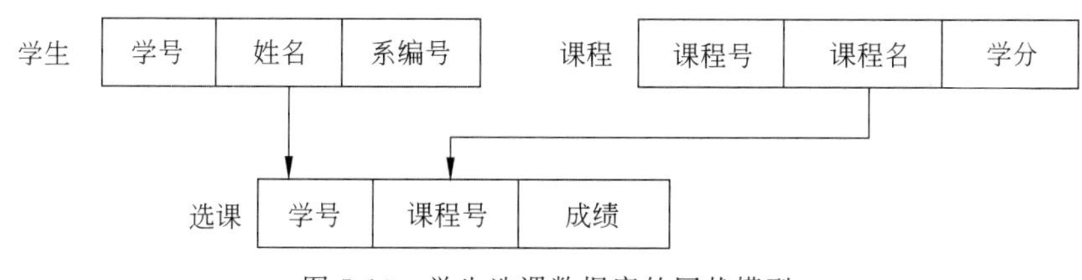

图 5-10　学生选课数据库的网状模型

存储数据时这些指针就固定下来，检索数据时必须考虑存取路径问题；数据更新时，涉及的链接指针需要调整，因此，系统扩充也比较麻烦。网状模型中的指针更多，纵横交错，从而使数据结构更加复杂。

(3) 关系模型。

关系模型建立在严格的数学概念基础上，其描述数据库的组织和操作更为直观。关系模型的数据结构简单清晰，具有更高的数据独立性和安全保密性。在关系模型中实体和实体间的联系用关系表示，查询结果也是关系。

一个关系可以看作一张二维表，表中的每一行是一个记录，对应关系中的元组；表中的每一列是一个字段，对应关系中的属性。表格中的每一列都是不可再分的基本属性；各列被指定一个相异的名字；各行不允许重复；行、列的次序无关。

将概念模型转化为关系模型的基本规则如下：

① 实体的转化。每一个实体都转化为一个关系，原来描述实体的属性直接转化为关系的属性，实体的主关键字转化为关系的主关键字。

② 一对一联系的转化。将任意一方的主关键字放入另外一方的关系中。若联系本身还具有属性，则也将属性放入这一关系中。

③ 一对多联系的转化。将一方的主关键字放入多方的关系中，作为多方的外部关键字。若联系本身还具有属性，则也将属性放入多方的关系中。

④ 多对多联系的转化。为多对多联系创建一个新的关系，将参与该多对多联系的双方的主关键字放入这个关系，作为外部关键字，双方的主关键字组合在一起构成了新的关系的主关键字。若联系还具有自己的属性，则这些属性也要放入这个关系。

如图 5-8 的概念模型中抽象到关系数据模型共有 7 个关系：

① 学生(学号,姓名,性别,专业,出生年月,联系电话)
② 班级(班号,班名,班长)
③ 课程(课程号,课程名,学时,开课时间)
④ 教室座位(排号,列号)
⑤ 所属(学号,班号)
⑥ 排座(学号,排号,列号)
⑦ 选课(学号,课程号,成绩)

关系模型中基本数据结构就是二维表,所以不使用像层次模型或网状模型的链接指针。记录之间的联系是通过不同关系中的同名属性来体现的。例如高校学生成绩数据库中,建立了三个关系,如表 5-1～表 5-3 所示。各个表之间是通过相同的字段内容联系起来的,其中的关系框架为:

表 5-1 学生

学 号	姓 名
2205140101	赵治民
2205140102	钱礼悦
2205140103	孙寅方
2205140104	李虹威

表 5-2 课程

课程 ID	课程名称
1	高等数学
2	大学英语
3	军事理论
4	计算机基础

表 5-3 成绩

学 号	课程 ID	成 绩	学 号	课程 ID	成 绩
2205140101	1	82	2205140103	1	75
2205140101	2	78	2205140103	2	78
2205140101	3	91	2205140103	3	81
2205140102	1	72	2205140103	4	60
2205140102	2	68	2205140104	1	89
2205140102	3	69	2205140104	2	87
2205140102	4	76	2205140104	3	75

① 学生(学号,姓名)
② 课程(课程 ID,课程名)
③ 成绩(学号,课程 ID,成绩)

例如,查找孙寅方的大学英语成绩,首先要在学生关系中找到孙寅方的学号"2205140103",然后在课程关系中找到课程名"大学英语"对应的课程 ID"2",再通过学号和课程 ID 在成绩关系中找到对应成绩"78"。在整个查询过程中,同名属性学号和课程 ID 起到了连接三个关系的纽带作用。由此可见,关系模型中的各个关系模式不是孤立的,也不是随意拼凑的二维表,它必须满足相应的需要。

现实世界、信息世界和计算机世界概念的对应关系如表 5-4 所示。

表 5-4 三个世界概念的对应关系

现实世界	信息世界	计算机世界
事物个体	实体	记录
特征	属性	字段
事物总体	实体集	文件
唯一特征	实体标识符	关键字
事物间联系	E-R 模型	数据模型

5.2.3 数据库的体系结构

1. 三级模式结构

为了更好地描述数据库,实现和保持数据库在数据管理中的优点,提高数据库数据的逻辑独立性和物理独立性,数据处理需要对数据库系统的结构进行有效的设计。美国 ANSI/X3/SPARC 的数据库管理系统研究小组于 1975 年和 1978 年提出了将数据库结构分为三级模式的标准化建议。该三级模式分别称为外模式、概念模式和内模式。经过这样划分后的数据库系统结构(见图 5-11)称为“三级模式结构”或“数据抽象的三个级别”。目前,大多数数据库管理系统在总体上都采用三级模式结构。

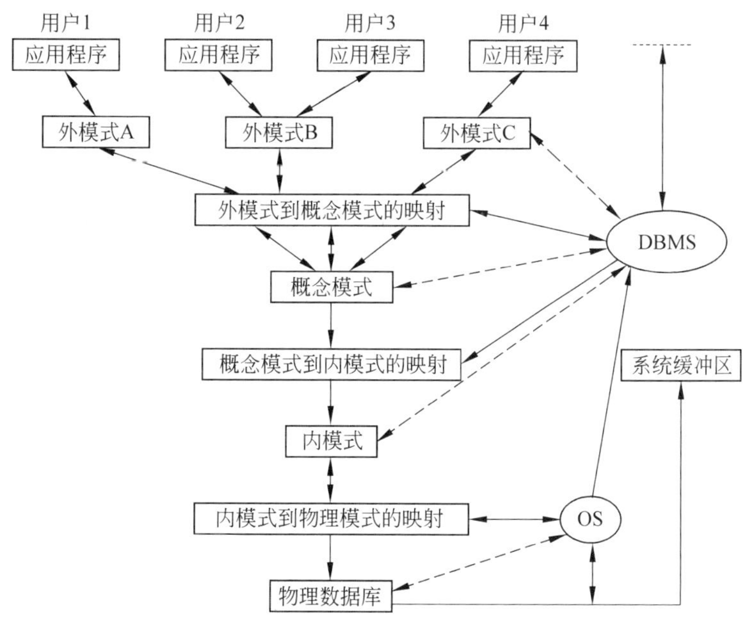

图 5-11 基于三级模式结构的数据库系统

图中物理数据库指的是以二进制位流形式存储在大容量物理存储器上的数据集合。物理数据库所使用的物理存储器的容量视系统的不同而不同。

内模式也称存储模式,内模式处于三级体系结构的最底层,它是对数据库在物理存储器上具体实现的描述，是数据在数据库中的内部表示，即数据的物理结构和存储方式的描述。它规定了数据在存储介质上的物理组织方式，记录了寻址技术，定义了物理存储块的大小、溢出处理方法等。内模式要解决的问题是如何将各种数据及其之间的联系表示为具有二进制位流形式的物理文件，然后以一定的文件组织方法组织起来。

概念模式也称为模式。处于三级体系结构的中间层，它反映了设计者对数据全局的逻辑要求，它给出了数据库中数据的整体逻辑结构和特性的描述，也是所有用户的公共数据视图，还包括了对数据的安全性、完整性等方面的定义。

外模式也称子模式或用户模式，处于三级体系结构的最外层，也即最靠近用户的一层。它反映了用户对数据库的实际要求，是对数据库中用户所感兴趣的那一部分数据的逻辑结构和特性的描述，也是数据库用户看到的数据视图。它通常是概念模式的一个子集，也可以是整个概念模式。

所有的应用程序都是根据外模式中对数据的描述来编写的。外模式可以共享，即在一个外模式上可以编写多个应用程序，但一个应用程序只能对应一个外模式。不同的外模式之间可以以不同方式相互重叠，即它们可以有公共的数据部分；同时也允许概念模式与外模式之间在数据项的名称、次序等方面互不相同。

数据库系统的三级模式是数据抽象的三个级别，按三级模式从内到外对应分别是物理级别、逻辑级别、视图级别的抽象。它将数据库的物理组织结构与全局逻辑结构和用户的局部逻辑结构相互区别开来。数据库的三级模式结构中，数据的具体组织由数据库管理系统负责，使用户能处理数据的逻辑结构，而不必考虑数据在计算机中的物理表示和存储方法，从而实现数据的逻辑独立性和物理独立性，便于数据库的设计、组织和使用。为了实现三个抽象层次的转换，数据库系统在三级体系结构中提供了两级映像：外模式/概念模式映像和概念模式/内模式映像。

外模式与概念模式之间的映像关系，定义了外模式与概念模式之间的对应关系，实现了应用所涉及的数据局部逻辑结构与全局逻辑结构之间的变换。当全局的逻辑结构因某种原因改变时，如数据管理的范围扩大或某管理的要求发生改变后，对不受该全局变化影响的局部而言，只需修改外模式和概念模式之间的映像关系，而不必修改局部逻辑结构，使得基于这些局部逻辑结构所开发的应用程序不必修改，从而实现数据的逻辑独立性。

概念模式与内模式之间的映像关系，实现了数据的逻辑结构与物理存储结构之间的变换。当数据库的物理介质或物理存储结构改变时，引起内模式的变化，由于概念模式和内模式之间的映像使数据的逻辑结构可以保持不变，只需修改概念模式与内模式之间的对应关系，就可保持概念模式不变，从而实现了数据的物理独立性。数据的独立性是数据库系统的最基本的特征之一。

2. 数据库的工作流程

为了体现数据库三级体系结构的作用，现以一个应用程序从数据库中读取一个数据记录为例，说明用户访问数据时数据库管理系统的操作过程，同时也可以反映出数据库各部分的作用以及它们之间的相互关系。用户访问数据库的主要工作流程如图 5-12 所示。

(1) 应用程序 A 首先使用数据操纵语言(Data Manipulation Language，DML)命令向 DBMS 发出读取一个记录的请求，并提供相应的记录参数，如记录名、关键字值等。

(2) DBMS 根据应用程序 A 对应的外模式信息，利用外模式分析请求，核对用户访问

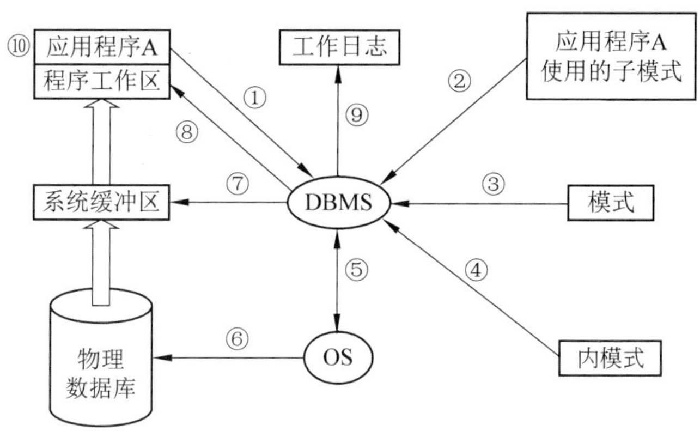

图 5-12　用户访问数据库的主要工作流程

权限、操作是否合法等，若核对结果符合规定，则执行下一步，否则中止执行并给出出错信息。

(3) DBMS 根据外模式和概念模式之间的映像关系调用概念模式，进一步分析请求，确定该记录在概念模式上的结构框架，决定应该读入哪些概念模式记录。

(4) DBMS 根据概念模式与内模式的映像关系，将数据的逻辑记录转换为确定的该记录物理结构。

(5) DBMS 向 OS 发出读取物理记录命令。

(6) OS 执行 DBMS 发出的命令，对实际的物理存储设备启动读操作，从相应的存储设备读出相应的数据，并送入系统缓冲区。

(7) DBMS 收到 OS 的操作结束信息后，按概念模式和外模式的映像关系将系统缓冲区中的数据装配成应用程序 A 所需要的记录，并送入程序工作区。

(8) DBMS 向应用程序 A 发送反映命令执行情况的状态信息(由状态字描述)，如“执行成功”“数据未找到”等。

(9) 记录系统的工作日志。

(10) 应用程序 A 根据状态信息进行相应的数据处理。

以上是读取一个数据记录的步骤和过程细节，在不同的数据库管理系统中可能存在差异，但基本过程大体一致。至于其他的数据操作，如写入、修改、删除数据等，其步骤会有所变化，但总体类似。

5.3　关系代数和结构化查询语言

5.3.1　关系代数

任何一种运算都是将一定的运算符作用于一定的运算对象上，得到预期的运算结果。所以运算对象、运算符、运算结果是运算的三大要素。关系代数是作为研究关系数据语言的数学工具。关系代数的运算对象是关系，运算结果也为关系。关系代数用到的运算符包括集合运算符、专门的关系运算符、比较运算符和逻辑运算符四类。关系代数的运算可分为传统的集合运算和专门的关系运算两类，如表 5-5 所示。其中，传统的集合运算将关系看成元组的集合，其运算是从关系的“水平”方向即行的角度进行；而专门的关系运算不仅涉及行而且涉及列；比较运算符和逻辑运算符是用来辅助专门的关系运算符进行操作的。

表 5-5 关系代数的运算

运算符		含义	运算符		含义
集合运算符	∪ − ∩	并 差 交	专门的关系运算符	× σ π |×|	广义笛卡儿积 选择 投影 连接
比较运算符	> ≥ < ≤ = ≠	大于 大于或等于 小于 小于或等于 等于 不等于	逻辑运算符	¬ ∧ ∨	非 与 或

1. 传统的集合运算

传统的集合运算是二目运算，包括并、交、差、笛卡儿积等运算。若定义 N 元关系表示一张二维表，则表的每行对应一个 N 元组，即 N 元关系表示有 N 种属性。

1) 并运算

假设有 n 元关系 R 和 n 元关系 S，它们相应的属性值取自同一个域，则它们的并仍然是一个 n 元关系，它由属于关系 R 或属于关系 S 的元组组成，并记为 $R \cup S$。并运算满足交换律，即 $R \cup S$ 与 $S \cup R$ 是相等的。

2) 交运算

假设有 n 元关系 R 和 n 元关系 S，它们相应的属性值取自同一个域，则它们的交仍然是一个 n 元关系，它由属于关系 R 且又属于关系 S 的元组组成，并记为 $R \cap S$。交运算满足交换律，即 $R \cap S$ 与 $S \cap R$ 是相等的。

3) 差运算

假设有 n 元关系 R 和 n 元关系 S，它们相应的属性值取自同一个域，则 n 元关系 R 和 n 元关系 S 的差仍然是一个 n 元关系，它由属于关系 R 而不属于关系 S 的元组组成，并记为 $R-S$。差运算不满足交换律，即 $R-S$ 与 $S-R$ 是不相等的。

【例 5-1】 设关系 R 如表 5-6 所示，关系 S 如表 5-7 所示，求 $R \cup S$、$R-S$ 和 $S-R$。

表 5-6 关系 ***R***

A	B	C
a	b	c
d	e	f
x	y	z

表 5-7 关系 ***S***

A	B	C
x	y	z
w	u	v
m	n	p

解：关系 $R \cup S$ 如表 5-8 所示；关系 $R \cap S$ 如表 5-9 所示；关系 $R-S$ 如表 5-10 所示；关系 $S-R$ 如表 5-11 所示。

表 5-8 关系 $R \cup S$

A	B	C
a	b	c
d	e	f
x	y	z
w	u	v
m	n	p

表 5-9 关系 $R \cap S$

A	B	C
x	y	z

表 5-10 关系 $R-S$

A	B	C
a	b	c
d	e	f

表 5-11 关系 $S-R$

A	B	C
w	u	v
m	n	p

4）笛卡儿积

设有 m 元关系 R 和 n 元关系 S，则 R 与 S 的笛卡儿积记为 $R \times S$，它是一个 $m+n$ 元组的集合（即 $m+n$ 元关系），其中每个元组的前 m 个分量是 R 的一个元组，后 n 个分量是 S 的一个元组。$R \times S$ 是所有具备这种条件的元组组成的集合。

在实际进行组合时，可以从 R 的第一个元组开始到最后一个元组，依次与 S 的所有元组组合，最后得到 $R \times S$ 的全部元组。$R \times S$ 共有 $m \times n$ 个元组。

【例 5-2】 设关系 R 如表 5-12 所示，关系 S 如表 5-13 所示。

解：关系 $R \times S$ 如表 5-14 所示。

表 5-12 关系 R

A	B	C
a	b	c
d	e	f
x	y	z

表 5-13 关系 S

D	E	F
w	u	v
m	n	p

表 5-14 关系 $R \times S$

A	B	C	D	E	F
a	b	c	w	u	v
a	b	c	m	n	p
d	e	f	w	u	v
d	e	f	m	n	p
x	y	z	w	u	v
x	y	z	m	n	p

2. 专门的关系运算

专门的关系运算包括选择、投影、连接等运算。

1）选择运算

选择运算是在指定的关系中选取所有满足给定条件的元组，构成一个新的关系，而这个新的关系是原关系的一个子集。

选择运算用公式表示为

$$\sigma(R)=\{\ r\mid r\in R\ 且\ g(r)\ 为真\ \} \tag{5-1}$$

式中，R 是关系名，g 为一个逻辑表达式，取值为真或假。g 由逻辑运算符（与、或、非等）和比较运算符连接的表达式（=、≠、>、≥、<、≤等）组成，其运算对象包括常量、属性名、简单函数等。可以发现，选择运算是在关系中的行方向进行的运算，完成从一个关系中选择满足条件的元组。

【例 5-3】 设关系 R 如表 5-15 所示，选择为"北京"且主修课程为"软件工程"的元组。

解：运算公式为

$$\sigma_{籍贯=“北京”\wedge 主修课程=“软件工程”}(R)$$

运算结果如表 5-16 所示。

表 5-15　关系 R

姓名	籍贯	学号	主修课程
王兵	上海	202106001	软件工程
李力	江苏	202106002	计算机导论
张欣	北京	202106003	软件工程
张海霞	山西	202106004	软件工程
李玲	江苏	202106005	计算机导论

表 5-16　$\sigma_{籍贯=“北京”\wedge 主修课程=“软件工程”}(R)$

姓名	籍贯	学号	主修课程
张欣	北京	202106003	软件工程

2）投影运算

投影运算是在给定关系的某些属性上进行的运算。通过投影运算可以从一个关系中选择出所需要的属性成分，并且按要求排列行成一个新的关系。而新关系的各个属性来自原关系中相应的属性。

因此，经过投影运算后，新关系的列可能与原关系不同，而且有可能出现一些重复元组。根据关系的基本要求，在一个关系中的任意两个元组不能完全相同，所以必须删除重复元组，最后形成一个新的关系，并给予新的名字。

【例 5-4】 设关系 R 如表 5-15 所示，求关系 R 在属性姓名、学号和主修课程上的投影。

解：如果新的关系取名为选课，则其运算公式为

$$选课=\Pi_{姓名,学号,主修课程}(R)$$

运算结果如表 5-17 所示。

表 5-17　选课 $=\Pi_{姓名,学号,主修课程}(R)$

姓　　名	学　　号	主 修 课 程
王兵	202106001	软件工程
李力	202106002	计算机导论

续表

姓　名	学　号	主修课程
张欣	202106003	软件工程
张海霞	202106004	软件工程
李玲	202106005	计算机导论

可以看出，投影运算是在关系列的方向上进行选择的。当需要取出表中某些列时，用投影运算是很方便的。

3）连接运算

连接运算是对两个关系进行的运算，其意义是从两个关系的笛卡儿积中选出满足给定属性间一定条件的那些元组。

设 m 元关系 R 和 n 元关系 S，则 R 和 S 两个关系的连接运算用公式表示为

$$R \underset{[i]\theta[j]}{|\times|} S \tag{5-2}$$

运算的结果是一个 $m+n$ 元组的集合(即 $m+n$ 元关系)。其中，$|\times|$ 是连接运算符；θ 为算术比较符；$[i]$与$[j]$分别表示关系 R 中第 i 个属性的属性名和关系 S 中第 j 个属性的属性名，它们之间应具有可比性。即在关系 R 和关系 S 的笛卡儿积中，找出关系 R 的第 i 个属性和关系 S 的第 j 个属性之间满足 θ 关系的所有元组。

比较符 θ 有以下三种情况：

当 θ 为"="时，称为等值连接；

当 θ 为"<"时，称为小于连接；

当 θ 为">"时，称为大于连接。

【例 5-5】 设关系 R 如表 5-18 所示，关系 S 如表 5-19 所示，求关系 R 和关系 S 的连接运算 $R|\times|S$，具体的连接条件是[3]=[1]，[3]和[1]分别表示关系 R 中的第三个属性和关系 S 中第一个属性。

解：连接运算 $R|\times|S$ 的结果如表 5-20 所示。

表 5-18　关系 R

销往城市	销售员	品名	销售量
北京	李丹	D1	2000
上海	张斌	D2	2500
江苏	杨阳	D1	3000
山西	王兴	D2	1500

表 5-19　关系 S

品名	生产量	订购量
D1	3700	3000
D2	5500	5000
D3	4500	3500

表 5-20　关系 R 和关系 S 连接运算 R|×|S 的结果([3]=[1])

销往城市	销售员	品名	销售量	品名	生产量	订购量
北京	李丹	D1	2000	D1	3700	3000
上海	张斌	D2	2500	D2	5500	5000

续表

销往城市	销售员	品名	销售量	品名	生产量	订购量
江苏	杨阳	D1	3000	D1	3700	3000
山西	王兴	D2	1500	D2	5500	5000

5.3.2 结构化查询语言

结构化查询语言(Structured Query Language,SQL)是一个标准数据库语言,是一种数据库查询和程序设计语言,用于存取数据以及查询、更新和管理关系数据库,但它不是数据库管理系统,也不是一个应用软件开发语言。

经过不断的发展,SQL 已从非过程化编程语言成为具有多种形式的语言。它既可以是数据库管理系统或应用软件开发语言的一部分,作为交互式语言独立使用,成为联机终端用户与数据库系统的接口;也可以作为子语言嵌入宿主语言中使用。需要明确的是,在用 SQL 开发任何一个应用软件时,还需要用其他语言来完成屏幕控制、菜单管理和报表生成等功能,实现从对数据库的随机查询到数据库的管理和应用程序的整体设计。

目前,SQL 已成为关系数据库领域中的一个重要的标准语言,无论是像 Oracle、Sybase、Informix、SQL Server 这些大型的数据库管理系统,还是像 Visual FoxPro、PowerBuilder、Access 等中小型常用的数据库开发系统,几乎所有数据库管理系统都支持 SQL 作为查询语言,在数据库领域中 SQL 具有绝对的影响与地位。

SQL 在数据库以外的其他领域中也开始受到重视和采用,在软件工程、人工智能等领域发挥着重要作用。

1. SQL 的发展史

1970 年,埃德加·弗兰克·科德首次明确提出关系模型概念后,IBM 公司的实验室开始了实验型关系数据库管理系统 System R 的开发,为其配制的查询语言称为 SQUARE (Specifying Queries As Relational Expression)语言,在该语言中使用较多的是数学符号。

1974 年,SQUARE 改名为 SEQUEL(Structured English QUEry Language)。它去掉了数学符号,改为用英语单词表示,并采用结构式的语法规则,看起来很像英语句子的形式语言。后来 SEQUEL 简称为 SQL,即"结构化查询语言"。SQL 结构简洁,功能强大,简单易学。

随着 1981 年被应用于 IBM 公司第一个可商用关系数据库管理系统 SQL/DS 的开发,SQL 开始得到了广泛的认可。在认识到关系模型的诸多优越性后,许多厂商纷纷开始研发关系数据库管理系统(例如 Oracle、DB2、Sybase 等),而这些数据库管理系统的操纵语言也以 SQL 作为参照实现或者支持与 SQL 的接口。

1986 年 10 月,美国国家标准局颁布了 X3.135—1986《数据库语言 SQL》用于 SQL 关系查询语言(函数和语法)的标准。1987 年 6 月国际标准化组织采纳其为国际标准,被称为 SQL/86 标准。1989 年 10 月,ANSI 继续对 SQL/86 标准进行了扩展,又颁布了增强完整性特征的 SQL/89 标准。

后续,国际标准化组织对 SQL 标准进行了大量的修改和扩充,在 1992 年 8 月,发布了标准化文件 ISO/IEC 9075—1992《数据库语言 SQL》,称为 SQL92 或 SQL2 标准。1999 年国际标准化组织又颁布了标准化文件 ISO/IEC 9075—1999《数据库语言 SQL》,称为 SQL99 或 SQL3 标准。

目前,在大型机和个人计算机系统中 SQL 均有不同版本实现,关系数据库产品市场也日趋成熟,相关产品进行重大变革的速度正在减慢,但它们仍将继续基于 SQL 标准。

2. SQL 的运行环境及语言特点

1) SQL 的运行环境

简化的 SQL 运行环境(见图 5-13)基本上是一个三级结构,它与 SQL99 标准是一致的。其中,关系模式称为"基本表",内模式称为"存储文件",外模式称为"视图",元组称为"行",属性称为"列"。

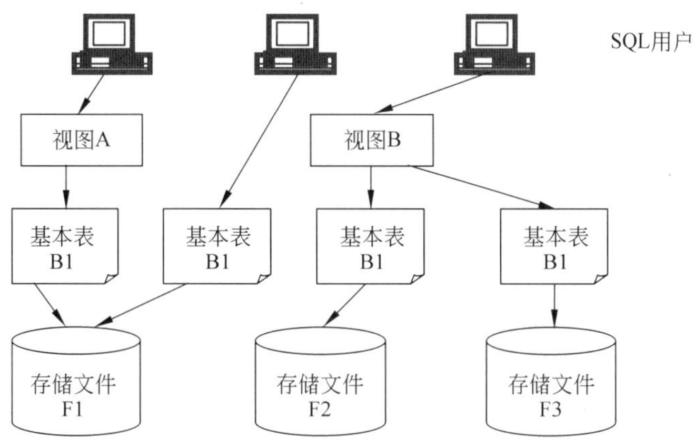

图 5-13 SQL 的运行环境

(1) 一个 SQL 数据库是表(table)的汇集,它用一个或若干 SQL 关系模式定义。

(2) 一个 SQL 表由行集构成,一行(row)是列(column)的序列,每列对应一个数据项。

(3) 一个表可以是一个基本表(base table),也可以是一个视图(view)。基本表是实际存储在数据库中的表;而视图可以是由若干基本表或其他视图构成的,它的数据是基于基本表的数据,不实际存储在数据库中,因此它是个虚表。

(4) 一个基本表可以跨一个或多个存储文件,而一个存储文件可以存放一个或多个基本表。每个存储文件和外部存储器上的一个物理文件对应。

(5) 用户可以使用 SQL 语句对视图和基本表进行查询等操作。在用户看来,视图和基本表是一样的,都是关系(即表格)。

(6) SQL 用户可以是应用程序,也可以是终端用户。标准 SQL 允许的宿主语言(允许嵌入 SQL 的程序语言)有 FORTRAN、COBOL、Pascal、PL/1 和 C 语言等。SQL 用户也能作为独立的用户接口,供交互环境下的终端用户使用。

基本表是数据库的主要对象,大多数数据库由多个表组成,而这些表通过主键和外键联系起来。表的这种关联关系主要实现不同表中记录之间一对一、一对多和多对多的数据关系。其中,一对一是指表中的一条记录与另外一张表中的一条记录相关;一对多是指表中的一条记录与另外一张表中的多条记录相关;多对多是指表中的一条或多条记录与另外一张表中的一条或多条记录相关。

2）SQL 的组成

SQL 基本上独立于自身数据库、所使用的机器、网络和操作系统。基于 SQL 的数据库管理应用可运行在个人机、工作站或者基于局域网、小型机和大型机的各种计算机系统上。数据库和各种应用产品都使用 SQL 作为共同的数据存取语言和标准的接口，使不同数据库系统之间的互操作有了共同的基础，进而实现异构机、各种操作环境的共享与移植。SQL 包括数据定义语言、数据操纵语言和数据控制语言三部分。

（1）数据定义语言。

数据定义语言（Data Definition Language，DDL）是 SQL 中用来生成、修改、删除数据库基本要素的部分，这些基本要素包括表、窗口、模式、目录等。具体通过 SQL 的 CREATE、ALTER、DROP 语句实现。

在工作数据库中，为了保护数据库结构不遭受意外修改，通常只能有一个或几个数据库管理员可以使用 DDL 命令。

（2）数据操纵语言。

数据操纵语言（Data Manipulation Language，DML）是 SQL 中运算数据库的部分，它是对数据库中数据的输入、修改及提取的有力工具。DML 命令是 SQL 的核心命令，DML 命令可用来更新、插入、修改和查询数据库中的数据，这些命令可以交互地使用，从而在执行语句后，就能立即得到结果。DML 语句读起来像普通的英语句子，非常容易理解。但是它也可以是非常复杂的，可以包含复合表达式、条件、判断、子查询等。分别通过 SQL 的 SELECT、INSERT、DELETE 和 UPDATE 语句实现。

DML 命令也可以嵌入用 C、C++、COBOL 等高级语言编写的程序中，嵌入式 SQL 命令可以使得程序员对结果产生的时机、界面外观、错误处理和数据安全性施加更多控制。

（3）数据控制语言。

数据控制语言（Data Control Language，DCL）其实就是“分配权限”，用于控制用户对数据库中数据的访问权力的分配，帮助控制数据库，包括授予和取消访问数据库或数据库中特定对象的权限，存储和删除对数据库产生影响的事务。

DCL 命令通过限制改变数据库的操作来保护相关事件、特权等，具体由 SQL 的 GRANT 和 REVOKE 语句来完成的。

3）SQL 的特点

SQL 是一个综合的、通用的、功能极强的关系数据库语言，具有鲜明的特点：

（1）一体化。

SQL 可以通过数据定义语言、数据操纵语言和数据控制语言实现数据库生命期内的全部活动。它能完成包括定义关系模式、建立数据库、插入数据、查询数据、更新数据、维护数据、数据操纵、数据库重构、数据库安全性控制等一系列操作，并为数据库应用系统的开发提供了一体化环境。数据库系统运行后，还可根据需要随时逐步地修改完善，使系统具有良好的可扩展性。

（2）两种使用方式，统一的语法结构。

SQL 有两种使用方式：一种是联机交互使用的方式，SQL 为自含式语言，可以独立使用；另一种是嵌入某种高级程序设计语言的程序中，SQL 依附于主语言以实现数据库操作。但是，尽管方式不同，SQL 的语法结构是基本一致的，这就大大改善了最终用户和程序设计人员之间的通信。两种使用方式使 SQL 具有极大的灵活性和强大的功能。

(3) 高度非过程化。

SQL 是高级的非过程化编程语言,只要求用户提出目的,而不需要指出如何去实现目的。SQL 允许用户在高层数据结构上工作。SQL 不要求用户指定对数据的存放方法,也不需要用户了解具体的数据存放方式,所以具有完全不同底层结构的不同数据库系统,可以使用相同的 SQL 语句作为数据输入与管理的接口,此时存取路径的选择和 SQL 语句操作的过程由系统自动完成。

(4) 语言简洁,易学易用。

尽管 SQL 功能极强又有两种使用方式,但由于巧妙的设计,其语言十分简洁,因此容易学习,便于使用。在 SQL 标准中,包含 94 个英文单词,核心功能只用了 8 个动词,如表 5-21 所示。其语法非常简单,接近英语口语。

表 5-21　SQL 功能动词

SQL 功能	动　　词
数据库定义	CREATE,DROP
数据库查询	SELECT
数据库操纵	INSERT,UPDATE,DELETE
数据库控制	GRANT,REVOKE

5.4　数据库及应用

5.4.1　常见的数据库

1. Access

Access 是 Microsoft 公司推出的面向办公自动化、功能完整的桌面型数据库管理系统。Access 结合了数据库引擎的图形用户界面和软件开发工具。Access 是 Microsoft Office 的系统程序之一,Access 数据文件的扩展名为.MDB。

软件开发人员和数据架构师可以使用 Access 开发应用软件,使用 Access 无须编写任何代码,只要通过直观的可视化操作就可以完成大部分数据处理任务,适用于构建日常小型办公数据处理应用。Access 在很多地方得到广泛使用,例如小型企业、大公司的部门。

在 Access 数据库中,包括许多组成数据库的基本要素,在任何时刻,Access 可以通过拥有存储信息的表(table)、显示人机交互界面的窗体(form)、有效检索数据的查询(query)、信息输出载体的报表(report)、数据访问页(page)、提高应用效率的宏(macro)和功能强大的模块工具(module)等,建立和修改、录入表的数据,查询数据,编写用户界面,进行报表打印。Access 的主窗口组成如图 5-14 所示。

Access 不仅可以通过 ODBC 与其他数据库相连,实现数据交换和共享,还可以与 Excel 等电子表格软件进行数据交换和共享,并且通过对象链接与嵌入技术在数据库中嵌入和链接声音、图像等多媒体数据。

图 5-14　Access 的主窗口组成

Access 1.0 版本在 1992 年 11 月发布，2018 年 9 月 25 日发布了 Microsoft Office Access 2019。

2. XBase

XBase 作为个人计算机系统中使用最广泛的小型数据库管理系统，具有方便、廉价、简单易用等优势，并向下兼容 dBASE、FoxBASE 等早期的数据库管理系境。它有良好的普及性，在小型企业数据库管理与 Web 结合等方面具有一定优势，但它难以管理大型数据库。目前 XBase 中使用最广泛的是 Visual FoxPro，它同时还集成了开发工具以方便建立数据库应用系统。

1998 年 Microsoft Visual Studio 6.0 组件发布，它包括 Visual Basic 6.0、Visual C++ 6.0、Visual J++ 6.0 和 Visual FoxPro 6.0 等。Visual FoxPro 6.0 的推出为网络数据系统使用者及设计开发者带来了极大的方便。

Visual FoxPro 6.0 不仅提供了更多更好的设计器、向导、生成器及新类，而且以其强健的工具和面向对象的以数据为中心的语言，将客户机/服务器和网络功能集成于现代化的、多链接的应用程序中，并且使得客户机/服务器结构数据库应用程序的设计更加方便简捷，Visual FoxPro 6.0 充分发挥了技术与事件驱动方式的优势。

2007 年微软发布了 Visual FoxPro 9.0，如图 5-15 所示。它是创建和管理高性能的 32 位数据库应用程序和组件的工具，也是 Visual FoxPro 的最后一个版本。

Visual FoxPro 9.0 中文版的用户界面良好，可像 Windows 系统一样操作；具有功能强大的面向对象的编程功能；可以通过系统提供的各种工具快速创建应用程序；数据库的操作更方便灵活；可与有些程序实现交互操作；兼容早期的 FoxPro 生成的应用程序。

3. SQL Server

SQL Server 是 Microsoft 公司推出的关系型数据库管理系统。最初是由 Microsoft、Sybase 和 Ashton-Tate 三家公司共同开发，于 1988 年推出了第一个 OS/2 版本。SQL Server 近年来不断更新版本，1996 年，Microsoft 公司推出了 SQL Server 6.5 版本；1998 年，

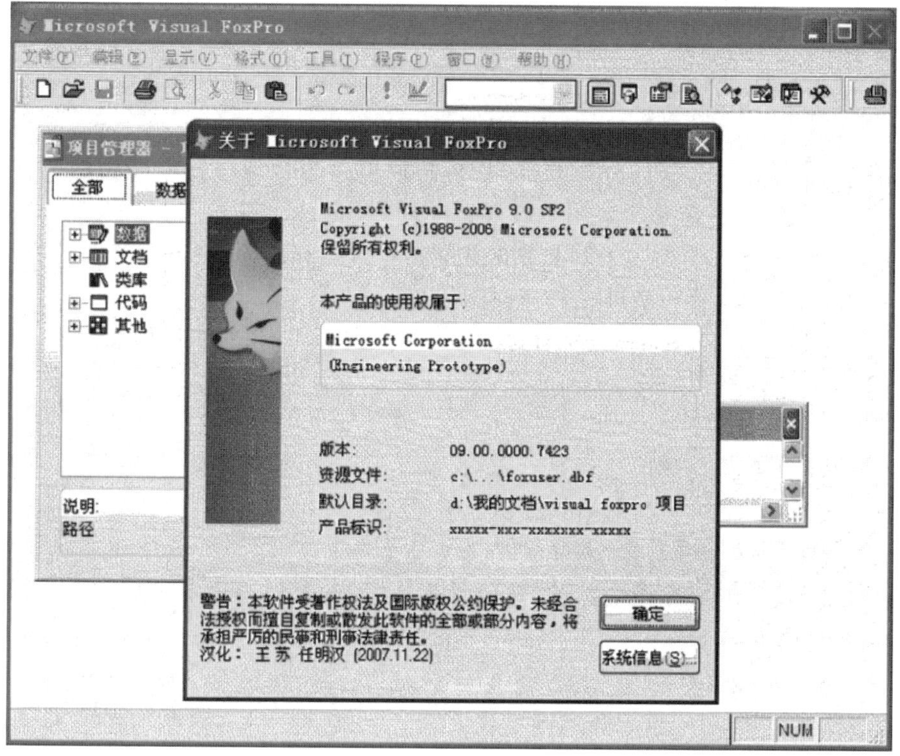

图 5-15　Visual FoxPro 9.0 窗口

SQL Server 7.0 版本和用户见面；SQL Server 2000 是 Microsoft 公司于 2000 年推出的；目前最新版本是 SQL Server 2022。

SQL Server 为数据管理与分析带来了灵活性，允许在快速变化的环境中从容响应，从而获得竞争优势。从数据管理和分析角度看，SQL Server 将原始数据转换为商业智能和充分利用 Web 带来的机会非常重要。

SQL Server 提供了一个查询分析器，目的是编写和测试各种 SQL 语句，同时还提供了企业管理器(见图 5-16)，主要供数据库管理员来管理数据库。SQL Server 适合中型企业使用。

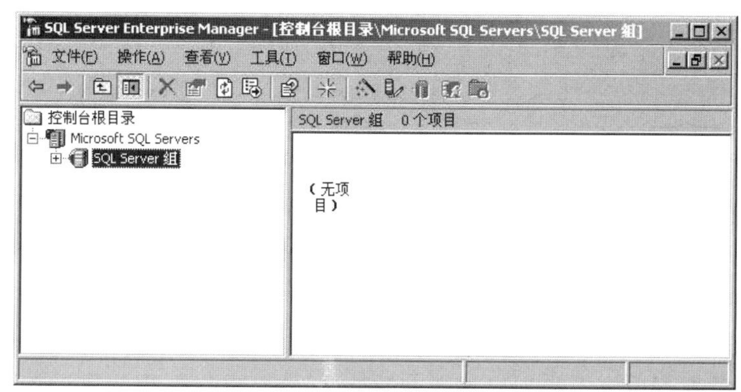

图 5-16　SQL Server 企业管理器

SQL Server 采用真正的客户机/服务器体系结构，图形化用户界面，系统和数据库管理更加直观、简单。SQL Server 丰富的编程接口工具，为用户进行程序设计提供了更大的选择余地；它还具有很好的伸缩性适合分布式组织，支持分布式的分区视图，可在个人计算机和大型多处理器等多种平台使用；同时支持扩展标记语言(XML)，支持 OLE DB 和多种查询，并具备强大的基于 Web 的分析功能，使用户能够很容易地将数据库中的数据发布到 Web 页面上。SQL Server 还提供用于决策支持的数据仓库功能。

SQL Server 数据库引擎为关系型数据和结构化数据提供了更安全、可靠的存储功能，可以构建和管理用于业务的高可用和高性能的数据应用程序。SQL Server 使用集成的商业智能 (BI)工具提供了企业级的数据管理，为快速开发新一代企业级商业应用程序，赢得核心竞争优势打开胜利之门。

4. Oracle

Oracle 是目前世界流行市场占有率较高、较早商品化的大型关系数据库管理系统，它适用于各类大、中、小、微型计算机和专用服务器环境。Oracle 不仅具有完整的数据管理功能，还是一个分布式数据库系统，支持各种分布式功能，特别是支持 Internet 的应用，是一种高效率的、可靠性好的、适应高吞吐量的数据库系统。由于 Oracle 非常适合大中型企业使用，因此在政府部门、电信、证券和银行企业中使用比较广泛。全球 500 强企业中 70%都在使用 Oracle 相关技术。

Oracle 在集群技术、高可用性、商业智能、安全性、系统管理等方面都领跑业界，一直是数据库领域处于领先地位的产品。它采用标准 SQL，支持多种数据类型，提供面向对象的数据支持；数据安全级别达到 C2 级(最高级)。Oracle 提供了界面友好、功能齐全的数据库开发工具，支持 UNIX、Windows、OS/2 等所有主流平台上的运行。Oracle 的并行服务器具备良好伸缩性和并行性，同时采用完全开放策略支持所有的工业标准，可以使客户选择高可用的解决方案。

甲骨文公司 1979 年推出世界上第一个基于 SQL 标准的关系数据库 Oracle 1.0，经过不断的功能完善和发展，Oracle 的应用技术已经成为全球 IT 公司必选的软件技术之一，目前最新版本为 Oracle 11g。

5. MySQL

MySQL 是一个关系数据库管理系统，由瑞典 MySQL AB 公司开发，目前属于 Oracle 旗下产品。作为开源数据库的优秀代表之一，随着技术的逐渐成熟，MySQL 支持的功能也越来越多，性能也在不断地提高，所支持的平台种类也在增多。

MySQL 具有高性能、高速度、多用户、多线程、轻量级的特点。MySQL 目前最新版本为 2022 年 4 月发布的 MySQL 8.0.29。根据不同的操作系统平台 MySQL 细分为多个版本，其 Windows 环境中的控制台管理器界面如图 5-17 所示。

MySQL 数据库体积小，安装在服务器上所耗费的时间短，运行时系统内存占用少，系统命令执行速度快，减少了服务器的负荷压力。MySQL 稳定性高，拥有一个非常快速且稳定的基于线程的内存分配系统，为结构化数据和关系型数据提供了安全可靠的存储，能够支撑上万条数据记录的存储。

MySQL 在数据存取方面表现出了强大的处理功能，可以处理千万级的数据，通过合理使用数据表类型和设计表索引，能够与相关开发软件或技术保持良好的耦合，具有超高的查

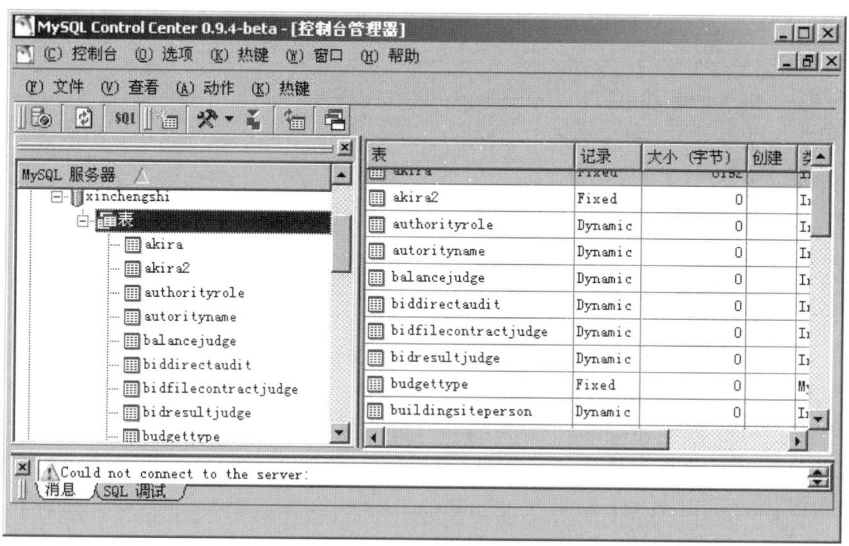

图 5-17　MySQL 的控制台管理器界面

询速度和优越的性能。

MySQL 支持多种操作系统平台，为多种编程语言提供了 API(应用程序接口)，包括 C、C++、Python、Java、Perl、PHP 等。

MySQL 适用于网络环境，相关数据可在 Internet 上共享，能够处理 Web 业务逻辑数据，追求的是简单、跨平台、零成本和高执行效率，因此特别适合互联网企业应用。

MySQL 性价比高，与其他大型数据库的设置和管理相比，其复杂程度较低，易于相关技术人员使用，更方便后期项目的数据维护。

5.4.2　新型数据库技术

随着数据库技术应用到特定的领域中，出现了分布式数据库、并行数据库、多媒体数据库以及数据仓库等。

1. 分布式数据库

分布式数据库系统在结构上的真正含义是指物理上分布、逻辑上集中的数据库结构。一个应用程序通过网络的连接可以访问分布在不同地理位置的数据库。它的分布性表现在数据库中的数据不是存储在同一场地。更确切地讲，不存储在同一计算机的存储设备上。从用户的角度看，可以在任何一个场地执行全局应用。就好像那些数据是存储在同一台计算机上，由单个数据库管理系统管理一样。

分布式数据库系统是计算机技术和网络技术结合的产物，适合于单位分散的部门，允许各个部门将其常用的数据存储在本地，实施就地存放本地使用，从而提高响应速度，降低通信费用。分布式数据库系统具有可扩展性，通过增加适当的数据冗余，提高系统的可靠性，在不同的场地存储同一数据的多个副本，提高系统的可用性，确保当某一场地出现故障时，系统可以对另一场地上的相同副本进行操作，从而不会因一处故障而造成整个系统的瘫痪，同时用户还可以根据距离选择离最近的数据副本进行操作，减少通信代价，改善整个系统的性能。分布式数据库系统特点包括分布透明性、复制透明性和易于扩展性。

在大多数网络环境中,单个数据库服务器最终将不满足使用。如果服务器软件支持透明的水平扩展,那么就需要增加多个服务器来进一步分布数据和分担处理任务。所以分布式数据库具有有利于改善性能、可扩充性好、可用性好以及自治性等优点。目前,分布式数据库技术尚不能完全解决异构数据和系统的许多问题。

2. 并行数据库

并行数据库技术包括对数据库的分区管理和并行查询,它通过将一个数据库任务分割成多个子任务的方法由多个处理器协同完成,最终通过数据分区实现数据的并行 I/O 操作,从而极大地提高事务处理能力。并行数据库采用多线程技术和虚拟服务器技术。一个理想的并行数据库系统应能充分利用硬件平台的并行性,采用多进程的数据库结构,提供不同粒度的并行性,包括不同用户事务间的并行性、同一事物内不同查询间的并行性、同一查询内不同操作间的并行性和同一操作内的并行性等。

目前一些数据库厂商开始在数据库产品中增加并行处理能力,使其能够在并行计算机系统上运行。现阶段主要采用的方法还只是使用并行数据流方法对原有系统加以简单的扩充,还没有使用并行数据操作算法,也没有并行数据查询优化的能力,不属于真正的并行数据库系统。

目前,并行数据库系统的研究工作集中在并行数据库的物理组织、并行数据库操作算法的设计与实现、并行数据库的查询优化、数据库划分等方面。可以预见,并行数据库系统将成为高性能数据系统的佼佼者。

3. 多媒体数据库

多媒体数据库是数据库技术与多媒体技术结合的产物。它不是对现有的数据进行界面上的包装,而是从多媒体数据与信息本身的特性出发,考虑将其引入数据点之后而带来的有关问题。

从本质上来说,要解决以下三个难题:

(1) 信息媒体的多样化,不仅是数值数据和字符数据,还要扩大到多媒体数据的存储、组织、使用和管理。

(2) 解决多媒体数据集成或表现集成,实现多媒体数据之间的交叉调用和融合,集成粒度越细,多媒体一体化表现才越强,应用的价值也才越大。

(3) 多媒体数据与人之间的交互性。

多媒体数据与传统数据有很大差异,主要有以下特点:

(1) 数据量大。格式化数据的数据量较小,例如字符型最长为 254B。而多媒体数据的数据量一般很大,1min 的视频和音频数据往往需要几十兆字节的数据空间,相当于一个小型数据库的数据量。

(2) 结构复杂。传统的数据以记录为单位,一条记录由多个字段组成,结构简单。多媒体数据种类繁多、结构复杂,大多是非格式化数据,来源于不同的媒体且具有不同的格式。

(3) 时序性。结构复杂的多媒体数据由文字、声音、图像组成复杂对象时,通常需要有一定的同步机制,如画面的配音或文字需要与画面同步。传统数据则无此要求。

(4) 数据传输的连续性。声音、视频等多媒体数据的传输必须是连续的、稳定的,否则会影响效果造成失真。

正是由于多媒体数据的这些不同于其他数据的特点使得其需要有特殊的数据结构、存储技术、查询和处理方式，如支持大对象、基于相似性的检索、连续介质数据的检索等。

多媒体数据库的基本功能：

(1) 有效地表示各种媒体数据。对多媒体数据根据应用的不同采用不同的表示方法。

(2) 有效地处理各种媒体数据。系统应能正确识别和表现各种媒体数据的特征、各种媒体间的空间或时间的关联(如正确表达空间数据的相关特性和配音、文字和视频等复合信息的同步等)。

(3) 有效地操作各种媒体信息。系统应能像对格式化数据一样对各种媒体数据进行搜索、浏览等操作，且对不同的媒体可提供不同的操纵，如声音的合成、图形的缩放等。

(4) 具备开放性。系统应能提供多媒体数据库的 API、提供不同于传统数据库的特种事务处理和版本管理功能。

4. 数据仓库

数据仓库(Data Warehouse，DW)是在数据库已经大量存在的情况下，为了进一步挖掘数据资源、满足决策需要而产生的。数据仓库是决策支持系统和联机分析应用数据源的结构化数据环境，目的是研究和解决从数据库中获取信息的问题。

数据仓库并不是所谓的“大型数据库”，它是一个面向主题的、集成的、随时间变化的、反映历史变化的数据集合。主题指用户使用数据仓库进行决策时所关心的重点方面，如收入、客户、销售渠道等；面向主题是指数据仓库内的信息是按主题进行组织的，而不是像业务支撑系统那样是按照业务功能进行组织的。集成指数据仓库中的信息不是从各个业务系统中简单抽取出来，而是经过一系列加工、整理和汇总的过程，因此数据仓库中的信息是关于整个企业一致的全局信息。随时间变化指数据仓库内的信息并不只是反映企业当前的状态，而是记录了从过去某一时刻到当前各个阶段的信息。通过这些数据可以对相关主题的发展历程和未来趋势做出定量分析和预测。

数据库和数据仓库的区别是：

(1) 出发点不同。数据库是面向事务设计的；数据仓库是面向主题设计的。

(2) 存储的数据不同。数据库存储的一般是在线交易数据；数据仓库存储的一般是历史数据。

(3) 设计规则不同。数据库设计时尽量避免冗余，一般采用符合范式的规则来设计；数据仓库在设计时有意引入冗余，采用反范式的方式来设计。

(4) 提供的功能不同。数据库是为捕获数据而设计，数据仓库是为分析数据而设计。

(5) 基本元素不同。数据库的基本元素是事实表，数据仓库的基本元素是维度表。

(6) 容量不同。数据库在基本容量上要比数据仓库小得多。

(7) 服务对象不同。数据库是为了高效的事务处理而设计的，服务对象为企业业务处理方面的工作人员；数据仓库是为了分析数据进行决策而设计的，服务对象为企业高层决策人员。

5.4.3 数据库的典型应用

1. 智能制造

伴随着制造企业之间的竞争日趋激烈，先进的技术和方法的运用是企业生存的基本因素。信息技术与企业管理方法和管理手段相结合，产生了各种类型的制造业信息系统，其中数据库技术是基础。

1）制造资源计划

制造资源计划（Manufacture Requirement Planning Ⅱ，MRPⅡ）是当代国际上成功的企业管理理论和方法，其基本思想就是通过运用科学的管理方法和计算机，规范企业各项管理，根据市场需求的变化，对企业的各种制造资源和整个生产、经营过程，实行有效组织、协调、控制。在确保企业正常进行生产的基础上，最大限度地降低库存量，缩短生产周期，减少资金占用，降低生产成本，提高企业的投入产出率等，从而提高企业的经济效益和市场竞争能力。

MRPⅡ要解决的基本问题是在市场经济条件下，如何通过对企业的集成管理，达到企业内部的高度计划性，从而优化企业资源，达到企业经济效益最佳。

MRPⅡ具有以下特点：

（1）MRPⅡ把企业中的各业务子系统有机地组织起来，尤其是生产和财务两个子系统关系尤为密切。集成了企业内部各项管理，包括基础数据、制造管理、采购管理、销售管理、财务管理等。形成了一个对生产进行全面管理的一体化系统。实现了企业物流、信息流、资金流的集成和统一。

（2）MRPⅡ的理论及软件来源于市场经济条件下企业管理的科学总结，并随着市场经济的发展在不断发展。

（3）MRPⅡ具有模拟功能，能根据不同的决策方针模拟出各种将会发生的结果。

（4）MRPⅡ的所有数据来源于一个中央数据库，各个子系统在统一的数据环境下工作，实现了系统各类数据的共享，同时也保证了数据的一致性。

（5）MRPⅡ的生产计划和控制方式为“推动式”，缺乏“拉动式”的控制机制。这使得它在产品控制和进度控制中是被动的，显然这是MRPⅡ的缺点。另外，在计划和控制之间存在着“时滞”问题。

2）企业资源计划

企业资源计划（Enterprise Resource Planning，ERP）是制造商业系统和制造资源计划软件。ERP包含客户/服务架构，使用图形用户接口，应用开放系统制作。除了已有的标准功能外，还包括其他特性，如质量、过程运作管理以及报告调整等。

ERP采用的技术将同时给用户软件和硬件两方面的独立性，从而更加容易升级。ERP系统产品应当能满足各行业企业全面信息化管理的需要。ERP系统软件是按照现代集成制造哲理来开发的，成本管理与业务的集成是ERP成功的保证。

ERP具有以下特点：

（1）扩展性。ERP系统的管理范围更广阔，功能更深入。它超越MRPⅡ范围的集成功能，包括质量管理、试验室管理、流程作业管理、配方管理、产品数据管理、维护管理、管制报告和仓库管理等。

（2）技术先进性。ERP系统的技术融合IT领域的最新成果而日趋先进，网络化计算技术势不可挡。

（3）灵活性。ERP系统应具备足够的灵活性，以适应在实施中及实施后业务环境的不断变化。ERP系统应提供支持这种灵活性的、一整套的并且与ERP系统本身一体化的应用工具。

(4) 通用性。ERP 支持混合方式的制造环境，包括既可支持离散又可支持流程的制造环境，并具有用面向对象的业务模型来组合业务过程的能力。

3) 计算机制造系统

计算机制造系统(Computer Integrated Manufacturing System,CIMS)以计算机为基础，利用计算机、网络、数据库技术和现代化管理方法(包括 MRP、MRP Ⅱ、ERP 等核心应用)综合生产过程中信息流和物流的运动，集市场研究、生产决策、经营管理、设计制造等功能为一体，使企业走向高度集成化、自动化、智能化的生产技术和组织方式，提高生产效率、产品质量、企业应变能力和竞争力。

CIMS 的研究包含了信息系统的主要研究内容，因而也是计算机信息系统的一个主要研究和发展方向，它的目标是对设计、制造、管理实现全盘自动化。

CIMS 技术包含了一个制造业企业的设计、制造和经营管理三方面的主要功能。

(1) 设计。通过计算机辅助设计(Computer Aided Design,CAD)完成产品设计，提供产品的图纸、技术参数，同时建立产品结构数据库、产品的零件数据库等，从而形成一个集成的设计环境。

(2) 制造。通过计算机辅助制造(Computer Aided Manufacturing,CAM)与计算机辅助工艺过程设计(Computer Aided Process Planning,CAPP)，对设计完成的产品进行工艺过程设计、工艺分析，并合理选择工艺参数；按照产品的零件形状及工艺参数等生成生产加工所需的数控加工代码，最后输入加工机床将毛坯加工成合格的零件，并装配成部件直至最终产品。

(3) 经营管理。通过计算机辅助生产管理(Computer Aided Production Management,CAPM)，对生产过程中的信息进行管理，制订不同时间跨度的各类管理计划，同时把技术管理、生产管理、销售管理、财务管理等有机地结合起来，并做好各类计划的合理衔接，使之构成一个和谐的整体。

2. 空间数据库

1) 地理信息系统

物质世界中的任何事物都被牢牢地打上了时空的烙印。人们的生产和生活中 80%以上的信息和地理空间位置有关。地理信息系统作为获取、处理、管理和分析地理空间数据的重要工具、技术和学科，近年来得到了广泛关注和迅猛发展。

从技术和应用的角度看，GIS 是解决空间问题的工具、方法和技术；从学科角度看，GIS 是在地理学、地图学、测量学和计算机科学等学科基础上发展起来的一门学科，具有独立的学科体系；从功能上看，GIS 具有空间数据获取、存储、显示、编辑、处理、分析、输出和应用等功能；从系统学的角度看，GIS 具有一定结构和功能，是一个完整的系统。

2) 数字城市

地理信息系统应用于城市交通、安全、防火、市政工程、规划、管理、决策等方面，称为城市地理信息系统，又称数字城市。数字城市为调控城市、预测城市、监管城市提供革命性的手段，为城市可持续发展的改善和调控提供了有力的工具。

数字城市可以是一个综合系统，包括用地、建筑、管线(地上和地下)等，也可以是一个专业应用系统,如城市规划系统等。

数字城市为认识物质城市打开了新的视野,并提供了全新的城市规划、建设和管理的调控手段。例如,城市规划师在有准确坐标、时间和对象属性的五维虚拟城市环境中进行规划、决策和管理,就像走在现实的城市街道上或乘坐直升机观察规划、设计城市空间布置、组合配置城市资源、改善交通系统活动一样。

近些年,国内外已经开始了智能大厦、数字家庭、数字社区和数字城市的建设。例如国际上新加坡、美国及欧洲都正在积极进行智能化城市建设,出现了很强的发展势头;国内北京、上海、深圳等城市已率先进行城市智能建设,包括电子商务 ICP、电子社区等增值系统、国际远程医疗中心等,并将打破时间、空间和部门之间的限制,向数字城市的纵深方向发展。

3) 数字地球

数字地球(digital earth)就是在全球范围内建立一个以空间位置为主线,将信息组织起来的复杂系统,即按照地理坐标整理并构造一个全球的信息模型,描述地球上每一点的全部信息,按地理位置组织、存储起来,并提供有效、方便和直观的检索、分析和显示手段,利用这个系统可以快速、准确、充分和完整地了解及利用地球上各方面的信息。

数字地球是遥感、遥测、数据库与地理信息系统、全球定位系统、互联网络、仿真与虚拟技术等现代科技的高度综合集成和升华,是当今科技发展的制高点。

可以从两个层次上理解数字地球:

(1) 将地球表面上每一点上的固有信息(即与空间位置直接有关的相对固定的信息,如地形、地貌、植被、建筑、水文等)数字化,按地理坐标组织起一个三维的数字地球,全面、详尽地刻画地球信息。

(2) 在此基础上再嵌入所有相关信息(即与空间位置间接有关的相对变动的信息,如人文、经济、政治、军事、科学技术乃至历史等),组成一个意义更加广泛的多维数字地球,为各种应用目的服务。

3. 事务处理系统

事务处理系统是指利用计算机对工商业、社会服务性行业等中的具体业务进行处理的信息系统。基于计算机的事务处理系统又称为电子数据处理系统,是最早使用的计算机信息系统。这类系统的逻辑模型虽然不同,但基本处理对象都是事务信息。它以计算机和网络为基础,对业务数据进行采集、存储、检索、加工和传输,要求具有较强的实时性和数据处理能力,而较少使用数学模型。例如,工商业中的销售、库存、人事、财会等业务的处理系统,社会服务业中的银行、保险以及医院、旅馆、饭店、邮局等的业务处理系统,均属于这类系统。

事务处理系统按不同的分类方法有不同的类型。例如,按处理作业方式的不同,可分为批处理系统和实时处理系统;按联机方式不同,可分为联机集中式系统和联机分布式系统;按系统的组织和数据存储方式不同,可分为使用文件的系统和使用数据库的系统;按面向管理工作的层次不同,可分为高层、中层和操作层事务处理系统等。

4. 数据资源系统

随着信息技术的发展,需要存储和传播的信息量越来越大,信息的种类和形式越来越丰富,传统信息查询机制显然不能满足信息时代的需求,由此诞生了数据资源系统。

数字图书馆(Digital Library, D-Lib)就是典型的代表。数字图书馆利用多媒体数据库技术和超媒体技术，针对数字化书馆中各种媒体的特性，在图像检索、视频点播和文献资料提出等方面提出了一套有效可行的管理检索方案。数字图书馆实质上是一种多媒体制作的分布式信息系统。它把各种不同载体、不同地理位置的信息资源用数字技术存储，以便于跨越区域、进行面向对象的网络查询和传播。它涉及信息资源加工、存储、检索、传输和利用的全过程。

数字图书馆拥有多种媒体、内容丰富的数字化信息资源，完成了包括多媒体在内的各种信息的数据化、存储管理、查询和发布集成功能，并使这些信息得以在网络上传播，用户可以通过网络方便地访问它，以获得这些信息，从而最大限度地利用这些信息，并且其信息存储和用户访问不受地域限制。数字图书馆作为一套完善的媒体资产管理系统，无疑创造了一个安全稳妥的环境，方便快捷地提供信息的服务机制，从根本上改变了人们获取信息、使用信息的方法。

目前，世界各国都投入了大量的资源，把数字图书馆的建设作为未来社会文化建设的一个重要内容，加以高度重视。例如，美国国家自然科学基金投资 1 亿美元建设的数字图书馆涵盖大规模的文献库、空间影院库、地理图源、声像资源库，还投资 3000 万美元建设美国数字图书馆联盟项目，重点是美国历史与文化成就信息。

我国也积极进行数字图书馆关键技术的研究和建设。亚太地区第一个数字图书馆论坛已经在北京成立，包括北京大学、清华大学、北京图书馆在内的来自中国、韩国、日本及中国香港和中国台湾地区的 17 所大学、图书馆和博物馆成为论坛的发起成员。亚太数字图书馆论坛是一个非营利机构，其宗旨是推动和促进数字图书馆的技术和标准在亚太地区的大学、博物馆和其他文化收藏机构中的应用。论坛与有关国际标准化组织一道联合制定与数字化、存储和通过 Internet 获取多媒体信息等相关的统一标准，致力于会员间及其他数字化文化收藏机构的相互连接。同时，中国国家及各省市的数字图书馆也相继建设和运行，成为了超大规模的、分布式的、便于使用的、没有时空限制的、跨库无缝链接与智能检索的社会的公共信息知识中心和枢纽。

5. 数据挖掘系统

随着数据库技术的迅速发展以及数据库管理系统的广泛应用，积累的数据越来越多。激增的数据背后隐藏着许多重要的信息，人们希望能够对其进行更深层次的分析，以便更好地利用这些数据。目前的数据库系统可以高效地实现对数据的录入、查询、统计等功能，但无法发现数据中存在的关系和规则，无法根据现有的数据预测未来的发展趋势，从而导致了“数据爆炸但知识贫乏”的现象。因此，数据挖掘技术应运而生。

数据挖掘（Data Mining，DM）又称为数据库中的知识发现（Knowledge Discovery in Database，KDD），它是从大型数据库或数据仓库中提取人们感兴趣的知识的高级处理过程，这些知识是蕴含的、事先未知的、潜在的有用信息，提取的知识表现为规则、概念、规律、模式等形式。

在实际应用中，数据挖掘可以细分为以下几种类别。

（1）建立预测模型，用于预测丢失数据的值或对象集中某些属性的值分布。用于建立预测模型的常用方法有回归分析、线性模型、关联规则、决策树预测、遗传算法和神经网络等。

（2）关联分析，用于发现项目集之间的关联。它广泛地运用于帮助市场导向、商品目录设计和其他商业决策过程的事务型数据分析中。关联分析算法有 APRIORI 算法、DHP 算法和 DIC 算法及它们的各种改进算法等。

(3) 分类分析,即根据数据的特征建立一个模型,并按该模型将数据分类。分类分析已经成功地用于顾客分类、疾病分类、商业建模和信用卡分析等。用于分类分析的常用方法有 Rough 集、决策树、神经网络和统计分析法等。

(4) 聚类分析,用于识别数据中的聚类。所谓聚类是指一组彼此间非常“相似”的数据对象集合。好的聚类方法可以产生高质量的聚类,保证每一聚类内部的相似性很高,而各聚类之间的相似性很低。用于聚类分析的常用方法有随机搜索聚类法、特征聚类和 CF 树等。

(5) 序列分析,用于分析大的时序数据、搜索类似的序列或子序列,并挖掘时序模式、周期性、趋势和偏离等。

(6) 偏差检测,用于检测并解释数据分类的偏差。它有助于滤掉知识发现引擎所抽取的无关信息,也可滤掉那些不合适的数据,同时可产生新的关注性事实。

(7) 模式相似性挖掘,用于在时间数据库或空间数据库中搜索相似模式时,从所有对象中找出用户定义范围内的对象;或找出所有元素对,元素对中两者的距离小于用户定义的距离范围。模式相似性挖掘的方法有相似度测量法、遗传算法等。

(8) Web 数据挖掘,基于 Web 的数据挖掘是当今的热点之一,包括 Web 路径搜索模式的挖掘、Web 结构挖掘和 Web 内容挖掘等。Web 数据挖掘常见算法有 PageRank 算法和 HITS 算法等。

* 阅读材料
大数据应用

大数据技术是以数据为本质的新一代革命性的信息技术,能够带动理念、模式、技术及应用实践的创新。大数据无处不在,它对科学研究、思维方式和社会发展都具有重要而深远的影响。大数据的基本特征:大量(volume)、高速(velocity)、多样(variety)、价值(value)。

早在 1980 年,著名未来学家阿尔文·托夫勒(Alvin Toffler)便在《第三次浪潮》一书中,将大数据描述为“第三次浪潮的华彩乐章”。托夫勒认为,今天的变革是继农业文明、工业文明之后的第三次浪潮,是人类文明史的新阶段,是一种独特的社会状态。

2008 年《自然》杂志率先出版大数据专刊,科学家们提出“大数据真正重要的是新用途和新见解,而非数据本身”。

近年来,随着人类社会的高速发展,数据量大大增加,计算机的发展已大踏步进入大数据时代。包括金融、汽车、餐饮、卫生、电信、能源、体育和娱乐等在内的社会各行各业都被大数据改变。

1. 医疗行业

除了较早利用大数据的互联网公司,医疗行业是让大数据分析最先发扬光大的传统行业之一。医疗行业拥有大量的病例、病理报告、治愈方案、药物报告等。如果这些数据可以被整理和应用将会极大地帮助医生和病人,为人类健康造福。

2009 年,Google 公司分析了美国人最频繁检索的 5000 万个词汇,将之和美国疾病中心

2003—2008 年季节性流感传播时期的数据进行比较，建立了一个特定的数学模型。最终，Google 公司用这个数学模型成功预测了 2009 年甲型 H1N1 流感的传播，甚至可以具体到特定的地区和州。

乔布斯是世界上第一个对自身所有 DNA 和肿瘤 DNA 进行排序的人。为此，他支付了高达几十万美元的费用。他得到的不是样本，而是包括整个基因图谱的数据文档。医生根据基因按需下药，最终这种方式帮助乔布斯延长了好几年的生命。

在加拿大多伦多的一家医院，针对早产婴儿，每秒有超过 3000 次的数据读取。通过分析这些数据，医院能够提前知道哪些早产儿会出现健康问题并有针对性地采取措施，避免早产婴儿夭折。

目前，健康类 App 常通过社交网络来收集数据。也许未来数年后，搜集的大数据能让医生给患者的诊断变得更为精确，比方说服药不再是通用的每日三次，每次一片，而是根据检测患者血液情况，一旦药剂代谢完毕，将自动提醒再次服药。

医疗大数据行业还着眼于其他相关信息，如通过医生所开处方的药物种类，统计成功治愈的病例，甚至根据网上谈论医生的信息，帮助其他患者了解一个医生的行为和水平。

2. 保险行业

传统的汽车保险公司只能凭借少量的车主信息对客户进行简单的类别划分，并根据客户的汽车出险次数给予相应的保费优惠方案，客户选择哪家保险公司并没有太大的差别。

随着车联网的出现，“汽车大数据”的产生，将会深刻改变汽车保险业的商业模式，如果某家商业保险公司能够获取客户车辆的相关信息，甚至是客户的用车习惯数据，并利用事先构建的数学模型对客户及车辆的风险等级进行更加细致的分析判定，提供更加个性化的“一对一”优惠方案，那么毫无疑问，该保险公司将具备更明显的市场竞争优势，获得更多客户的青睐。

3. 金融大数据

大数据在金融行业应用范围较广，依据客户消费习惯、地理位置、客户刷卡、存取款、电子银行转账、微信评论、消费时间等行为数据进行推荐，实现精准营销；依据客户消费和现金流提供信用评级或融资支持，利用客户社交行为记录实施信用卡反欺诈，完成风险管控；通过决策支持技术进行抵押贷款管理，利用数据分析报告实施产业信贷风险控制；利用金融行业全局数据了解业务运营薄弱点，利用大数据技术加快内部数据处理速度；通过大数据计算技术为财富客户推荐产品，利用客户行为数据设计满足客户需求的金融产品。

4. 社会生活

大量的社会行为正逐步走向网络，人们更愿意借助于互联网平台来表述自己的想法和宣泄情绪。社交媒体和朋友圈正成为追踪人们社会行为的平台，正能量的东西有，负能量的东西也不少。国家正在将大数据技术用于舆情监控，收集到的数据除了可以解民众诉求，降低群体事件之外，还可以用于犯罪管理。

政府部门通过大数据技术用于“舆情分析”，利用对论坛、微博、微信、社区等多种来源的数据，整理并分析社会民众关于争议话题和社会热点问题的各种意见，并使用这些数据来进行综合分析，弄清信息中本质性的事实和趋势，揭示信息含有的隐性情报内容，对事物发展做出预测，有效应对各种突发事件，推进社会的改革和进步。

5. 商业活动

领先的专业时装零售商希望向客户提供差异化服务，如何定位？有了大数据分析计技术，可以通过收集客户社交平台上的数据信息，深入地了解客户需求和喜好模式，明确有价值的客户包括高消费者和高影响者，使企业营销的业务服务更具有目标性。

同样，零售企业利用监控统计客户在店内走动以及与商品互动的情况，通过将这些数据与交易记录相结合展开分析，从而在销售哪些商品、如何摆放货品以及何时调整售价上给出意见。此类方法可以帮助零售企业有效减少 17%的存货，同时在保持市场份额的前提下，增加了高利润率自有品牌商品的比例。

例如某快餐公司利用视频分析等候队列的长度，并根据分析结果自动变换电子菜单显示的内容。如果队列较长，则显示可以快速供给的食物；如果队列较短，则显示那些利润较高但准备时间相对长的食品。

综上所述，大数据计算技术有效地解决了海量数据的收集、存储、计算、分析的问题。随着大数据技术的发展，大数据的巨大价值将更直观地体现在各个行业，带来决策模式转变，驱动着行业变革，衍生出新的发展契机。

国产数据库发展现状

在全球信息化的时代，数据成为了宝贵资源，数据库也成为了数据管理必不可少的工具，被誉为“基础软件皇冠上的明珠”。数据库市场空间巨大，中国信通院在《数据库发展研究报告(2021 年)》中指出：2020 年全球数据库市场规模为 671 亿美元，其中中国数据库市场规模为 35 亿美元，占全球的 5.2%。预计到 2025 年，全球数据库市场规模将达到 798 亿美元，中国数据库市场总规模将占全球约 12.3%，市场年复合增长率为 23.4%。

根据 CCF 数据库专业委员会 2021 年 12 月发布的《数据库系统的分类和测评研究》，数据库按照数据模型可分为关系型、非关系型；按照架构可分为单机、集中式、分布式；按部署形态可分为本地化部署和云部署。截至 2021 年 6 月，我国数据库产品共有 135 款，其中关系数据库 81 个，非关系数据库有 54 个，占比分别为 60%和 40%。关系数据库仍是主流的数据库产品之一。2021 上半年中国关系数据库软件市场规模为 11.9 亿美元。尤其在金融和电信行业，数据库系统主要用于支撑大量涉账业务，对于业务连续性、安全性、数据一致性要求极高，因此，应用主要也是以关系数据库为主。

客观上，由服务器提供商 IBM、数据库软件提供商 Oracle 和存储设备提供商 EMC 构成的从软件到硬件的企业数据库系统，几乎占领了全球大部分商用数据库系统市场份额。虽然自 2009 年阿里巴巴首提“去 IOE”(IBM 的小型机、Oracle 数据库、EMC 存储设备)已过去十余年，希望用成本更加低廉的软件——MySQL 替代 Oracle，使用 PC Server 替代 EMC2、国产设备替代 IBM 小型机等，以消除 IOE 在数据库系统的垄断，但要在传统 IOE 组成的 IT 基础架构中真正实现数据库的替换仍存在困难，究其原因如下。

(1) 技术层面。数据库的开发周期长、难度高、工作量大，开源数据库在性能、可靠性、安全性等方面离企业级要求有较大差距，需要进一步开发。

(2) 生态层面。数据库的开发是系统工程，需要与底层计算生态高度相关和耦合。数据库的成熟需要打通芯片、OS、数据库、生态的全链条协作。例如，Oracle 数据库的统治地位就是随着 PC 时代 Intel x86 芯片 + Windows 的 IT 生态而逐步确立的；亚马逊公司的云计算 IaaS 和 PaaS 平台服务（Amazon Web Services，AWS），也是抓住了云计算及互联网时代下新场景对数据库的新需求，再叠加 AWS 自身云生态逐步发展起来的。

虽然在技术积累、行业生态建设等层面，国产数据库与海外数据库确实存在客观差距，但国产数据库与全球主流数据库的差距正在迅速缩小。

(1) 技术环境今非昔比。当前数据库的技术起点已经处于一个较高且成熟的水平，开源社区也打破了技术垄断，国产厂商得以站在前人的肩膀上谋发展。

(2) 产业链各环节也在齐头并进。国内以 ARM、Linux、PostgreSQL 为基础组成的技术体系，或是与 Wintel + Oracle 体系竞争的最好选择。而每一个薄弱环节的攻克，都有助于整条产业链的推进。

目前国产数据库的开发呈现百花齐放的格局，开发出包括：达梦（DM）、金仓（KingbaseES）、神舟（OSCAR）、东软（OpenBASE）、北京国信（iBASE）、中兴（GoldenDB）、浪潮（K-DB）、亚信科技（AntDB）、华为（GaussDB）、阿里（OceanBase、PolarDB）、腾讯（TDSQL）、TiDB、海量数据（Vastbase）、优炫（UXDB）等国产数据库。随着云计算、开源、信创的需求，也为国产数据库发展带来了新的机遇。相信在企业崛起、国家利好政策和资本关注等因素推动下，我国数据库技术的发展将会更加美好。

第6章 计算机网络

计算机网络涉及计算机与通信两个领域，是计算机技术与现代通信技术相结合的产物。一方面，现代通信技术为计算机之间的数据传递和交换提供必要手段；另一方面，数字计算技术的发展渗透到现代通信技术中，又提高了通信网络的各种性能。

从计算机诞生初期，科学家们就开始研究计算机网络。在短短几十年的时间里，计算机网络就从最初的多终端系统发展到现在无时无处不在的因特网(Internet)，计算机网络应用范围越来越广，遍布于各个领域，在当今社会经济中起着非常重要的作用。计算机网络改变了人类生活和工作的方方面面，促进了社会的进步，丰富了人类的精神世界和物质世界，让人们更便捷地获取信息，更快乐地生活。它已经成为社会生活中不可缺少的一个重要基本组成部分，彻底提升了人们的生活品质。

从不同的角度和发展阶段出发，所给出的计算机网络的定义各不相同。目前得到广泛认同的定义是：计算机网络是指将地理位置不同的、具有独立功能的多台计算机及其外部设备，通过通信线路连接起来，在网络操作系统、网络管理软件及网络通信协议的管理和协调下，实现资源共享和信息传递的计算机系统。

6.1 网络基础知识

6.1.1 计算机网络的起源与发展

自20世纪50年代诞生的计算机网络，随着计算机技术和现代通信技术性能的不断完善而逐步发展起来，与此同时计算机网络的发展也促使计算机体系结构发生了巨大变化。

计算机网络的发展经历了从简单到复杂、从单机到多机、由终端与计算机间通信到计算机与计算机间通信、从局域网内到网络间等一系列过程，通常划分为以下几个阶段。

1. 第一代计算机网络——面向终端的计算机网络阶段

在1946年世界上第一台电子计算机问世后的十多年间，由于计算机价格昂贵导致数量极少。为了解决这一矛盾出现了早期的计算机网络。1954年，美国军方的半自动地面防空系统，将远距离的雷达和测控仪器所探测到的信息，通过通信线路汇集到某个基地的一台IBM计算机上进行集中信息处理，再将处理后的数据通过通信线路送回到各自的终端设备。这种为了共享远地的计算资源而将终端通过通信线路与远地的计算机相连，就构成了面向终端的计算机网络，也称为远程联机系统，如图6-1所示。

此时人们把计算机网络定义为"以传输信息为目的而连接起来，实现远程信息处理或进一步达到资源共享的系统"。其中计算机(主机)是网络的中心和控制者，终端(键盘和显示

图 6-1　面向终端的计算机网络基本模型

器)分布在各处并与主机相连,用户通过本地的终端使用远程的主机。这一阶段“计算机网络”只提供终端和主机之间的通信,所以并非严格意义上的网络,这样的通信系统只是具备了计算机网络的雏形。

为了解决单机系统既承担通信工作又承担处理数据工作造成负担过重的问题,后来在计算机和终端之间,引入了前端处理器(Front End Processor,FEP),专门负责通信控制工作,从而实现了数据处理与通信控制的分工,如图 6-2 所示。

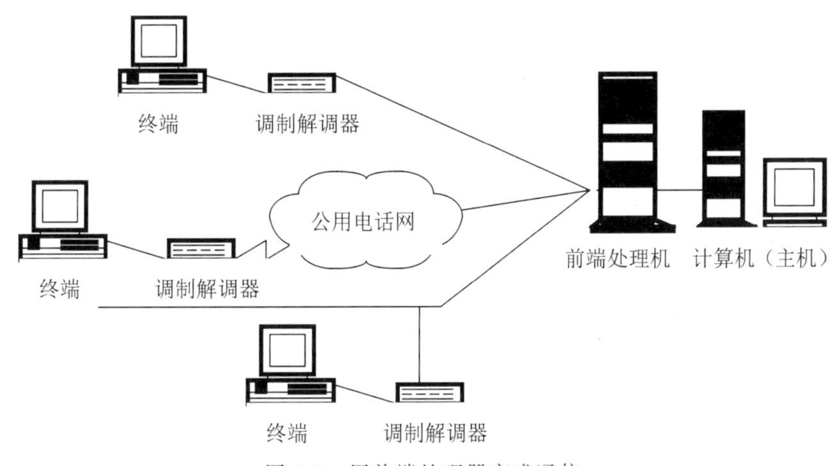

图 6-2　用前端处理器完成通信

第一代计算机网络具有明显的缺点:主机负荷较重;通信线路的利用率低;网络结构属于集中控制方式,可靠性低。

但是,在 20 世纪 60 年代前期,面向终端的计算机网络在人类社会经济领域仍获得了实际应用和发展。例如,最典型的是由一台计算机和全美国范围内 2000 多个终端组成的飞机订票系统,这里的终端是一台计算机的外围设备,包括显示器和键盘,无 CPU 和内存。系统支撑了当时大多数航空公司的票务处理。

2. 第二代计算机网络——计算机与计算机通信网阶段

1964 年 8 月,英国国家物理实验室 NPL 的唐纳德·戴维斯(Donald Davies)提出了分组(packer)的概念,找到了新的适合于计算机通信的交换技术。20 世纪 60 年代中期至 70 年代的第二代计算机网络是以多个主机通过通信线路互联起来为用户提供服务,如图 6-3 所示。这个时期,网络概念为“以能够相互共享资源为目的的互联起来的具有独立功能的计算机之集合体”,这形成了计算机网络的基本概念。

这一阶段的典型代表是美国国防部高级研究计划局协助开发的 ARPANET。1969 年 12 月,美国国防部高级研究计划署(Advanced Research Projects Agency,ARPA)开始研究

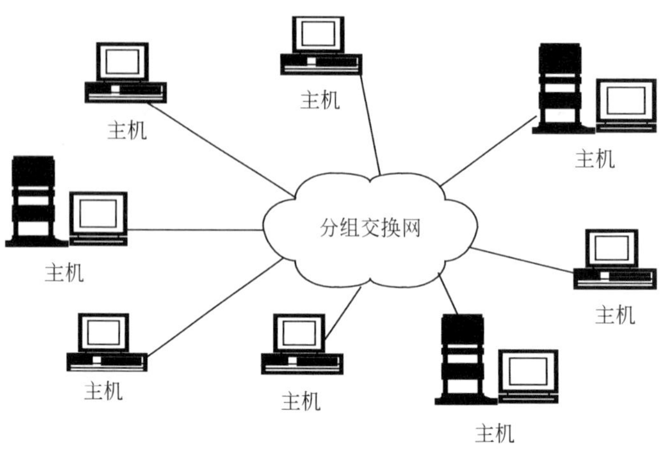

图 6-3 计算机与计算机通信网

“分时计算机的合作网络”。1970 年，ARPANET 初具雏形，它将加州大学洛杉矶分校、加州大学圣巴巴拉分校、斯坦福大学以及位于盐湖城的犹他州立大学的 4 台不同型号、不同操作系统、不同数据格式、不同终端的计算机以分组交换协议连接起来。

分组交换网 ARPANET 中的主机之间不是直接用线路相连，而是由接口报文处理器（IMP）转接后互联的。IMP 和它们之间互联的通信线路一起负责主机间的通信任务，互联的主机负责运行程序，提供资源共享。在 ARPANET 中计算机和计算机之间通过通信线路实现了互联，从此，计算机网络的发展就进入了一个崭新时代。

1972 年，ARPANET 主机开始使用网络控制协议（Network Control Protocol，NCP）；同年，BBN 公司的雷·汤姆林森（Rey Tomlinson）发明了电子邮件，并在网络上迅速流行起来。

1973 年，ARPANET 扩展成国际互联网络。1975 年，100 台不同型号的计算机加入 ARPANET。ARPANET 的试验成功使计算机网络的概念发生了根本的变化，使计算机网络的通信方式由终端与计算机之间的通信，发展到计算机与计算机之间的直接通信，比第一代面向终端的计算机网络的功能扩大了许多。计算机网络功能以资源共享为主，而不是以数据通信为主，它标志着计算机网络的形成，这一阶段称为第二代计算机网络。

3. 第三代计算机网络——标准化网络阶段

20 世纪 70 年代末至 90 年代，计算机网络发展迅猛。计算机网络系统是非常复杂的系统，计算机之间相互通信涉及许多复杂的技术问题。1974 年，美国 IBM 公司公布了它研制的系统网络体系结构（System Network Architecture，SNA）。随后各大计算机公司也相继推出各种不同的分层网络系统体系结构及实现这些结构的软硬件产品。1974 年，著名的传输控制协议/网际协议（Transmission Control Protocol/InternetProtocol，TCP/IP）研究成功，彻底解决了不同的计算机和系统之间的通信问题。

随着社会的发展，各种不同体系结构的网络需要进行互联。由于同一体系结构的网络产品互联非常容易实现，而没有统一的标准不同系统体系结构的产品就很难实现互联，所以迫切需要建立一系列的开放性国际标准。为此，国际标准化组织于 1977 年设立了一个专门的分委员会来研究网络通信的体系结构。

1983 年，该委员会提出的“开放系统互连基本参考模型”(Open System Interconnection Basic Reference Model，OSI-RM)给网络的发展提供了一个可共同遵守的规则。1984 年，OSI-RM 正式被批准为国际标准，计算机网络体系结构得到逐步完善和规范化，从此走上了标准化的道路。所以体系结构标准化的计算机网络称为第三代计算机网络。

ARPANET 虽已获得了巨大成功，但仍无法满足日益增长的需要。1986 年在美国政府的帮助下，美国自然科学基金会网络 NSFNET 建成，主干网速率为 56kb/s，美国各大学纷纷入网。同年，出现了基于 TCP/IP 的网络新闻传输协议(Network News Transfer Protocol，NNTP)。

1987 年，由 IBM、MCI 和 MERIT 共同建设新网络，该网络到 1988 年夏季成为因特网的主干网。1989 年，因特网主干网升级为 T1 速率(1.544Mb/s)；最早的因特网服务提供商之一 Compuserve 成立。

1990 年开始了因特网高速发展的时代。随后，世界各地不同种类的网络与美国因特网相连，逐渐形成了遍布全球因特网。

4. 第四代计算机网络——网络互联与高速网络阶段

20 世纪 90 年代至今，计算机技术、通信技术以及建立在互联网基础上的计算机网络技术得到了迅猛的发展。

为了适应信息社会的发展，保持在国际竞争中的优势地位，1991 年美国国会通过了高性能计算和通信计划。1993 年 9 月，美国政府宣布实施一项新的高科技计划——国家信息基础设施(National Information Infrastructure，NII)，旨在以因特网为雏形，兴建信息时代的高速公路——信息高速公路，使所有的美国人方便地共享海量的信息资源。美国的信息高速公路计划，引起了强烈反响，世界各国纷纷认识到以信息技术为代表的新经济是国家竞争力的战略制高点。此后全世界许多国家纷纷制定规划，并投入巨资实施国家信息基础设施的建设，从而极大地推动了全球计算机网络技术的发展和建设，也使计算机网络进入计算机网络互联与高速网络的崭新阶段，这标志着第四代计算机网络的开端，如图 6-4 所示。

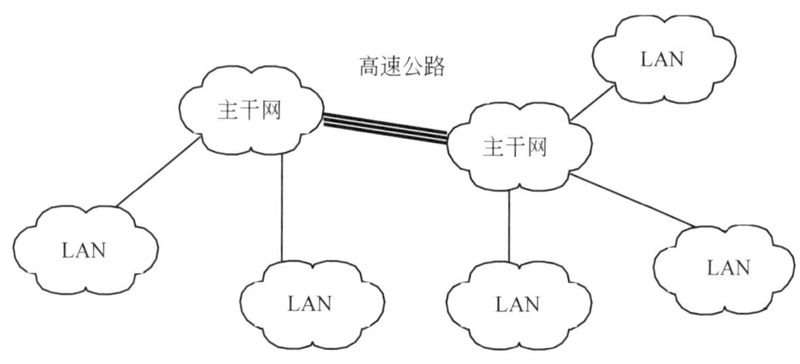

图 6-4　网络互联与高速网络

当今世界已进入一个以计算机网络为中心的时代。网上传输的信息不仅有文字、数字等文本信息，还包括越来越多的集文字、图形图像、音视频在内的多媒体信息。以计算机网络为平台的电子商务、电子政务、视频点播、电视直播等系统得到了广泛的应用，使计算机网络渗入到社会生活的每一个角落，改变着人们传统的学习和工作方式，乃至生活的方式。

在互联网发展的同时，高速与智能网的发展也引起人们越来越多的关注。高速网络技术的发展表现在宽带综合业务数字网(Broadband Integrated Services Digital Network,B-ISDN)、帧中继、异步传输模式(Asynchronous Transfer Mode,ATM)与虚拟网络等。

近年来,随着移动通信、无线技术以及各种智能设备的发展,使计算机网络的概念进一步地拓展和延伸,下一代网络技术的研究如火如荼,网络的全方位应用正向纵深发展。相信在不远的未来,计算机网络将会以更大、更快、更安全、更及时、更方便的姿态展现在世人面前。

6.1.2 计算机网络的分类

1. 按照网络的拓扑结构

网络的拓扑图是一种抽象,其中网络中的主机和联网设备被抽象为点,通信线路被抽象为线。拓扑图中的点通常称为结点,结点分为交换结点和访问结点。交换结点一般指进行信息转发的联网设备,而访问结点一般是指使用或提供服务的主机。网络拓扑图中的线通常称为链路。网络拓扑结构对网络的性能、系统可靠性及通信费用都有很大影响。

网络可以划分为总线型网、环形网、星形网和格状网等,如图 6-5 所示。一些文献中还提到树形网,实际上树形网可以看作由多个层次的星形网结构纵向连接而成的网络结构,可以看成是星形拓扑的扩展。

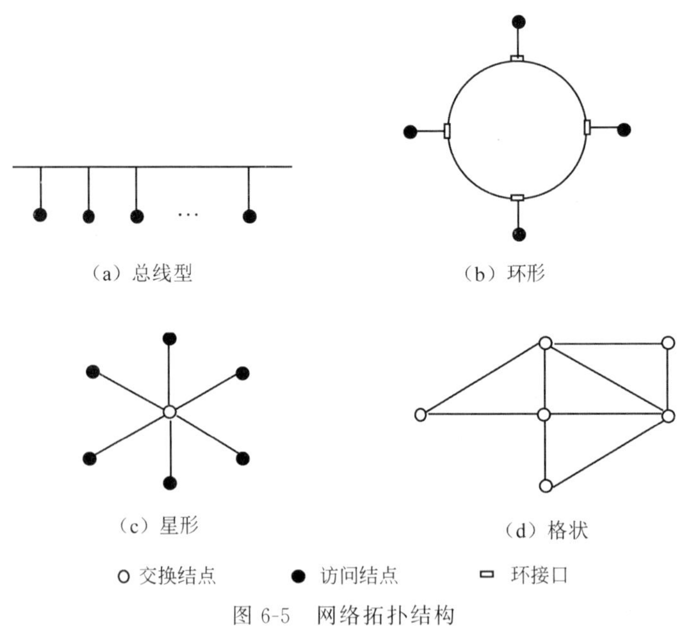

图 6-5 网络拓扑结构

1) 总线型网

总线型网的网络结构中所有结点都连接到一条公共传输线(称为总线)上,并通过该总线传输信息。总线型结构的主要优点是结构简单、联网方便、易于扩充、成本低,缺点是实时性较差。

2) 环形网

环形网的网络结构由许多干线耦合器用点到点链路连成的单向环路,每一个干线耦合器再和一个终端或计算机连在一起,信息传输按一定方向,一个结点接一个结点沿环路单向传输。环形结构的主要优点是结构简单、路径选择方便,缺点是可靠性差、网络管理复杂。

3）星形网

星形网的网络结构是以一台设备作为中央结点，该中央结点上连接了各工作站。中心结点控制全网的通信，每一结点将数据通过中心结点发送。网中任何两结点之间的通信都要通过中心结点。星形结构的主要优点是结构简单、建网容易、便于控制和管理。星形结构目前广泛应用在局域网中，如将多台计算机分别通过双绞线连接到由集线器或交换机作为中心结点的设备上。

4）格状网

格状网络结构中，结点之间的连接是任意的，没有规律，每个结点都至少有两条线路和其他结点相连。其网络优点是可靠性高，即使一条线路出故障，网络仍能正常工作，但网络控制和软件比较复杂。广域网基本上都是采用格状拓扑结构。

需要注意逻辑结构和物理结构的概念区别。一个网络的逻辑结构和物理结构可能是不同的。例如，一些逻辑上的环形网在物理上却采用星形结构。

2. 按照网络的覆盖范围

从地理范围划分是一种广为认可的通用网络划分标准。目前按地理范围可以把各种网络类型划分为局域网（Local Area Network，LAN）、城域网（Metropolitan Area Network，MAN）和广域网（Wide Area Network，WAN）。

1）局域网

局域网是指在局部地区范围内将计算机、外设和通信设备连接在一起的网络，常见于一幢大楼、一个工厂或一个企业内。它所覆盖的范围可以是几米至 10km 以内，也是最常见、应用最广的一种网络。局域网在计算机数量配置上没有太多的限制，少的可以只有几台，多的可达几百台。随着整个计算机网络技术的发展和提高，现在局域网得到充分的应用和普及，几乎每个单位都有局域网，甚至有的家庭中都有自己的小型局域网。

局域网具有连接范围窄、用户数少、配置简单、连接速率高等特点。目前局域网最快的速率可达 10Gb/s。IEEE 802 标准委员会定义了多种主要的 LAN 网，主要有以太网（Ethernet）、令牌环网（token ring）、光纤分布式接口网络（FDDI）、异步传输模式网（Asynchronous Transfer Mode，ATM）以及最新的无线局域网（Wireless Local Area Network，WLAN）等。

2）城域网

城域网一般来说是在一个城市，但不在同一地理小区范围内的计算机网络，采用的是 IEEE 802.6 标准，在地理范围上可以说是 LAN 网络的延伸，连接距离可达 10～100km，连接计算机数量更多。在一个大型城市或都市地区，城域网通常用光纤连接的引入，连接着政府机构的 LAN、医院的 LAN、电信的 LAN、公司企业的 LAN 等多个 LAN 网。

城域网多采用异步传输模式技术做骨干网，实现数据、语音、视频以及多媒体应用程序的高速网络传输。ATM 提供一个可伸缩的主干基础设施，以便能够适应不同规模、速度以及寻址技术的网络。由于 ATM 的成本较高，因此一般在政府城域网中应用。

3）广域网

广域网也称为远程网，所覆盖的范围比城域网更广，它一般用来实现不同城市 LAN 或者 MAN 网络的互联，地理范围可从几百千米到几千千米，如图 6-6 所示。因为距离较远，广域网多采用光纤线路，通过协议和线路连接起来，构成网状结构。这种广域网因为所连接的用户多，总出口带宽有限，如中国的 CHINANET、美国的 TELENET、加拿大的 DATAPAC 和欧洲的 EURONET 等。

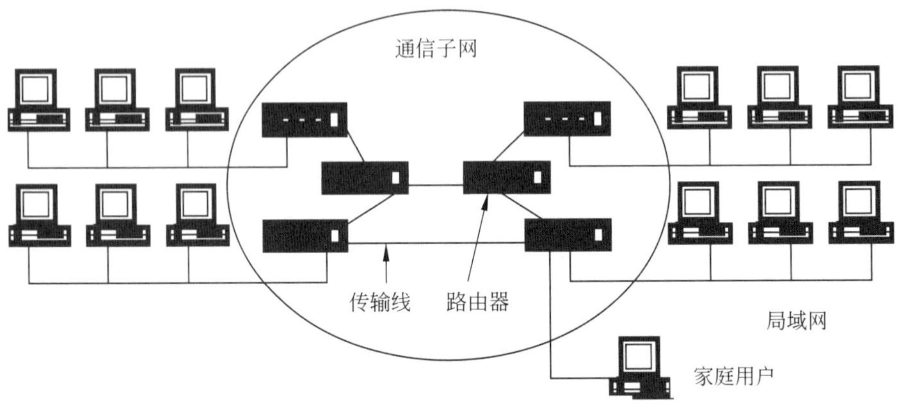

图 6-6　广域网示意图

目前，传统的电信网正在融合各种先进的网络技术，向下一代公用通信网络演进，实现这种演进的重要基础网络平台就是全光网络。

全光网络是信号以光的形式穿过整个网络，直接在光域内进行信号的传输、再生和交换，中间不经过任何光电转换，以达到全光透明性，实现在任意时间、任意地点、传送任意格式信号的目标。随着光传输技术的不断发展，有效的传输距离将越来越长，通过采用先进的光器件逐步取代光电转换设备，不断扩大覆盖范围，实现全光通信网络。基本的光网络结构类型又可组合成各种复杂的网络结构，沿着“骨干网→城域网→接入网”的次序逐步渗透、不断发展着全光网络的应用领域。

3. 计算机网络的其他分类

按计算机网络的用途可分为科研网、教育网、校园网、企业网等。

按网络数据传输和转接系统的拥有者分为专用网络和公用网络。公用网络指由国家电信部门组建、控制和管理的网络，任何单位都可使用。公用数据通信网络的特点是借用电话、电报、微波通信甚至卫星通信等通信业务部门的公用通信手段，实现计算机网络的通信联系。

21 世纪人类全面进入信息时代，信息时代的重要特征就是数字化、网络化和信息化。要实现信息化就必须依靠完善的网络，因此网络已经成为信息社会的命脉和发展知识经济的重要基础，它对社会生活的很多方面以及社会经济的发展都产生了不可估量的影响。

6.1.3　计算机网络的功能

计算机网络有着十分广泛的应用领域。利用网络可以获取各种信息服务：了解新闻，查看火车时刻、飞机航班信息；利用网络进行网上交易，如网上购物、股票交易；利用网络进行通信，如网络电话、电子邮件；利用网络进行网上教育，如远程教育、在线学习与在线图书馆等。今天，计算机网络在商业、企业、教育、科研、政府部门等各个领域都发挥着巨大的作用。计算机网络主要包括数据传输、资源共享和分布式信息处理等功能。

1. 数据传输

数据传输是计算机网络最基本的功能，可以使分散在不同地理位置的计算机之间相互通信，传输数据、文字、声音、图形、图像等各种信息。

计算机网络为分布在各地的用户提供了强有力的通信手段。用户可以通过计算机网络进行通信，互相传送数据，方便地进行信息交换，如发送电子邮件、发布新闻消息和进行电子商务活动等。计算机网络的出现极大地方便了人们的工作和生活。

2. 资源共享

计算机网络最具吸引力的功能是实现资源共享，包括硬件资源、软件资源和数据与信息资源。

1）共享硬件资源

共享硬件资源是共享其他资源的物质基础，硬件资源有超大型存储器、特殊的外部设备以及大型、巨型机的 CPU/GPU 处理能力等。例如，通过网络共享打印机，既满足了工作需要，又可以节约成本减少开支。

2）软件资源共享

软件资源共享是指用户可以通过网络登录到远程计算机或服务器上，获得使用各种功能完善的软件资源。共享软件资源既节约成本又方便软件的维护管理与升级。

3）数据与信息共享

共享的信息资源指存放在计算机上的数据库和各种信息资源，它能够给用户带来很大的方便。例如，通过网络数据与信息共享，图书资料、股票行情、科技动态等都可以被上网的用户快速查询和使用；因特网上的 Web 服务是目前最典型、最成功的全球共享信息资源的例子；学校教务处主机上存放的学生考试成绩，各学院教学管理人员、任课教师和全体学生都可以通过网络按权限方便地查询相关考试成绩，学院教师可以在规定的时间内录入、修改、查询所主讲课程的成绩，而学生只能查看自己的成绩，无权修改。

3. 分布式信息处理

分布式信息处理是将不同地点的，或具有不同功能的，或拥有不同数据的多台计算机通过通信网络连接起来，在控制系统的统一管理控制下，协调地完成大规模信息处理任务的计算机系统。

一方面，对许多大型的信息处理任务，可以借助于网络中的多台计算机共同协作，完成单机无法完成的任务。

另一方面，当某台计算机负担过重或者该计算机正在处理某项工作时，可通过网络将任务转交给空闲的计算机来完成，以便均衡各计算机的负载，提高处理问题的实时性和效率。尤其是对大型综合性问题，可充分利用网络资源，将问题分解成若干部分，分别交给网络中的不同计算机进行处理，提高计算机的处理能力。

在现实生活中协同工作是非常普遍的事情。例如，多位软件工程师共同开发一个软件，多位医生共同为一位病人会诊，这些协同工作要求相关人员要集中在一起。通过计算机网络及相应软件的支持，可以实现分处异地的相关人员协同工作，这样既节省时间又节约成本，这也是计算机网络支持的协同工作（Computer Support Cooperative Work，CSCW）的目标。目前，计算机远程医疗系统、面向对象软件开发环境在一定程度上都支持协同工作。

4. 提高可靠性

在网络中，一方面可以把系统中重要的数据存放在多台计算机中，作为后备使用；另一方面，当网络中的某台计算机出现故障时，其任务可交给其他计算机完成，从而提高系统的可靠性。

总之,计算机网络可以充分发挥计算机的效能,帮助人们跨越时间和空间的障碍,扩大生活范围,有效地提高工作效率。

6.1.4 网络协议与体系结构

1. 网络协议

为了实现人与人之间的交互通信约定的规则无处不在。例如,在使用邮政系统发送信件时,信封必须按照一定的格式书写(如收信人和发信人的地址必须按照一定的位置书写),否则信件可能无法送达目的地,同时,信件的内容也必须遵守一定的规则(如使用可理解的语言书写),否则,收信人可能无法获取信件的内容。

同理,在计算机网络中为了实现各种服务,就要在计算机系统之间进行通信。计算机网络中的任何两个设备进行通信时,为了使通信双方能正确理解、接受和执行,就要遵守相同的规定,否则,通信双方都无法理解对方的意图并协调其行为。具体来说,在通信内容、如何通信以及何时通信方面,两个对象要遵从相互可以接受的一组约定和规则,这些约定和规则的集合称为协议。网络协议是通信双方共同遵守的规则和约定的集合。

网络协议包括三个要素,即语法、语义和同步规则。语法规定了信息的结构和格式,确定通信双方之间"怎么做",即由逻辑说明构成,确定通信时采用的数据格式、编码、信号电平及应答方式等;语义表明信息要表达的内容,确定通信双方之间"做什么",即由通信过程的说明构成,要对发布请求、执行动作及返回应答予以解释,并确定用于协调和差错处理的控制信息;同步规则涉及双方的交互关系和事件顺序,确定"何时做",即确定事件的顺序以及速度匹配。

注意:协议只确定计算机各种规定的外部特点,不对内部的具体实现做任何规定,这同日常生活中的一些规定是一样的,规定只说明做什么,对怎样做一般不做描述。计算机网络软硬件厂商在生产网络产品时,是按照协议规定的规则生产产品,使生产出的产品符合协议规定的标准,但生产厂商选择什么电子元件、使用何种语言实现协议是不受约束的。

整个计算机网络的实现主要体现为协议的实现。在复杂的通信系统中,协议也是非常复杂的。为了保证网络各个功能的相对独立性,以及便于实现和可维护性,通常将协议划分为多个子协议,并且让这些协议保持一种层次结构。子协议的集合通常称为协议簇。由于协议簇中的协议具有上下层次关系,因此又称其为协议栈。例如,TCP/IP 是因特网采用的协议标准,它包括了很多种协议,如超文本传输协议(Hypertext Transfer Protocol,HTTP)、Telnet、FTP 等。其中 TCP 和 IP 是保证数据完整传输的两个最基本的重要协议。因此,通常用 TCP/IP 代表整个因特网协议系列。

协议的实现要落实到各具体的硬件模块和软件模块上,在网络中将这些实现特定功能的模块称为实体。

两个结点之间的通信体现为两个结点中对等层(结点 A 的 $N+1$ 层与结点 B 的 $N+1$ 层)之间遵从本层协议的通信,如图 6-7 所示。

各层的协议由各层的实体实现,通信双方的对等层中完成相同协议功能的实体称为对等实体。如图 6-7 中的结点 A 的 N 实体 1 和结点 B 的 N 实体 1 为对等实体。对等实体按协议进行通信,所以协议反映的是对等层的对等实体之间的一种横向关系。严格地说,协议

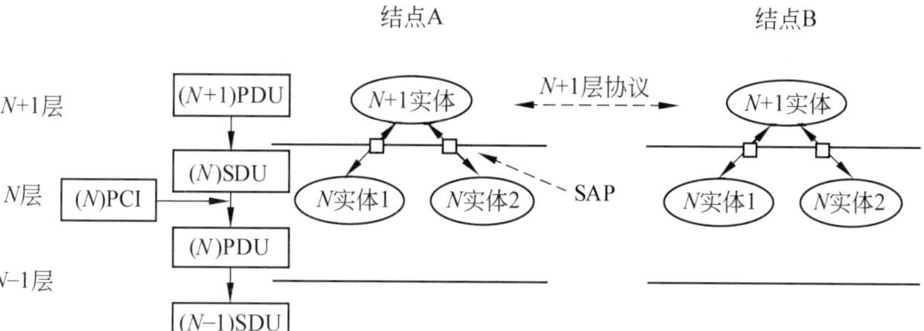

图 6-7　分层协议示意图

是对等实体共同遵守的规则和约定的集合。协议中的格式和语义只有对等实体能够理解。

除了最底层的对等实体外，其他对等实体间的通信并不是直接进行的。一般对等实体间的通信是通过下层实体来完成的。上面的层次要完成特定的功能必须使用下面层次所提供的服务。下层实体是服务提供者，上层实体是服务使用者。

对等实体之间数据单元的传输经历了在发送方的逐层封装和在接收方的逐层解封装的过程。*N* 层实体不理解也不需要理解该服务数据单元的含义，*N* 层实体只将其视为需要本实体提供服务的数据，*N* 层实体将服务数据单元（Service Data Unit，SDU）进行封装成为一个对方能够理解的协议数据单元（Protocol Data Unit，PDU）。

相邻层次的协议实体之间的交互通过接口进行。由于相邻层次实体间是提供服务和使用服务的关系，因此该接口称为服务访问点（Service Access Point，SAP）。对服务访问点的使用是通过服务原语实现的。局域网中常见的四类服务原语是请求（request）、指示（indication）、响应（response）和认可（confirm）。

网络协议的分层有利于将复杂的问题分解成多个简单的问题，从而分而治之。分层有利于网络的互联，进行协议转换时可能只涉及某一个或几个层次而不是所有层次。另外，分层还可以屏蔽下层的变化，新的底层技术的引入，不会对上层的应用协议产生影响。

2. 网络体系结构

计算机网络网络体系结构是抽象的、是对计算机网络通信所需要完成功能的结构化定义。网络是通信和计算机结合的产物，从这两种基本技术的角度看，网络可以划分成资源子网和通信子网两个部分。其中，通信子网由通信设备和线路构成，资源子网由主机和其他末端系统构成。交换结点属于通信子网，访问结点属于资源子网。因为主机也具有通信功能，所以严格地讲，主机中负责底层通信的部分也应该属于通信子网，如图 6-8 所示。

计算机网络系统的体系结构，类似于计算机系统中多层的体系结构。计算机网络层次结构划分遵循层内功能内聚、层间耦合松散的原则。也就是说，在网络中，功能相似或紧密相关的模块，放置在同一层；层与层之间保持松散的耦合，使信息在层之间的流动减到最小。

如何划分计算机网络的层次，计算机网络理论研究界和应用界提出了很多方案，制定了各自的协议体系，其中最著名的是开放系统互连基本参考模型和 TCP/IP 体系结构。

1）开放系统互连基本参考模型

著名的开放系统互连基本参考模型（OSI-RM）由国际标准化组织发布。该模型共分 7 层，如图 6-9 所示。当接收数据时，数据自下而上进行传输；而当发送数据时，数据自上而下

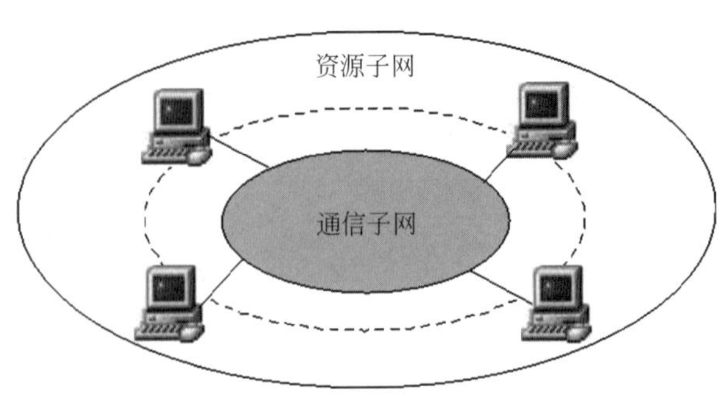

图 6-8　网络划分示意图

进行传输。有了开放模型,各网络设备厂商就可以遵照共同的标准来开发网络产品,实现彼此兼容。

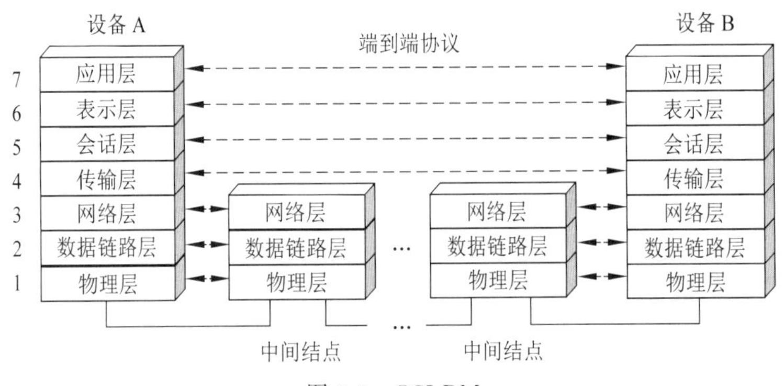

图 6-9　OSI-RM

OSI-RM 中各层的功能如下:

(1) 物理层。物理层涉及网络接口和传输介质的机械、电气、功能和规程方面的特性。具体包括接口和介质的物理特性、二进制位的编码解码、传输速率、位同步、传输模式、物理拓扑、线路连接等。物理层涉及的数据单位是二进制位。

(2) 数据链路层。数据链路层将不可靠的物理层转变成一个无差错的链路。其具体功能包括数据成帧、介质访问控制、物理寻址、差错控制、流量控制等。数据链路层涉及的数据单位是帧。数据链路层又分为介质访问控制(Media Access Control,MAC)和逻辑链路控制(Logical Link Control,LLC)两个子层。

(3) 网络层。网络层负责将报文分组从源主机到目的主机的端到端传输过程。具体功能包括网络逻辑寻址、路由选择、流量控制、拥塞控制等。网络层涉及的数据单位是报文分组。

以上三层属于通信子网。

(4) 传输层。传输层负责整个报文(message)从源到目的的传输,其中源和目的指的是主机中的进程。具体功能包括连接控制、流量控制、差错控制、报文的分段和组装、主机进程寻址等。传输层关注的是报文的完整和有序问题。传输层实现了高层与通信子网的隔离。

(5) 会话层。会话层负责网络会话的控制,主要目的是组织和同步在两个通信主机上各种进程间的通信(也称为对话),并管理数据的交换。具体功能包括会话的建立、维护和交互过程中的同步。

(6) 表示层。表示层负责信息的表示和转换,为应用过程之间传送的信息提供表示方法的服务,它只关心信息发出的语法和语义。具体功能包括数据的加密/解密、压缩/解压缩、与标准格式间的转换等。

(7) 应用层。应用层对应用程序的通信提供服务,负责向用户提供访问网络资源的界面。应用层包括一些常用的应用程序和服务,如电子邮件、文件传输、网络虚拟终端、Web服务、目录服务等。

OSI-RM定义了不同计算机互联标准的框架结构,它通过分层把复杂的通信过程分成了多个独立的、比较容易解决的子问题。在模型中下一层为上一层提供服务,而各层内部的工作与相邻层是无关的。

注意:OSI-RM只是一个参考模型,做了相应的原则性说明,并不是具体的网络协议。

2) TCP/IP体系结构

TCP/IP体系结构也采用分层结构,将网络的通信功能划分为4层,每层包括不同的协议和功能,TCP/IP体系结构与OSI-RM的对应关系,如图6-10所示。

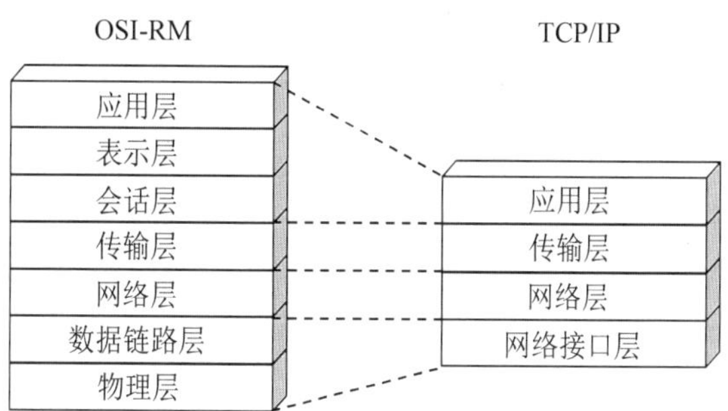

图6-10 TCP/IP体系结构与OSI-RM的对应关系

TCP/IP体系结构各层的功能如下:

(1) 网络接口层。网络接口层提供与物理网络的接口方法和规范,可以支持各种采用不同拓扑结构、不同传输介质的底层物理网络,如以太网、ATM广域网等。

(2) 网络层。网络层也叫互联网层或IP层,负责将称为IP数据报的数据从一台主机传输到另一台主机。该层IP和若干选路协议、定义IP数据报的格式和确定IP数据报传输的路由并传输等。

(3) 传输层。传输层为两台主机上的应用程序提供端到端的通信。主要包括两个协议:TCP提供可靠的面向连接的传输服务;UDP提供简单高效的无连接服务。

(4) 应用层。应用层是TCP/IP的最高层,为用户提供各种网络应用程序及应用层协议。

3) 交换技术

网络中所使用的数据交换技术主要包括三种类型:电路交换、报文交换和分组交换。

(1) 电路交换。电路交换的概念来自于电话系统,当用户进行拨号时,电话系统中的交换机在呼叫者和接收者之间建立了一条实际的物理线路。这条线路可以是双绞线、同轴电缆、光纤或者无线等。通话过程中,两端的电话拥有该专用线路,直到通话结束。

在计算机通信时，如果两台计算机之间有一条实际的物理线路，那么这两台计算机之间的数据交换就是采用了电路交换技术。

(2) 报文交换。计算机通信中由于人机交互需要时间，在采用电路交换的计算机通信过程中，空闲时间约占整个通信时间的 90%以上。可以看出，电路交换是一种效率很低的数据交换方式。

因此，计算机通信中采用了另一种方式，即存储转发方式或者报文交换方式。报文交换事先不建立物理线路。发送数据时把要发送的数据当成一个整体交给中间交换设备。中间交换设备先将报文存储起来，然后选择一条合适的空闲输出线将数据转发给下一个交换设备，直到将数据发送到目的地为止。

(3) 分组交换。分组交换实际上是报文交换的改进。在分组交换中，用户的数据被划分成若干“分组”。分组的大小有严格的上限，这样使得分组可以被缓存在交换设备的内存中而不是磁盘中。同时，由于分组交换网能保证任何用户都不能长时间独占某个传输线路，因而它也能适合交互式通信。

随着分组交换技术的进一步发展，分组交换的性能不断提高，功能不断完善，处理能力不断增强，时延不断缩短，现有的分组交换网络的能力趋于极限。这促使人们开始研究新的分组技术。

6.1.5 网络传输介质及关键设备

1. 计算机网络传输介质

在计算机网络中，涉及传输介质的主要是物理层。传输介质分为有线和无线两类。目前，常用的有线传输介质有双绞线、同轴电缆和光导纤维等。

1) 双绞线

双绞线是使用最为广泛的一种传输介质。它由两根按一定规则以螺旋形扭合在一起具有绝缘保护的两根铜导线组成，通常把一对或多对双绞线放在一根导管中，便组成了双绞线电缆，如图 6-11 所示。双绞线可分为非屏蔽双绞线和屏蔽双绞线两种。屏蔽双绞线比非屏蔽双绞线多了一层——通常由铝箔构成的屏蔽层，能够提供更加清晰的电子信号，同时减少辐射。双绞线可用于传送模拟和数字信号，传输速率一般在 10～1000Mb/s 特别适用于较短距离(100m 内)的信息传输，注意运营商这里 M 按 10^6 计量。

2) 同轴电缆

同轴电缆通常由铜质芯线的内导体、绝缘层、网状编织的外导体屏蔽层以及保护的塑料外层所组成，如图 6-12 所示。其中内导体用来传输信号，外导体用作地线及屏蔽干扰，因此同轴电缆的防辐射抗干扰能力比较强。其频率特性相比双绞线更好，能进行较高速率的信号传输。

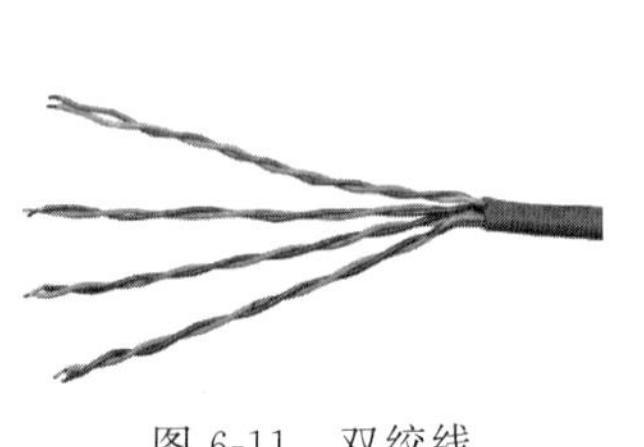

图 6-11　双绞线

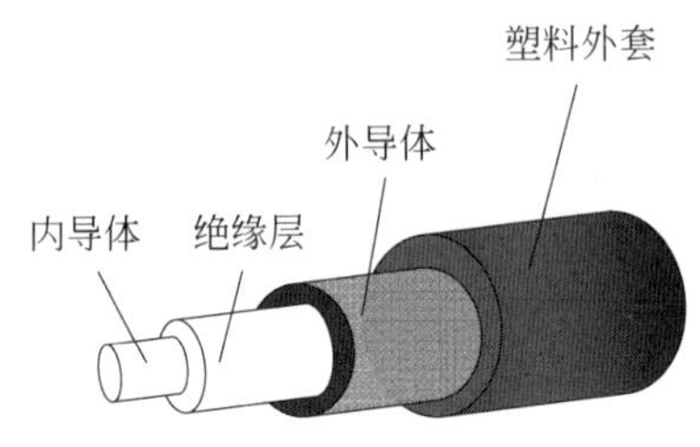

图 6-12　同轴电缆

同轴电缆分为 50Ω 基带同轴电缆和 75Ω 宽带同轴电缆两种。基带同轴电缆传输数字信号，传输速率一般为 10Mb/s，常用于局域网。宽带同轴电缆是普通闭路电视系统使用的信号电缆，主要传输模拟信号，如音频和视频信号等，传输速率比基带同轴电缆高。

3）光导纤维

光导纤维是一种传输光束的细小而柔韧的介质，通常由非常透明的石英玻璃拉成细丝，由纤芯和包层构成双层通信圆柱体，如图 6-13 所示。纤芯用来传导光波，而包层具有较低的折射率，当光线碰到包层时就会折射回纤芯。这个过程不断重复，光就沿着光纤传输下去。光纤在两点之间传输数据时，在发送端需要置有发光机，在接收端需要置有光接收机。发光机将计算机内部的数字信号转换为光纤可以接收的光信号，光接收机将光纤上的光信号转换为计算机可以识别的数字信号。

图 6-13　光缆

4）无线介质

无线介质的信号是通过大气层来传输的，是不需要架设或铺埋电缆或光缆的。无线信号主要有微波、扩频无线电等。

（1）微波。微波是一种频率很高的无线电波，其频率范围通常为 2～40GHz。微波通信可以分为地面微波通信和卫星通信两种。

（2）扩频无线电。扩频无线通信技术，采用不需要许可证的 900MHz 或 2.40GHz 的民用无线频段作为传输信道，通过先进的直接序列扩频或跳频、扩频技术发射信号，具有传输速率高、发射功率小、抗干扰能力强及保密性好等特点。目前无线局域网、无线家庭网以及蓝牙技术都采用扩频无线通信方式，已成为无线局域网的主流技术。

2. 计算机网络关键设备

在计算机网络中，除了用于传输数据的传输介质外，还需要能够连接传输介质与计算机系统，帮助数据信息尽可能快速地到达正确目的地的各种网络设备。目前，常用的网络设备有网络接口卡、集线器、交换机、路由器和网关等。

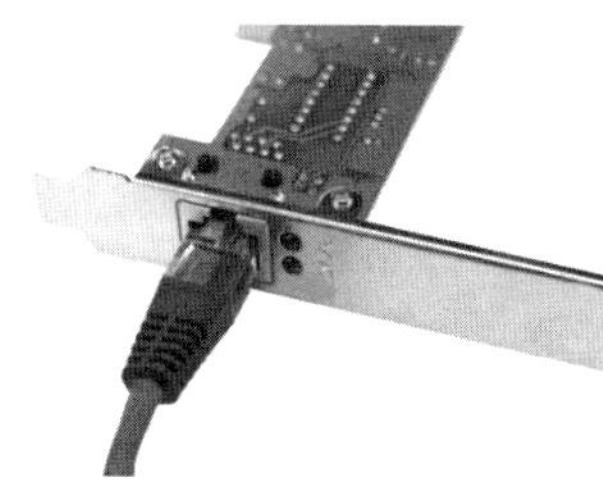

图 6-14　网卡

1）网络接口卡

网络接口卡又称为网络适配器，简称网卡（见图 6-14），属于物理层设备。它将工作站、服务器、打印机或其他结点与传输介质相连，完成数据接收和发送。网卡的类型与网络传输系统（如以太网与令牌环网）、网络传输速率、连接器接口、主机总线类型等因素有关。通常每块网卡都带有一个全球唯一的 48 位二进制数的地址，称为介质访问控制地址。联网主机的地址实际上就是其联网所用网卡上的地址。

2）集线器

集线器属于物理层设备，如图 6-15 所示。其主要功能是对接收到的信号进行放大转发，以扩大网络的传输距离，用于在计算机网络中连接多台计算机或其他设备，是对网络进行集中管理的最小单元。集线器的每个端口可与主干网相连，多个端口可以连接一组工作站。集线器可有多种类型，按尺寸可分为机架式和桌面式；按带宽可分为 10Mb/s 集线器、

100Mb/s 集线器、10/100Mb/s 自适应集线器等；按管理方式可分为哑集线器和智能集线器；按扩展方式可分为堆叠式集线器和级联式集线器等。

3）交换机

交换机属于数据链路层设备，用于连接多个局域网，如图 6-16 所示。每一个连接到交换机上的设备都可以享有自己的专用信道。交换机内部有一个地址表，标明了 MAC 地址和交换机端口的对应关系。当交换机从某个端口收到一个数据帧时，首先读取帧头中的源 MAC 地址，并在地址表中查找相应的端口，将数据帧直接复制到该端口。交换机的主要任务就是建立和维护自己的地址表。广义上来说，交换机分为广域网交换机和局域网交换机。前者主要应用于电信领域，提供通信用的基础平台，后者应用于局域网络，用于连接终端设备。从传输介质和传输速度上可分为以太网交换机、快速以太网交换机、千兆以太网交换机、FDDI 交换机、ATM 交换机和令牌环交换机等。

图 6-15　集线器

图 6-16　交换机

4）路由器

路由器属于网络层设备，是一种多端口设备，如图 6-17 所示。其一个功能是用于连接多个逻辑上分开、使用不同协议和体系结构的网络；另一个功能是根据信道的情况自动选择和设定两个结点间的最近、最快的传输路径，并按先后顺序发送信号。路由器内部有一个路由表，标明了如果要去某个地方，下一步应该往哪走。路由器从某个端口收到一个数据包，它首先把链路层的包头去掉，读取目的网络地址，然后查找路由表，若能确定下一步往哪送，则再加上链路层的帧头把该数据包转发出去。

5）网关

网关又称为网间连接器、协议转换器，是一个局域网连接到互联网的“点”，如图 6-18 所示。网关不能完全归类为一种网络硬件，而是能够连接不同网络的软硬件的综合。特别的是，它可以使用不同的格式、通信协议或结构连接两个系统。网关实际上是通过重新封装信息以使它们能被另一个系统读取。为了完成这项任务，网关必须能运行在 OSI-RM 的几个层上，具备与应用通信、建立和管理会话、传输已经编码的数据、解析逻辑和物理地址数据等功能。网关可以设在服务器、微机或大型机上。常见的网关有电子邮件网关、因特网网关、局域网网关等。

图 6-17　路由器

图 6-18　网关

6.2 局　域　网

6.2.1　局域网标准

局域网是计算机网络的重要组成部分，个人计算机的发展和普及促进了局域网的形成。局域网由于其组网方便、传输速率高等特点得到了迅速的发展和广泛的应用。推动局域网技术快速发展的一个主要因素是由 IEEE 802 委员会制定的 IEEE 802.X 局域网标准。

IEEE 802 委员会是美国电气和电子工程师学会(IEEE)在 1980 年 2 月成立的一个分委员会。它专门从事局域网标准化方面的工作，以便推动局域网技术的应用，并规范相关产品的研制和开发。IEEE 802 委员会目前有 20 多个分委员会，对应不同类型的局域网技术。IEEE 802 委员会已陆续制定了从 IEEE 802.1 到 IEEE 802.23 等一系列的标准，并不断增加新的标准。这一系列标准中的每一个子标准都由委员会中的一个专门工作组负责。

部分 IEEE 802.X 标准如下。

IEEE 802.1：局域网体系结构、寻址、网络互联、系统结构和网络管理。

IEEE 802.2：逻辑链路控制子层(LLC)的定义。

IEEE 802.3：带冲突检测的载波侦听多路访问(Carrier Sense Multiple Access/Collision Detection，CSMA/CD)及物理层技术规范。

IEEE 802.4：令牌总线网(token-bus)的介质访问控制协议及物理层技术规范。

IEEE 802.5：令牌环网(token-ring)的介质访问控制协议及物理层技术规范。

IEEE 802.8：光纤技术咨询组，提供有关光纤联网的技术咨询。

IEEE 802.11～802.11ae：无线局域网的介质访问控制协议及物理层技术规范。

IEEE 802.12：需求优先的介质访问控制协议(100VG AnyLAN)。

IEEE 802.14：采用线缆调制解调器的交互式电视介质访问控制协议及网络层技术规范。

IEEE 802.15：采用蓝牙技术的无线个人网(Wireless Personal Area Networks，WPAN)技术规范。

IEEE 802.18：宽带无线局域网技术咨询组。

IEEE 802.19：多重虚拟局域网共存技术咨询组。

IEEE 802.20：移动宽带无线接入(Mobile Broadband Wireless Access，MBWA)工作组，制定宽带无线接入网的解决。

IEEE 802.23：紧急服务工作组。

……

IEEE 802 标准中定义的服务和协议限定在 OSI-RM 的最低两层(即物理层和数据链路层)。事实上，IEEE 802 标准又将 OSI-RM 的数据链路层分为两个子层，分别是逻辑链路控制和介质访问控制。

20 世纪 70 年代至 80 年代出现了各种实验性和商业化的局域网，其中最广泛使用的包括以太网、令牌环、无线局域网等。例如，美国加州大学的 Newhall 环网、英国剑桥大学的剑桥环、3COM 的以太网、IBM 的令牌环以及 ArcNet 等。经过多年的市场考验，以太网终于以其技术成熟、联网方便、价格低廉等优点脱颖而出，尤其是快速以太网（100Mb/s）、吉比特以太网（1Gb/s）和 10 吉比特以太网（10Gb/s）应用后，以太网已经在局域网领域占据了绝对优势。

随着通信技术的发展，近年来无线局域网得到了迅速普及。很多公共场所都有相应的设施，通过它们可以将计算机、平板计算机、智能手机等接入因特网，也可以使距离相近的两台或多台主机直接进行通信。无线局域网的标准是 802.11 系列，使用 CSMA/CA 协议，采用星形拓扑结构。在无线局域网系统中，每台主机配备无线调制解调器和天线，与被称为接入点（Access Point，AP）的设备通信。接入点又被称为无线路由器或基站，主要负责中继无线主机之间，以及无线主机与因特网之间的数据包。WLAN 的实现协议有很多，其中最为著名也是应用最为广泛的当属基于 IEEE 802.11 标准实现的无线保真技术 WiFi。而采用 IEEE 802.15 系列协议的为蓝牙技术的无线个人网。

6.2.2 以太网

以太网（Ethernet）是当前占主导地位的分组交换局域网技术，是由 Xerox 公司的帕洛阿尔托研究中心（Palo Alto Research Center，PARC）在 20 世纪 70 年代早期发明的。Xerox 公司、Intel 公司和 DEC 公司于 1978 年对以太网进行了标准化，确立了以太网采用介质访问控制协议及物理层技术规范，对应 IEEE 802 委员会发布的 IEEE 802.3 标准版本。

以太网的设计采用总线拓扑结构，传输介质经历了由粗同轴电缆到细同轴电缆，再到双绞线的发展过程。在 IEEE 802.3 标准中，为不同的传输介质制定了不同的物理层标准。以太网具有低成本、高可靠性及开放性最好的特点，经过多年发展，以太网目前是已经成为应用最广泛、最流行的局域网。随着性能不断提高，传输速率不断加快，以太网的拓扑结构、传输介质、工作方式都发生着很大的改变，

1. 介质访问控制协议

以太网的基本拓扑结构为总线型，所有结点都连接到一条总线上（见图 6-19），用同轴电缆作为传输介质，在同轴电缆的每一端都要加上一个电阻（端接器），以避免出现电信号的反射。由于网络中所有结点共享同一总线传输信息，任何一个结点所发送的信息都以广播方式向总线两端传播，因此当网络中有两个以上的结点同时发送信息时，就会出现冲突，所发送的信息会受到破坏。

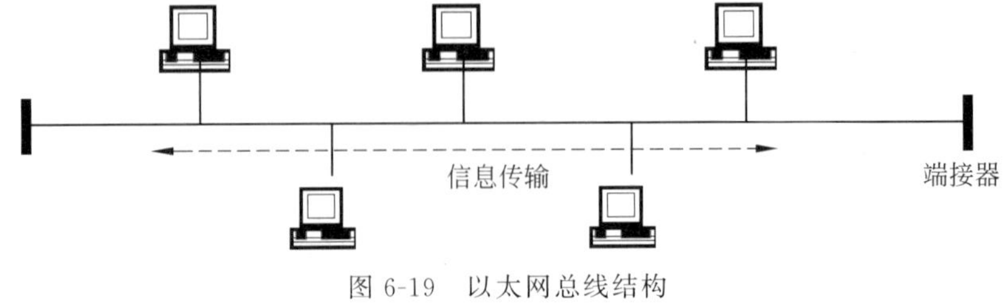

图 6-19　以太网总线结构

以太网使用 CSMA/CD（载波监听多路访问及冲突检测）技术，来解决介质争用的冲突

问题。以太网中结点都可以看到在网络中发送的所有信息。某结点要发送信息时,首先对介质进行侦听,判断介质是否忙(有载波),即是否有其他结点正在传送信息,因为只有当介质空闲(无载波)时才能发送信息。另外,由于信号在线路上的传输时延,可能会出现多个结点同时侦听到介质空闲而开始发送,并出现冲突。因此结点在发送的同时仍然需要进行侦听,一旦检测到冲突,就立即放弃当前的传输,停止发送,退让一个随机时间后再重试,退让采用二进制指数退让策略。

上述过程也可以简单地归纳为:发前先听,边发边听,冲突停止,延迟重发。

2. 以太网地址

以太网将每个硬件网络接口卡上的 MAC 地址作为以太网地址,该地址又称为硬件地址、物理地址或第二层地址。

以太网地址保证全球唯一的方法是将 MAC 地址的 48 位分成两部分(如图 6-20 所示):网卡的生产厂商向 IEEE 的注册管理委员会(RAC)购买地址的前三个字节(高 24 位),作为生产厂商的唯一标识符;地址的后三个字节(低 24 位)再由厂商进行分配,并在生产网卡时固化在其只读存储器(ROM)中。

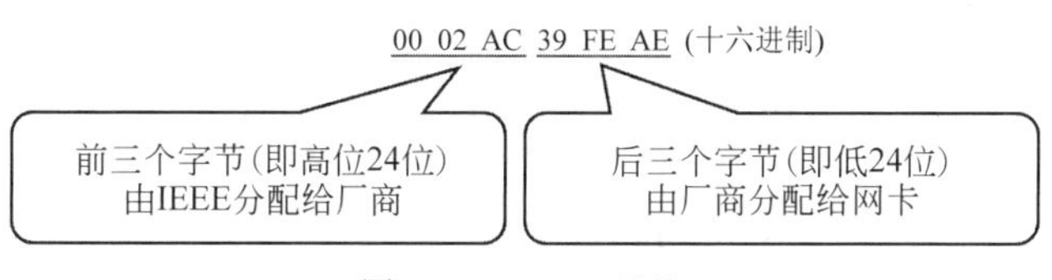

图 6-20　MAC 地址

3. 以太网帧格式

以太网中信息以"帧"为单位进行传输,其格式如图 6-21 所示。以太网帧是变长的。

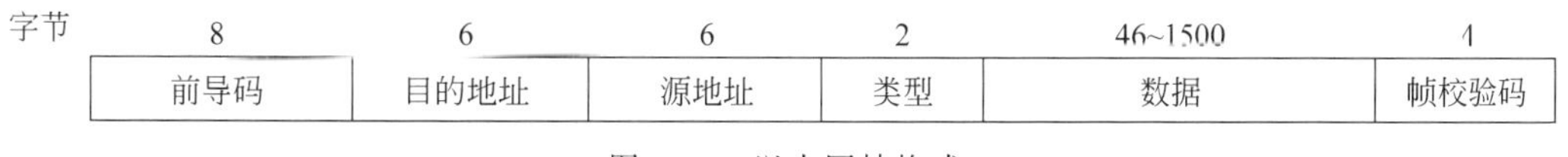

字节	8	6	6	2	46~1500	4
	前导码	目的地址	源地址	类型	数据	帧校验码

图 6-21　以太网帧格式

以太网中信息以广播方式传输,一个结点发送的帧可以传到网络上的所有结点,但只有一个"地址与帧的目的地址相符"的结点才能接收该帧。

4. 典型以太网

1) 10Base-T 以太网

早期标准的以太网主要采用总线结构,传输速率为 10Mb/s,可以使用粗同轴电缆(10Base-5 粗缆以太网)或细同轴电缆(10Base-2 细缆以太网)进行联网。粗缆以太网可靠性高、安装复杂;细缆以太网安装简单灵活、可靠性较差。

1990 年出现了 10Base-T 双绞线以太网,传输速率为 10Mb/s,这里 T 表示用双绞线作为传输介质。采用这种技术的以太网采用星形拓扑结构(见图 6-22),利用集线器进行组网,所有结点分别通过双绞线连接到一个中心集线器上。

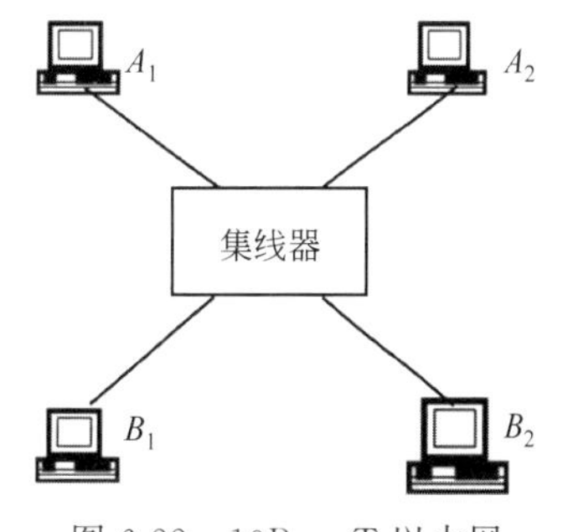

图 6-22　10Base-T 以太网

10Base-T 具有组网方便、便于系统升级、易于维护等特点。

集线器类似于一个多端口的转发器，每一个端口通过一对双绞线直接连接一个结点，结点到集线器的距离不超过 100m。集线器连接的网络在物理上是一个星形网，但从介质访问控制方式来看，仍然是一个总线型网，各结点共享逻辑上的总线，同一时刻只能有一个结点发送数据。

2）交换式以太网

使用交换机（也称为交换式集线器）连接各个结点组成的交换式以太网（见图 6-23）可以明显地提高网络性能。

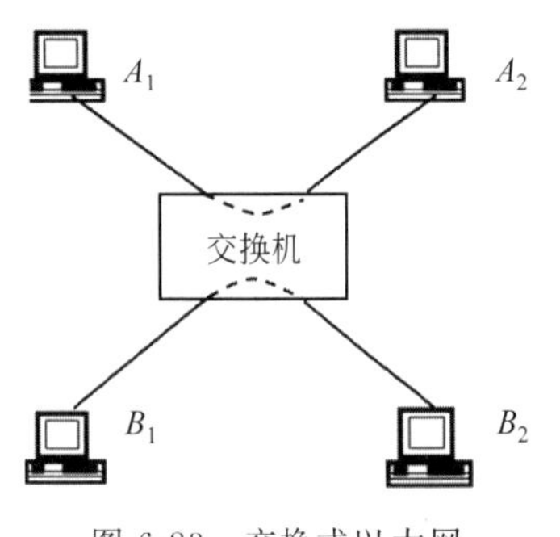

图 6-23　交换式以太网

交换机同样带有多个端口，组网方法与共享式集线器类似。交换机与集线器的主要区别在于内部结构和工作方式不同。当交换机从某个端口收到一个结点发来的数据帧时，不再向所有其他端口传送，而是将该帧直接送到目的结点所对应的端口并转发出去。因此交换机可以同时支持多对结点之间的通信，如图中的 A_1 和 A_2、B_1 和 B_2，而不产生冲突。交换机以其良好的性能在局域网中得到广泛使用。

3）高速以太网

高速以太网通常指传输速率为 100Mb/s 以上的网络，如 100Base-T 快速以太网，传输速率为 100Mb/s。随着 100Base-T 以太网的普及，对以太网的吞吐能力的要求也在不断提高，近年来又研制成功了千兆位以太网和万兆位以太网，它们的传输速率更快，分别可达 1000Mb/s 和 10Gb/s。

这些技术的出现和发展，极大地提高了以太网的性能，扩大了局域网的规模和应用范围，距离也扩展到几十千米甚至上百千米，特别是千兆位以太网和万兆位以太网目前已成为局域网的首选。

6.2.3　无线局域网

当网络发展到一定规模后，人们又发现，这种有线网络无论组建、拆装还是在原有基础上进行重新布局和改建都非常困难，且成本和代价也非常高，于是无线局域网（WLAN）的组网方式应运而生。WLAN 本质的特点是不再使用通信电缆将计算机与网络连接起来，而是通过无线方式进行连接，从而使网络的构建和终端的移动更加灵活。

WLAN 技术使网上的计算机具有可移动性，能快速、方便地解决有线方式不易实现的网络信道连通问题，入网安装便捷避免了烦琐的布线问题。WLAN 连接时只要安装一个或多个接入点设备，就可建立覆盖整个区域的局域网络，易于进行网络规划和调整。WLAN 很容易定位故障，而且只需更换故障设备即可恢复网络连接。WLAN 有多种配置方式，可以很快从只有几个用户的小型局域网扩展到上千用户的大型网络。

WLAN 在给网络用户带来便捷和实用的同时，也存在着一些不足之处。因为 WLAN 是依靠无线电波进行传输的，所以建筑物、车辆、树木或其他障碍物都可能阻碍电磁波的传输，影响网络的性能。此外目前 WLAN 的最大传输速率为 1Gb/s，可见无线信道的传输速率与有线信道相比要低得多，因而它只适用于个人终端和小规模网络应用。还有，本质上无线电波不要求建立任何物理连接通道，而直接通过发散的无线信号进行信息传输，而无线电波广播范围内的任何信号都很容易监听到，所以容易造成通信信息的泄露，存在安全隐患。

1997 年，第一个无线局域网标准 IEEE 802. 11 正式颁布实施，为 WLAN 技术提供了统一标准，也标志着 WLAN 的起步。由于当时的传输速率只有 1～2 Mb/s，因此 IEEE 委员会又开始制定新的 WLAN 标准。2001 年，经过改进的 IEEE 802.11a 标准正式颁布，它的传输速率可达到 11Mb/s。尽管如此，由于整个应用环境并不成熟，WLAN 的应用并未真正开始。

WLAN 的真正发展是从 2003 年 3 月 Intel 第一次推出带有 WLAN 无线网卡芯片模块的迅驰处理器开始的。由于 Intel 的捆绑销售，加上迅驰芯片的高性能、低功耗等非常明显的优点，使得许多无线网络服务商看到了商机。同时 11Mb/s 的接入速率在一般的小型局域网也可进行一些日常应用，于是各国的无线网络服务商开始在公共场所（如机场、宾馆、咖啡厅等）布置一些无线访问点（AP）供用户访问，方便移动商务人士无线上网。

随着基于 IEEE 802.11b 标准的无线网络产品和应用的日趋成熟，2003 年 7 月 IEEE 委员会正式发布了可提供 54 Mb/s 接入速率的新标准——IEEE 802.11g。

目前使用最多的是 IEEE 802. 11n（第四代）和 IEEE 802. 11ac（第五代）标准，它们既可以工作在 2.4GHz 频段也可以工作在 5GHz 频段上，传输速率可达 600Mb/s（理论值）。但严格来说只有支持 IEEE 802. 11ac 标准的才是真正 5G。

1. WiFi

无线网络在无线局域网的范畴是指“无线相容性认证”，实质上是一种商业认证，同时也是一种无线联网技术，以替代通过网线连接计算机。

WiFi 是基于 IEEE 802.11 标准的无线局域网实现技术，是由澳大利亚政府的研究机构联邦科学与工业研究组织（Commonwealth Scientific and Industrial Research Organisation，CSIRO）在 20 世纪 90 年代发明的，并于 1996 年在美国成功申请了无线网技术专利，发明人是澳大利亚约翰·沙利文（John O'Sullivan）及其研究团队。

IEEE 选择并认定了 CSIRO 发明的无线网技术是世界上最好的无线网技术，因此 CSIRO 的无线网技术标准，就成为了 2010 年 WiFi 的核心技术标准。WiFi 在中文里又称作“行动热点”，它通过无线电波来联网。WiFi 联盟负责 WiFi 认证和商标授权。

常见的架设无线网络（见图 6-24）的基本配备就是无线网卡及一台 AP。AP 就是一个无线路由器，那么在这个无线路由器的电波覆盖的有效范围内都可以采用 WiFi 连接方式进行联网，配合既有的有线架构来分享网络资源，费用和复杂程度远低于传统的有线网络。如果只是几台计算机的对等网，也可不要 AP，只需要每台计算机配备无线网卡。AP 主要在媒体存取控制层 MAC 中扮演无线工作站及有线局域网络的桥梁。AP 如同有线网络的集线器。无线工作站可以快速且轻易地与网络相连。普通的家庭有一个 AP 已经足够，甚至用户的邻里得到授权后，无须增加端口，也能以共享的方式上网。如果无线路由器连接了一条 ADSL 线路或者别的上网线路，则又被称为热点，如图 6-25 所示。

WiFi 提供了一种能够将各种终端都使用无线进行互联的技术，为用户屏蔽了各种终端之间的差异性。并不是每样匹配 IEEE 802.11 的产品都申请 WiFi 联盟的认证，当然缺少 WiFi 认证的产品并不一定意味着不兼容 WiFi 设备。市面上已安装 IEEE 802.11 的设备包括个人计算机、游戏机、MP3 播放器、智能手机、平板计算机、打印机、笔记本计算机以及其

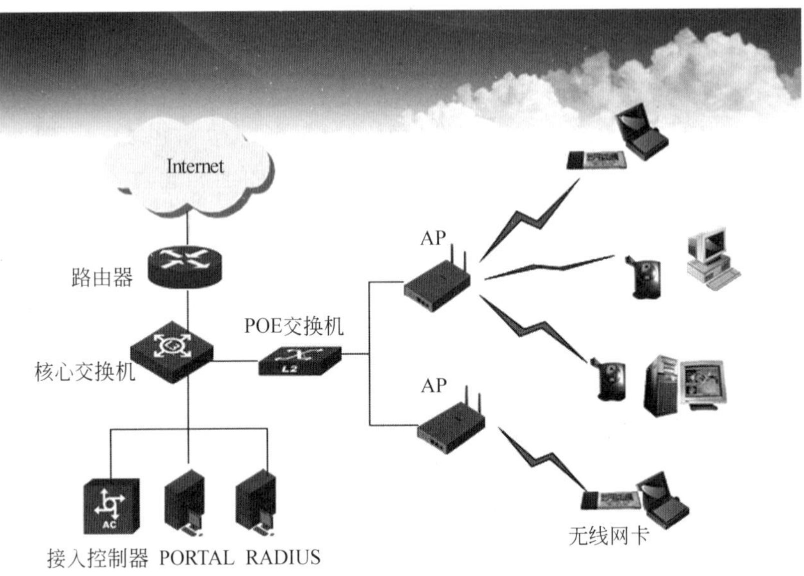

图 6-24 无线网络的架构

图 6-25 无线网络连接

他可以无线上网的周边设备。

随着最新的 IEEE 802.11ax 标准发布，新的 WiFi 标准名称也将定义为 WiFi6，因为当前的 IEEE 802.11 ax 是第六代 WiFi 标准了，WiFi 联盟从这个标准起，将原来的 IEEE 802.11 a/b/g/n/ac 之后的 ax 标准定义为 WiFi6，从而也可以将之前的 IEEE 802.11 a/b/g/n/ac 依次追加为 WiFi1/2/3/4/5。

未来基于无线网的 WiFi 将从覆盖范围、传输速率、基本业务类别、可移动速率、前向扩展、演进走向等多方面开展创新应用和发展，也一定会有更大的市场空间。

2. 蓝牙

蓝牙(bluetooth)技术是一种无线数据和语音通信开放的全球规范。它是基于低成本，为固定和移动设备建立的特殊近距离无线技术连接的通信环境。蓝牙作为一种小范围无线连接技术，能在设备间实现方便快捷、灵活安全、低成本、低功耗的数据通信和语音通信，因此它是实现无线个域网通信的主流无线网络传输技术之一。蓝牙与其他网络相连接可以带来更广泛的应用，能实现让各种数码设备无线沟通，蓝牙技术原本用来取代红外线通信。

蓝牙技术具备射频特性。采用了 TDMA 结构与网络多层次结构以及快跳频和短包技术，支持点对点及点对多点通信，工作在全球通用的 2.4GHz(即工业、科学、医学)频段，使用 IEEE 802.15 协议，其数据传输速率为 1Mb/s 左右，采用时分双工传输方案实现全双工传输，从而数据传输变得更加迅速高效，为无线通信拓宽道路。

利用蓝牙技术能够有效地简化掌上计算机、笔记本计算机和手机等移动通信终端设备之间的通信(见图 6-26)，广泛支持各类智能、移动设备无线接入互联网。蓝牙设备连接成功，主设备只有一台，从设备可以有多台。利用蓝牙设备可以搜索到另外一个蓝牙技术产品，并迅速建立起两个设备之间的联系，在控制软件的作用下，可以自动传输数据。蓝牙技术已经能够发展成为独立于操作系统的一项技术，实现了兼容多种操作系统的良好性能。

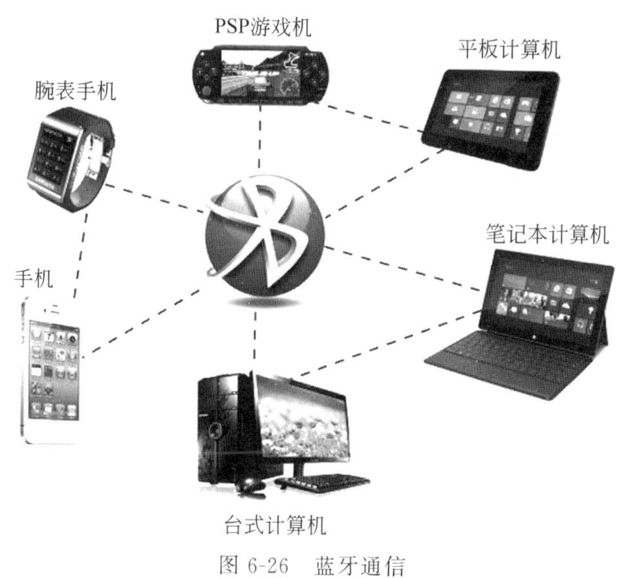

图 6-26　蓝牙通信

蓝牙技术的主要工作范围在 10m 左右，经过增加射频功率后的蓝牙技术可以在 100m 的范围进行工作。另外，在蓝牙技术连接过程中，还可有效降低与其他电子产品之间的干扰。蓝牙技术不仅有较高的传播质量与效率，同时还具有较高的传播安全性。蓝牙技术的高层应用主要有文件传输、局域网访问。

当然蓝牙技术也存在不足。为了及时响应连接请求，蓝牙技术在等待过程中的轮询访问是十分耗能的。蓝牙的连接过程中涉及多次的信息传递与验证过程，反复的数据加解密过程和每次连接都需进行的身份验证过程是对于设备计算资源的一种极大的浪费。蓝牙的首次配对需要用户通过 PIN 码验证，而 PIN 码一般仅由很少位数字(4～6 位)构成，设备会自动使用蓝牙自带的 E2 或者 E3 加密算法来对 PIN 码进行加密，然后传输进行身份认证。在此过程中会受黑客拦截数据包，伪装成目标蓝牙设备进行连接，或者采用暴力攻击的方式来破解 PIN 码而影响安全性。

蓝牙技术自1999年首度发表1.0版本，已从蓝牙1.0版本发展到蓝牙2.0、蓝牙3.0……蓝牙5.2版本(见图6-27)，且以2010年4.0版本为技术分水岭，正式由传统蓝牙迈向低功耗蓝牙。目前，蓝牙5.2版本技术开始大规模应用，其更低的耗能和更稳定、快速的数据传输，将提升客户对蓝牙功能的应用体验。随着物联网，以及低功耗蓝牙(蓝牙mesh组网和蓝牙5)的快速发展，蓝牙技术的应用越来越普遍。未来蓝牙技术会在设备层网络、位置服务、数据传输、音频播放等多个领域有长足的发展，向着各行各业包括汽车、信息家电、航空、消费类电子、军用等领域扩展。

图6-27　蓝牙标识

6.3　因　特　网

英文Internet表示国际互联网，后来由国家名词委员会正式定名为“因特网”。从原来“国际互联网”这个名字就可以看出，因特网是指通过网络互联设备，将世界上各个国家和地区成千上万的同类型和异类型的多个网络或网络群体互联起来形成的大网络。

因特网联入的计算机几乎覆盖了全球180余个国家和地区，已经连接全球数万个网络、数千万台主机。因特网是全球性的、特定的、开放的、被国际社会认可和广泛使用的世界最大的计算机互联网络，中国是第71个国家级因特网成员。因特网用户遵守共同的协议，共享资源，形成了“因特网网络文化”，使因特网成为全人类最大的知识宝库之一。

从网络通信技术的角度看，因特网是以TCP/IP连接各个国家、地区及各个机构计算机网络的数据通信网；从信息资源的角度看，因特网是将各种信息资源融为一体，供网上用户共享的信息资源网，因特网所包含的丰富信息资源，可以向全世界提供信息服务。目前，因特网已成为获取信息的一种方便、快捷、有效的手段，是信息社会的重要支柱。

6.3.1　因特网的发展史

1. 因特网发展轨迹

因特网是由ARPANET发展起来的。1969年美国国防部下达ARPANET网络的研制计划，目的是建立分布式的、存活力极强的全国性信息网络。1970年，ARPANET初具雏形，它利用了分组交换技术完成了加州大学洛杉矶分校、加州大学圣芭芭拉分校、斯坦福大学以及位于盐湖城的犹他州立大学的4台不同型号、不同操作系统、不同数据格式、不同终端的计算机主机的互联。1972年，50个大学和研究机构参与连接了因特网最早的模型ARPANET。

1973年，英国和挪威加入了ARPANET，实现了ARPANET的首次跨洲连接。到1980年，ARPANET成为因特网最早的主干网，在一部分美国大学和研究部门中运行和使用。

1985年，为了满足日益增长的网络需要，在美国政府的帮助下，美国国家科学基金会(National Science Foundation，NSF)利用TCP/IP在5个科研教育服务超级计算机中心的基础上建立了 NSFNET 广域网，在全美国实现资源共享，很多大学、政府资助的研究机构甚至私营研究机构纷纷把自己的局域网并入 NSFNET 中。NSFNET 逐步取代 ARPANET 成为了 Internet 的主干网。

1989 年，由欧洲核子研究组织（European Organization for Nuclear Research，CERN）开发成功的万维网（World Wide Web，WWW）为 Internet 实现广域网超媒体信息获取/检索奠定了基础。

1990 年，ARPANET 退出历史舞台，美国联邦组网协会修改了政策，允许任何组织申请加入，世界各地不同种类的网络与美国因特网相连，使之成为了一个“网间网”。各个子网分别负责自己的建设和运行费用，而又通过 NSFNET 互联起来，逐渐形成了全球因特网，从此因特网进入到高速发展时期。

1993 年，美国国家超级计算机应用中心（National Center for Supercomputing Applications NCSA）发表的图形用户界面（Graphical User Interface，GUI）赢得了人们的喜爱，使客户端得以显示图像。其后出现了使用非常方便的网络浏览工具 Nevigator 和 IE，它们随着 WWW 服务器的增加，WWW 服务通信量激增，并在全世界推动了信息高速公路热，商业和媒体开始真正关注因特网，掀起了因特网应用新的高潮。

1994 年，因特网上开始建立销售商店，第一家花店直接在因特网上接收客户；各社区开始直接与因特网相连接；WWW 通信量超过 Telnet 成为网上第二大服务；第一家网上银行 First Virtual 开业；Netscape 推出 Nevigator 浏览器，并占领了主要市场。

1995 年，由 NSF 在超级计算中心之间建立的甚高速干线网络服务（Very-high-speed Backbone Network Service，VBNS）构成的新 NSFNET 诞生。同年 3 月，WWW 超过了 FTP 成为因特网上通信量最大的服务；大量与因特网有关的公司股票上市；域名注册不再免费。

1996 年，美国政府出台下一代因特网计划，开始进行下一代高速互联网络及其关键技术研究。1996 年，采用因特网技术的企业网 Intranet 成为一个热点。同年，万维网联盟（World Wide Web Consortium，W3C）在标准通用标记语言（Standard Generalized Markup Language，SGML）的基础上，提出了 XML（Extensible Markup Language）草案。年底，W3C 提出了 CSS 的建议标准。

1998 年，美国 100 多所大学联合成立先进网络大学合作联盟（University Corporation for Advanced Internet Development，UCAID），开始 Internet2 研究计划。1998 年是电子商务大发展的一年，在线购物总额达到 130 亿美元。

1999 年，W3C 制定出了可扩展样式表转换语言（Extensible Stylesheet Language Transformations，XSLT）标准，目的是将 XML 信息转换为 HTML 等不同的信息展现形式。同年，W3C 和相关的企业开始讨论设计基于 XML 的通信协议。

人类进入 21 世纪后，新一代网络技术的研究如火如荼，网络的全方位应用开始向纵深发展。2000 年，W3C 发布简单对象访问协议（Simple Object Access Protocol，SOAP）1.1 版，利用 SOAP 传递 XML 信息的分布式应用模型称为 Web Service。

2001 年，W3C 发布了网络服务描述语言（Web Services Description Language，WSDL）协议的 1.1 版。SOAP 和 WSDL 协议共同构成了 Web Service 的基础。随后，J2EE 和 .NET 这两大企业级开发平台先后实现了 Web Service。同年欧盟启动下一代互联网研究计划，建立了连接 30 多个国家学术网的主干网，并以此为基础全面进行下一代互联网各项核心技术的研究和开发。

2002 年，美国 Internet2 联合欧洲、亚洲各国发起“全球高速互联网”（Global Terabit Research Network，GTRN）计划，积极推动全球化的下一代互联网研究和建设。

2003 年 6 月，美国国防部发表了一份 IPv6 备忘录，提出了在美国军方“全球信息网格”中全面部署 IPv6 的重要决策，并做出了 300 亿美元以上的预算。同年 10 月，美国军方宣布，将采用 IPv6 逐步替换现在的 IPv4。

2004 年 1 月，包括美国 Internet2、欧盟 GEANT 和中国 CERNET 在内的全球最大的学术互联网在欧盟总部向全世界宣布开通全球 IPv6 下一代互联网服务。

因特网最初的宗旨是用来支持教育和科研活动。但是随着规模的扩大和应用服务的发展以及全球化市场需求的增长，开始了商业化服务。在引入商业机制后，准许以商业为目的的网络接入因特网，使其得到迅速发展。因特网以一种不可阻挡的势头迅速发展，平均每过半小时就有一个新的网络接入因特网，每过一个月就有 100 万名新用户加入，网上每天的信息流量高达万亿比特。

2. 中国互联网的发展

1987 年 9 月 20 日，中国第一封电子邮件是由“德国互联网之父”维纳 · 措恩（Werner Zorn）与王运丰在北京的计算机应用技术研究所发往德国卡尔斯鲁厄大学的，其内容为英文：“Across the Great Wall we can reach every corner in the world.”中文大意是“跨越长城，走向世界。”

这是中国通过北京与德国卡尔斯鲁厄大学之间的网络连接，向全球科学网发出了第一封电子邮件，揭开了中国人使用因特网的序幕。

1990 年 10 月，钱天白教授代表中国正式在因特网网络信息中心的前身 DDN-NIC 注册登记了我国的顶级域名 CN，并且从此开通了使用中国顶级域名 CN 的国际电子邮件服务。

此后数年内，清华大学、中国科学院高能物理研究所、中国研究网先后通过不同渠道，实现了与北美、欧洲各国的 E-mail 通信。

因特网进入中国的时间虽短，却经历了爆炸式的发展。1990 年 4 月，中关村地区教育与科研示范网中国国家计算机与网络设施（The National Computing and Networking Facility of China，NCFC）启动建设，1992 年该网建成，实现了中国科学院（以下简称中科院）与北京大学、清华大学三个单位的网络互联。1994 年 4 月，NCFC 成为连入因特网的第 71 个国家级网。从此，我国开始了大规模的信息化建设和因特网级的对外开放。

自 1993 年起，按照国际因特网惯例，坚持开发、公平、合作、安全的原则，按照纵向业务系统的需要，我国启动了一系列的“金”字工程，如信息产业部的“金桥”工程、金融系统的“金卡”工程、公安系统的“金盾”工程、海关系统的“金关”工程、税务系统的“金税”工程、卫生系统的“金卫”工程等，这些金字工程都是以计算机网络作为信息基础设施的。

中国国家公用经济信息通信网（China Golden Bridge Network，ChinaGBN）以光纤、卫星、微波、无线移动等多种信息传播方式，与传统的数据网、电话网和电视网相结合并连入因特网。中国金桥网覆盖全国的公用网，并与国内已建的专用网互联，成为网际网；对未建专用信息通信网的部门，中国金桥网可提供虚拟网，避免重复建设，虚拟网各自管理。中国金桥网支持各种信息应用系统和服务系统，为推动我国电子信息产业的发展创造了条件。

1994 年 10 月，以清华大学为首的 100 所大学联合启动了组建中国教育和科研计算机网（China Education and Research Network，CERNET），1995 年 12 月完成建设任务。CERNET 建成包括全国主干网、地区网和校园网在内的三级层次结构的网络，全国网络中心位于清华大学，分别在北京、上海、南京、广州、西安、成都、武汉和沈阳 8 个城市设立地区网络中心。CERNET 主要面向教育和科研单位，是为教育、科研和国际学术交流服务的全国最大的公益性互联非营利性网络。

1995 年 11 月，邮电部开始建设中国公用计算机互联网 ChinaNET，1996 年 6 月在全国正式开通。ChinaNET 是基于 Internet 网络技术的中国公用因特网，是中国具有经营权的因特网国际信息出口的互联单位。ChinaNET 是面向社会公开开放的、服务于社会公众的大规模网络基础设施和信息资源集合。ChinaNET 是中国民用因特网的骨干网，提供多种途径、多种速率的接入方式。ChinaNET 保证内通外联，既保证大范围的国内用户之间的高质量互通，还保证国内用户与国际因特网的高质量互通。

1995 年，在 NCFC 和中国科学院网(Chinese Academy of Sciences Network，CASNET)的基础上，建成了中国科技网(China Science and Technology Network，CSTNET)。CSTNET 拥有科学数据库、科技成果、科技管理、技术资料和文献情报等科技信息资源。CSTNET 为科技界、科技管理部门、政府部门和高新技术企业服务，提供的服务主要包括网络通信服务、域名注册服务、信息资源服务和超级计算服务。

从此面向教育和科研单位的 CERNET、面向商业用和一般个人用户的 ChinaNET、面向科研机构的 CSTNET 和面向国家公用经济信息用户的 ChinaGBN 就构成了中国接入因特网的四大主干网。

1997 年 5 月 30 日，国务院信息化工作领导小组办公室发布《中国互联网络域名注册暂行管理办法》，授权中科院组建和管理中国互联网络信息中心(China Internet Network Information Center，CNNIC)，授权中国教育和科研计算机网网络中心与 CNNIC 签约并管理二级域名.edu.cn。同年，中国公用计算机互联网实现了与中国科技网、中国教育和科研计算机网、中国金桥信息网的互联。

1998 年 7 月，中国公用计算机互联网骨干网二期工程开始启动。二期工程将使八个大区间的主干带宽扩充至 155M，并且将八个大区的结点路由器全部换成千兆位路由器。

1999 年 1 月，中国教育和科研计算机网的卫星主干网全线开通，大大提高了网络的运行速度。同月，中国科技网开通了两套卫星系统，全面取代了 IP/X.25，并用高速卫星信道连到了全国 40 多个城市。

2004 年 3 月，CERNET2 试验网正式向用户提供 IPv6 下一代互联网服务，也成为中国第一个全国性下一代互联网主干网。

1997 年经国家主管部门研究，决定由 CNNIC 联合互联网络单位来实施中国互联网络发展状况的统计工作。CNNIC 于 11 月发布第一次《中国互联网络发展状况统计报告》，并形成半年一次的报告发布机制。CNNIC 发布的报告描绘中国互联网络的宏观发展状况，忠实记录中国互联网络的发展脉络。它跟随中国互联网发展的步伐，见证中国互联网从起步到腾飞的全部历程。

2022 年 2 月 25 日，中国互联网络信息中心在京发布第 49 次《中国互联网络发展状况统计报告》。该报告显示，截至 2021 年 12 月，中国网民规模达 10.32 亿人，庞大的网民规模为推动中国经济高质量发展提供强大内生动力；互联网普及率达 73%，网络基础设施全面建成，工业互联网取得积极进展，累计建成并开通 5G 基站数达 142.5 万个，全国在建“5G+工业互联网”项目超过 2000 个；网民规模稳步增长，农村及老年群体加速融入网络社会，农村网民规模已达 2.84 亿人，互联网普及率为 57.6%，60 岁及以上老年网民规模达 1.19 亿人，互联网普及率达43.2%；网民上网总时长保持增长，人均每周上网时长达到28.5小时，上网设备呈现多元化，手机仍是上网的最主要设备，此外还有笔记本计算机、电视和平板计算机上网；即时通信等应用广泛普及，即时通信、网络视频、短视频用户使用率分别为97.5%、94.5%和90.5%，用户规模分别达10.07亿人、9.75亿人和9.34亿人，在线医疗、办公用户规模增长最快，分别达4.69亿人和2.98亿人。中国已形成了全球网民人数最多、联网区域最广、最为庞大、生机勃勃的数字社会。

3. 因特网管理机构

因特网的最大特点是管理上的开放性。因特网没有集中的管理机构，为了保证因特网的正常运行，建立和完善相关的标准，确保因特网的持续发展，先后成立了一些非营利的组织机构，这些机构自愿承担起因特网的管理职责。这些因特网机构都遵循自下至上的结构原则，为确保因特网的持续发展而开展工作。

最早的因特网机构是1979年ARPA成立的一个非正式因特网配置控制委员会(Internet Configuration Control Board，ICCB)，其功能是协调和引导因特网协议和体系结构的设计。

1983年，因特网行动委员会(Internet Activities Board，IAB)取代了ICCB。IAB负责因特网的技术管理和发展战略制定，决定因特网的技术方向。具体工作包括：建立因特网标准；管理请求注解文档RFC的发布过程；建立因特网的策略性计划。

因特网的迅速发展使得因特网行动委员会的结构日趋庞大。1986年，在IAB下成立了因特网工程任务组(Internet Engineering Task Force，IETF)和因特网研究任务组(Internet Research Task Force，IRTF)两个工作部门。IETF汇集了与因特网体系结构和运作相关的网络设计者、运营商、投资人和研究人员，负责因特网中短期技术标准和协议的研发和制定，在因特网相关技术的研究方面具有一定权威。IETF涉及的技术领域包括因特网应用、传输与用户服务、网络管理、运行、路由、安全性、与OSI的集成、下一代因特网等。每个领域都设有多个工作小组(Working Group，WG)，大量技术性工作由这些工作小组承担和完成。

IRTF负责长期的、与因特网发展相关的技术问题，协调有关TCP/IP和一般体系结构的研究活动。IRTF由多个因特网自愿工作小组构成，它通过建立重点、长期和小型的研究小组，对因特网的各种协议、应用软件、结构和技术等问题进行重点研究，以促进因特网在未来的发展。1992年，因特网行动委员会更名为因特网体系结构委员会(Internet Architecture Board，IAB)。

1992年，一个相当于因特网最高管理机构的组织因特网协会(Internet Society，ISOC)成立了。ISOC是一个非营利的行业性全球因特网协调与合作国际组织，其在推动因特网全球化，加快网络互联技术和应用软件发展，普及因特网等方面发挥重要作用。此外，ISOC还致力于社会、经济、政治、道德、立法等能够影响因特网发展方向的工作。

ISOC由一个托管委员会进行管理，主要负责ISOC全球范围内的各项事务。ISOC由许多遍及全球的地区性机构组成，这些分支机构都在本地运作，并有自己的成员管理规则，同时保持与ISOC的托管委员会联系。ISOC负责IETF、IESG、IAB的组织与协调工作。

因特网网络信息中心(Internet Network Information Center，InterNIC)成立于1993年1月，InterNIC负责所有以.com、.org、.net和.edu结尾的顶级国际域名的注册与管理。而.mil和.gov顶级国际域名仍然由美国政府管理，各个国家的顶级域名则由各国自己管理。

中国互联网络信息中心成立于1997年6月，是我国的非营利互联网管理与服务机构，行使中国国家互联网络信息中心的职责。中科院计算机网络信息中心承担 CNNIC 的运行和管理工作。CNNIC 主要提供注册服务、目录数据库服务、信息服务、网站访问流量认证。

因特网名称与数字地址分配机构(The Internet Corporation for Assigned Names and Numbers,ICANN)成立于 1998 年 10 月,是一个集合了各地网络界的商业、非商业、技术及学术领域专家的非营利组织。ICANN 负责 IP 地址空间的分配、协议标识符的指派、通用顶级域名以及国家和地区顶级域名系统的管理与根服务器系统的管理。

6.3.2 因特网的关键技术

1. 因特网的基本结构

因特网之所以能够风靡全球并得到不断的发展,就是因为因特网有其独特的基本结构。从网络结构的角度,可以把因特网作为一个单一的大网络来对待,是允许任意数目的计算机进行通信的网络。因特网采用的是一种分层网络互联的结构,如图 6-28 所示。

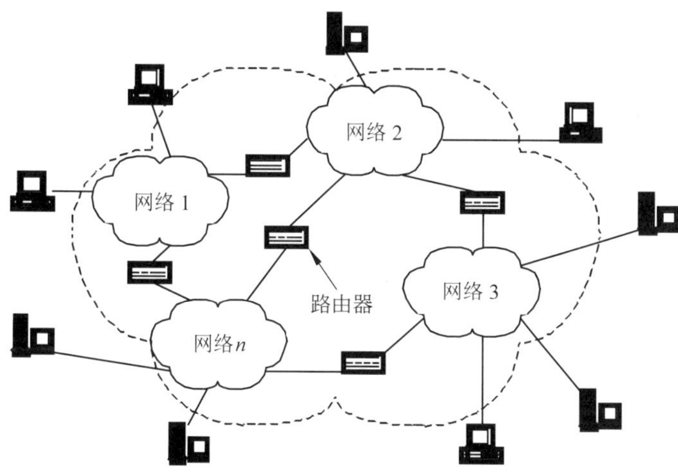

图 6-28　因特网逻辑结构示意图

2. TCP/IP 簇

因特网将不同结构的计算机和不同类型的计算机连接起来,除了物理连接问题要解决外,必须解决好计算机间通信的问题,而解决问题的关键就是通信协议。因特网采用的是 TCP/IP。因特网是一个异构的计算机网络,凡是采用 TCP/IP 并且能够与因特网中的任何一台主机进行通信的计算机,都可以看成是因特网的一部分。

TCP/IP 主要由传输控制协议(Transmission Control Protocol,TCP)和因特网协议(Internet Protocol,IP)组合而成,因特网使用 IP 将全球多个不同的各种网络互联起来,IP 详细规定了计算机在通信时应遵循的全部具体细节,对因特网中的分组进行了精确定义。所有使用因特网的计算机都必须运行 IP。IP 使计算机之间能够发送和接收分组,保证将数据从一个地址传送到另一个地址。但 IP 不能解决传输中出现的问题,不能保证传送的正确性。而 TCP 能解决分组交换中分组丢失、按分组顺序组合分组、检测分组有无重复等问题,使因特网实现数据的可靠传输。通过 TCP 与 IP 的配合可以保障因特网工作得更加可靠。

TCP/IP 是当前因特网协议簇的总称。从 TCP/IP 体系结构角度看,TCP/IP 簇较为庞大,如图 6-29 所示。TCP 和 IP 是其中的两个最重要的协议,因此,因特网协议簇以 TCP/IP

命名。

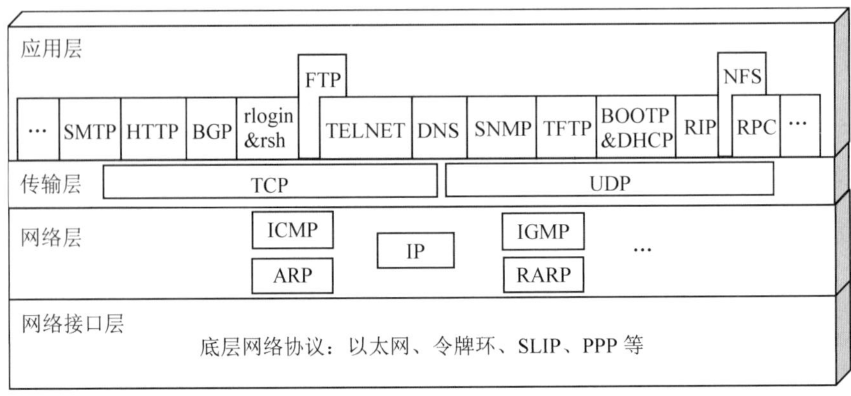

图 6-29　TCP/IP 簇

(1) 位于网络接口层的是各种物理网络的硬件设备驱动程序和介质访问控制协议，这些协议与物理网络相关，不在 TCP/IP 的定义之列。

(2) 在网络层的底部是负责因特网地址(IP 地址)与底层物理网络地址之间进行转换的地址解析协议(Address Resolution Protocol，ARP)和反向地址解析协议(Reverse Address Resolution Protocol，RARP)。ARP 用于根据 IP 地址获取物理地址。RARP 用于根据主机的物理地址查找其 IP 地址。IP 既是网络层的核心协议，也是 TCP/IP 簇中的核心协议，网络互联的基本功能主要由 IP 完成，因特网的一些重要特点也是由 IP 所体现的。因特网控制报文协议(Internet Control Message Protocol，ICMP)是主机和网关进行差错报告、控制和进行请求/应答的协议。因特网组管理协议(Internet Group Management Protocol，IGMP)用于实现组播中的组成员管理。

(3) 传输层只含传输控制协议(Transmission Control Protocol，TCP)和用户数据报协议(User Datagram Protocol，UDP)，这两个协议提供进程间的通信。TCP 和 UDP 分别对应两类不同性质的服务，上层的应用进程可以根据可靠性要求或效率要求决定使用 TCP 或 UDP 提供的服务。

(4) 应用层的协议种类繁多，有支持电子邮件的 SMTP，有支持 WWW 的 HTTP，有支持文件传输与访问的 FTP、TFTP 和 NFS，有支持路由表维护的 RIP 和 BGP，有支持远程登录的 Telnet，有支持主机引导时自动获取信息的 BOOTP 和 DHCP，还有支持网络管理的 SNMP 等，随着网络应用的不断增加，新的应用协议还在不断出现。

6.3.3　IP 地址

地址是标识对象所处位置的标识符。传输中的信息带有源地址和目的地址，分别标识通信的源结点和目的结点，即信源和信宿。目的地址是传输设备为信息进行寻址的依据。不同的物理网络技术(底层网络技术)通常具有不同的编址方式，这种差异主要表现为不同的地址结构和不同的地址长度。在一个物理网络中，每个结点都至少有一个机器可识别的地址，该地址叫作物理地址。在进行网络互联时首先要解决的问题就是物理网络地址的统一问题。

IP 地址是因特网络技术中一个非常重要的概念。IP 地址在 IP 层实现了底层网络地址的统一,使因特网的网络层地址具有全局唯一性和一致性。IP 地址含有位置信息,反映了主机的网络连接,是因特网进行寻址和路由选择的依据。因特网使用 IP 可将全球多个不同的网络互联起来。

因特网是在网络级进行互联的,因此,因特网在网络层(IP 层)完成地址的统一工作。它将不同物理网络的地址统一为具有全球唯一性的 IP 地址。IP 层所用到的地址叫作因特网地址,又叫 IP 地址。实现地址统一的概念模式如图 6-30 所示。

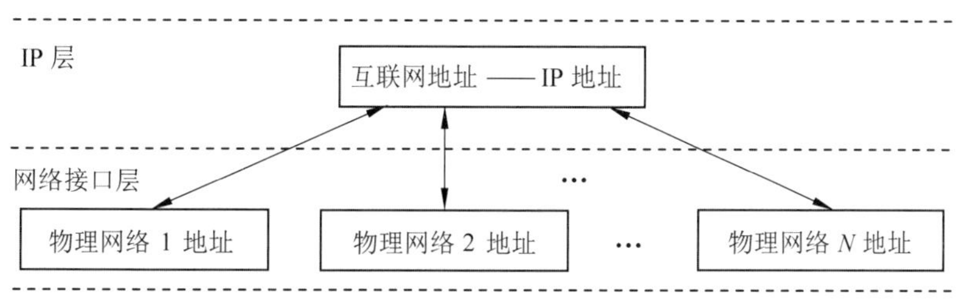

图 6-30　用 IP 地址统一物理网络地址

因特网的 IP 提供了一种全因特网通用的地址格式(保证一致性),统一管理 IP 地址的分配(保证唯一性),为全网的每一个网络和每一台主机都分配一个因特网地址,以此屏蔽物理网络地址的差异。

1. IP 地址结构

因特网由不同结构的网络联结而成,网络由主机联结而成。IP 地址的层次是按逻辑网络结构进行划分的,一个 IP 地址由两部分组成,即网络号和主机号,如图 6-31 所示。网络号识别一个逻辑网络,而主机号识别网络中的一台主机。只要两台主机具有相同的网络号,不论它们位于何处,都属于同一个逻辑网络;相反,如果两台主机网络号不同,即使比邻放置,也属于不同的逻辑网络。IP 地址可以表示为:

```
IP-address ::={<Network-number>,<Host-number>}
```

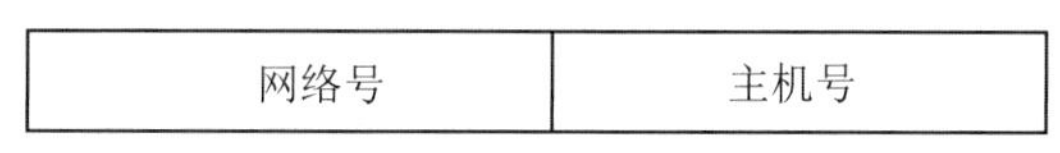

图 6-31　因特网 IP 地址结构

其中,网络标识的长度决定整个因特网中能包含多少个网络,主机标识的长度决定每个网络能容纳多少台主机,网络标识的长度并不是固定的。

因特网中的每台主机至少有一个 IP 地址,而且这个 IP 地址必须是全网唯一的。在因特网中允许一台主机有两个或多个 IP 地址。如果一台主机有两个或多个 IP 地址,则该主机属于两个或多个逻辑网络。这种主机叫作多宿主主机。多宿主主机拥有多个 IP 地址,每个地址对应于一个物理连接。由此可见,因特网地址的本质是标识主机的网络连接。图 6-32 给出了多宿主设备的地址配置。

目前,广泛采用的 IP 地址是 IPv4,其 IP 地址由 32 比特(4 字节)组成。因此,IPv4 的地址空间为 2^{32},即 4 294 967 296 个 IP 地址。但为了方便用户的理解和记忆,IPv4 的 IP 地址采用了十进制标记法,即将 4 字节的二进制数值转换为 4 个十进制数值,每个数值小于等于 255,数值中间用"."隔开。

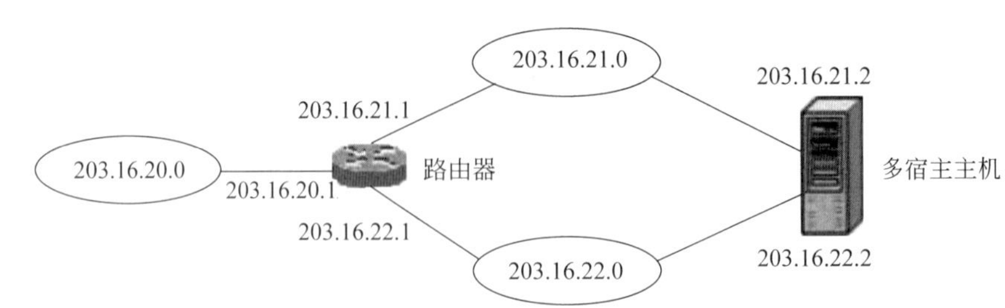

图 6-32　多宿主设备的地址配置

例如二进制 IP 地址：

字节1	字节2	字节3	字节4
11001010	01011101	01111000	00101100

用十进制表示法表示为：

202.93.120.44

由于因特网中网络众多，网络规模相差悬殊，有些网络上的主机多一些，有些网络上的主机少一些，为了适应不同的网络规模，IP 协议定义了五类 IP 地址：A 类、B 类、C 类、D 类和 E 类，如图 6-33 所示。其中 A 类、B 类和 C 类是三个基本的类，分别代表不同规模的网络。

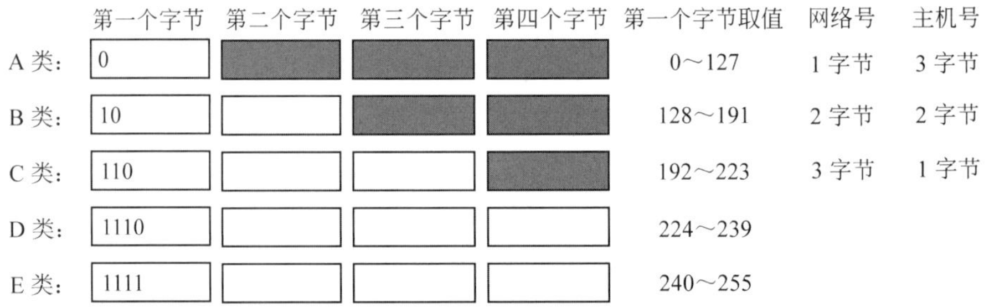

	第一个字节	第二个字节	第三个字节	第四个字节	第一个字节取值	网络号	主机号
A 类：	0				0～127	1 字节	3 字节
B 类：	10				128～191	2 字节	2 字节
C 类：	110				192～223	3 字节	1 字节
D 类：	1110				224～239		
E 类：	1111				240～255		

图 6-33　因特网 IP 地址类别

A 类地址由 1 字节的网络号和 3 字节的主机号构成，用于少量的大型网络。A 类地址的第一个字节的最高位固定为 0，另外 7 比特可变的网络号可以标识 128(0～127)个网络，0 一般不用，127 用作环回地址，所以共有 126 个可用的 A 类网络。主机号为全 0 或全 1 时不能用来标识主机。每个 A 类网络最多可以容纳 1 677 214($2^{24}-2$)台主机。A 类地址的第一个字节的取值范围为 1～126。

B 类地址由 2 字节的网络号和 2 字节的主机号构成，用于中等规模的网络。B 类地址第一个字节的最高 2 比特固定为 10，另外 14 比特可变的网络号可以标识 $2^{14}=16\ 384$ 个网络。主机号为全 0 时用于表示网络地址，主机号为全 1 时用于表示广播地址，这两个主机号不能用来标识主机。所以每个 B 类网络最多可以容纳 65 534($2^{16}-2$)台主机，B 类地址的第一个字节的取值范围为 128～191。

C 类地址由 3 字节的网络号和 1 字节的主机号构成，用于小规模的网络。C 类地址第一个字节的最高 3 比特固定为 110，另外 21 比特可变的网络号可以标识 $2^{21}=2\ 097\ 152$ 个网络。由于主机号不能为全 0 和全 1，因此每个 C 类网络最多可以容纳 254($2^{8}-2$)台主机。

C类地址的第一个字节的取值范围为192～223。

D类地址用于组播又称为组播地址。组播又称多目标广播、多播。网络中使用的一种传输方式，它允许把所发消息传送给所有可能目的地中的一个经过选择的子集，即向明确指出的多种地址输送信息。它是一种在一个发送者和多个接收者之间进行通信的方法。D类地址的范围为224.0.0.0～239.255.255.255，每个地址对应一个组，发往某一组地址的数据将被该组中的所有成员接收。D类地址不能分配给主机。

E类地址为保留地址，可以用于实验目的。E类地址的范围为240.0.0.0～255.255.255.254，E类地址的第一个字节的取值范围为240～255。

各类网络所占因特网地址空间的比例如图6-34所示。

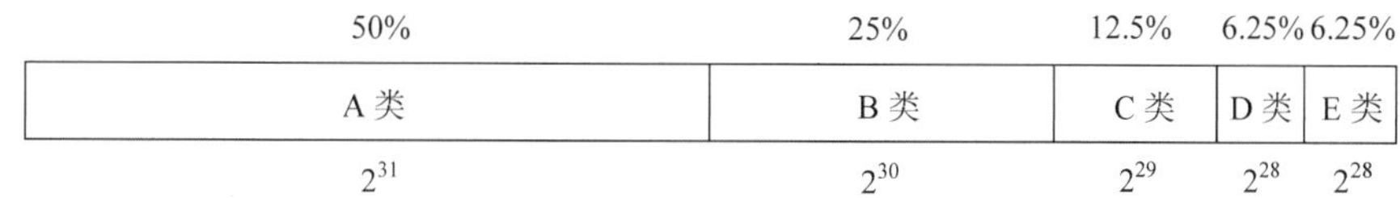

图6-34　各类网络所占因特网地址空间的比例

例如，202.93.120.43为一个C类IP地址，前三个字节为网络号，通常记为202.93.120.0，而后一个字节为主机号43。

有些IP地址不能用来标识主机，具有特殊意义，典型的有：

(1) 主机号部分为全"0"表示某个网络的IP地址，因特网上的每个网络都有一个IP地址。

(2) 主机号部分为全"1"表示某个网络上的所有主机(广播地址)。

例如，192.168.10.0是一个C类网络的地址，192.168.10.255表示该网络中的所有主机。

2. 子网及子网掩码

一个标准的A类、B类和C类网络可以进一步划分为子网。子网划分技术能够使单个网络地址横跨几个物理网络，这样路由器所连接的多个物理网络可以同属于一个网络的不同子网，划分子网的原因主要有以下几点：

(1) A类网络和B类网络的地址空间都很大，不进一步进行划分，很难得到有效的利用。

(2) 将一个大的网络划分为多个与单位的部门相对应的小的网络更便于进行管理。

(3) 通过使用路由器连接子网，可以隔离广播和通信，减少网络拥塞。

(4) 出于安全方面的考虑，希望利用子网技术将管理网络和服务网络分开。

(5) 由于历史的原因和应用的需要使得一个单位可能拥有不同的物理网络，利用子网技术可以方便地实现互联。

对于一些小规模网络可能只包含几台主机，即使用一个C类网络号仍然是一种浪费(可以容纳254台主机)，因而需要对IP地址中主机号进行再次划分。划分子网的方法是将IP地址的主机号部分划分成两部分，拿出一部分来标识子网，另一部分仍然作为主机号。带子网标识的IP地址结构如图6-35所示。

划分后IP地址由三部分组成：网络号、子网号以及主机号。因此，IP地址可以表示为：

```
IP-address ::={<Network-number>,<Subnet-number>,<Host-number>}
```

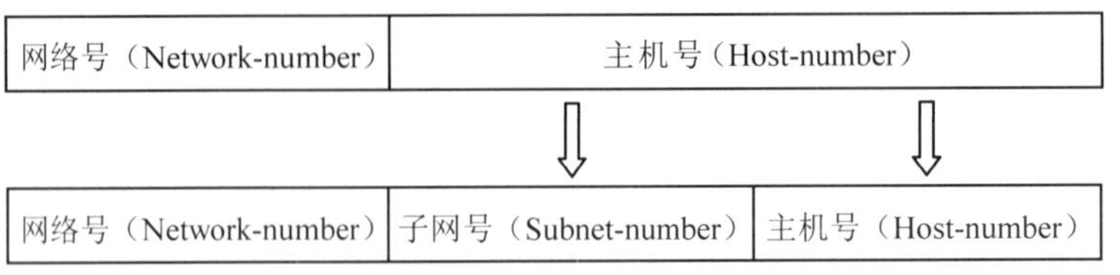

图 6-35　带子网标识的 IP 地址结构

再次划分后的 IP 地址的网络号和主机号可以用子网掩码来区分。子网掩码是一个 32 位的二进制数字，它告诉 TCP/IP 主机 IP 地址中的哪些位对应于网络号和子网号部分，哪些位对应于主机号部分。TCP/IP 使用子网掩码判断目的主机是位于本地子网，还是位于远程子网。

子网掩码指定了子网标识和主机号的分界点。子网掩码中对应于网络号和子网号的所有比特都被设为 1，而对应于主机号的所有比特都被设为 0。

获得子网地址的方法是将子网掩码和 IP 地址进行按位"与"运算，如图 6-36 所示。

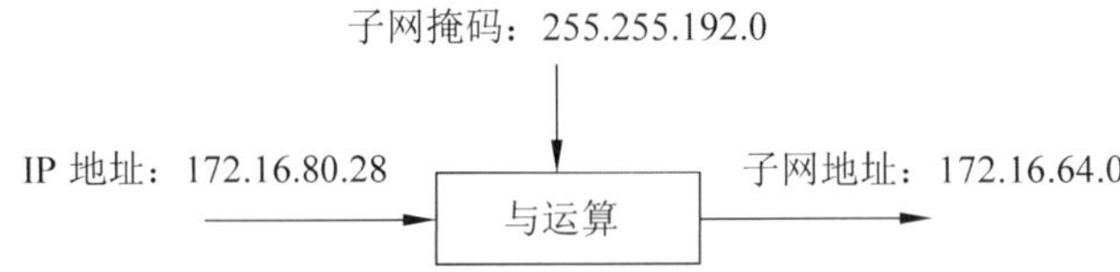

IP 地址：　10101100 00010000 01010000 00011100

子网掩码：　11111111 11111111 11000000 00000000

子网地址：　10101100 00010000 01000000 00000000

图 6-36　由 IP 地址和子网掩码获得子网地址

具体需要拿出多少比特作为子网号来标识子网，取决于子网的数量和子网的规模。各类网络的主机号的比特数用 p 表示，如果从 p 比特主机号中拿出 m 比特来划分子网，则剩下 $n=p-m$ 比特用于标识主机。

3. IPv6

IPv6 是 Internet Protocol Version 6 的缩写，它是负责制定因特网通信协议标准的联网小组 IETF 设计的用于替代 IPv4 的新一代 IP 协议。IPv6 正处在不断发展和完善的过程中，将逐步取代目前被广泛使用的 IPv4，保证每台计算机联入因特网都可拥有相应 IP 地址。

IPv4 核心技术属于美国，它的最大问题是网络地址资源有限，从理论上可编址 1600 万个网络、40 亿台主机，但采用 A、B、C 三类方法编址后，可用的网络地址和主机地址的数目大幅降低。其中北美洲占有 3/4，约合 30 亿个，而人口最多的亚洲只有不到 4 亿个，中国只有 3 千多万个，只相当于麻省理工学院的数量。地址不足，严重地制约了我国及其他国家因特网的应用和发展。

随着电子技术和网络技术的发展，可能身边的每一样东西都需要连入全球因特网，而 IPv4 的地址资源又存在限制。在这样的环境下，IPv6 应运而生。IPv6IP 地址长度由 32 位增加到 128 位，可以支持数量大得多的可寻址结点、更多级的地址层次和较为简单的地址自动配置，这不但解决了网络地址资源数量的问题，同时也为除了计算机以外的设备连入因特网扫清了障碍。

如果说 IPv4 实现的只是人机对话，而 IPv6 则扩展到任意事物之间的对话。它不仅可以为人类服务，还将服务于众多硬件设备，如家用电器、无线传感器、远程照相机、汽车等。它将实现无时不在、无处不在的深入社会每个角落的真正宽带网，它所带来的经济效益将非常巨大。当然，IPv6 并非十全十美，不可能一劳永逸地解决所有问题。IPv6 只能在发展中不断完善，过渡需要时间和成本，但从长远看，IPv6 有利于物联网的持续和长久发展。

与 IPv4 相比，IPv6 具有如下优势。

(1) IPv6 具有更大的地址空间。

IPv4 中规定 IP 地址长度为 32 位，而 IPv6 中 IP 地址的长度为 128 位，即有大约 2^{128} 个地址，分为 8 组，每组为 4 个十六进制数的形式，并用"："隔开。例如，2001:0db8:85a3:08d3:1319:8a2e:0370:7344 是一个合法的 IPv6 地址。

(2) IPv6 使用更小的路由表。

IPv6 在地址分配时，路由器能在路由表中用一条记录表示一片子网，大大减小了路由器中路由表的长度，提高了路由器转发数据包的速度。

(3) IPv6 增强了组播的支持。

IPv6 通过增强组播技术以及对流的支持，为网络上的多媒体应用提供了很大的发展空间，为服务质量(Quality of Service，QoS)控制提供了良好的网络平台。

(4) 增加了自动配置的支持。

IPv6 加入了对自动配置的支持，这是对动态主机配置协议(Dynamic Host Configuration Protocol，DHCP)的改进和扩展，使得网络的管理更加方便和快捷。

(5) 使网络实名制下的互联网身份认证成为可能。

由于 IP 资源丰富，在运营商为用户办理入网申请时，可直接为每个用户分配一个固定的 IP，实现了真实用户与 IP 地址的一一对应。当一个上网用户的 IP 固定之后，其上网记录、行为将在任何时间段内有据可查。

(6) 支持层次化网络结构。

IPv6 不再像 IPv4 一样按照 A、B、C 等分类来划分地址，而是通过 IANA→RIR→ISP 这样的顺序来分配的。IANA 是国际互联网号码分配机构，RIR 是区域互联网注册管理机构，ISP 是一些运营商。IANA 会合理给五个 RIR 来分配 IPv6 地址，然后五个 RIR 再向区域内的国家合理配置地址，每个国家分配到的地址再交给 ISP 运营商，然后运营商再来合理地分配资源给用户。在这个分配过程中将能够尽力避免出现网络地址子网不连续的情况，这样可以更好地聚合路由，减少骨干网络上的路由条目。

(7) 具有更高的安全性。

使用 IPv6 网络的用户可以对网络层的数据进行加密并对 IP 报文进行校验，极大增强了网络的安全性。

基于以上改进和新的特征，IPv6 为互联网换上一个简捷、高效的引擎，不仅可以解决 IPv4 地址短缺难题，而且可以使因特网摆脱日益复杂、难以管理和控制的局面，变得更加稳定、可靠、高效和安全。

6.3.4 IP

正像 TCP/IP 的名称所表达的信息那样，因特网的核心协议是 IP 和 TCP 两大协议。IP 作为 TCP/IP 簇中的核心协议，提供了网络数据传输的最基本的服务，同时也是实现网络互联的基本协议。IP 是不可靠的无连接数据报协议，提供尽力而为(best-effort)的传输服务。

1. IP 数据报格式

IP 所处理的数据单元称为 IP 数据报。其格式如图 6-37 所示。

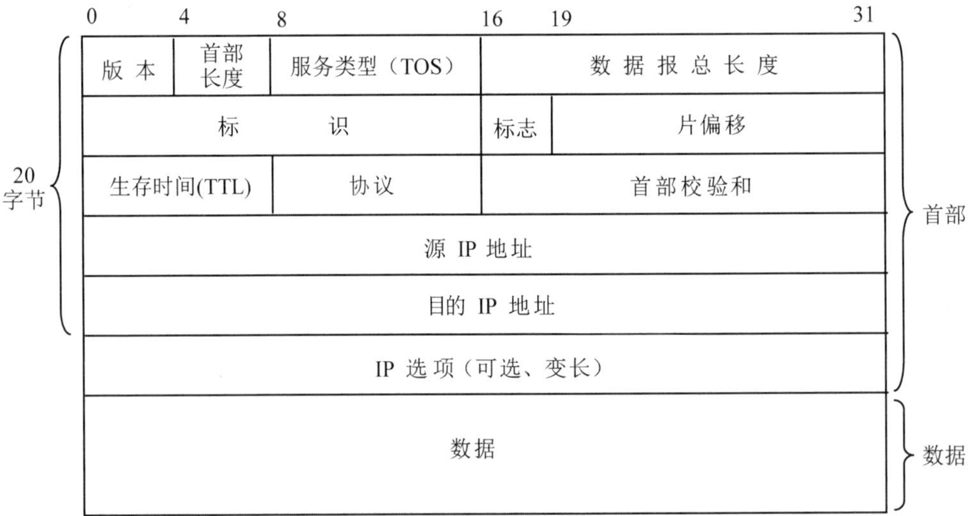

图 6-37 IP 数据报格式

2. IP 数据报路由

IP 的一个核心任务是数据报的路由，即决定发送数据报到目标机器的路径。进行路由选择的依据是网络的拓扑结构。网络的拓扑结构通过一个称为路由表的数据结构加以体现，路由选择围绕路由表进行。由于网络结构的复杂性和动态性，使得 IP 路由涉及网络结构的抽象描述、路由表的结构、路由表的建立和刷新以及根据路由表决定下一跳路由器等问题。

1）直接传递与间接传递

数据分组在向信宿传递时分为直接传递和间接传递两种方式，如图 6-38 所示。直接传递是指直接传到最终信宿的传输过程。间接传递是指在信源和信宿位于不同物理网络时，所经过的一些中间传递过程。

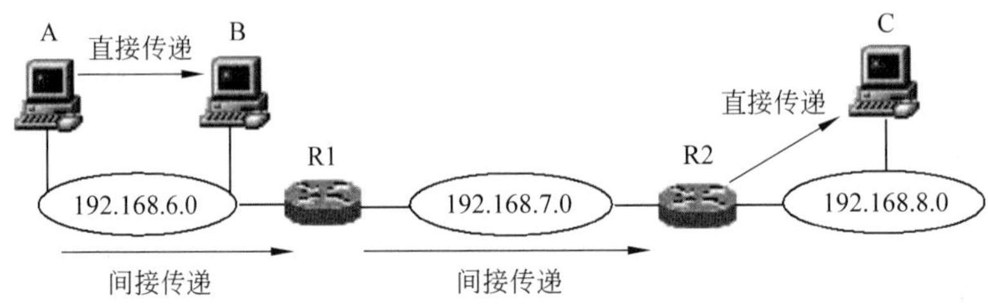

图 6-38 直接传递与间接传递

在图 6-38 中，主机 A 向主机 B 传输数据是直接传递，因为作为信宿的主机 B 和主机 A 位于同一个物理网络。主机 A 向主机 C 传输数据经过了间接传递和直接传递的过程。从主机 A 到路由器 R1 和从路由器 R1 到路由器 R2 的传递是间接传递，而从与主机 C 位于同一物理网络的路由器 R2 到主机 C 的数据传输是直接传递。

由图 6-38 可知，主机间的数据传递由一个直接传递和零到多个间接传递所组成。

2）路由操作

因特网是由非常多的网络连接而成的。当从一台主机向另一台主机发送信息时，必须知道去往目的地的路径，也就是说，信息往往要穿过多个网络。因特网采用的拓扑结构全无规律，而且不断地有网络接入或退出，使得网络的结构处于不断的变化之中，这给路由选择带来了许多困难。

由于网络拓扑结构与 IP 路由密切相关，因此首先要有描述网络结构的方法。TCP/IP 将网络结构进行抽象，用点表示路由器，用线表示网络，路由选择基于这一抽象结构进行。通过路由选择将找到一条通往信宿的最佳路径。

路由选择在主机和路由器上完成，TCP/IP 采用表驱动的方式进行路由选择。在每台主机和路由器中都有一个反映网络拓扑结构的路由表。单个路由表只反映了因特网局部的拓扑信息，但所有路由表的集合却能反映因特网的整体拓扑结构。主机和路由器能够根据路由表所反映的拓扑信息找到去往信宿的正确路径，如图 6-39 所示。

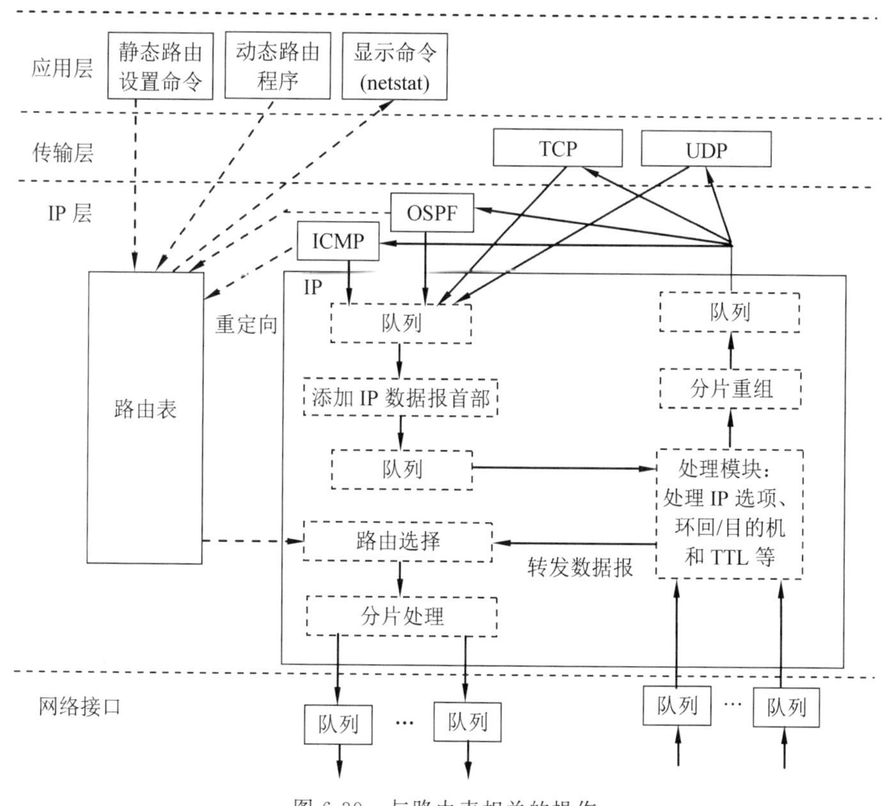

图 6-39　与路由表相关的操作

与路由表相关的操作包括两部分：一部分是路由表的使用，即根据路由表进行路由选择;另一部分是路由表的建立与刷新,这项工作通常由路由守护程序完成。守护程序一般在系统引导时启动,在系统运行期间一直在后台运行。当某事件发生时,它将代表系统执行一定的操作。路由守护程序负责交换路由信息,完成路由表的刷新。

路由表被访问的频度比它被刷新的频度要高得多,在一台繁忙的主机上,路由表一秒内可能要被访问几百次,而路由守护程序对路由表的刷新却可能每隔十多秒甚至几十秒一次。

3) 路由表

路由表的使用相对来说比较简单,而路由表的维护却是较为复杂的工作。路由表存在于主机和路由器中,是反映网络结构的数据集,是数据在因特网上正确传输的关键所在。

路由表的功能是指明去往某信宿应该采用哪条路径,图 6-40 给出了一个网络和路由表的例子。图 6-40 中第一行是对网络 192.168.6.0 的路由,而且是直接传递。第二行是对主机 B 的特定主机路由。第三行是对网络 192.168.7.0 的路由。最后一行是默认路由。随着设备和软件厂商的不同,路由表的结构可能不完全相同,但相关信息大同小异。

R1 的路由表

信宿地址	子网掩码	下一跳	输出接口	…
192.168.6.0	255.255.255.0	192.168.6.1	192.168.6.1	…
192.168.7.6	255.255.255.255	192.168.5.6	192.168.5.5	…
192.168.7.0	255.255.255.0	192.168.5.2	192.168.5.1	…
…	…	…	…	…
0.0.0.0	0.0.0.0	192.168.5.6	192.168.5.5	…

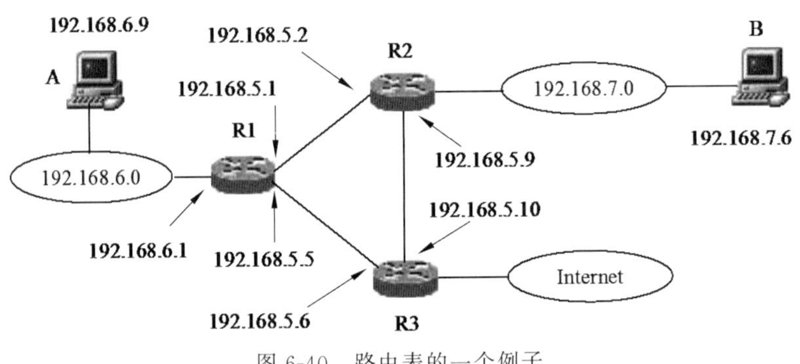

图 6-40 路由表的一个例子

主机和路由器在发出数据报时,其 IP 层的 IP 模块要根据数据报中信宿的 IP 地址和路由器分组转发算法完成相应的路由选择,及数据报转发。

注意:算法假定各路由表是正确一致的,且不涉及路由表的初始化和刷新,路由表的初始化和刷新问题由专门的路由协议完成。

6.3.5 传输层协议

传输层是 TCP/IP 中举足轻重的一个层次,网络层用 IP 数据报统一了链路层的数据帧,用 IP 地址统一了链路层的 MAC 地址,但网络层没有对服务进行统一。由于历史和经济的原因,通信子网往往由电信运营商负责建立、维护并对外提供服务,用户无法对通信子网进行控制。不同的通信子网在服务和服务质量上存在差异,用户只有通过传输层对通信子网的服务加以弥补和加强，屏蔽通信子网的差异，向上提供一个标准的、完善的服务界面。

传输层通常提供多种不同类型的服务，让用户根据需要进行选择。在 TCP/IP 的传输层，提供了面向连接的 TCP 和无连接的 UDP。就不同的底层网络而言，TCP 和 UDP 有不同的适用范围，TCP 适用于可靠性较差的广域网，UDP 适用于可靠性较高的局域网。

1. TCP

TCP 提供 IP 环境下的数据可靠传输，它提供的服务包括数据流传送、可靠性、有效流控、全双工操作和多路复用。TCP 是基于连接的协议，并通过连接实现端到端可靠的数据包发送。也就是说，在正式收发数据前，必须和对方建立可靠的连接，一个 TCP 连接必须要经过三次"对话"才能建立起来，其中的过程非常复杂。

TCP 能为应用程序提供可靠的通信连接，使一台计算机发出的字节流无差错地发往网络上的其他计算机，对可靠性要求高的数据通信系统往往使用 TCP 传输数据。TCP 支持的应用协议主要有 Telnet、FTP、SMTP 等。

2. UDP

UDP 是 TCP/IP 传输层的另一个协议，是与 TCP 相对应的协议。它是面向非连接的协议，它不与对方建立连接，而是直接就把数据报发送过去。UDP 最吸引人的地方在于它的高效率。UDP 是一个非常简单的协议，由于发送数据报时不需要建立连接，因此开销很小。

UDP 除了提供进程间的通信能力外，还提供了简单的差错控制。但 UDP 不提供流量控制，也不对 UDP 数据报进行确认。由于 UDP 不解决可靠性问题，因此 UDP 的运行环境应该是高可靠性、低延迟的网络。如果是运行在不可靠的通信网络上，那么 UDP 上面的应用程序必须能够解决报文毁坏、丢失、重复、失序以及流量控制等可靠性问题。UDP 支持的应用层协议包括 NFS、SNMP、DNS、TFTP 等。

TCP 和 UDP 各有所长、各有所短，适用于不同要求的通信环境。TCP/IP 同时提供 TCP 服务和 UDP 服务的目的是给用户更加灵活的选择。究竟是采用 TCP 还是采用 UDP 取决于应用的环境和需求。

6.3.6 域名系统

1. 命名机制与名字管理

因特网的命名机制要求主机名字具有全局唯一性，且便于进行管理和映射。网络中通常采用的命名机制有两种：无层次命名机制和层次型命名机制。

早期的因特网采用的是无层次命名机制，主机名用一个字符串表示，没有任何结构。所有的无结构主机名构成无层次名字空间。

为了保证无层次名字的全局唯一性，命名采用集中式的管理方式，名字—地址映射通常通过主机文件完成。

无层次命名不适合具有大量对象的网络。随着网络中对象的增加，中央管理机构的工作量也会增加，映射效率降低，而且容易出现名字冲突。

层次型命名机制将层次结构引入主机名字，该结构对应于管理机构的层次。

层次型命名机制将名字空间分成若干子空间。每个子空间由一个机构负责管理。被授权的管理机构可以将其管理的子名字空间进一步划分，授权给下一级机构管理，而下一级又可以继续划分他所管理的名字空间，形成层次型名字空间，如图 6-41 所示。这样一来，名字空间呈一种树形结构，树上的每一个结点都有一个相应的标号。

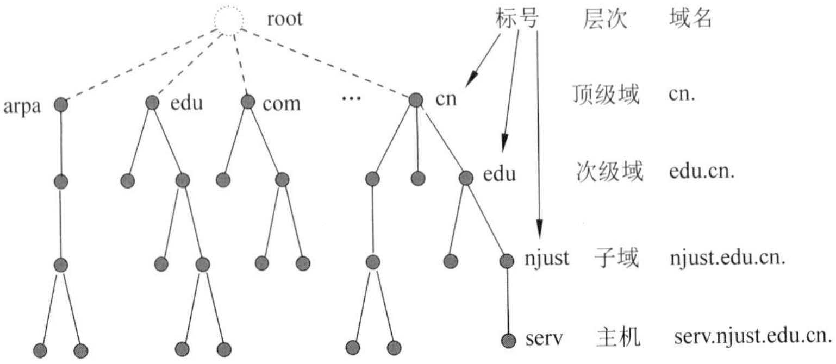

标号	层次	域名
cn	顶级域	cn.
edu	次级域	edu.cn.
njust	子域	njust.edu.cn.
serv	主机	serv.njust.edu.cn.

图 6-41 层次型名字空间

由于根是唯一的，因此不需要标号。树的叶结点是那些需要根据名字去寻址的主机(通常是网络上提供服务的服务器)。

每个机构或子机构向上申请自己负责管理的名字空间，并向下分配子名字空间。在给结点命名标号时(分配子名字空间)，每个机构或子机构只要保证自己所管理的名字空间中的标号不发生重复就可以保证所有的名字不重复。

通过层次化的名字结构，将名字空间的管理工作分散到多个不同层次的管理机构去进行，减轻了单个管理机构的管理工作量，提高了效率，而且使得很多的名字解析工作可以在本地完成，极大地提高了系统适应大量且迅速变化的对象的能力。当前因特网采用的就是层次型命名机制。

因特网的这种命名结构只代表名字的逻辑组织方法，并不代表实际的物理连接。位于同一个层次中的主机也并不一定要连接在一个网络中或在一个地区，它可以分布在全球的任何地方。

2. 因特网域名

IP 地址为因特网提供了统一的寻址方式，即直接使用 IP 地址便可以访问因特网中的主机资源。但 IP 地址是点分十进制数字，对用户来说仍然非常抽象，难以理解和记忆。为了方便一般用户使用因特网，TCP/IP 在应用层采用字符型的主机命名机制。这种字符型的主机名非常符合用户的命名习惯。

在 TCP/IP 的高层采用字符型命名机制后，TCP/IP 就形成了三个层次的主机标识系统，位于底层的标识是物理地址，位于中间的标识是 IP 地址，而位于高层的标识是主机名。这就要求协议在运行过程中不仅要进行 IP 地址与物理地址之间的映射，还要进行主机名与 IP 地址之间的映射。

因特网早期的名字系统采用主机文件 HOSTS。主机文件包括主机名和 IP 地址两个字段。每台主机都存有一个主机文件，并周期性地进行更新，网络中所有需要与本机进行通信的主机的名字及其 IP 地址都应该存在于该文件中。通过主机文件可以实现主机名字与 IP 地址的映射。随着网络规模的扩大，主机文件这种映射机制无法满足主机文件更新所带来的开销。

域名系统(Domain Name System,DNS)是在 1984 年为取代 HOSTS 文件而创建的层次型名字系统。首先,DNS 把整个因特网划分成多个域,称为顶级域,并为每个顶级域规定了国际通用的域名,如表 6-1 所示。

表 6-1　通用顶级域名

名　字	描　述	名　字	描　述
com	公司	biz	商业公司
org	非营利机构	info	信息服务的企业
net	主要网络支持中心	name	个人
mil	军事机构	pro	个体专业机构
gov	政府机构	aero	航空运输业
edu	教育机构和大学	coop	商业合作机构
int	国际化机构	museum	博物馆及非营利机构
国家或地区代码	各个国家或地区		

顶级域采用了两种划分模式,即组织模式和地理模式。例如 cn 代表中国、us 代表美国、uk 代表英国、sg 代表新加坡等。

各管理机构对其管理的域进行继续划分,即划分成二级域,并将各二级域的管理权授予其下属的管理机构,如此下去,便形成了层次型域名结构。由于管理机构是逐级授权的,因此最终的域名都得到了 NIC 的承认,成为因特网中的正式名字。

例如,顶级域名 cn 由中国因特网中心管理,它将 cn 域划分成多个子域,既可以按行政区域命名,适用于我国的各省、自治区、直辖市的行政区域命名有 34 个;也可以按组织模式命名包括 com、edu、gov、net、org 等。二级域名 edu 的管理权被授予 CERNET 网络中心。CERNET 网络中心又将 edu 域划分成多个子域,即三级域,各大学和教育机构均可以在 edu 下向 CERNET 网络中心注册三级域名,如 edu 下的 tsinghua 代表清华大学、njust 代表南京理工大学,并将这两个域名的管理权分别授予清华大学和南京理工大学。南京理工大学可以继续对三级域 njust 进行划分,将四级域名分配给下属部门或主机,如 njust 下的 cs 代表南京理工大学计算机学院。

一台主机的主机名应由它所属的各级域的域名与分配给该主机的名字共同构成的,书写时,顶级域名放在最右面,分配给主机的名字放在最左面,各级名字之间用"."隔开,称为域名。例如 cn→edu→njust(南京理工大学校园网)下面的 WWW 主机的主机域名为 www.njust.edu.cn。

因特网域名系统是一个有效的、可靠的、通用的、分布式的名字——地址映射系统,它为用户在因特网上的应用提供了极大的方便。

6.4 因特网服务及对人类的影响

6.4.1 因特网服务

1. 电子邮件

电子邮件(Electronic mail,E-mail)又称电子信箱,标志是@,如图6-42所示。电子邮件是因特网上最为流行的应用之一,指用电子手段传送信件、单据、资料等信息的通信方法。通过网络的电子邮件系统,用户可以用非常低廉的价格、以非常快速的方式,与世界上任何一个角落的网络用户联系。这些电子邮件可以包含超链接、HTML格式文本、图像、声音和视频等数据。

图6-42 电子邮件的标志

电子邮件综合了电话通信和邮政信件的特点,它传送信息的速度和电话一样快,又能像信件一样使收信者在接收端收到文字记录。相比传统的邮政服务,电子邮件的诱人之处在于传递迅速、风雨无阻。同时,电子邮件可以同时进行一对多的邮件传递,同一邮件可以同时发送给多人,具有快速传达、不易丢失的特点。

电子邮件是整个网络系统中直接面向人与人之间信息交流的系统,它的数据发送方和接收方都是人,因此极大地满足了大量存在的人与人之间的通信需求。电子邮件不是一种"终端到终端"的服务,而是使用了"存储转发式"的通信服务方式在网络上逐步传递信息。它通过存储转发可以进行非实时通信又称异步通信,即信件发送者可随时随地发送邮件,不需要接收者同时在场。邮件服务器是24小时连接到网络的高性能、大容量的计算机。用户要收发电子邮件,必须先申请一个属于自己的"电子邮箱"来存放邮件,邮箱用E-mail账号标识。E-mail账号可向因特网服务提供商ISP申请,也可以通过某个网站申请。注册成功后,会在相应的邮件服务器上得到一块存储空间,用户可以检查、收取、阅读或删除该邮箱中的邮件。

每个电子邮箱的E-mail地址都是唯一的,电子邮件地址的格式由三部分组成。格式如下:

邮箱名@邮箱所在的邮件服务器的域名

第一部分"邮箱名"代表用户信箱的账号,邮箱名(用户名或用户账号)是用户申请账号时指定的名字,对于同一个邮件接收服务器来说,这个账号必须是唯一的。

第二部分"@"是分隔符,这里@读作"at"。

第三部分是用户信箱的邮件接收服务器域名,用以标志其所在的位置,一般就是用户注册的ISP的域名。

服务器发送邮件时,按接收信件邮箱所在的邮件服务器域名送达相应的接收端邮件服务器,再按照邮箱名将邮件存入该收信人的电子邮箱中。

例如,某个欲接收邮件的E-mail地址为zhanghai@163.com,表示收信人的邮箱名为zhanghai,邮箱所在的邮件服务器的域名为163.com。

电子邮件信息的格式很简单,信息由ASCII文本组成。电子邮件一般由邮件头和邮件体两部分组成。邮件头相当于邮件信封，信封包括多项信息，其中发件人的地址、发送的日期和时间等由系统自动生成，其他信息如收件人的地址、抄送人地址及邮件的主题等需要由发件人自行输入。邮件体是信件的具体内容，可以是用户自由撰写文字信息，也可以通过插入附件的形式传输图像、语音与视频等多种信息，电子邮件系统的构成如图 6-43 所示。

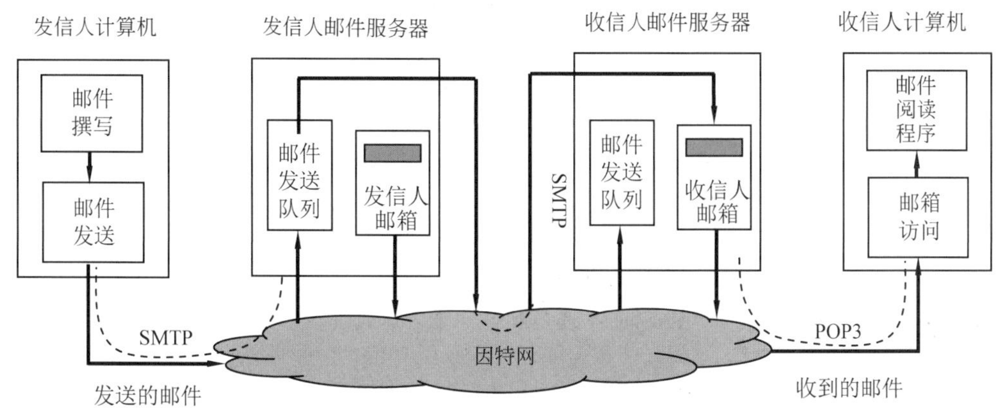

图 6-43 电子邮件系统的构成

注意：电子邮件的传输是通过电子邮件简单传输协议(Simple Mail Transfer Protocol，SMTP)来完成的，它是因特网的一种电子邮件通信协议。把邮件从电子邮箱中接收到本地计算机的协议是邮局协议(Post Office Protocol，POP)，目前的版本为 POP3。

选择电子邮箱一般从信息安全、反垃圾邮件、防杀病毒、邮箱容量、稳定性、收发速度、能否长期使用、邮箱的功能、搜索和排序是否方便、邮件内容是否可以方便管理、是否方便多种收发方式等多种因素综合考虑。每个人具体可以根据自己的需求不同，选择最适合自己的邮箱。常用的电子邮箱有 QQ 邮箱(腾讯)、163 邮箱(网易)、126 邮箱(网易)、188 邮箱(网易)、139 邮箱(移动)、189 邮箱(电信)、新浪邮箱、Yahoo 邮箱(雅虎)等。

2. WWW 浏览

WWW 又称为 W3、3W 或 Web，中文含义为全球信息网或万维网。1989 年 3 月 12 日，欧洲粒子物理研究所(CERN)的计算机科学家蒂姆·伯纳斯·李(Tim Berners Lee)在其一份提案 *Information Management: A Proposal* 中提出了一个构想：创建一个以超文本系统为基础的项目，允许在不同计算机之间分享信息，其目的是方便研究人员分享及更新信息。这个构想最终成了 WWW 的基础，彻底改变了人类社会的沟通交流方式。1993 年 4 月 30 日，欧洲核子研究组织宣布 WWW 对任何人免费开放，并不收取任何费。WWW 联盟又称 W3C 理事会，于 1994 年 10 月在麻省理工学院计算机科学实验室成立，创建者是 WWW 发明者蒂姆·伯纳斯·李。

WWW 是一个由许多互相链接的超文本组成的系统，通过互联网访问。WWW 使得全世界的人们以史无前例的巨大规模相互交流。相距遥远的人们、不同年龄的人们可以通过网络发展亲密的关系或者使彼此思想境界得到升华，改变他们对待小事的态度以及精神。无论情感经历、政治观点、文化习惯、表达方式、商业建议，还是艺术、摄影、文学都可以以人类历史上从来没有过的低投入实现数据共享。目前 WWW 已成为因特网上最为广泛使用的服务之一，也成为人类历史上最深远、最广泛的传播媒介。

WWW 以超文本标记语言和超文本传输协议为基础，采用客户机/服务器的工作模式，主要包括浏览器、Web 服务器和超文本传输协议三部分，如图 6-44 所示。

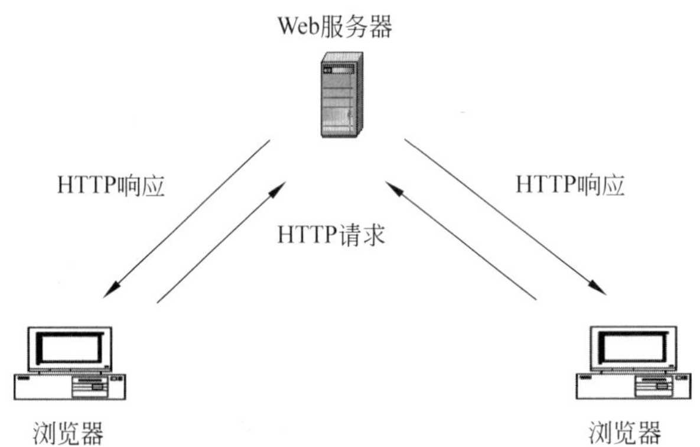

图 6-44　浏览器和 Web 服务器的通信

统一资源定位符（URL）也称 Web 地址，俗称“网址”，它规定了某一特定信息资源在 WWW 中存放地点的统一格式，即地址指针。用户用浏览器访问网页（资源）时需要给出网页的位置信息，而统一资源定位符正是给出这种位置信息的标识。例如，http://www.microsoft.com 表示微软公司的 Web 服务器地址。

URL 的完整格式由以下基本部分组成：

```
协议+"://"+主机域名(IP 地址)+[:端口号]+目录路径+文件名
```

其中：

（1）协议是指定与服务连接而使用的所有访问协议，协议类型也表示因特网资源类型，如 http://表示 WWW 服务器，ftp://表示 FTP 服务器。

（2）主机域名指出 WWW 数据所在的服务器域名，例如 www.microsoft.com。

（3）服务器提供的端口号表示客户可以访问服务器上不同资源类型，例如 WWW 服务器提供的端口号为 80 或 8080 或用户自定义。其中，80 是默认 Web 服务器端口号，使用时可以省略，省略时连同前面的“:”一起省略。FTP 服务器提供的端口号为 21 或由用户自定义，21 是默认 FTP 服务器端口号。

（4）目录路径指明服务器上存放被请求网页的路径。

（5）文件名是客户访问页面的名称，例如 index.htm，页面名称与设计时网页的源代码名称并不要求相同，由服务器完成两者之间的映射。

注意：WWW 上的服务器大多是区分大小写字母的。

用户访问网页时，系统在获取 IP 地址后，客户端的浏览器将向指定 IP 地址上的 Web 服务器发送一个 HTTP 请求。在通常情况下，Web 服务器会很快响应客户端的请求，并将用户所需要的 HTML 文本、图片和构成该网页的一切其他文件发送回用户。网络浏览器负责把 HTML、CSS(Cascading Style Sheets，层叠样式表)和其他接收到的文件所描述的内容，加上图像、链接和其他必需的资源，显示给用户，也就构成了所看到的“网页”。

而 WWW 浏览的大多数的网页自身包含有超链接指向其他相关网页，可能还有下载、源文献、定义和其他网络资源。像这样通过超链接，把有用的相关资源组织在一起的集合，就形成了一个所谓的信息的“万维网”，如图 6-45 所示。

现在在 WWW 上可以寻找到多种多样的信息，使得了解不同国家地区的风土人情变得十分容易，即使身处异地甚至偏僻小镇，通过网络依然可以找到相关信息，在发达国家更是如此。当地的报纸、官方出版物和其他资料都可以非常容易找到，因此，花一样代价通过网络可以找到更多的资讯。随着大量的免费网络主页服务器的出现，在网络上发布资料变得越来越容易，涌现出大量的个人、家庭乃至小商店的主页等。

图 6-45　万维网

由于 WWW 的世界性，有些人认为它将培养人们全球范围的相互理解，加深人与人之间的感情但也有可能煽动全球范围的敌意，甚至给那些善于煽动人们偏激情绪的政客和压制人民的政权赋予了人类历史上从未有过的强大力量。无论从哪方面看其影响都是十分深远的。

3. 文件传输服务

文件传输服务是由 TCP/IP 的文件传输协议(File Transfer Protocol，FTP)支持的。它通过网络将文件从一台计算机传送到另外一台计算机，是一种实时的联机服务，是因特网提供的基本服务之一。因特网与 FTP 的结合，等于使每个联网的计算机都拥有了一个容量巨大的备份文件库，这是单个计算机无法比拟的优势。

因特网的入网用户利用 FTP 命令系统进行计算机之间的文件传输，这些文件几乎可以包括任何类型的多媒体文件，如图像、声音、数据压缩文件等。采用 FTP 传输文件时，不需要对文件进行复杂的转换，因此 FTP 比任何其他方法交换数据都要快得多。

同大多数因特网服务一样，FTP 也是以客户机/服务器方式工作，如图 6-46 所示。其中，FTP 服务器用来存储文件，用户可以使用 FTP 客户端通过 FTP 访问位于 FTP 服务器上的资源。在进行文件传输服务时，首先要登录到对方的计算机上，登录后只可以进行与文件查询、文件传输相关的操作。

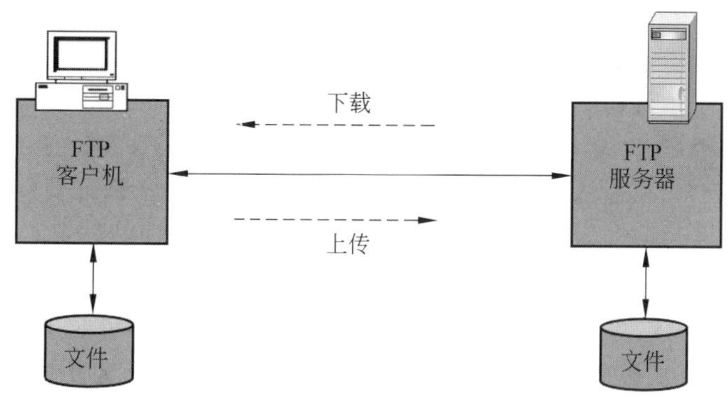

图 6-46　FTP 文件传送

用户计算机运行 FTP 客户程序后，称为 FTP 客户机，可申请 FTP 服务。远程运行 FTP 服务程序、并提供 FTP 服务的计算机称为 FTP 服务器，它通常是信息服务提供者的计算机。

FTP的基本功能是实现文件的上传和下载。上传是指用户将本机上的文件复制上传到远程服务器上,达到资源共享的目的;而下载则是将远程服务器中的文件复制下载到用户自己的计算机。另外,FTP还提供对本地和远程系统的目录操作(如改变目录、建立目录)以及文件操作(如文件改名、显示内容、改变属性、删除)等功能。

因特网上的FTP服务器分为匿名FTP服务器和非匿名FTP服务器两类。匿名FTP服务器是任何用户都可以自由访问的FTP服务器,用户使用anonymous(匿名)作为用户名,用E-mail地址作为口令或输入任意的口令就可以登录。匿名FTP服务有一定的限制,通常匿名用户一般只能获取文件,而不能在远程计算机上建立文件或修改已存在的文件,对可以复制的文件也有严格的限制。通常匿名FTP服务器提供一些免费的软件,用户可以下载,但用户不能上传文件到服务器。

对于非匿名FTP服务器,用户必须首先获得该服务器系统管理员分配的用户名和口令,然后才能登录和访问。用户可以获得从匿名服务器无法得到的文件,还可上传文件到服务器。

访问FTP服务器的方法有多种,典型的有如下方式:

(1) 浏览器访问。在Web浏览器地址栏直接输入已知的FTP服务器地址。

(2) 资源管理器访问。在文件路径中,输入“ftp://网址”;弹出“打开ftp文件夹”,确定后将会弹出提示框,需要输入用户名和密码。文件的访问可以像操作本地文件一样进行复制、粘贴、拖曳等操作,比较方便。

(3) FTP工具访问。如采用CuteFTP、WS_FTP、Flashfxp、LeapFTP等软件。

(4) FTP搜索引擎。在Web浏览器地址栏中输入FTP搜索引擎的URL,由搜索引擎导航查找相关信息。

4. P2P技术

P2P架构体现了互联网架构的核心技术,简而言之就是“你有、我有、大家都有的东西,大家相互连接共享之”,在P2P(Peer-to-Peer,对等)网络中(见图6-47),所有的结点处于相同的地位,没有客户端和服务器的区分,这些地位相等的结点可以相互进行资源利用和数据共享,无须通过服务器进行转接和通信,从而减少了对服务器的依赖,也降低了对服务器性能的要求。

图6-47 P2P网络

P2P技术主要指由硬件形成网络连接后的信息控制技术,主要代表形式是在应用层上基于P2P网络协议的客户端软件。P2P系统由若干互联协作的计算机构成,系统依存于边缘化(非中央式服务器)设备的主动协作,每个成员直接从其他成员而不是从服务器的参与中受益;系统中成员同时扮演服务器与客户端的角色;系统应用的用户能够意识到彼此的存在,构成一个虚拟或实际的群体。

P2P网络的一个重要的目标就是让所有的客户端都能提供资源,包括带宽、存储空间和计算能力。因此,当有结点加入且对系统请求增多,整个系统的容量也增大。

P2P网络的分布特性通过在多结点上复制数据,也增加了防故障的健壮性,并且在纯P2P网络中,结点不需要依靠一个中心索引服务器来发现数据,系统也不会出现单点崩溃。

P2P 技术有许多应用：

(1) 对等计算。能充分地将网络中多台计算机暂时空闲的资源结合起来，以执行超级计算机的任务，实现网络上对等资源的共享。

(2) 协同工作。多个用户利用网络中的协同计算平台以协作的方式完成某项任务、共享各自的信息资源等。采用 P2P 技术，参与协同工作的计算机可以直接建立连接，不需要中央服务器的帮助。

(3) 基于 P2P 技术的搜索引擎，可以检索到网络上所有开放的信息资源。

(4) 由于基于 P2P 技术的文件交换方式可以脱离服务器，因此用户可以利用基于 P2P 网络协议的客户端软件，直接从含有所需文件的结点机下载该文件。

注意：大多数在 P2P 网络上共享的文件是有版权流行音乐和电影，包括各种格式(MP3、MPEG、RM 等)。在多数司法解释中，共享这些副本是非法的。这让很多观察者，包括多数的媒体公司和一些 P2P 的倡导者，批评这种网络已经对现有的发行模式造成了巨大的威胁。

5. Telnet

Telnet 是 Teletype network 的缩写，现在已成为一个专有名词，表示因特网远程登录服务的标准协议和主要方式。Telnet 最初由 ARPANET 开发，现在主要用于因特网会话。Telnet 的基本功能是允许用户登录进入远程主机系统。世界各地的研究人员、学生可以利用 Telnet 访问图书馆数据库、图书馆书目和其他信息源，查找珍贵的书籍、期刊和各种文章的数据。

Telnet 服务为用户提供了在本地计算机上执行远程主机工作的能力。在终端使用者的计算机上使用 Telnet 程序，用它连接到服务器后，终端使用者可以在 Telnet 程序中输入命令，这些命令会在服务器上运行，就像直接在服务器的控制台上输入一样，可以在本地就能控制服务器。远程登录的思想体现了层次结构概念。远程登录的实现，使本地用户并不直接面对远地系统的各种资源，相当于在客户与具体服务之间加入一个中间层次，即远程登录服务器，其工作原理如图 6-48 所示。

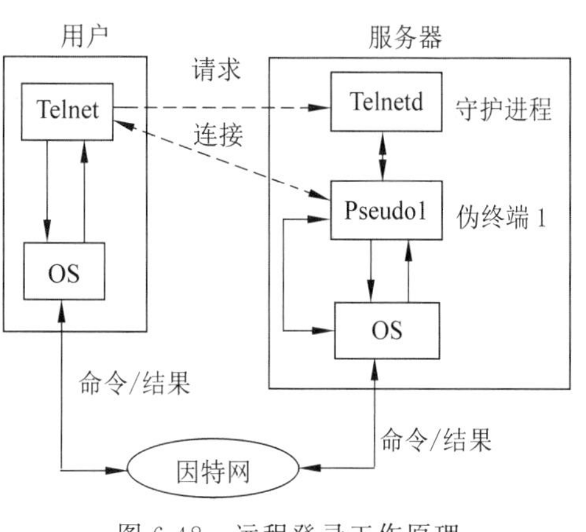

图 6-48　远程登录工作原理

(1) 服务器启动 Telnet 守护进程 Telnetd，等待着客户端的请求。

(2) 用户远程登录，请求服务器的服务，客户机程序不必详细了解远地系统，它们只需使用标准接口的程序。

(3) Telnetd 接收到用户远程登录请求后，将其作为仿真终端(伪终端)，派生出子进程 Pseudo1 与用户的 Telnet 进程交互。

(4) 客户机和服务器采用协商选项的机制，并且提供了一组标准选项。用户输入用户名和口令，进行远程登录。如果登录成功，用户在键盘上输入的每一个字符都传到远地主机服务器上。

(5) 用户输入主机终端命令,Pseudo1 进程接收命令,将用户输入的命令传给操作系统进行处理,并将处理结果传回用户进程 Telnet,用户进程将结果显示在屏幕上。

使用 Telnet 登录进入远程计算机系统时,事实上启动了两个程序:一个是 Telnet 客户程序,运行在本地主机上;另一个是 Telnet 服务器守护程序,它运行在要登录的远程计算机上。远程主机的"服务"程序通常被昵称为"精灵",它平时不声不响地守候在远程主机上,一接到本地主机的请求,就会立马活跃起来,并完成相应功能。

Telnet 主要用途表现在以下几方面:

(1) 远程登录缩短了空间距离。因特网的远程登录服务允许一个用户登录到一个远程分时系统中,就好像用户的键盘和显示器与远地计算机直接相连一样。远地计算机通过在用户计算机上显示 login 提示符,与任何直接连到这个远地计算机上的普通终端完全一样,缩短了空间距离。

(2) 远程登录计算机具有广泛的兼容性。因特网的远程登录服务是在虚拟终端之间进行通信,因此允许本地与远地计算机不同,应用程序交互时无须对程序本身进行任何修改。

(3) 通过 Telnet 访问其他因特网服务。利用 Telnet 程序可以访问远地计算机上的电子邮件、文件传输、电子公告牌、信息检索等各种服务。

注意:Telnet 的主要用途就是使用远程计算机上所拥有的本地计算机没有的信息资源,如果远程的主要目的是在本地计算机与远程计算机之间传递文件,那么相比而言使用 FTP 会更加快捷有效。另外,虽然 Telnet 较为简单实用也很方便,但是在格外注重安全的现代网络技术中,Telnet 并不被重用。原因在于 Telnet 是一个明文传送协议,它将用户的所有内容,包括用户名和密码都明文在互联网上传送,具有一定的安全隐患,因此许多服务器都会选择禁用 Telnet 服务。

6. 搜索引擎

搜索引擎指自动从因特网搜集信息(见图 6-49),能够获得网站或网页的资料,经过一定整理以后,能够建立数据库且提供查询功能的系统。因特网上的信息浩瀚万千,而且毫无秩序,所有的信息像汪洋上的一个个小岛,网页链接是这些小岛之间纵横交错的桥梁,而搜索引擎则为用户绘制一幅一目了然的信息地图,供用户随时查阅。它们从因特网提取各个网站的信息(以网页文字为主),建立起数据库,并能检索与用户查询条件相匹配的记录,按一定的排列顺序返回结果。

图 6-49 搜索引擎

(1) 全文搜索引擎是目前广泛应用的主流搜索引擎。国外搜索引擎的代表是 Google,国内则有最大中文搜索引擎百度。根据搜索结果来源的不同,全文搜索引擎可分为两类。

① 拥有自己的检索程序(indexer)的搜索引擎,俗称网络"蜘蛛"(spider)程序或网络"机器人"(robot)程序,它们能自建网页数据库,搜索结果直接从自身的数据库中调用,如 Google 和 360 搜索就属于此类;

为了保证采集的资料是最新的,搜索引擎还会回访已抓取过的网页。采集到网页后,还要由其他程序进行分析,根据一定的相关度算法进行大量的计算,建立网页索引,才能将资料添加到索引数据库中。

② 租用其他搜索引擎的数据库，并按自定的格式排列搜索结果，如 Lycos 搜索引擎。

搜索引擎的自动信息搜集功能主要包括：

① 定期搜索。即每隔一段时间（比如 Google 一般是 28 天），搜索引擎主动派出网络“蜘蛛”程序，对一定 IP 地址范围内的互联网站进行检索，一旦发现新的网站，它会自动提取网站的信息和网址加入自己的数据库。

② 提交网站搜索，即网站拥有者主动向搜索引擎提交网址，它在一定时间内（2 天到数月不等）定时向网站派出网络“蜘蛛”程序，扫描网站并将有关信息存入数据库，以备用户查询。近年来由于搜索引擎索引规则发生很大变化，主动提交网址并不保证网站能进入搜索引擎数据库，最好的办法是多获得一些外部链接，让搜索引擎有更多机会找到并自动收录信息。

当用户以关键词查找信息时，搜索引擎会在数据库中进行搜寻，如果找到与用户要求内容相符的网站，便采用特殊的算法——通常根据网页中关键词的匹配程度、出现的位置、频次、链接质量等，计算出各网页的相关度及排名等级，然后根据关联度高低，按顺序将这些网页链接返回给用户。不同的搜索引擎，其网页索引数据库不同，排序规则也不尽相同。所以，当使用不同的搜索引擎查询同一关键词时，查询结果也不尽相同。

(2) 目录索引也称为分类检索，是因特网上最早提供万维网资源查询的服务，主要通过搜集和整理因特网的资源，根据搜索到网页的内容，将其网址分配到相关分类主题目录中不同层次的类目下，形成像图书馆目录一样的分类树形结构索引。目录索引无须输入任何文字，只要根据网站提供的主题分类目录，层层单击进入，便可查到所需的网络信息资源。

目录索引虽然有搜索功能，但严格意义上不能称为真正的搜索引擎，只是按目录分类的网站链接列表而已。用户完全可以按照分类目录找到所需要的信息，不依靠关键词(keywords)进行查询。目录索引中最具代表性的莫过于大名鼎鼎的 Yahoo、新浪分类目录搜索。

目前，全文搜索引擎与目录索引有相互融合渗透的趋势。原来一些纯粹的全文搜索引擎现在也提供目录索引，如 Google 就借用 Open Directory 目录提供分类查询。而像 Yahoo 这些老牌目录索引则通过与 Google 等搜索引擎合作扩大搜索范围。在默认搜索模式下，一些目录类搜索引擎首先返回的是自己目录中匹配的网站，如中国的搜狐、新浪、网易等；而另外一些则默认的是网页搜索，如 Yahoo。这种引擎的特点是信息查找的准确率比较高。

随着因特网的发展，网上可以搜寻的网页变得愈来愈多，而网页内容的质量也变得良莠不齐，没有保证。所以，未来的搜索引擎将会朝着知识型搜索引擎的方向发展，以期为搜寻者提供更准确及适用的资料。搜索引擎的技术发展特征和必然趋势包括：个性化趋势，通过搜索引擎的社区化产品（即对注册用户提供服务）的方式来组织个人信息，在搜索引擎基础信息库的检索中引入个人因素进行分析，获得针对个人不同的搜索结果；智能化趋势，提高搜索引擎对用户检索提问的理解，克服关键词检索和目录查询的缺点，现在已经出现了自然语言智能答询；过滤无用结果，强化对检索结果进行处理，基于链接评价、基于访问大众性、采用用户定制、内容过滤等检索技术去掉检索结果中附加的多余信息；减少搜索内容，通过垂直主题、非万维网信息、多媒体搜索确定搜索引擎信息搜集范围。

6.4.2 网络空间安全

网络空间安全伴随网络技术的发展而出现。网络攻击在互联网被发明之初就已出现。1995 年,美国招收 16 名“第一代网络战士”,其任务是在网络空间对敌展开全面信息对抗。1997 年 9 月,美国为检验国防网络系统的安全性在马萨诸塞州汉斯科姆空军基地电子系统中心控制室进行“网络勇士”演习。

进入 21 世纪后,“震网”“蠕虫”等几次大规模网络袭击,凸现了网络安全的军事和政治价值,网络威胁快速由模糊的、超国家的非传统安全概念向具体的、以国家性为内涵的传统安全概念转变。西方军事强国纷纷公布各自的网络安全战略,同时着力推动网络空间的军事化和武器化。美国、俄罗斯、英国、以色列、韩国等国已组建网络部队,不断发展网络空间军事力量。

信息技术广泛应用和网络空间兴起,极大地促进了中国经济社会的繁荣进步,同时也带来了新的风险和挑战。中国网络空间安全形势日趋复杂严峻。网络监听、网络攻击、网络渗透、网络恐怖主义等都对中国国家安全构成了严重危害,影响了经济社会的发展和国家的长治久安,损害了人民群众的利益。

2016 年 12 月,国家互联网信息办公室首次发布《国家网络空间安全战略》,明确当前和今后一个时期,国家网络空间安全工作的主要战略任务是捍卫网络空间主权、坚决维护国家安全、保护关键信息基础设施、加强网络文化建设、打击网络恐怖和违法犯罪、完善网络治理体系、夯实网络安全基础、提升网络空间防护能力、强化网络空间合作等。

1. 安全威胁

网络安全威胁是指某个人、物或事件对网络资源的机密性、完整性、可用性和非否认性所造成的危害。对网络的攻击可分为被动攻击和主动攻击。

1) 被动攻击

被动攻击的目的是从传输中获得信息,其手段主要是对信息进行截获和分析。被动攻击分为析出消息内容和通信量分析。通常攻击者对消息的内容更感兴趣。

(1) 析出消息内容。从截获的信息中得到有用的数据,如果信息是加密的,被动攻击者将尝试用各种分析手段来析出消息的内容。常用的防止这种被动攻击的手段是对信息进行安全可靠的加密。

(2) 通信量分析。对于大多数加密信息攻击者无法析出消息的内容或析出消息内容的时间或成本难以承受,那么攻击者往往会退而求其次。通信量分析是通过对消息模式的观察,测定通信主机的标识、通信的源和目的、交换信息的频率和长度,然后根据这些信息猜测正在发生的通信的性质。

被动攻击涉及消息的秘密性。通常被动攻击不改变系统中的数据,而只是读取数据从中获利。由于没有篡改信息,因此留下的可供审计的痕迹很少或根本没有,因而很难被发现。被动攻击虽然难以检测,但可以预防。

2) 主动攻击

主动攻击通常会比被动攻击造成的危害更严重,因为主动攻击通常要改动数据甚至控制信号,或者有意生成伪造数据。主动攻击可以分为篡改消息、伪装和拒绝服务。

(1) 篡改消息是对信息完整性的攻击。篡改消息包括改变消息的内容、删除消息包、插入消息包、改变消息包的顺序。消息重放也可以视为一种篡改，重放是对消息发送时间的篡改。重放涉及消息的被动获取以及后继的重传，通过重放以求获得一种未授权的效果。

(2) 伪装是对信息真实性的攻击。伪装是一个实体假装成另一个实体以获得非授权的效果。伪装攻击通常要和其他主动攻击手段合用。

(3) 拒绝服务攻击是对系统可用性的攻击。拒绝服务攻击中断或干扰通信设施或服务的正常使用。典型的拒绝服务攻击是通过大量的信息耗尽网络带宽，使用户无法使用特定的网络服务。

主动攻击可能发生在端到端通信线路上的几乎任何地方，如电缆、微波链路、卫星信道、路由结点、服务器主机及客户机。主动攻击与被动攻击的特点正好相反。由于主动攻击可能发生在任何时间和任何地点，要想在所有时间都对所有通信设施和路径进行物理保护是不现实的。因此，主动攻击很难预防。但由于主动攻击通常要造成篡改或中断，这样势必留下明显痕迹或症状，因此较容易检测出来。

2. 网络安全技术

在计算机网络安全服务中所采用的主要技术包括密码技术、认证技术、数字签名技术、防火墙技术和入侵检测技术等。

1) 密码技术

密码系统通常可以完成信息的加密变换和解密变换。加密变换是采用一种算法将原信息变为一种不可理解的形式，从而起到保密的作用。而解密变换则是采用与加密变换相反的过程，利用与加密变换算法相关的算法将不可理解的信息还原为原来的信息。

在密码学中，加密变换前的信息被称为明文，加密变换后的信息被称为密文，加密变换时使用的算法被称为加密算法，解密变换时使用的算法被称为解密算法。加密算法和解密算法是相关的，而且解密算法是加密算法的逆过程。加密模型如图 6-50 所示。

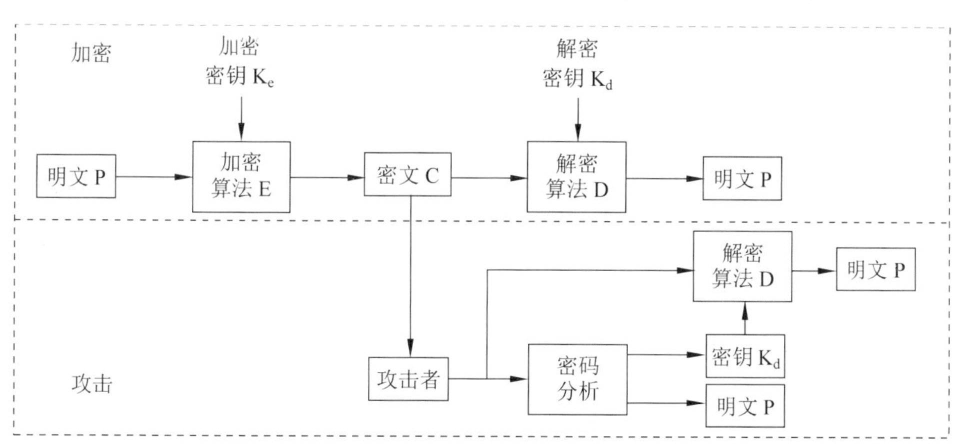

图 6-50　加密模型

通常按照在加密解密过程中使用的加密密钥和解密密钥是否相同，将密码体制分为对称密码体制和非对称密码体制。

(1) 对称密码体制又称为常规密码体制。对称密码体制的加密算法和解密算法使用相同的密钥，该密钥必须对外保密。

对称密码体制的特点：加密效率较高，保密强度较高，但密钥的分配难以满足开放式系统的需求。常见的对称密码算法有 DES、IDEA、RC5、AES 等。

（2）非对称密码体制又称为公开密钥密码体制。非对称密码体制的加密算法和解密算法使用不同但相关的一对密钥，加密密钥对外公开，解密密钥对外保密，而且由加密密钥推导出解密密钥在计算上是不可行的。

非对称密码体制的特点：密钥分配较方便，能够用于鉴别和数字签名，能较好地满足开放式系统的需求，但由于非对称密码体制一般采用较复杂的数学方法进行加密解密，因此，算法的开销比较大，不适合进行大量数据的加密处理。常见的非对称密码算法有 RSA、椭圆曲线密码算法和 Diffie-Hellman 密钥交换算法。

2）认证技术

认证技术是网络安全技术的重要组成部分之一。认证是证实被认证对象是否属实和是否有效的一个过程。其基本思想是通过对被认证对象属性的验证来达到确认被认证对象是否真实有效的目的。用于认证的属性应该是被认证对象唯一的、区别于其他实体的属性。被认证对象的属性可以是口令、数字签名或者是类似指纹、声音、视网膜这样的生理特征。认证常常被用于通信双方相互确认身份，以保证通信的安全。

（1）传统的认证技术主要采用基于口令的认证方法。当被认证对象要求访问提供服务的系统时，提供服务方提示被认证对象提交该对象的口令，认证方收到口令后将其与系统中存储的用户口令进行比较，以确认被认证对象是否为合法访问者。一般的系统都提供了对口令认证的支持，但这种认证方法的安全性不够高，而且也不适合开放的大型系统。

（2）采用询问-响应方法。询问-握手鉴别协议采用的是询问-响应方法，它通过三次握手方式对被认证方的身份进行周期性的认证。用于远程拨号接入的点对点协议 PPP 给出了在点到点链路上传输多协议数据报的一种标准方法。

（3）国际电信联盟的 X.509。目前最为流行的认证方法是 X.509 定义的一种提供认证服务的框架。基于 X.509 证书的认证技术依赖于共同信赖的第三方来实现认证。X.509 采用非对称密码体制，实现上更加简单明了。

这里可信赖的第三方是称为证书授权（Certificate Authority，CA）的证书权威机构。该机构负责认证用户的身份并向用户签发数字证书。数字证书遵循 X.509 建议所规定的格式，因此称为 X.509 证书。该证书具有权威性。X.509 证书的核心是公开密钥、公开密钥持有者（主体）和 CA 的签名，证书完成了公开密钥与公开密钥持有者的权威性绑定。

3）数字签名技术

数字签名是网络中进行安全交易的基础，目前正逐渐得到世界各国和地区在法律上的认可。我国的电子签名法已于 2005 年 4 月 1 日开始实施。数字签名不仅可以保证信息的完整性和信息源的可靠性，而且可以防止通信双方的欺骗和抵赖行为。

数字签名标准基于非对称密码体制，生成数字签名时使用私有密钥，验证签名时使用对应的公开密钥。只有私有密钥的所有者可以生成签名。

数字签名的生成和验证过程如图 6-51 所示。生成签名时首先用散列函数求得输入信息的报文摘要，然后再用数字签名算法对报文摘要进行处理，生成数字签名。验证签名时使用相同的散列函数。

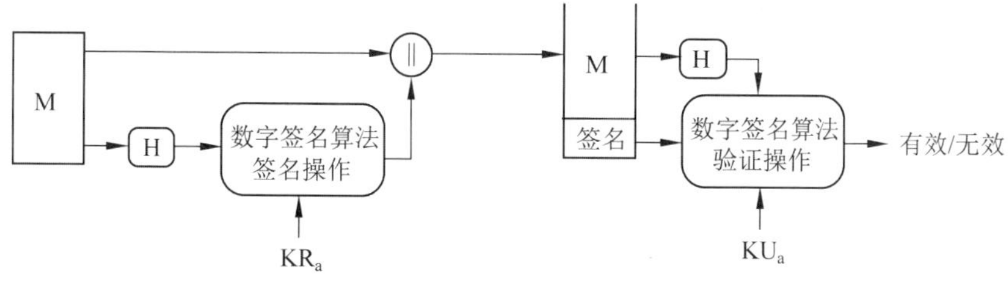

图 6-51　数字签名的生成和验证过程

4）防火墙技术

“防火墙”在网络系统中是一种用来限制、隔离网络用户某些工作的技术，是一个由软件和硬件设备组合而成、在内部网和外部网之间、专用网与公共网之间的界面上构造的保护屏障。防火墙使因特网与企业内部网（Intranet）之间建立起一个安全网关（security gateway）。防火墙在两个网络通信时执行一种访问控制尺度，计算机流入流出的所有网络通信和数据包均要经过防火墙，从而保护内部网免受非法用户的侵入。

防火墙可以被定义为限制被保护网络与互联网之间，或其他网络之间信息访问的部件或部件集。通常防火墙主要由服务访问规则、验证工具、包过滤和应用网关四部分组成，在互联网上防火墙服务于多个目的。根据侧重不同，防火墙可分为包过滤型防火墙、应用层网关型防火墙和服务器型防火墙。

防火墙的基本特性包括：

（1）内部网络和外部网络之间的所有网络数据流都必须经过防火墙。这是防火墙所处网络位置特性，同时也是一个前提。因为只有当防火墙是内、外部网络之间通信的唯一通道，才可以全面、有效地保护企业内部网不受侵害。

（2）只有符合安全策略的数据流才能通过防火墙。防火墙最基本的功能是确保网络流量的合法性，并在此前提下将网络的流量快速地从一条链路转发到另外的链路上去。防火墙是一个类似于桥接或路由器的、多端口的（网络接口≥2）转发设备，它跨接于多个分离的物理网段之间，并在报文转发过程之中完成对报文的审查工作。

（3）防火墙自身应具有非常强的抗攻击免疫力。这是防火墙之所以能担当企业内部网络安全防护重任的先决条件。防火墙处于网络边缘，它就像一个边界卫士一样，每时每刻都要面对黑客的入侵，这样就要求防火墙自身要具有非常强的抗击入侵本领。

总之，防火墙在因特网中是分离器、限制器、分析器。防火墙通常是一组硬件设备，配有适当软件。防火墙的物理实现方式是多种多样的，具体用于限制外部访问的方法很多，每一种都必须权衡安全性与访问的方便性之间的得失。

最安全的解决方案是“隔离”，即用不连到网络上的专用机器进行所有外部的连接。但这种非常安全的方案却极不方便，因为任何希望进行外部访问的人都必须使用专用机器。

在网络的世界里，要由防火墙过滤的就是承载通信数据的通信包。防火墙最简单采用的是“包过滤”技术（见图 6-52），用它来限制可用的服务，限制发出或接收可接受数据包的地址。通常外部访问是由具有各种安全级的网络提供的，通过使用一个易于配置的包过滤路由器能够完成过滤功能，它通常放置在外部世界和网络之间。

包过滤型防火墙是一种简单、相对成本低的解决方案，但在需要某些合理的安全要求时

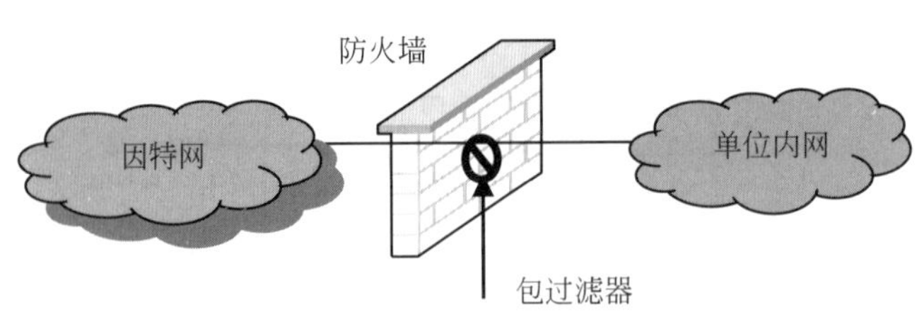

图 6-52　防火墙的工作原理

却能力有限。如果系统需要提供更多的控制和灵活性的过滤，可以通过基于主机的系统实现。

防火墙在互联网中，对系统的安全起着极其重要的作用。但防火墙还存在许多缺陷，还有许多问题无法解决。

(1) 由于很多网络在提供网络服务的同时，已存在安全问题，因此当防火墙为了提高被保护网络的安全性，限制或关闭了很多有用但又存在安全缺陷的网络服务时，限制了有用的网络服务。

(2) 由于防火墙通常情况下只提供对外部网络用户攻击的防护，而对来自内部网络用户的攻击只能依靠内部网络主机系统的安全性能来保障。因此，防火墙无法防护内部网络用户的攻击。

(3) 互联网防火墙无法防范通过防火墙以外的其他途径对系统的攻击。

(4) 因为操作系统、病毒的类型、编码与压缩二进制文件的方法等各不相同，防火墙不能完全防止传送已感染病毒的软件或文件，所以防火墙在防病毒方面存在明显的缺陷。

总之，随着网络的发展、应用的普及，各种网络安全问题不断地出现，作为一种被动式防护手段，网络的安全问题不可能只靠防火墙来完全解决。

5) 入侵检测技术

入侵检测(intrusion detection)是保障网络系统安全的关键部件，它通过对计算机网络或计算机系统中若干关键点收集信息并对其进行分析，从中发现网络或系统中是否有违反安全策略的行为、非授权的或恶意的网络行为以及系统被攻击的迹象，为防范入侵行为提供有效的手段。入侵检测系统(Intrusion Detection System，IDS)就是执行入侵检测任务的硬件或软件产品，入侵检测的原理如图 6-53 所示。

入侵检测系统通过实时的分析，检查特定的攻击模式、系统配置、系统漏洞、存在缺陷的程序版本以及系统或用户的行为模式，监控与安全有关的活动。

入侵检测系统包括事件提取、入侵分析、入侵响应和远程管理四大部分。另外还能结合安全知识库、数据存储等功能模块，提供更为完善的安全检测及数据分析功能，是一种用于检测任何损害或企图损害系统的保密性、完整性或可用性的网络安全技术。

一款好的入侵检测系统，不但可使系统管理员时刻了解网络系统(包括程序、文件和硬件设备等)的任何变更，还能给网络安全策略的制定提供指南。更为重要的一点是，它应该管理、配置简单，从而使非专业人员非常容易地获得网络安全。而且，入侵检测的规模还应根据网络威胁、系统构造和安全需求的改变而改变。入侵检测系统在发现入侵后，会及时做出响应，包括切断网络连接、记录事件和报警等。

入侵检测是防火墙的合理补充，帮助系统对付网络攻击，扩展了系统管理员的安全管理

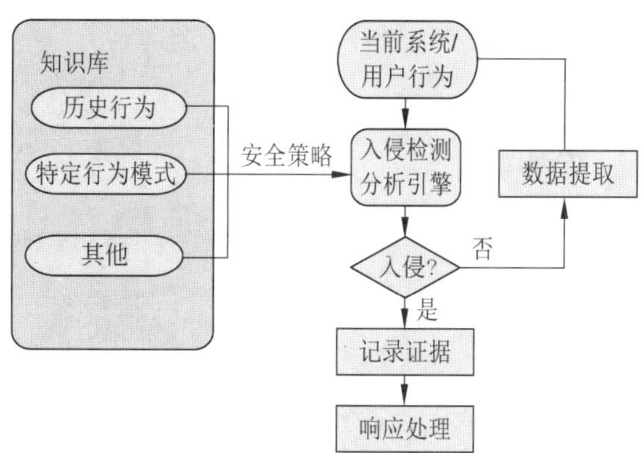

图 6-53　入侵检测系统原理

能力(包括安全审计、监视、进攻识别和响应),提高了信息安全基础结构的完整性。入侵检测被认为是防火墙之后的第二道安全闸门,在不影响网络性能的情况下能对网络进行监测,从而提供对内部攻击、外部攻击和误操作的实时保护。

* 阅读材料

物　联　网

物联网(Internet of Things,IoT)的概念最初起源于美国麻省理工学院在 1999 年建立的自动识别中心(Atto-ID Labs)提出的网络无线射频识别(RFID)系统,即把所有物品通过射频识别等信息传感设备与互联网连接起来,实现智能化识别和管理。

早期的物联网是以物流系统为背景提出的,以射频识别技术作为条码识别的替代品,实现对物流系统进行智能化管理。随着技术和应用的发展,物联网的内涵已经发生了较大变化。2005 年,国际电信联盟(International Telecommunication Union,ITU)在突尼斯举办的信息社会世界峰会(WSIS)上正式确定了"物联网"的概念,并在随后发布了 *ITU Internet Reports* 2005-*The Internet of Things*,介绍了物联网的特征、相关技术、面临的挑战和未来的市场机遇。

物联网将无处不在的末端设备和设施,包括具备"内在智能"的传感器、移动终端、工业系统、楼控系统、家庭智能设施、视频监控系统等;"外在使能"的,如贴上 RFID 的各种资产、携带无线终端的个人与车辆等;"智能化物件或动物"或"智能尘埃"。通过各种无线/有线的、长距离/短距离通信网络,实现互联互通(M2M),应用大集成以及基于云计算模式,在企业内网(Intranet)、专网(Extranet)和/或互联网(Internet)环境下,采用适当的信息安全保障机制,提供安全可控乃至个性化的实时在线监测、定位追溯、报警联动、调度指挥、预案管理、远程控制、安全防范、远程维保、在线升级、统计报表、决策支持、集中展示等管理和服务功能,实现对万物的"高效、节能、安全、环保"的"管、控、营"一体化,如图 6-54 所示。

物联网即物物相连的互联网。通俗来说,世界上的万事万物,小到手表、钥匙,大到汽车、楼房,只要嵌入一个微型感应芯片,把它变得智能化,这个物体就可以"自动开口说话"。再借助无线网络技术,人们就可以和物体"对话",物体和物体之间也能"交流",这就是物联

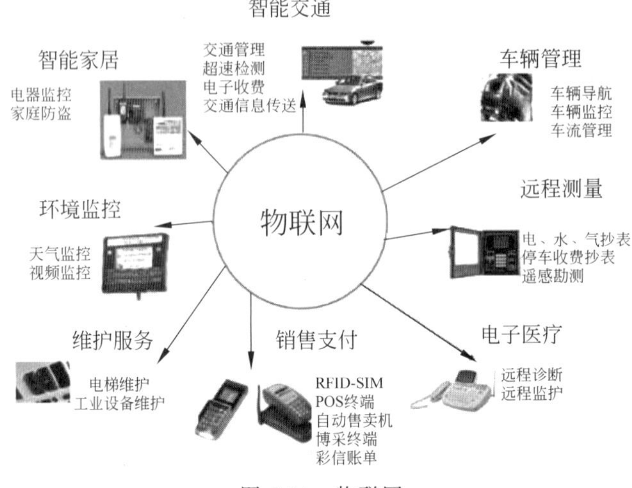

图 6-54　物联网

网，被称为继计算机、互联网之后世界信息产业发展的第三次浪潮。物联网是互联网的应用拓展，与其说物联网是网络，不如说物联网是业务和应用。所以，应用创新是物联网发展的核心。

物联网的核心和基础仍然是互联网，它是在互联网基础上的延伸和扩展的网络；其次，其用户端延伸和扩展到了任何物品与物品之间，进行信息交换和通信。所以，物联网是按约定的协议，把任意物品与互联网相连接，进行信息交换和通信，以实现对物品的智能化识别、定位、跟踪、监控和管理。

狭义上的物联网指连接物品到物品的网络，实现物品的智能化识别和管理；广义上的物联网则可以看作信息空间与物理空间的融合，将一切事物数字化、网络化，在物品之间、物品与人之间、人与现实环境之间实现高效信息交互的方式，并通过新的服务模式使各种信息技术融入社会行为，是信息化在人类社会综合应用达到的更高境界。

物联网的体系结构也是分层的，自底向上可分为感知层、网络层、应用层三个层次，如图 6-55 所示。

(1) 感知层：主要用于采集物理数据，包括各类物理量、身份标识、位置信息、音频数据、视频数据等。物联网主要通过传感器、射频识别(Radio Frequency Identification，RFID)、二维码、多媒体信息采集等技术实现数据采集和全面感知。

(2) 网络层：主要功能是完成大范围的信息沟通，主要借助于已有的各种电信网络与互联网，把感知层感知到的信息快速、准确、安全地传送到全球的各个地方，使物品能够进行远距离、大范围的通信，依托各种通信网络，随时随地进行可靠的信息交互和共享。

(3) 应用层：利用各种智能计算技术完成物品信息的汇总、协同、共享、互通、分析、决策等处理，实现智能化识别、定位、跟踪、监控和管理等实际应用，相当于物联网的控制层、决策层。

物联网用途广泛，遍及智能交通、环境保护、政府工作、公共安全、平安家居、智能消防、工业监测、环境监测、老人护理、个人健康、花卉栽培、水系监测、食品溯源、敌情侦查和情报搜集等多个领域。

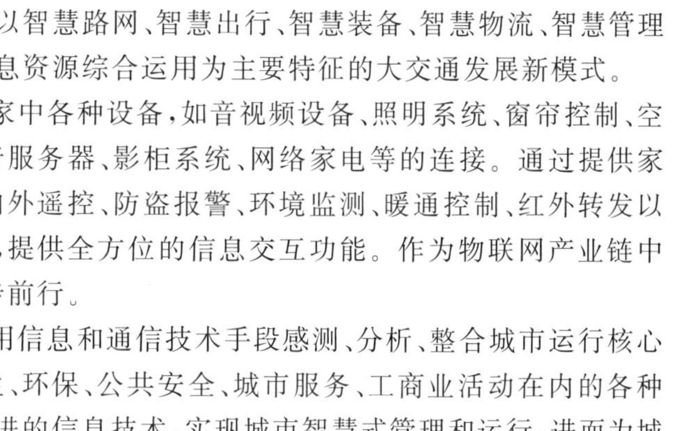

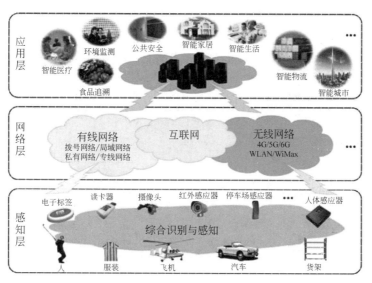

图 6-55　物联网的体系结构

（1）智慧交通。将物联网、互联网、云计算为代表的智能传感技术、信息网络技术、通信传输技术和数据处理技术等有效地集成，并应用到整个交通系统中，在更大的时空范围内发挥作用的综合交通体系。智慧交通是以智慧路网、智慧出行、智慧装备、智慧物流、智慧管理为重要内容，以信息技术高度集成、信息资源综合运用为主要特征的大交通发展新模式。

（2）智能家居。物联网技术实现家中各种设备，如音视频设备、照明系统、窗帘控制、空调控制、安防系统、数字影院系统、影音服务器、影柜系统、网络家电等的连接。通过提供家电控制、照明控制、电话远程控制、室内外遥控、防盗报警、环境监测、暖通控制、红外转发以及可编程定时控制等多种功能和手段，提供全方位的信息交互功能。作为物联网产业链中的重要一环，智能家居将会继续大踏步前行。

（3）智慧城市。智慧城市就是运用信息和通信技术手段感测、分析、整合城市运行核心系统的各项关键信息，从而对包括民生、环保、公共安全、城市服务、工商业活动在内的各种需求做出智能响应。其实质是利用先进的信息技术，实现城市智慧式管理和运行，进而为城市中的人创造更美好的生活，促进城市的和谐、可持续成长。

中国在 1999 年提出来时叫传感网。中科院早在 1999 年就启动了传感网的研究和开发。与其他国家相比，我国的物联网技术研发展水平处于世界前列，具有同发优势和重大影响力。近年来，物联网的建设更是被提到国家战略发展层面。

卫星互联网

卫星互联网是指利用大量中低轨道卫星构成的卫星星座、用户接入终端及其配套地面网络基础设施等构成的一种新的网络形态，如图 6-56 所示。通过利用卫星通信天然的广域覆盖、全时空互联、大容量通信等优势，为地球上的陆海空天各类用户提供全球全时全域的网络服务。当下新兴的卫星互联网星座，指新近发展的、能提供数据服务、实现互联网传输功能的巨型通信卫星星座。从星座构成看，是由成百上千颗卫星组成的巨型星座；从提供的服务看，主要是宽带的互联网接入服务；从发展卫星互联网星座的企业看，主要是非传统航天领域的互联网企业。

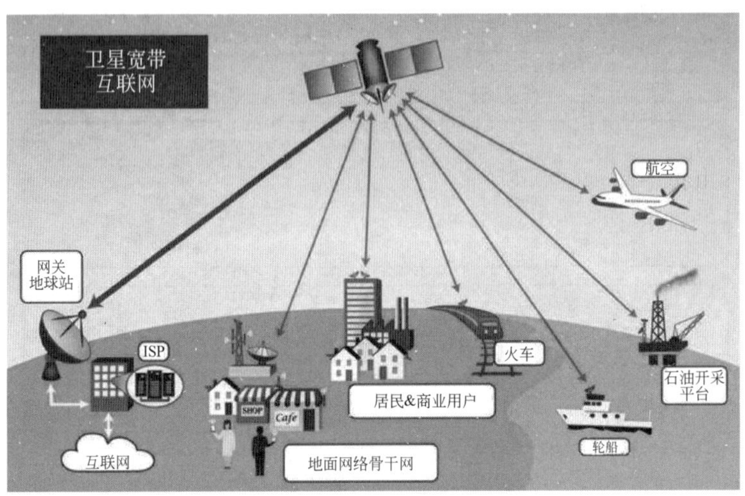

图 6-56 卫星互联网结构

近年来，卫星互联网技术与产业蓬勃发展，美国 SpaceX 星链、欧洲 OneWeb 等中低轨新一代卫星互联网星座已进入部署试用阶段。截至 2021 年 5 月，美国 SpaceX 公司已经发射了 1600 多颗卫星，并于 2020 年 8 月开放北美用户进行公测；英国 OneWeb 公司已发射了 218 颗卫星，正在引领卫星互联网的发展潮流；我国对卫星互联网发展也高度重视，在 2020 年的新基建中首次将卫星互联网列为信息基础设施。卫星互联网已成为国际网络领域竞争的焦点。

现有的互联网主要以光纤网络、4G/5G 移动通信和 WiFi 等地面接入方式作为接入手段，覆盖范围非常有限，目前主要覆盖人口与通信业务比较密集的地区，难以实现对海洋、高山、沙漠及地广人稀、相对穷困等区域的覆盖。根据 ITU 的统计，目前地球上 70%以上的地区、30 亿以上人口尚未被地面网络覆盖，而卫星互联网被广泛认为是解决这一问题的有效手段。

另外互联网用户数量激增，地面互联网设施更新已不能满足互联网用户日益增长的需要。虚拟现实、物联网、无人机、无人驾驶、智慧城市不断融入社会生活的方方面面，都促进了卫星网络的不断发展。

依据卫星轨道的不同，卫星通信主要包含高轨和中低轨卫星两类，传统宽带互联网接入主要通过高轨卫星实施，受轨位、频率限制，其时延较长、链路衰减较大，难以覆盖高纬度地区，无法提供全时、全域、全球的网络覆盖；由中低轨卫星构成的卫星星座能提供覆盖全球的低时延、低链路损耗的网络服务，但覆盖地球需要部署大量卫星构成星座，卫星高速移动导致的动态网络拓扑、星地链路切换等对卫星网络技术提出了挑战。目前，业界谈到的卫星互联网主要是指新兴的大量中低轨卫星构成的宽带星座，以提供低轨互联网宽带接入服务为主，同时也为遥感探测、定位导航、窄带物联、在轨处理等天基服务提供基础网络支撑。

传统互联网的 IP 地址编址与分配基于网络逻辑接口，与真实空间位置无关，其寻址知识基于用户逻辑划分的 IP 地址。基于这一思想，卫星互联网设计了逻辑 IPv6 编址，将 16

字节 IPv6 地址划分用于全局路由、本地路由及端点标识。考虑卫星互联网中，空间卫星结点高动态导致地面用户需要频繁切换卫星，其 IP 地址随之频繁更换。频繁的星地与星间链路切换会导致网络拓扑频繁变化。为此采用编址与卫星移动相关联的方法，实现 IP 编址与逻辑接口解耦，降低用户 IPv6 地址切换频率，使用户地址分配与卫星切换无关，同时避免路由更新，在空天地高动态环境下保障卫星互联网的稳定、高效、可扩展。

卫星网络路由主要通过卫星与卫星之间、卫星与地面之间通过激光、微波等链路所构建的卫星网络的路由技术，包括空间段路由、星地边界路由和上下行链路接入路由三部分。

由于卫星网络路由会受到卫星网络拓扑动态性、周期性和可预测性及空间特定传输环境等特性的影响，因此传统地面网络的路由算法和机制无法满足其要求，地面网络的路由协议不能直接在卫星网络中使用，需要设计专门的路由协议来实现卫星网络通信。

当前卫星网络中主要使用静态路由算法，而地面网络使用的路由算法主要是动态路由算法。相比于静态路由算法无法很好地适应突发的链路变化问题，如链路故障和链路拥塞等问题，动态路由算法的路由性能、健壮性和可靠性都明显更优。

但是动态路由算法会占用大量的网络带宽，不能很好地适应卫星受限的计算和存储能力，且收敛过程会导致丢包现象，因此利用卫星周期运行规律，引入预测信息，优化一体化网络路由机制设计。

总体上，卫星互联网的发展还处于早期阶段，在星座路由、传输优化、编址寻址、移动性管理、网络安全等方面都面临巨大挑战。未来天地一体化信息网络中，承载着大量需求高度差异化的业务与应用。随着星载计算、网络、存储能力的增强及地面站网络的部署，可以预见，地面云服务平台会向太空延伸，扩展成为“星云”服务平台，支撑未来陆基、天基、海基、空基中多样化应用与需求的泛在接入、按需服务，将成为未来卫星互联网应用与服务支撑技术的重要发展方向。

参考文献

[1] 宋斌. 计算机导论 [M]. 4 版. 北京：国防工业出版社，2020.

[2] 王移芝，鲁凌云，许宏丽，等. 大学计算机 [M]. 6 版. 北京：高等教育出版社，2019.

[3] 汤小丹，梁红兵，哲凤屏，等. 计算机操作系统[M]. 西安：西安电子科技大学出版社，2018.

[4] 伊恩·萨默维尔. 软件工程(原书第 10 版)[M]. 彭鑫，赵文耘，等译. 北京：机械工业出版社，2018.

[5] 亚伯拉罕·西尔伯沙茨，亨利·F.科思，S.苏达尔尚，等. 数据库系统概念[M]. 杨冬青，李红燕，张金波，等译. 北京：机械工业出版社，2021.

[6] 兰少华，杨余旺，吕建勇. TCP/IP 网络与协议 [M]. 2 版. 北京：清华大学出版社，2017.

[7] 李暾. 计算思维导论——一种跨学科的方法[M]. 北京：清华大学出版社，2016.

[8] 张功萱，顾一禾，邹建伟，等. 计算机组成原理(修订版)[M]. 北京：清华大学出版社，2016.

[9] 唐培和，徐奕奕，王日凤，等. 计算思维导论[M]. 桂林：广西师范大学出版社，2012.

[10] 中国计算机学会. CCF 2020—2021 中国计算机科学技术发展报告[M]. 北京：机械工业出版社，2021.

图书资源支持

感谢您一直以来对清华版图书的支持和爱护。为了配合本书的使用，本书提供配套的资源，有需求的读者请扫描下方的"书圈"微信公众号二维码，在图书专区下载，也可以拨打电话或发送电子邮件咨询。

如果您在使用本书的过程中遇到了什么问题，或者有相关图书出版计划，也请您发邮件告诉我们，以便我们更好地为您服务。

我们的联系方式：

清华大学出版社计算机与信息分社网站：https://www.shuimushuhui.com/

地　　址：北京市海淀区双清路学研大厦 A 座 714

邮　　编：100084

电　　话：010-83470236　010-83470237

客服邮箱：2301891038@qq.com

QQ：2301891038（请写明您的单位和姓名）

资源下载：关注公众号"书圈"下载配套资源。

资源下载、样书申请

书圈

图书案例

清华计算机学堂

观看课程直播